国家社会科学基金（教育学科）“十一五”规划课题研究成果
全国高等职业院校计算机教育规划教材

多媒体技术与应用案例教程

姚卿达　主　编
陈　保　张志勇　副主编
李月娥　卢青华　杨　凡　参　编
王云雁　卢东晓

中国铁道出版社
CHINA RAILWAY PUBLISHING HOUSE

内 容 简 介

本书采用任务驱动的案例教学方式，通过模拟企业的真实工作情境，对知识点进行细致编排，融通俗性、实用性和技巧性于一身。每个案例从“问题情境”开始，通过“问题分析”进行“任务设计”，再通过“规律总结”和“知识链接”帮助读者更深入理解知识点和知识延伸扩展。

本书共分 9 章，主要内容包括多媒体设备、演示文稿、音频处理、图像处理、Flash CS3 动画制作、视频处理、流媒体应用、多媒体课件制作、三维动画。书中提供的大量典型案例，可使读者轻松掌握各种多媒体技术的具体应用方法，非常适合作为即将进入职场前强化训练使用。

本书适合作为高职高专院校教材，也可以作为培训学校的培训教材或多媒体爱好者的自学用书。

图书在版编目（CIP）数据

多媒体技术与应用案例教程/姚卿达主编. --北京：
中国铁道出版社，2010.5（2013.8 重印）
全国高等职业院校计算机教育规划教材. 国家社会科学基金“十一五”规划课题研究成果
ISBN 978-7-113-10195-4

Ⅰ. ①多… Ⅱ. ①姚… Ⅲ. ①多媒体技术－高等学校：技术学校－教材 Ⅳ. ①TP37

中国版本图书馆 CIP 数据核字(2010)第 090032 号

书　　名：多媒体技术与应用案例教程
作　　者：姚卿达　主编

策划编辑：翟玉峰　王春霞
责任编辑：翟玉峰　侯　颖　　编辑部电话：（010）63560056
封面设计：付　巍　　封面制作：李　路
责任印制：李　佳

出版发行：中国铁道出版社（北京市西城区右安门西街 8 号　　邮政编码：100054）
印　　刷：北京海淀五色花印刷厂
版　　次：2010 年 6 月第 1 版　　2013 年 8 月第 2 次印刷
开　　本：787mm×1092mm　1/16　印张：19.25　字数：466 千
印　　数：1 500 册
书　　号：ISBN 978-7-113-10195-4
定　　价：29.00 元

序

PREFACE

国家社会科学基金（教育学科）“十一五”规划课题“以就业为导向的职业教育教学理论与实践研究”（课题批准号BJA060049）在取得理论研究成果的基础上，选取了高等职业教育十个专业类开展实践研究，高职高专计算机类专业就是其中之一。

本课题研究发现，高等职业教育在专业教育上担负着帮助学生构建专业理论知识体系、专业技术框架体系和职业活动逻辑体系的任务，而这三个体系的构建需要通过专业教材体系和专业教材内部结构得以实现，即学生的心理结构来自于教材的体系和结构。为此，这套高职高专计算机类专业系列教材，依据不同教材在其构建知识、技术、活动三个体系中的作用，采用了不同的教材内部结构设计和编写体例。

承担专业理论知识体系构建任务的教材，强调专业理论知识体系的完整性与系统性，不强调专业理论知识的深度和难度；追求的是学生对专业理论知识整体框架的把握，不追求学生只掌握某些局部内容，而求其深度和难度。

承担专业技术框架体系构建任务的教材，注重让学生了解这种技术的产生与演变过程，培养学生的技术创新意识；注重让学生把握这种技术的整体框架，培养学生对新技术的学习能力；注重让学生在技术应用过程中掌握这种技术的操作，培养学生的技术应用能力；注重让学生区别同种用途的其他技术的特点，培养学生职业活动过程中的技术比较与选择能力。

承担职业活动体系构建任务的教材，依据不同职业活动对所从事人特质的要求，分别采用了过程驱动、情景驱动、效果驱动的方式，形成了“做学”合一的各种的教材结构与体例，诸如项目结构、案例结构等。过程驱动培养所从事人的程序逻辑思维；情景驱动培养所从事人的情景敏感特质；效果驱动培养所从事人的发散思维。

本套教材无论从课程标准的开发、教材体系的建立、教材内容的筛选、教材结构的设计还是教材素材的选择，都得到了信息技术产业专家的大力支持，他们在信息技术行业职业资格标准和各类技术在我国广泛应用的过程中，提出了十分有益的建议。另外，国内知名职业教育专家和一百多所高职高专院校参与了本课题的研究，他们对高职高专信息技术类的人才培养提出了宝贵意见，对高职高专计算机类专业教学提供了丰富的素材和鲜活的教学经验。

这套教材是我国高职高专教育近年来从只注重学生单一职业活动逻辑体系构建，向专业理论知识体系、技术框架体系和职业活动逻辑体系三个体系构建的转变的有益尝试，也是国家社会科学研究基金课题“以就业为导向的职业教育教学理论与实践研究”研究成果的具体应用之一。

如本套教材有不足之处，敬请各位专家、老师和广大同学不吝赐教。希望通过本套教材的出版，为我国高等职业教育和信息技术产业的发展做出贡献。

2009年8月

前 言

CONTENTS

随着技术的进步、工作方式的变革和工作组织形式的变化，企业的管理由传统的以分工为基础的多层管理向扁平化的知识管理转变，企业的竞争能力也由传统对资源的占有转为对知识的占有和知识的创新能力。在这种变化下，企业对员工，包括生产一线的技术型、技能型人才素质提出了更高的要求，

为了让学生了解多媒体技术的基本概念和原理，掌握多媒体实用技术，提高应用多媒体技术的实际技能，了解多媒体的最新应用领域。本课程以突出实用性、综合性和系统化为特点，以职业能力培养为核心，其目标为让学生充分运用各类多媒体设计软件进行创作，具有图、文、声、像的基本处理能力，掌握常见的多媒体软件操作，能参加多媒体的设计工作，强调学生自主学习与探究能力的提高，提升学生专业学习兴趣，具备解决多媒体技术应用问题的技能。

全书共分9章，各章的主要内容如下：

第1章：以扫描仪、数码照相机、数码摄像头、打印机为例，介绍了各种设备安装与使用；第2章：通过多媒体触摸屏程序、影片、电子考卷制作等介绍了演示文稿应用；第3章：通过DIY手机铃声、配乐诗朗诵的制作、录制个人卡拉OK和刻录个人CD等介绍了音频处理方法；第4章：通过水墨画的制作、艺术照的制作、企业画册制作等介绍了图像处理技巧和方法；第5章：通过Flash片头动画制作、Flash网络广告制作、Flash MTV制作等介绍了Flash 动画制作技巧；第6章：通过视频原理、视频格式转换、让照相机留住青春等内容介绍了视频制作方法及其格式的转换技巧；第7章：通过流媒体的基本概念、原理、常用流媒体格式、传输协议以及播放方式、利用流媒体搭建视频会议系统等介绍了流媒体应用与工作原理；第8章：通过"揠苗助长"——演示型课件、娱乐时光、套圈游戏制作、制作单选题、风景画与建筑画浏览等介绍了多媒体课件制作方法；第9章：通过汽车制作、烟火动画制作、影视片头制作等介绍了三维动画制作方法与技巧。

本书由姚卿达主编，陈保、张志勇副主编，李月娥、卢青华、杨凡、王云雁、卢东晓等老师参与编写。

由于我国的高职教育正在蓬勃发展，许多问题有待深入讨论，新的经验将会层出不穷，对如何进行高职教育将会有更新、更深入的认识，本套教材的内容将会根据新的形势不断丰富和调整。为了满足许多高职高专学校对教材的迫切需要，我们编写了这套教材，以期抛砖引玉。教材中肯定会有不足之处，敬请读者不吝指正，E-mail：Chenbao2010@163.com。

编 者

2010年4月

目录

CONTENTS

第1章

多媒体设备

媒体（medium）有两重含义：一是指存储信息的实体，如磁盘、光盘、磁带、半导体存储器等，被称为媒质；二是指传递信息的载体，如数字、文字、声音、图形等，被称为媒介。本书所提到多媒体技术中的媒体主要是指前者，即指利用计算机把文字、图形、影像、动画、声音及视频等媒体信息数字化，并将其整合在一定的交互式界面上，使计算机具有交互展示不同媒体形态的能力。这里所讲的多媒体技术不是各种信息媒体的简单复合，而是一种把文本（text）、图形（graphic）、图像（image）、动画（animation）和声音（sound）等形式的信息结合在一起，并通过计算机进行综合处理和控制，能支持完成一系列交互式操作的信息技术。

下面介绍几种用途比较广泛的多媒体设备，并通过具体的案例讲解这些多媒体设备的安装和使用方法。

学习目标	
	☑ 扫描仪的种类 ☑ 数码摄像头的种类
	☑ 扫描仪的安装 ☑ 数码摄像头的安装
	☑ 扫描仪的操作 ☑ 数码摄像头的使用
	☑ 数码照相机的种类 ☑ 打印机的种类
	☑ 数码照相机的安装 ☑ 打印机的安装
	☑ 数码照相机的操作 ☑ 打印机的使用

任务1 扫 描 仪

问题情境

一所知名大学马上要过 80 年校庆，需要制作一部关于该校发展历史的介绍性的多媒体作品。学校给制作单位提供了大量记录该校历史性时刻的老照片的胶片，并要求将这些老照片放置在制作好的多媒体作品中。

多媒体技术中的媒体功能之一就是利用计算机把图形等媒体信息数字化，并将其整合在一定的交互式界面上，使计算机具有交互展示不同媒体形态的能力。而多媒体设备之一——扫描仪，可以将这些存在于计算机之外的图形输入到计算机中，并实现多媒体的功能。

问题分析

扫描仪根据扫描原理可分为三大类：滚筒式扫描仪、平面扫描仪和笔式扫描仪。

滚筒式扫描仪：一般使用光电倍增管（photomultiplier），因此它的密度范围较大，而且能够分辨出图像更细微的层次变化。它一般使用在大幅面的图像扫描中。

平面扫描仪：使用的是光电耦合器件（charged coupled device，CCD），故其扫描的密度范围较小。所用 CCD 是一长条状有感光元器件，在扫描过程中用来将图像反射过来的光波转化为数字信号，平面扫描仪使用的 CCD 大都是具有日光灯线性陈列的彩色图像感光器。平面扫描仪是最为常用的扫描仪，一般使用在对幅面为 A3、A4 的图像的扫描上。

笔式扫描仪：携带方便，但扫描精度低，扫描质量差。

由于是照片，幅面比较小，使用平面扫描仪即可满足要求。这里主要介绍 HP LaserJet 305X 系列扫描仪的使用方法。

任务设计

本节的照片扫描任务，可以分成两部分完成：第一部分为安装扫描仪，第二部分为照片的扫描和保存。

1. 扫描仪的安装

如果用户使用的是 EPSON ME 300 series 6.61.0.0 及以上的驱动版本，安装 EPSON ME 300 系列喷墨打印扫描多功能一体机实现扫描功能，其正确的安装步骤如下：

① 进行物理连接，将扫描仪信号线缆的一头与其背部的端口连接，另外一头与计算机上的 USB 端口连接。

② 将扫描仪的电源插头与电源插座连接好，再将扫描仪中的电源开关打开，接通电源，启动扫描仪。

③ 启动计算机系统，这样与计算机相连的扫描仪就能被 Windows 系统自动识别，此时计算机的桌面上出现“找到新的硬件向导”对话框，选择“从列表或指定位置安装（高级）”单选按钮，如图 1-1-1 所示，单击“下一步”按钮。

④ 在新打开的界面中选择“搜索可移动媒体（软盘、CD-ROM...）”复选框，如图 1-1-2 所示。此时请确保光驱中放置了该扫描仪的驱动程序光盘，计算机会读取光盘根目录的信息（某些驱动光盘需要读取 Drivers 目录下的内容）。

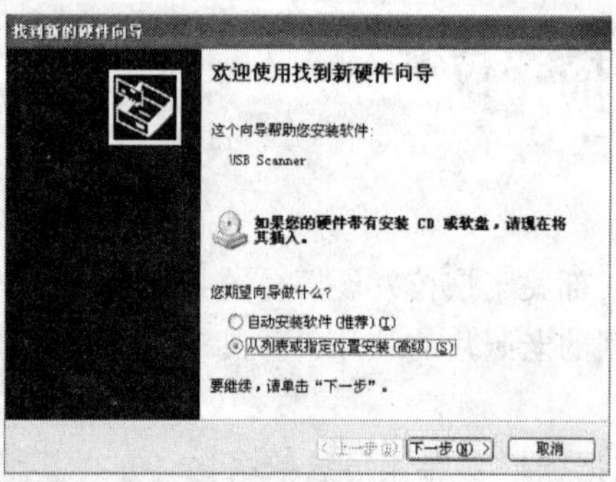

图 1-1-1　从列表或指定位置安装

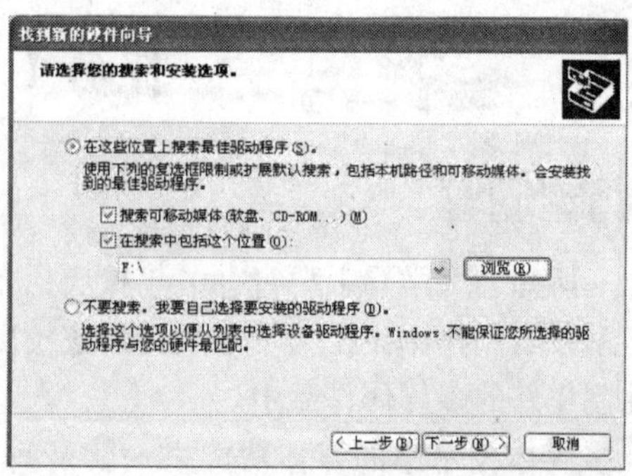

图 1-1-2　搜索可移动媒体

⑤ 计算机经过一系列的动作，最后出现重启计算机的提示，单击“确定”按钮，重启计算机，驱动安装完毕。

2. 照片的扫描

① 安装完扫描仪后，就可以进行照片的扫描和保存。使用“扫描仪和照相机向导”扫描：

打开“控制面板”窗口，如图 1-1-3 所示，双击“扫描仪和照相机”图标。

② 在打开的“扫描仪和照相机”窗口中双击“EPSON ME 300”图标，如图 1-1-4 所示。

图 1-1-3　“控制面板”窗口

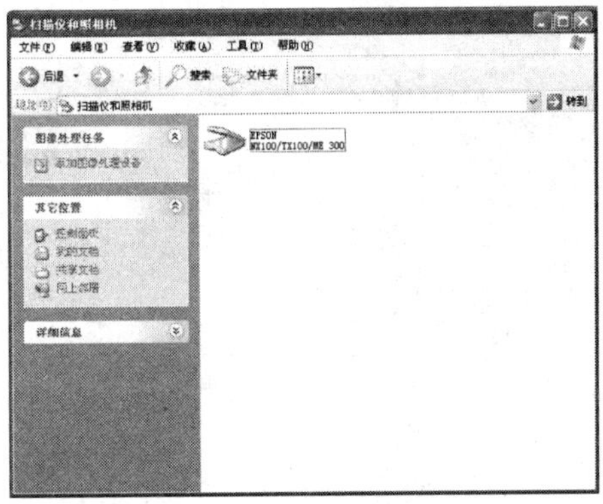

图 1-1-4　“扫描仪和照相机”窗口

③ 弹出“欢迎使用扫描仪和照相机向导”对话框，如图 1-1-5 所示，单击“下一步”按钮。

④ 弹出“选择扫描首选项”对话框，如图 1-1-6 所示，根据实际扫描的原稿，选择图片类型，检查纸张来源与实际放置扫描原稿的位置一致，然后单击“下一步”按钮。

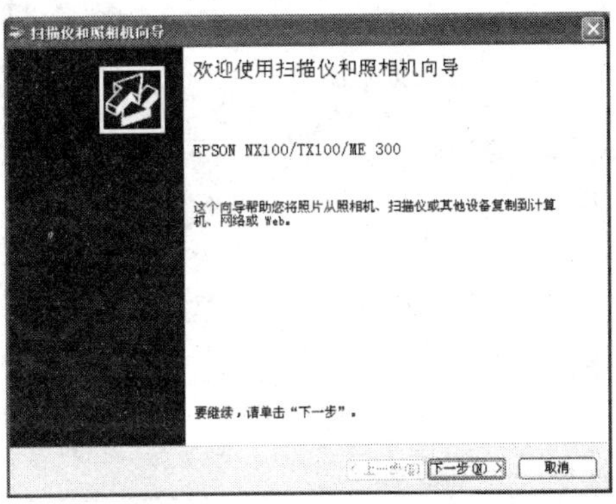

图 1-1-5　“欢迎使用扫描仪和照相机向导”对话框

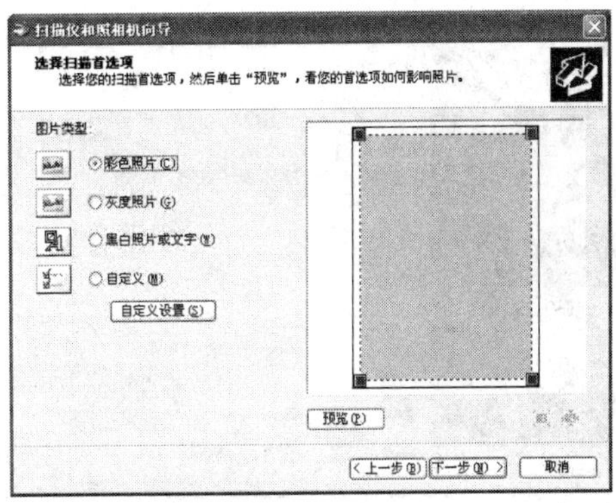

图 1-1-6　“选择扫描首选项”对话框

⑤ 弹出“照片名和目标”对话框，如图 1-1-7 所示，在“为这组照片键入一个名称”下拉列表中输入文件名。在“选择一个文件格式”下拉列表中选择扫描文件保存格式，如图 1-1-8 所示，然后单击“下一步”按钮。

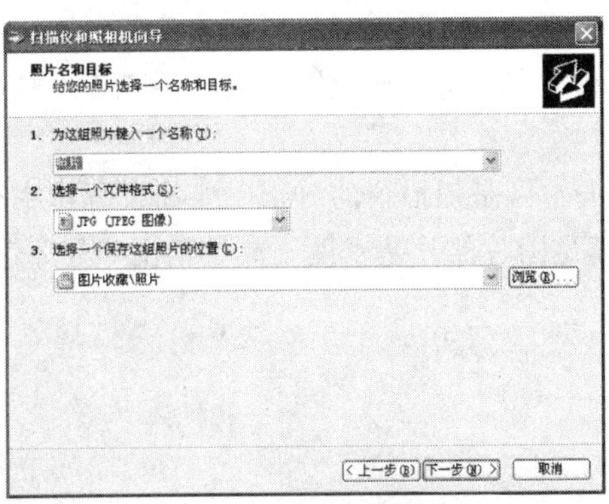

图 1-1-7　输入照片名称

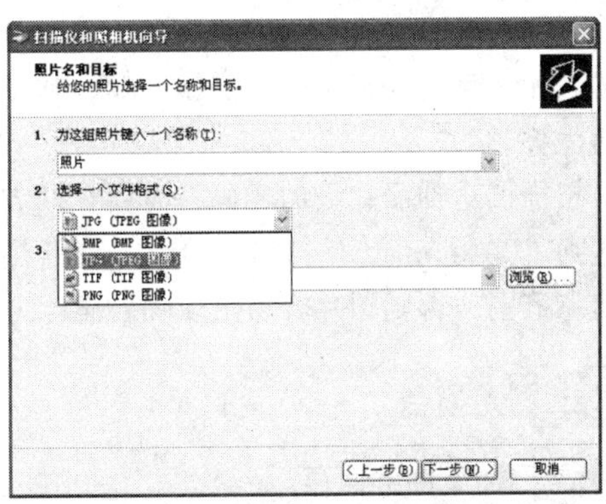

图 1-1-8　选择一个文件格式

⑥ 弹出“正在扫描照片”对话框，如图 1-1-9 所示。

⑦ 弹出“其他选项”对话框，如图 1-1-10 所示，选择“什么都不做，我已处理完这些照片”单选按钮，单击“下一步”按钮。

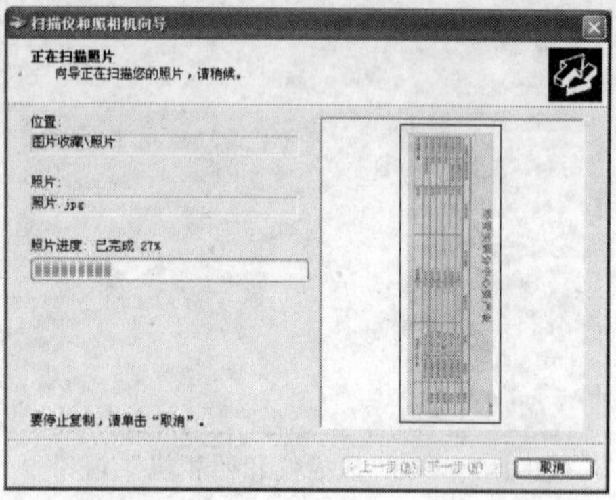

图 1-1-9　“正在扫描照片”对话框

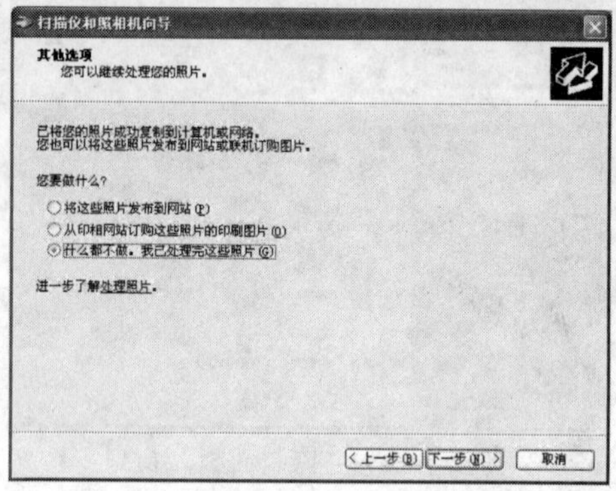

图 1-1-10　“其他选项”对话框

⑧ 弹出“正在完成扫描仪和照相机向导”对话框，如图 1-1-11 所示，单击“完成”按钮。

⑨ 打开扫描后的文件预览窗口，如图 1-1-12 所示。至此扫描结束。

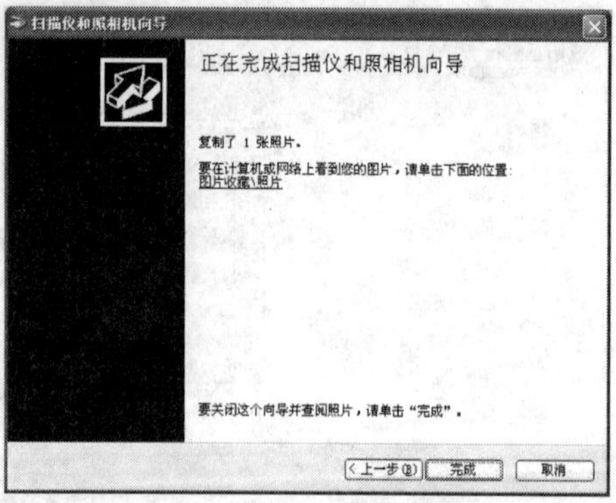

图 1-1-11　“正在完成扫描仪和照相机向导”对话框

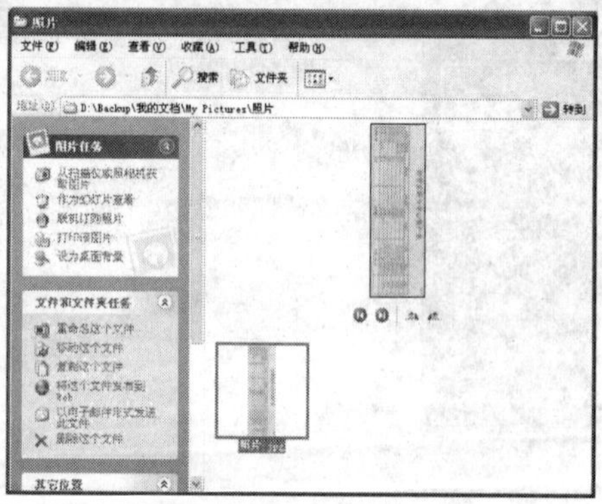

图 1-1-12　文件预览窗口

规律总结

底片扫描可以根据用户的需要精细调节，这是底片直接扫描的优势。目前，底片扫描是用户处理底片的一个途径。在冲洗店，除非是精放，一般冲扩的效果容易引起偏色和色彩层次的不清。在这点上与传统彩色扩印比较，扫描仪扫描底片在色彩层次上能做精细调节，这是扫描仪的优势。

扫描仪达到照片级的还原，需要在两方面下工夫：一是扫描仪的分辨率要高，分辨率至少要达到 1 000 dpi。二是扫描仪的动态范围要大，以满足图片的片基密度不高的情况。至少是 3.2 的动态范围，否则图片容易出现颗粒感。

知识链接

1. 扫描文件的保存

如果要扫描图形文件，须安装一款图形图像处理软件（如 Photoshop 等）：先打开图形处理软件，选择输入来源，选择扫描仪的驱动，然后单击“获取”按钮出现扫描界面，选择色彩、分辨率等，先“预览”整个图片或文件，然后选择需要的部分单击“扫描”按钮进行扫描，完成后，所要的内容就出现在图像处理软件上，最后选择要存的目录并输入名称完成扫描。

2. 文字识别

所谓文字识别系统，即光学字符识别系统（optical character rcognize，OCR），指利用扫描仪将报纸、杂志等媒体上的印刷体汉字、表格和图形，甚至手写体汉字输入计算机并识别，从而达到高速录入汉字的一种软件。现在大多数扫描仪都随机附送了一套OCR软件，但如何提高OCR的识别率呢？一般说来，OCR的识别率主要受以下四个因素的影响：原稿质量、所用的OCR软件、OCR的参数设置、扫描时的参数设置。原稿应保证清洁、无灰尘和杂质，最好选用印刷质量较高的原稿，尽量避免使用手写稿。扫描时，应将原稿摆放整齐，避免过度倾斜。如有倾斜，要使用软件的“倾斜校正”功能进行校正，以利于OCR软件的版面分析。若扫描出来的影像杂点较多，则应首先进行去除杂点的处理，然后再进行识别。在OCR软件的选择方面，目前市场上较流行的有清华OCR、尚书OCR、蒙恬OCR等，有的产品还有专业版和普及版之分。选好OCR软件后，正确设置其参数很重要。很多OCR软件提供了标准Twain界面和所谓的“直接终扫”两种扫描方式，在实际使用中，应通过多次实验来确定哪种方式更有效、实用。另外，有不少人有这样一种误解：提高分辨率（dpi）能提高识别率。事实上，对于一般的报刊、杂志，选择300dpi左右的分辨率即可。过高的分辨率反而可能降低识别率。这是因为过高的分辨率会更“仔细”地扫描印刷文字的细节，更容易“揪”出印刷文稿的瑕疵、缺陷，导致识别率下降。尤其当原稿的印刷质量不是很好时，这种副作用体现得更为明显。其实，对于绝大多数的原稿而言，真正影响识别率的参数是明暗浓度，即亮度和对比度。其设置应以汉字的笔画看上去既不残缺又不相互粘连为准。总之，通过“清洁原稿、摆放整齐、优选OCR、正确设置”可以有效地提高文字识别率。

3. 扫描图像的后期处理

以Photoshop CS4为例，首先利用标准Twain接口扫描一幅真彩色图像，为了调整整体反差失真，依次选择“图像|调整|色阶”命令，在打开的窗口中调节图中左、右两个小三角形的位置，并通过预览窗口观看调节后的效果，直到满意为止。通常是将两个小三角形向中间移动，这样经过多次扫描不同影像，反复调节，就能把该扫描仪图像的整体反差失真程度“量化”，即确定左、右两个小三角形的移动方向和幅度。若影像偏色，可以依次选择“图像|调整|变化”命令，在打开的窗口中选择最接近原影像的效果图。同样地，经过多次实验后，也就知道了扫描仪的偏色程度。接下来是去除网点，选择“滤镜|杂色|去斑”命令即可。最后一道工序是弥补扫描仪焦距上的误差，选择“滤镜|锐化|USM锐化”命令，仔细调节窗口中的各项参数，注意半径（radius）值不要调得过大，这样可以使影像更为清晰。多次实验后，对扫描仪的焦距误差也就心中有数了。经过上面一番处理，会发现影像更逼真、更精细。如果这样还嫌麻烦的话，可以利用Photoshop中的“动作”（action）功能将上面的几道工序做成一个“动作”，下次需要处理时，只须执行这个“动作”即可以一气呵成了。

任务2 数码照相机

问题情境

某单位要举办一场运动会，举办单位提供了几部数码照相机，希望在运动会结束后，能够在单位的网站上发布关于运动会的照片，展示运动员拼搏的飒爽英姿，激励大家更好的工作。

问题分析

现在数码照相机的种类大致分为专业、民用和数码机背三种。

1. 专业数码单镜头反光式照相机

专业数码单镜头反光式照相机是在现成的 35mm 单反照相机的机体上加上 CCD 等相关部件组成一个整体，像素一般在 200 万～500 万。可以更换传统照相机的专业镜头，如柯达 DCS-420、佳能 EOS DCSI 等中、高档数码照相机均为这种类型，如图 1-2-1 所示。目前被广泛用于新闻摄影，这类照相机也被越来越多地用于制作各种文献或产品样本。目前，数码单反照相机所拍摄的照片已基本上能与卤化银照片相比拟。

图 1-2-1 Nikon D1 专业数码反光式照相机

2. 民用型数码照相机

此类型的数码照相机大致分为高、中、低三档。

低档民用数码照相机结构紧凑，但像素不高。出于成本考虑，这些照相机一般不具有光学变焦而采用 2 倍左右的数码变焦。从功能来讲，属于“傻瓜机”系列，适于家庭、多媒体、保安和制证等方面使用。由于分辨率太低不适用于肖像摄影、商业摄影、摄影创作等场合。

中档民用数码照相机中有一部分采用高像素、数码变焦。这些照相机有的已经具有一些传统照相机功能，如光圈/快门优先等，适用于一些要求不高的商业用途。

高档民用数码照相机（见图 1-2-2）的像素很高，而且功能也越来越接近传统照相机，如光圈/快门优先、感光度调节、手动聚焦、快速连续拍摄、可外接同步闪光灯等，有的还加上了录音、动态图像等功能。这些照相机所拍摄的照片已有与卤化银照片相当的质量，适用于商业摄影、公安、科研等一些对照片质量要求较高的场合。

3. 数码机背

数码机背（见图 1-2-3）通常用于中幅照相机和大型照相机上，可方便地将现有中幅照相机数字化，在机身上装卸也极为方便，可随时进行数码照相与传统照相方式的转换。数码机背主要用在对照片质量要求苛刻的商业摄影、广告摄影等方面，因为可获得极高的分辨率——超过 600 万像素，有的像素水平可达 3 000 万，所摄足以打出 A0 幅面以上的高质量图像，或打出大幅面报纸照片水平的画面。

图 1-2-2 尼康 COOLPIX950 数码照相机

图 1-2-3 柯达 DCS Pro Back 专业中幅数码机背

任务设计

将数码照相机中的照片导出到计算机上的任务，可以分成两部分完成：第一部分为连接数码照相机和计算机，第二部分为将数码照相机中的照片导出和保存。

将数码照相机中的照片导入到计算机中通常有三种方法。

1. 将数码照相机数据线与计算机相连进行照片传输

数码照相机数据线与计算机相连进行照片传输是将数码照片导入计算机最常用的方法。在购买数码照相机时，一般都会配置数码照相机与计算机相连接的数据传输线，数据线连接计算机的一端通常为 USB 接口。只要计算机安装了该数码照相机的 USB 驱动程序，用数据线直接将数码照相机与计算机连接起来即可。因为数码照相机的存储卡与一般的移动硬盘、U 盘的性质相同，连接后打开数码照相机电源开关，即可从数码照相机存储卡（计算机中显示为“可移动硬盘”）中找到照片保存的文件夹，将照片复制到计算机硬盘中即可。

2. 用读卡器传输数码照片

用户也可以用读卡器传输数码照片。首先将数码照相机中的存储卡取出，插入到读卡器上，而读卡器是与计算机相连的，这样开启读卡器就可以读取数码照相机存储卡上的照片文件了，复制、粘贴、删除文件的方式与“数码照相机数据线与计算机相连进行照片传输”中的方法相似。图 1-2-4 所示为一款数码相机照片读卡器。

图 1-2-4 数码相机照片读卡器

读卡器种类繁多，从产品角度上可以分为单一式和兼容式两种。单一式的产品仅可以读取一种类型的记忆卡，而如果有多台使用不同存储介质的数码照相机，或是其他的数码产品，如 MP3、PDA 等，则需要买一个能够兼容多种记忆卡的读卡器。读卡器市场价格从几十元到一百多元不等。目前比较常用的读卡器是能兼容多种卡的六合一读卡器，六合一读卡器可以读取 CF 卡、MicroDrive、SD 卡、MMC、SONY 记忆棒、SM 卡六种主流的闪存卡。

3. 将数码照片传输到笔记本式计算机的专用方法

除了前面所介绍的两种主要方法之外，还有一些将数码照片传输到笔记本式计算机的专用方法，即笔记本式计算机直接用数码照相机存储卡读取照片文件。如果笔记本式计算机有数码照片存储卡读卡插口（如 SD 卡接口），并且笔记本式计算机的操作系统是 Windows XP/Vista/7 的话，那么读取数码照相机存储卡中保存的数码照片将变得非常简单：将数码照相机中的存储卡取出（如 SD 卡），插入到笔记本式计算机的 SD 卡插槽中，这时存储卡将显示为“可移动存储设备”。与“数码照相机数据线与计算机相连进行照片传输”方法一样，从存储卡中将数码照片复制、粘贴到笔记本式计算机的硬盘中即可。确认在硬盘上保存了数码照片后即可删除存储卡中的所有照片，以便下次照相时有足够的存储空间。

如果笔记本式计算机没有读卡器插槽，可以采用数码照相机专用的 PC 卡式的读卡设备（见图 1-2-5）。当然，前提是要购买这种笔记本式计算机读卡器。

另外，有的数码照相机可选配红外线发送装置与装有红外线接收装置的计算机进行无线传送。

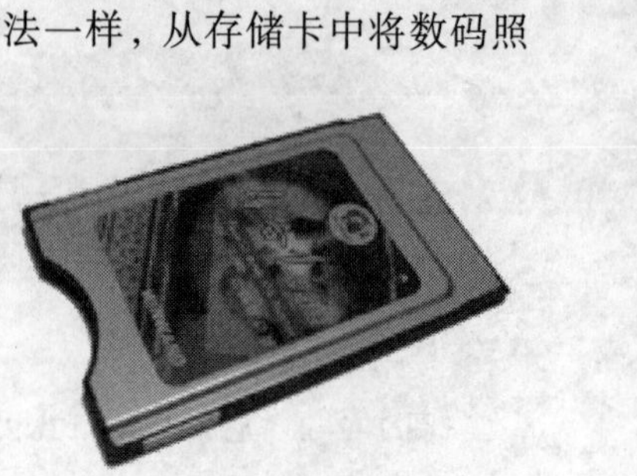

图 1-2-5 PC 卡式的读卡设备

规律总结

一般数码照相机都会附带一些处理数码照片的专用软件，但因为此类软件往往占用系统资源较大，而照片处理的功能又不如一般通用图像处理软件（如 Photoshop、Picasa2、ACDsee 等），所以不建议使用。

在删除数码照相机存储卡中的照片文件之前，一定要确认所有的数码照片都已经被正确地复制到计算机硬盘上。当全选（按【Ctrl+A】组合键）数码相机照片后复制（按【Ctrl+C】组合键）时，不小心按错了键盘，如按【Ctrl+X】组合键进行了剪切操作，数码相机文件夹中的资料一下子全没有了，这时不要惊慌，因为按【Ctrl+X】组合键只是将文件复制到剪贴板中，只要在所需要存放照片的位置，按【Ctrl+V】组合键进行粘贴操作，即可完成数码照片输出到计算机的任务了。

这里需要说明的是，对于安装不同操作系统的计算机，数码照相机数据线与计算机相连的使用方法有一定的区别。使用 Windows XP/Vista/7 系统的用户，一般不用安装 USB 驱动程序，可以直接用数据线进行连接；而对于使用 Windows 2000 操作系统的用户，必须事先安装 USB 驱动程序，一般数码照相机都会配有驱动程序光盘，主流数码照相机的驱动程序也可以从相关网站下载。

知识链接

1. 数码照相机的保养

数码照相机的存储卡都很小，而且很薄，极易折断，金属接口片极易被污染和划伤，最安全的方法就是将存储卡放入专用包装盒内或照相机内。平时一定要将存储卡保存在干燥环境中，存有图像文件的存储卡还要尽量避磁、避高温存放。

2. 准确使用白平衡

数码照相机的感光部件 CCD 或 CMOS 在成像过程中无法做到传统胶片中化学颜料成像的颜色和人类眼睛所见颜色的程度，就需要对比“色偏”进行调整。调整光线色温的平衡，最大限度消除色偏，这也就是所谓的白平衡。因为数码照相机的不同，白平衡的设置选项多少也有所不同，但通常都会有自动、日光、阴天、白炽灯、荧光灯五种模式。自动模式不是在任何光线条件下都会有非常好的效果，所以就需要在不同的光源条件下来选择“日光、阴天、白炽灯、荧光灯”模式。例如，“日光”适用于晴朗的日子在户外拍摄；“阴天”适用于在多云、阴天或者黄昏与黎明环境下拍摄；“白炽灯”适用在白炽灯和灯泡类型（3 段波长）暖白荧光灯照明下拍摄；“荧光灯”适用于在暖白、冷白或（3 段波长）暖白荧光灯下拍摄。

3. 数码照相机快门的使用

数码照相机只要按下快门就可以拍照的这一性能和传统的胶片相机并没什么不同，但是数码照相机具有自动对焦与自动曝光的功能，其快门按钮是两段式，按下第一段时间会自动对焦与测光并锁定，到按下第二段时间才真正拍摄。所以，要注意的一点是拍摄时在光线不足的情况下，为了保证曝光充足，照相机会自动降低快门的速度以配合所使用的光圈，以保证曝光量。这时的轻微晃动都会影响到照片的清晰度，因此，情况允许的话，在光线不足的情况下拍摄时，最好使用三脚架以达到最佳的稳定度。

4. Snapter 软件简介

可以利用数码照相机作为扫描仪，它能将数码照相机拍摄的文档、名片、书页等转换成 PDF 文档，从实现扫描仪的功能。

Snapter 软件有中文版，需要先安装.NET 才能使用。Snapter 软件操作简单，只需将数码照片拖至工作区中，然后单击“转换”按钮即可进行转换。转换后的内容去掉了一些与主体无关的无用的边缘，例如，照名片时，如果名片放置的桌面也被照进去，Snapter 在处理时会自动去掉名片周围的桌面部分使得名片占据整个页面，转换后的内容以 PDF 或其他格式的文件输出。因此借助 Snapter，有数码照相机的朋友可以使用数码照相机随时随地“扫描”。

任务3　摄　像　头

问题情境

快毕业了，一个漂亮的简历可以为自己赢得更多的工作机会，在简历的封面上添加上自己的照片，可能给招聘单位印象深刻，可是计算机上没有什么好看的照片，而宿舍也没有数码照相机，只有一个摄像头，那就试试用摄像头来抓拍照片吧。

问题分析

目前市面上的摄像头大体有两种：一种是数字摄像头，可以独立与计算机配合使用；另一种是模拟摄像头，要配合视频捕捉卡一起使用。

1. 数字摄像头

数字摄像头是一种数字视频的输入设备，利用光电技术采集影像，而不像视频采集卡那样首先用模拟的采集工具采集影像，再通过专用的模数转换组件完成影像的输入。数字摄像头的优点是使用简单，一般都通过微机并行通信口或 USB 接口连接，即插即用，安装简单，尤其适合便携式计算机和不能打开机箱的品牌台式计算机，整体的价格往往要比同档次的模拟摄像头和捕捉卡便宜。

不过数字摄像头的缺点也是比较明显的，由于使用了 CMOS 作为感光器件，使得分辨率在 640×480 以上捕捉速度不是很快（小于 30fps）。现在市场上大多数的摄像头的分辨率都在

640×480 左右，一般在 352×288 时能够达到 30fps。数字摄像头的价格也相对便宜，一般是家庭用户的首选。

2. 模拟摄像头

模拟摄像头多为 CCD 的，品牌有宝狮、罗技等，还有 Intel 的视频会议系统，包括摄像头，内置插卡式捕捉卡和双工声卡等全套产品，不过价格昂贵。模拟摄像头要与计算机配合工作，需要有视频捕捉卡或外置捕捉卡。昂贵的视频捕捉卡往往带有实时视频压缩功能，对于要进行专业数码影像、影音处理的用户来说一般适合安装模拟摄像头配内置插卡式捕捉卡。

任务设计

利用数码摄像头进行镜头的抓拍与保存任务，可以分成两部分完成：第一部分为安装数码摄像头，第二部分为镜头的抓拍与保存。

1. 安装数码摄像头

① 将数码摄像头驱动程序光盘放入光驱，双击驱动程序 Setup.exe，出现欢迎界面，单击“下一步”按钮，如图 1-3-1 所示。

② 弹出正在扫描硬件的提示，如图 1-3-2 所示。

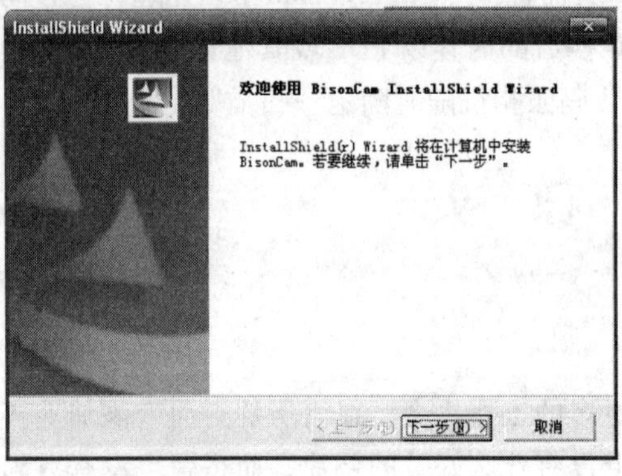

图 1-3-1 欢迎界面

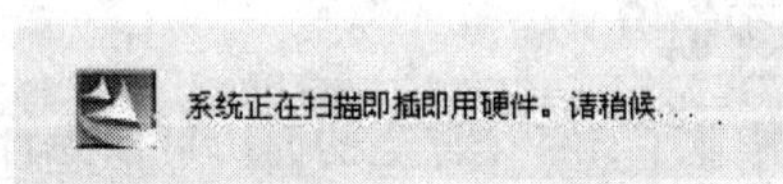

图 1-3-2 扫描硬件的提示

③ 接着弹出“安装完成”对话框，选择“是，立即重新启动计算机”单选按钮，单击“完成”按钮，如图 1-3-3 所示。

④ 重启后，在桌面上出现摄像头的快捷启动图标，如图 1-3-4 所示，摄像头安装成功。

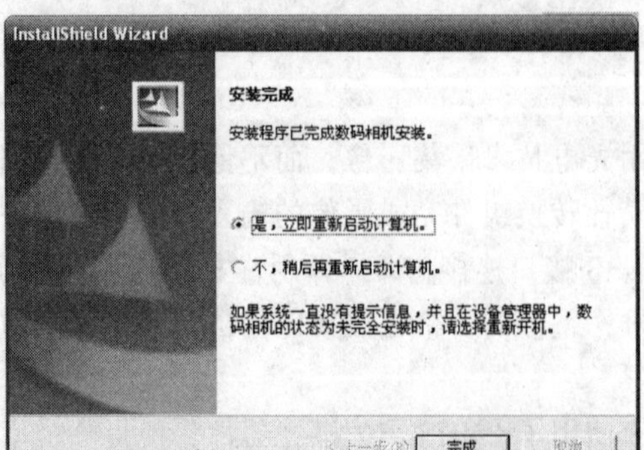

图 1-3-3 “安装完成”界面

图 1-3-4 摄像头快捷启动图标

2. BisonCam视频捕获

① 双击摄像头的快捷启动图标，打开摄像头捕捉窗口，如图1-3-5所示。

② 在“设备”菜单中选择相应的摄像头，如图1-3-5所示。

③ 在“选项”菜单中，选择“视频属性”命令，进行视频属性的设定，如图1-3-6所示。

图1-3-5　摄像头捕捉窗口

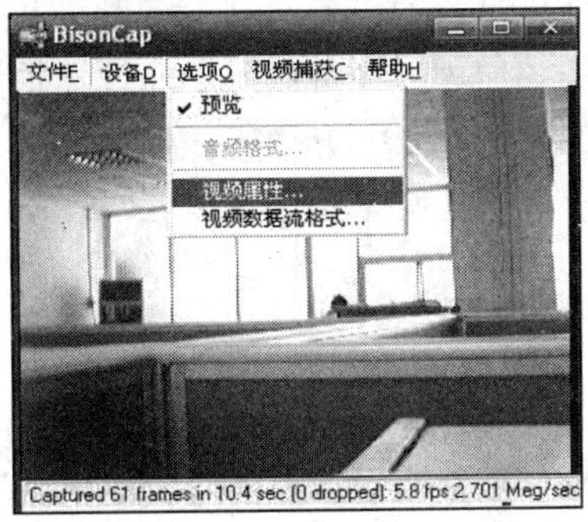

图1-3-6　视频属性的设定

④ 在“视频捕获”菜单中，选择“设定捕获时间”命令，进行捕获时间的设定，如图1-3-7所示。

⑤ 在“文件”菜单中可设置视频文件的保存路径等，如图1-3-8所示。

图1-3-7　设定捕获时间

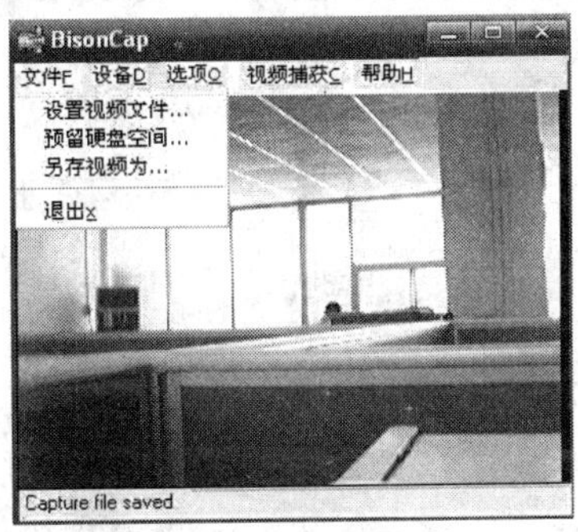

图1-3-8　“文件”菜单命令

⑥ 在“视频捕获”菜单中，选择“开始视频捕获”命令，进行视频捕获，如图1-3-9所示。

⑦ 弹出“准备开始视频”对话框，如图1-3-10所示，单击“确定”按钮，开始视频捕获。

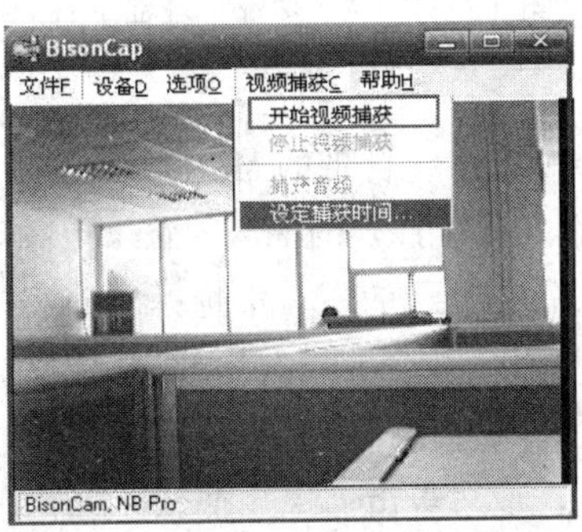

图1-3-9　开始视频捕获

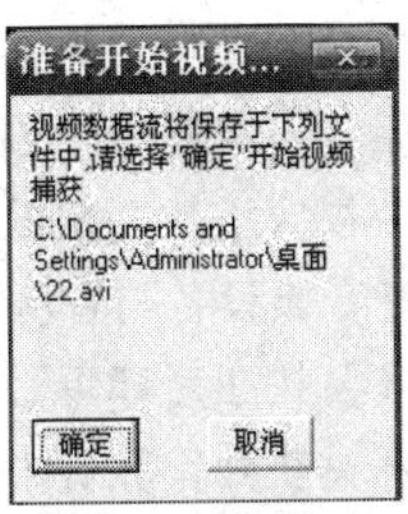

图1-3-10　准备开始视频

规律总结

数码摄像头为 USB 接口，安装十分方便，不但可以安装到台式机，也可以安装到便携式计算机上，携带也十分方便。数码摄像头与计算机通信符合统一的规范（而且是公开的），所以能够兼容任何品牌的设备，这一点对于开发人员和使用者都很重要。另外，数码摄像头除了可以用于现场拍照外，还可以用于非现场拍照，如对纸质照片进行翻拍。目前市场上的数码摄像头光学分辨率可达 130 万像素，拍摄的 1 英寸或 2 英寸照片能够满足大多数考试的要求，因此是现在常见的照片采集技术之一。

知识链接

1. 更新驱动程序

如果要更新驱动，右击“我的电脑”图标，从弹出的快捷菜单中选择“属性”命令，在弹出的“系统属性”对话框中选择“硬件”选项卡，如图 1-3-11 所示。

单击“设备管理器”按钮，从打开的“设备管理器”窗口中寻找设备的名称并右击，在弹出的快捷菜单中选择“更新驱动程序”命令，如图 1-3-12 所示，余下操作可参考上述步骤。

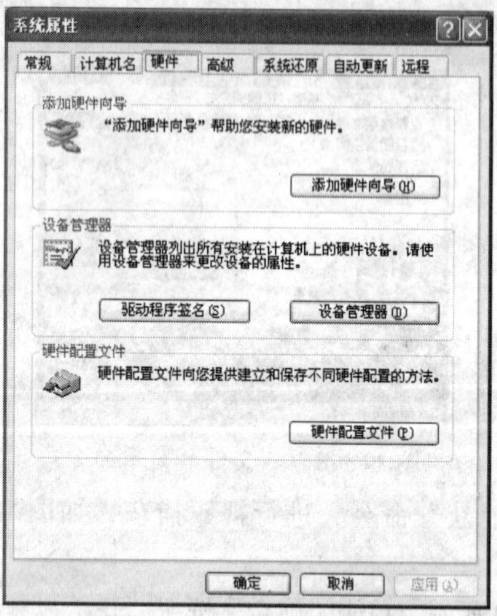

图 1-3-11 “系统属性”对话框

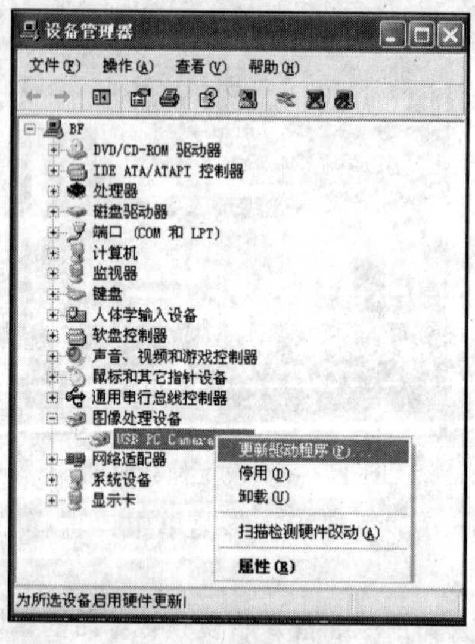

图 1-3-12 “设备管理器”窗口

2. 使用摄像头制作家庭影片

制作家庭影片不需要安装特殊的软件，只用 Windows XP 系统自带的 Movie Maker 就可以了。依次选择“开始 | 所有程序 | Windows Movie Maker”命令，在打开的 Movie Maker 窗口中单击左上角的“捕获视频 | 从视频设备捕获视频”链接，然后在打开的窗口中选择要捕获视频的设备，同时设置好音频设备与音频输入源，接着单击“下一步”按钮，设置影片名称与保存位置，再单击“下一步”按钮后即可看到摄像头的当前视频了，最后单击“开始捕获”按钮，就可以把当前画面全部捕获到计算机中了，等捕捉完成一段后，最后单击“停止捕获”按钮结束。

等捕获多段视频后，接下来就是编辑各段视频。在 Windows Movie Maker 主界面上把要编辑的视频拖到下面的情节提要窗口中，然后为各段视频添加视频效果，这样就可以使得视频看起来更专业一些。处理完各段视频后，接着就是为各段视频间设置过渡效果，这样就会在各段视频过渡时显得更加自然一些，增强影片的观赏性。全部完成后，最后编辑影片的片头与片尾，单击左侧的“编辑片头与片尾”链接，在 Movie Maker 中集成了很多片头与片尾模板，选择合适的模板，编辑里面的文字，这样就能够轻松地制作好片头与片尾了。至此，一部亲手用摄像头拍摄的 DV 就编辑完成了。

3. 摄像头拍照

在与好友聊天的时候，我们可以直接把好友聊天时的画面拍下来。QQ、UC 等聊天工具都具有拍摄当前聊天画面的功能，只要单击聊天窗口中的“拍照”按钮，然后将当前图片保存到本地硬盘即可。

任务4 打 印 机

问题情境

学校要举办一场重要的大型招聘会，已经制作了一本漂亮的个人简历，现在要把个人简历打印出来并整理好，然后参加招聘会。现在手头上有一部从同学那里借来的打印机。

问题分析

打印机按其工作方式可分为击打式和非击打式两大系列，按有无色彩可分为单色和彩色两种。平常谈到打印机一般是指针式打印机、喷墨式打印机和激光打印机三种。喷墨打印机和激光打印机又称喷墨式印字机和激光式印字机，这是因为它们属于非击打式打印机的缘故。

1. 针式打印机

针式打印机顾名思义是通过打印针来进行工作的，当接到打印命令时，打印针向外撞击色带，将色带的墨迹打印到纸上。其优点是结构简单、耗材省、维护费用低、可打印多层介质（如银行等需打印多联单据）；缺点是噪声大、分辨率低、体积较大、打印速度慢、打印针易折断。针式打印机按针数可分为 9 针和 24 针两种。打印速度一般为每秒 50～200 个汉字，该类打印机按宽度可分为窄行（80 列）和宽行（132 列）两种，目前在我国使用最广泛的是带汉字字库的 24 针打印机。

2. 喷墨打印机

喷墨打印机按喷墨形式可分为液态喷墨和固态喷墨两种。

（1）液态喷墨打印机

液态喷墨打印机是让墨水通过细喷嘴，在强电场作用下以高速墨水束喷出在纸上形成文字和图像，从技术上看可以分为：CANON（佳能）公司专利的气泡式（bubble jet），其工作原理是利用加热产生的气泡，使墨水通过喷嘴喷到打印纸上；EPSON（爱普生）公司专利的多层压电式（MACH）技术，对喷出的墨水作严密完整的控制，使墨粒微小而均匀，改善了因墨点不均匀而导致的喷墨打印不清晰的问题；HP（惠普）公司的热感式（thermal）技术，采用这种技术是将墨水与打印头设计为一体，受热后将墨水喷出。我们平常所说的喷墨打印机均为液态喷墨打印机。

（2）固态喷墨打印机

固态喷墨是 Tektronix（泰克）公司 1991 年推出的专利技术，它所使用的相变墨在室温下是固态，打印时墨被加热液化，之后喷射到纸上，并渗透其中，附着性相当好，色彩也极为鲜亮，打印效果有时甚至超过热蜡式打印机，但价格昂贵。

喷墨打印机的优点是噪声低、打印质量比针式好、彩色效果好、速度快；缺点是不能打印多层介质、打印成本较高。

（3）激光打印机

激光打印机是利用电子成像技术进行打印的。当调制激光束在硒鼓上沿轴向进行扫描时，按点阵组字的原理，使鼓面感光，构成负电荷阴影，当鼓面经过带正电的墨粉时，感光部分就吸附上墨粉，然后将墨粉转印到纸上，纸上的墨粉经加热熔化形成永久性的字符和图形。其主要优点是印字质量高、分辨率高、噪声低、速度快、色彩艳丽，如果缓冲区大，占用主机的时间将相对减少；缺点是价格高、打印成本较高、不能打印多层介质、体积较大。

（4）其他形式打印机

除以上三种打印机之外还有热蜡式、热升华式、染料扩散式打印机。热蜡式（thermal wax transfer）打印机又称热转印式打印机，它是利用打印头上的发热元器件加热浸透彩色蜡的色带，使色带上的固态油墨转印到打印介质上。热升华式（thermal dry sublimation）打印机利用加热将染料熔化后转印到纸张上，染料直接从固态升华到气态，打印效果最好。染料扩散式打印机是把油墨加热成液态后，生成均匀色素扩散到纸上。这些打印机输出质量都非常好，但成本高、速度慢，主要用于出版、制作精美画册、广告和美工等有高档彩色输出要求的场合。

任务设计

本节利用打印机进行图片的打印任务，可以分成两部分完成：第一部分为安装打印机，第二部分为进行图片的打印。

1. 本地打印机的安装

① 先打开打印机的电源，并确定打印机的信号线已经和计算机主机相连，然后选择“开始 | 设置 | 打印机”命令，单击“添加打印机”链接，弹出“添加打印机向导”对话框，单击“下一步”按钮，如图 1-4-1 所示。

② 弹出“本地或网络打印机”对话框，选择“连接到此计算机的本地打印机”单选按钮，然后单击“下一步”按钮，如图 1-4-2 所示。

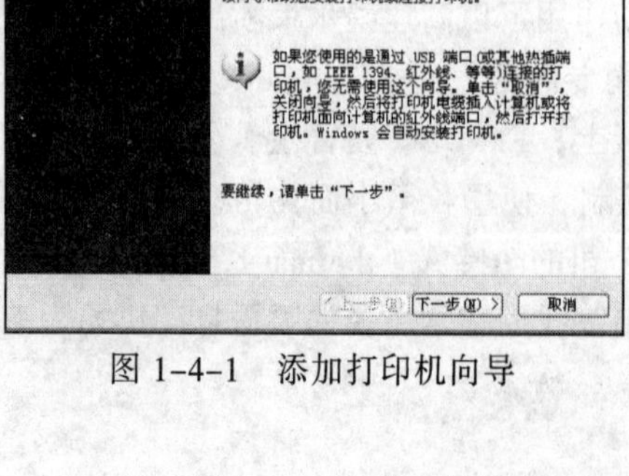

图 1-4-1 添加打印机向导

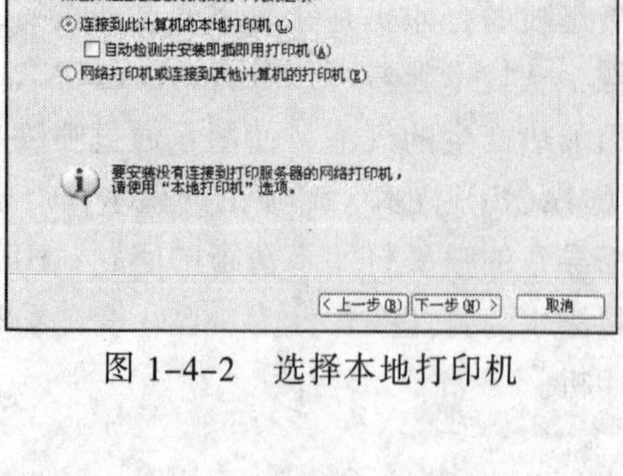

图 1-4-2 选择本地打印机

③ 弹出“选择打印机端口”对话框，为打印机选择一个输出端口，一般来说选择 LPT1 打印机端口，如图 1-4-3 所示，单击“下一步”按钮。

④ 弹出“安装打印机软件”对话框，选择打印机厂商和型号，如图 1-4-4 所示，然后单击“下一步”按钮。

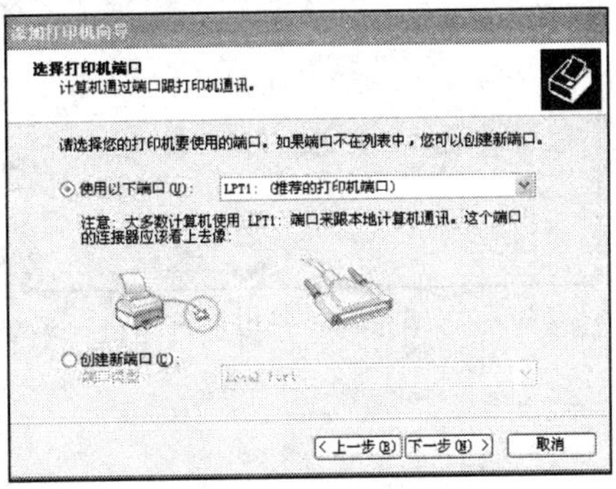

图 1-4-3　选择打印机端口

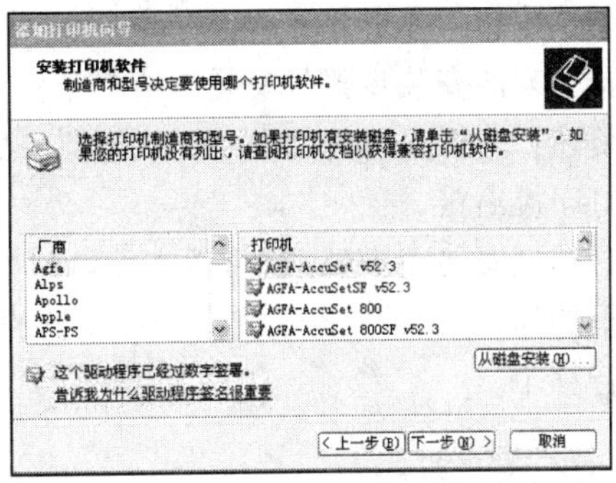

图 1-4-4　选择打印机厂商和型号

⑤ 弹出“命名打印机”对话框，如图 1-4-5 所示，命名打印机，选择默认打印机，选择好后单击“下一步”按钮。

⑥ 弹出“打印机共享”对话框，如图 1-4-6 所示，选择“不共享这台打印机”单选按钮。

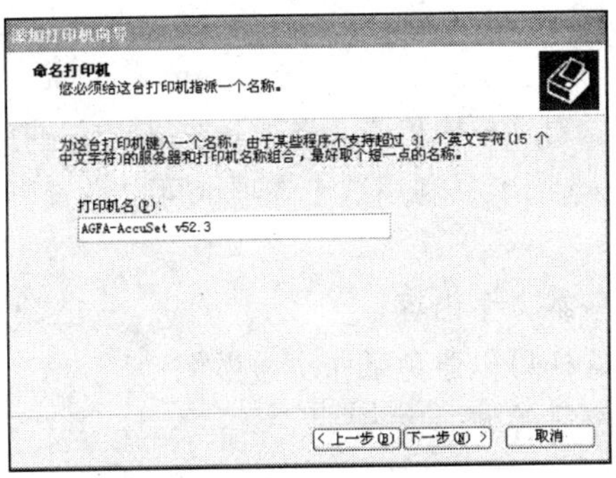

图 1-4-5　命名打印机

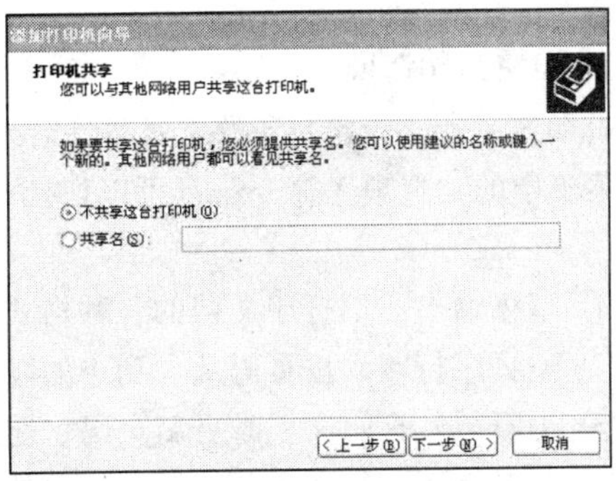

图 1-4-6　选择是否共享打印机

⑦ 弹出“打印机测试页”对话框，如图 1-4-7 所示，选择是否打印测试页来判断打印机的安装是否正确，单击“下一步”按钮。

⑧ 弹出“完成”对话框，如图 1-4-8 所示，单击“完成”按钮，结束打印机的安装。

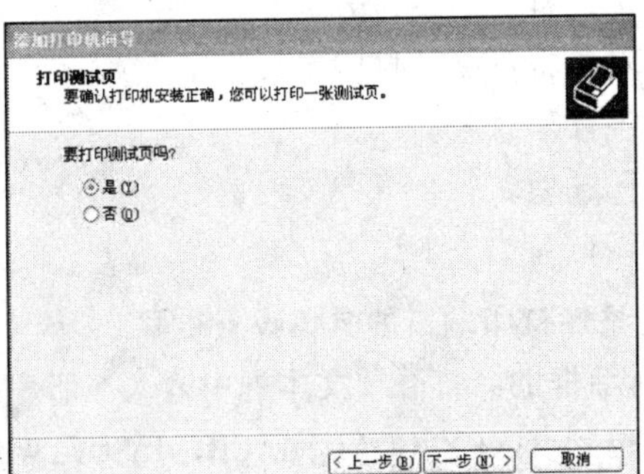

图 1-4-7　测试打印

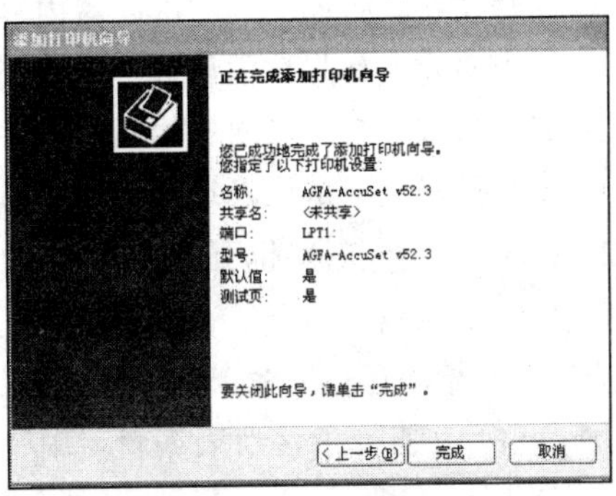

图 1-4-8　完成打印机的安装

2. 网络打印机的安装

访问打印机所在的网络计算机，找到共享打印机。双击共享打印机，弹出“指定打印机”对话框，如图 1-4-9 所示，选择“连接到这台打印机”单选按钮，单击“下一步”按钮。

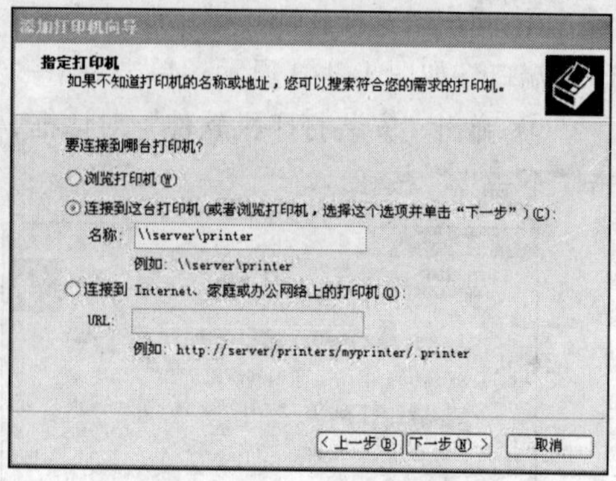

图 1-4-9　指定打印机

接下来的安装步骤与安装本地打印机一样，不再赘述，这样安装的优点是可以避免有的时候监视打印机出错。

打印机安装完毕后，就可以在窗口的“文件”菜单里选择“打印”命令，进行相关属性的设置，并进行打印。

规律总结

打印机的安装一般分为两个部分：一个是打印机跟计算机的连接，另一个就是安装打印机的驱动程序。

知识链接

1. 设置打印选项

打印选项用来设定打印的方式和效果，在“打印”对话框中单击“选项”按钮，或选择“工具”菜单中的“选项”命令，都可以切换到“打印”选项卡，利用这个选项卡可以设置以下打印选项：

① 草稿输出。不打印文档的各种格式，只打印基本文字内容。

② 逆页序打印。按页码从大到小的顺序打印，这样可以避免纸张页号颠倒。

③ 更新域。打印文档时更新页码、题注、本题编号等域的内容。

④ 更新链接。打印之前，更新有关的链接。

⑤ 后台打印。在打印稿件的同时，计算机还可以在前台做其他工作。

⑥ 域代码。以源代码的方式打印文档中的各种域。

⑦ 批注。选中该项，打印完文档之后，将打印批注的内容。

⑧ 隐藏文字。打印文档中的隐藏内容，如段落标记符、书签、分页等。

⑨ 图形对象。如果取消该选项，文档中的图形对象将不能被打印出来。

⑩ 文档属性。打印的附属信息，如摘要信息、统计信息等。

⑪ 默认纸盒。一般应该选择“使用打印机设置”选项。

2. Windows 系统添加打印端口

以安装 LPT4 端口为例，介绍一下 Windows 系统添加打印端口的具体设置步骤：

选择“开始 | 运行”命令，在弹出的“运行”对话框的“打开”文本框中输入注册表编辑命令 regedit，在打开的注册表编辑器中，将鼠标定位到 HKEY_LOAL_MACHINE\SOFTWARE\Mircosoft\Windows NT\Current Version\Ports 分支。

在对应 Ports 分支右边的子窗口中，会发现系统在默认状态下只安装了 LPT1、LPT2、LPT3

三个打印端口；如果想安装新的 LPT 端口时，可以在空白区域右击，在弹出的快捷菜单中选择“新建 | 字符串值”命令，然后将刚创建的字符串值的名称设置为 LPT4。

这时 LPT4 打印端口还不能使用，因为该端口的打印服务功能还没有被“启动”。为此，可以打开“运行”对话框，在“打开”文本框中输入 cmd 命令，将系统状态切换到 MS-DOS；接着在该窗口下分别执行 net stop spooler 命令和 net start spooler 命令，就能启动新安装好的 LPT4 打印服务功能了。

按照上面的操作方法可以自己来添加并启动其他 LPT 打印端口，不过最多只能在 Windows 系统中安装 9 个这样的端口，而且仅限于 Windows 2000 以上版本的操作系统。

3. 远程管理

为了限制非法用户随意使用共享打印机，不少网管人员都会对打印机的使用权限进行设置，以便只有指定用户才能使用打印机。不过，要设置打印权限，往往需要在安装打印机的计算机中，打开打印机属性设置窗口，并在其中设置好安全权限才能完成。其实，利用 DeviceLock 工具，根本不需要到打印机旁，就能通过局域网来远程设置打印机的使用权限。

首先在安装打印机的工作站中安装好 DeviceLock 程序，当然该工作站必须使用 Windows 2000 或 Windows XP 操作系统；而且在该系统中，还必须事先创建一个具有管理员权限的账号，以便从其他工作站远程访问该工作站时具有修改、控制硬件设备的权限。

接着在经常使用的一台工作站中也安装好 DeviceLock 程序，安装成功后，直接启动该程序，不久 DeviceLock 程序就能将局域网中的所有工作站名称显示出来；此时，可以单击安装打印机的工作站名称，在打开的登录窗口中，输入前面已经创建好的具有管理员权限的账号名称以及密码，再单击 OK 按钮，即可成功连接到该工作站中了。

之后，该工作站中的所有硬件设备，都会自动出现在 DeviceLock 程序界面的右侧区域中。此时，根据打印机实际的接口类型，选中 USB Port 或 Parallel Port 类型，然后选择菜单栏中 File 菜单中的 Permissions 命令，在打开的设置界面中随心所欲地分配打印机的使用权限。

本 章 练 习

1. 请准备一张一寸彩色照片，完成以下三个任务：

① 利用所给扫描仪分两步完成照片的扫描：第一步安装扫描仪，第二步对照片进行扫描和保存。

② 利用所给的数码照相机完成照片的拍照，并分两步将数码照相机中的照片导出到计算机上：第一步连接数码相机和计算机，第二步将数码照相机中的照片导出和保存。

③ 利用所给的打印机完成对导出到计算机上的照片的打印。可以分成两步完成：第一步安装打印机，第二步进行图片的打印。

2. 利用数码摄像头进行大头照的抓拍与保存。可以分成两步完成：第一步安装数码摄像头，第二步对镜头进行抓拍与保存。

第2章 演示文稿

PowerPoint 和 Word、Excel 等应用软件一样，都是 Microsoft 公司推出的 Office 系列产品。PowerPoint 是制作和演示幻灯片的软件，能够制作出集文字、图形、图像、声音以及视频剪辑等多媒体元素于一体的演示文稿，把所要表达的信息组织在一组图文并茂的画面中，用于设计、制作专家报告、教师授课、产品演示、广告宣传等电子版幻灯片。我们不仅可以在投影仪或者计算机上进行演示，也可以将演示文稿打印出来，制作成胶片，以便应用到更广泛的领域中。利用 PowerPoint 不仅可以创建演示文稿，还可以在互联网上召开面对面会议、远程会议或在网上给观众展示演示文稿。

学习目标	☑ 多媒体触屏程序制作 ☑ 影片制作 ☑ 电子考卷制作

任务1　多媒体触摸屏程序制作

问题情境

随着社会科技不断的发展，利用遍布全球的网络开展现代电子商务，加强人与人之间的交流和沟通已成为当今的潮流。在互联网时代，我们常需要在公共场合、任何时刻，只用手指轻轻单击，根据屏幕上的引导说明即可了解本行业的相关信息，从而顺利地进行各项电子商务活动。多媒体触摸信息查询是最简单、方便、自然的人机交互方式。怎么通过 PowerPoint 来实现多媒体触摸屏功能呢？

问题分析

多媒体触摸屏可以方便地将多方面信息通过文字、图像、声音、视频、动画等进行综合制作。在浏览者单击鼠标之前，演示文稿一般处于自动放映状态，即自动重复展示宣传片内容；只要浏览者在屏幕任一处单击，演示都将进入手动放映状态，即首先切换到手动放映的导航幻灯片；在手动放映到最后一张幻灯片时，移动鼠标就可切换到自动放映状态；而在手动放映期间，浏览者可随时单击屏幕下方的“切换到自动放映”按钮切换到自动放映状态。它适用于政府机关、公用事业、旅游娱乐业、金融业、房地产等行业。

任务设计

下面将以制作多媒体宣传片“广州工商职业技术学院介绍”为例，简述用PowerPoint 2003设计制作多媒体触摸屏程序的过程。整个过程分自动放映和手动放映两部分来实现的。

1. 自动放映部分制作

（1）设计幻灯片背景

启动PowerPoint 2003，删除演示工作区中的文本框，使之成为空白文档。右击，从弹出的快捷菜单中选择“背景”命令，在弹出的“背景”对话框的“背景填充”下拉列框中选择“填充效果”命令，如图2-1-1所示。在弹出的“填充效果”对话框中选择“图片”选项卡，单击“选择图片”按钮，如图2-1-2所示，在弹出的对话框中选择一幅图片（如bg.gif），单击“确定”按钮。返回到“背景”对话框，单击“全部应用”按钮。

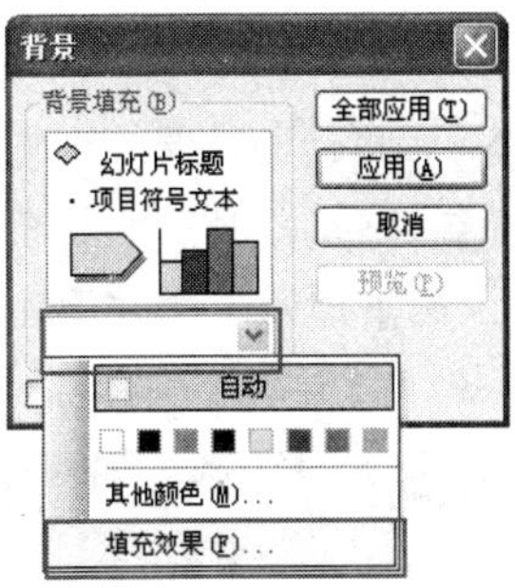

图2-1-1 “背景”对话框

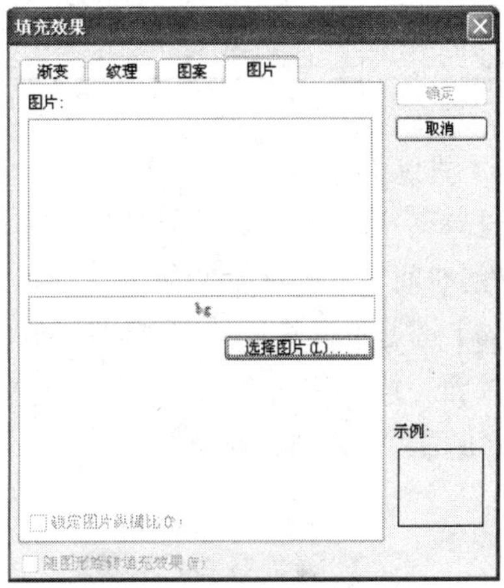

图2-1-2 “填充效果”对话框

（2）设计幻灯片内容

单击绘图工具栏中的“文本框”按钮，在演示文档适当位置输入“学院概况”内容，设置字体、字号等；单击绘图工具栏中的“直线”按钮╲，在演示文档适当位置绘制一条直线，然后单击绘图工具栏中的“阴影样式”按钮，选择“阴影样式14”选项，如图2-1-3所示。

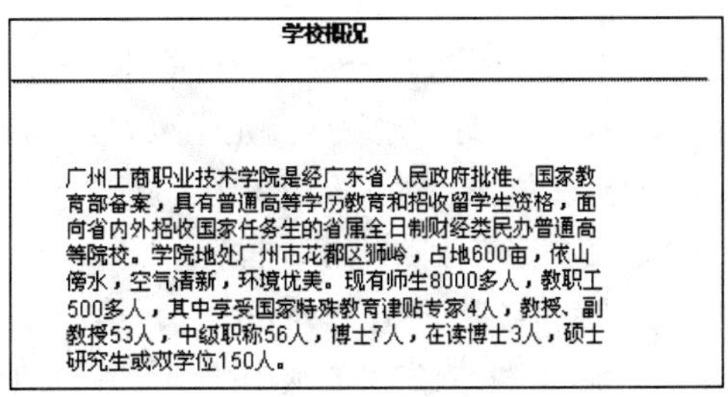

图2-1-3 幻灯片内容

（3）插入图片

选择“插入 | 新幻灯片”命令，创建一张新的幻灯片，选择“插入 | 图片 | 来自文件”命令，在弹出的“插入图片”对话框中，选择一张图片。用同样的方法设计制作其他幻灯片，如图2-1-4所示。

提示：要插入图片、影片、声音等对象，都可以从“插入”菜单中选择所需要的子命令进行操作。由于篇幅问题，这里只创建两张幻灯片，具体情况应该根据实际需要进行增减。

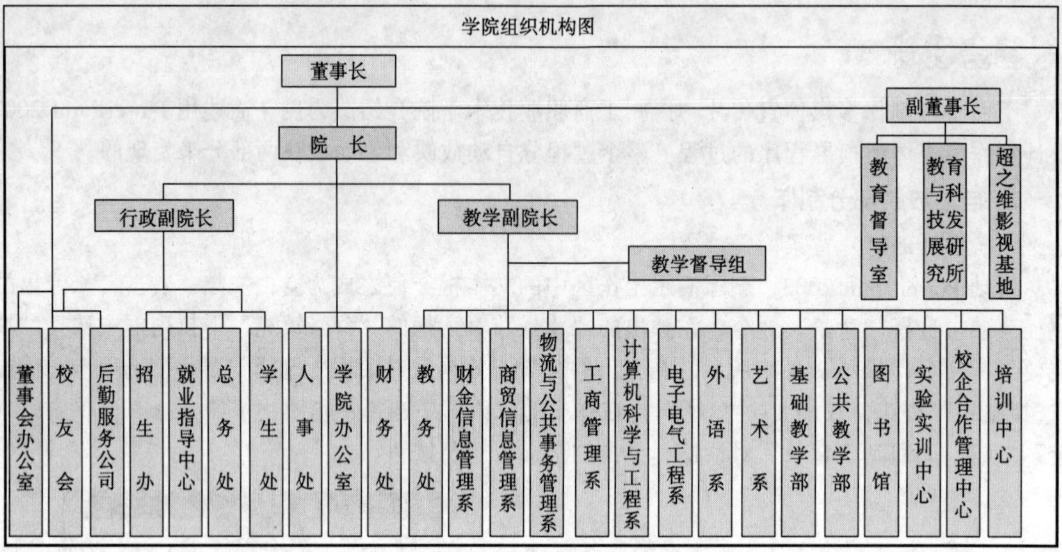

图 2-1-4 插入图片的幻灯片

（4）排练计时

选择第一张幻灯片，选择“幻灯片放映 | 排练计时”命令，将开始预演记录放映每张幻灯片所需的时间，放映演示文稿进入排练计时，如图 2-1-5 所示。当放映到最后一张幻灯片时，按【Esc】键退出放映，弹出对话框询问是否保留新幻灯片排练计时，如图 2-1-6 所示。单击“是”按钮，演示文档将处于“幻灯片浏览视图”模式下，单击演示文档左下角的“普通视图”按钮，切换到普通视图。

图 2-1-5 预演

图 2-1-6 是否保留新幻灯片排练计时

（5）自定义放映——定义自动播放

选择 “幻灯片放映 | 自定义放映 ” 命令，在弹出的“自定义放映”对话框中单击“新建”按钮，在弹出的“定义自定义放映”对话框中，添加幻灯片放映名称“自动播放 1-2”，在左侧列表中选择第 1 和第 2 张幻灯片，添加到“在自定义放映中的幻灯片”列表框中，如图 2-1-7 所示，单击“确定”按钮。返回“自定义放映”对话框，单击“关闭”按钮。

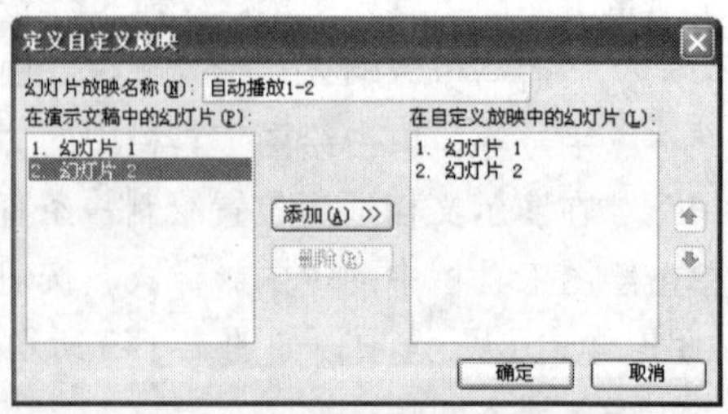

图 2-1-7 “定义自定义放映”对话框（自动播放 1-2）

（6）复制手动放映幻灯片

单击演示文档左下角的“幻灯片浏览视图”按钮，进入幻灯片浏览视图，复制“自动放映”中的所有（2 张）幻灯片，将复制生成的 2 张幻灯片按从第 3 到第 4 的顺序排列，第 3、4 张幻灯片将作为手动放映的幻灯片，如图 2-1-8 所示。单击演示文档左下角的“普通视图”按钮，切换到普通视图。

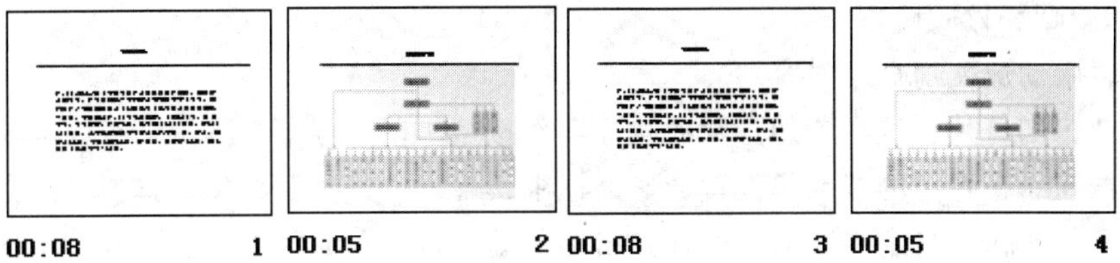

图 2-1-8 幻灯片浏览视图

（7）自定义放映——定义手工播放

选择“幻灯片放映 | 自定义放映”命令，在弹出的“自定义放映”对话框中单击“新建”按钮，在弹出的“定义自定义放映”对话框中，添加幻灯片放映名称“手工播放 3-4”，在左侧列表中选择第 3、4 张幻灯片，添加到“在自定义放映中的幻灯片”列表框中，如图 2-1-9 所示，单击“确定”按钮。返回“自定义放映”对话框，单击“关闭”按钮。

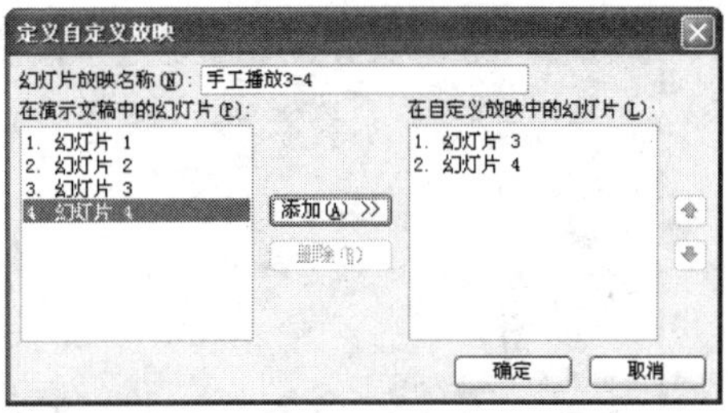

图 2-1-9 定义自定义放映（手工播放 3-4）

（8）动作设置（设置超级链接）

选择第 1 张幻灯片，在绘图工具栏中单击“矩形”按钮□，在幻灯片上绘制一个覆盖整张幻灯片的矩形，右击，在弹出的快捷菜单中选择“设置自选图形格式”命令，在弹出的对话框中设置填充透明度为 90%（提示：不能使用 100% 透明，否则打包时视为无对象），如图 2-1-10 所示，单击“确定”按钮。

选择所画的矩形，右击，在弹出的快捷菜单中选择“动作设置”命令，在弹出的“动作设置”对话框中，选择“单击鼠标”选项卡，将单击鼠标的动作设置为超链接到“自定义放映”，在随即弹出的“链接到自定义放映”对话框中，选择“手工播放 3-4”选项，如图 2-1-11 所示，单击“确定”按钮。

图 2-1-10 设置自选图形格式

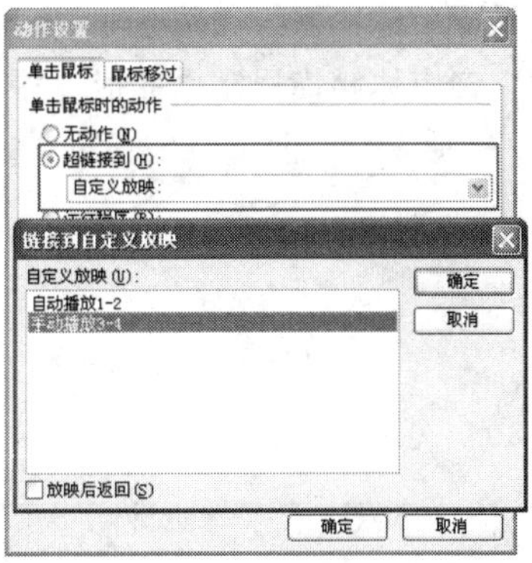

图 2-1-11 链接到自定义放映（手工播放）

复制矩形，将其粘贴到自动放映的第 2 张幻灯片中。

（9）设置放映方式

选中第 1 张幻灯片，选择“幻灯片放映 | 设置放映方式”命令，在弹出的“设置放映方式”对话框中，设置自定义放映为“自动播放 1-2”；选择“循环放映，按 ESC 键终止”复选框，如图 2-1-12 所示。

2. 手动放映部分制作

（1）编辑手动放映幻灯片内容

选中第 3 张幻灯片，选择“幻灯片放映 | 动作按钮 | 前进或下一项”命令，在文档窗口中拖出下一项按钮，在弹出的“动作设置”对话框中，单击“确定”按钮。选择“幻灯片放映 | 动作按钮 | 动作按钮：自定义”命令，在弹出的“动作设置”对话框中，选择“单击鼠标”选项卡，将单击鼠标的动作设置为超链接到“自定义放映”，在随即弹出的“链接到自定义放映”对话框中，选择“自动播放 1–2”选项，如图 2–1–13 所示，单击“确定”按钮。

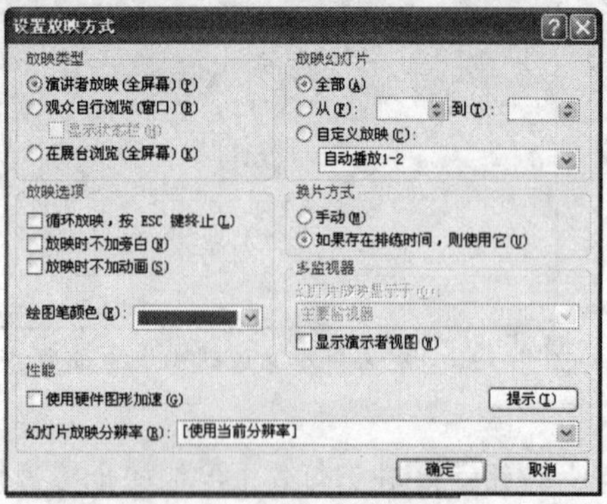

图 2–1–12 “设置放映方式”对话框

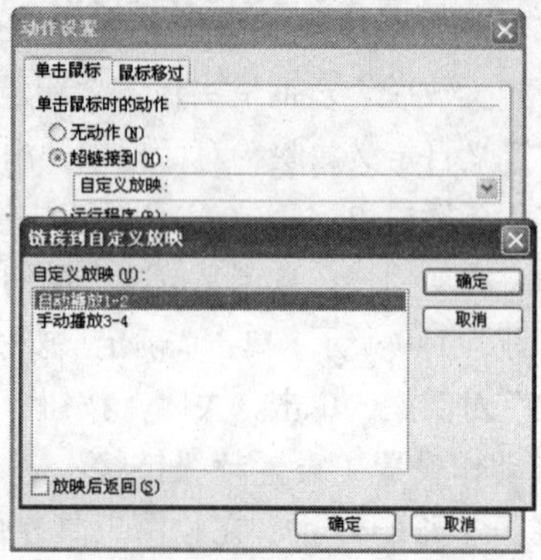

图 2–1–13 链接到自定义放映（自动播放）

在自定义动作按钮上，右击，在弹出的快捷菜单中选择“添加文本”命令，输入“切换到自动播放”文本，使其显示导航内容。如图 2–1–14 所示。同理，复制导航按钮到其他手工播放幻灯片（如第 4 张幻灯片）。

（2）设置手工放映幻灯片切换方式

选中第 3 张幻灯片，选择“幻灯片放映 | 幻灯片切换”命令，在右侧的“幻灯片切换”任务窗格中，将手动放映的全部幻灯片（第 3、4 张）的换片方式更改为“单击鼠标时”，同时取消选择“每隔”复选框，如图 2–1–15 所示。

至此，多媒体触摸屏制作完成。按【F5】键即可欣赏效果。

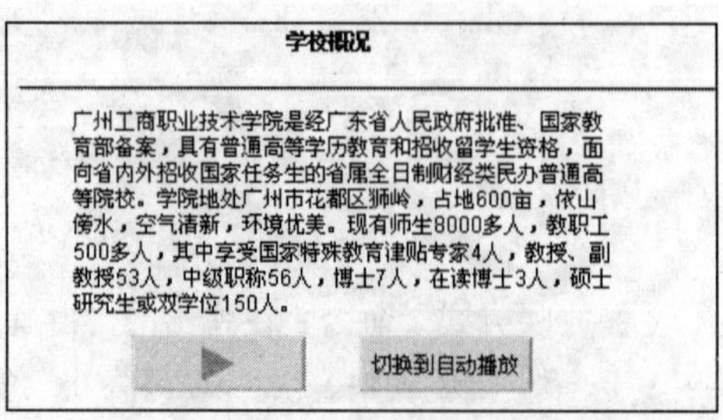

图 2–1–14 导航动作按钮

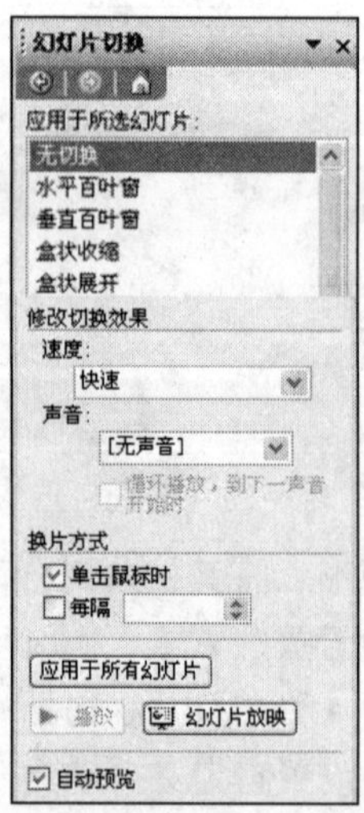

图 2–1–15 幻灯片切换

规律总结

演示文档在准备方面的注意事项：

① 演示文档有助于提高演讲质量，但演讲不能完全依赖于演示文档。如果演示文档过于冗长，会让听众、评委都看文档，而忽略演讲的实质，造成了很多不必要的损失。

② 文档内容与演讲内容要切合。一个成功的演说，演示文档只是起到一个引述和提纲挈领的效果，而不是说把想说、想讲的东西都放在上面，照着朗读，这样会给观众留下没准备好的印象。

③ 演示文档的协调性要好，对比度是一个很重要的方面，黑白搭配是对比度最高的，也是最能使观看者看清楚的。当然其他的诸如黄色搭配紫色等都是可以的，千万不要出现相似颜色背景和字体同时出现的情况，否则演示文档的效果大打折扣。

④ 演示文档的字体问题，合适的字体不仅能够表达需要的意思，而且给人一种诚实稳重的感觉。字体的选择是一门大的学问，平常要多研究一下不同大小、不同字体在不同颜色背景下有何好处。

⑤ 图片的选择是很重要的，如果图片与演讲主题不大相关，最好不要放上去。另外，如果是自己选择的图片，切记字体的颜色一定要与图片基色调有明显的区别。

知识链接

1. 添加不间断的声音

① 选择“插入 | 影片和声音 | 文件中的声音”命令，在弹出的“插入声音”对话框中，找到要添加的音乐文件后，单击“确定”按钮。在弹出的对话框中如果单击“在单击时”按钮，那么只有在放映时单击鼠标才会播放声音，这里单击“自动”按钮，如图 2-1-16 所示。

② 右击文档上出现的“小喇叭”按钮，在弹出的快捷菜单中选择“编辑声音对象”命令，弹出“声音选项”对话框中，选择“循环播放，直到停止”复选框，此外还可以设定幻灯片放映的音量以及隐藏声音图标等，如图 2-1-17 所示。本方法非常适合为幻灯片增添柔美的背景音乐时使用。

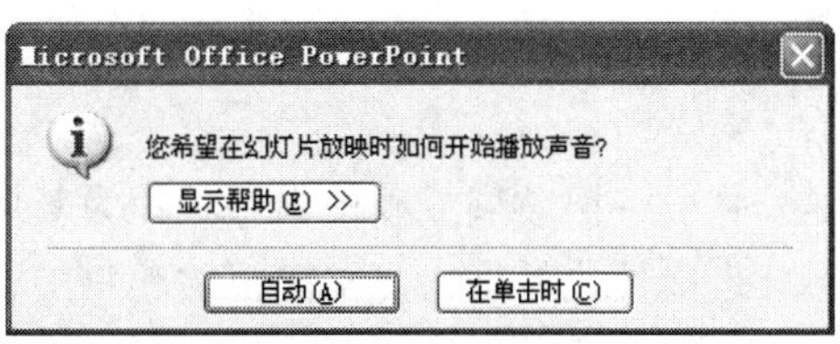

图 2-1-16 如何开始播放声音

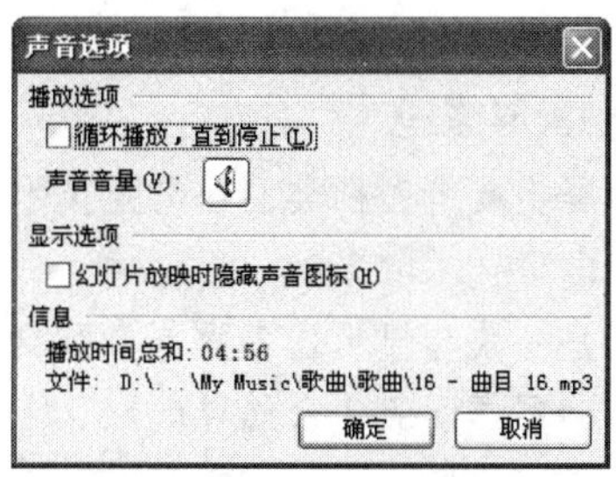

图 2-1-17 “声音选项”对话框

2. 插入超链接

① 选中演示文稿中的一个对象（例如，文字、图片等），右击，在弹出的快捷菜单中选择“超链接”命令，弹出“插入超链接”对话框，如果希望通过 IE 浏览器浏览某网页的话，则在地址栏中输入“http://具体的网址”，还可以单击“屏幕提示”按钮设置超链接屏幕提示，如图 2-1-18 所示。

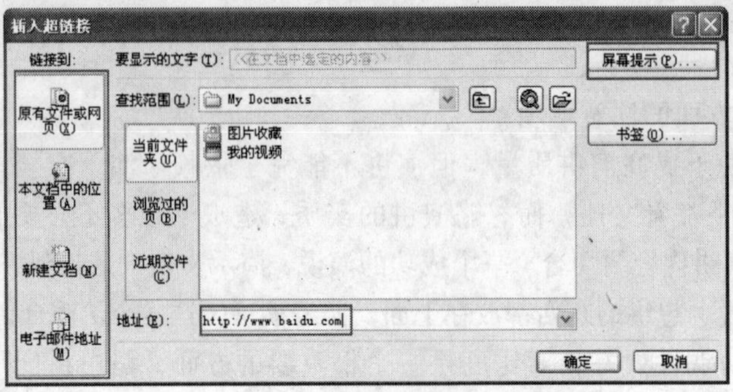

图 2-1-18　“插入超链接”对话框

如果要让幻灯片播放时可以通过超链接跳转到不同部分，在“插入超链接”对话框的“链接到”区域中，单击“本文档中的位置”选项，在“请选择文档中的位置”列表框中选择要跳转到的位置，如图 2-1-19 所示。

② 选中演示文稿中的一个对象（如动作按钮），右击，在弹出的快捷菜单中选择“超链接”命令，弹出“动作设置”对话框，如图 2-1-20 所示。可以在“单击鼠标”选项卡中的“超链接到”下拉列表框中，选择链接到其他幻灯片、URL、其他演 PowerPoint 示文稿及其他文件；也可以通过“单击鼠标”选项卡中的“运行程序”下拉列表框，选择链接到其他应用程序。

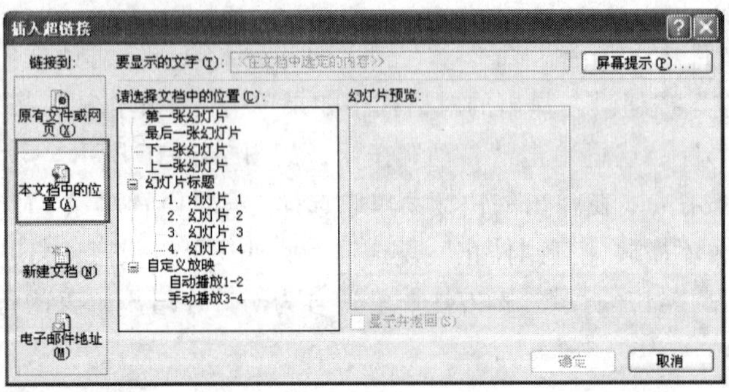

图 2-1-19　插入超链接到本文档中的位置

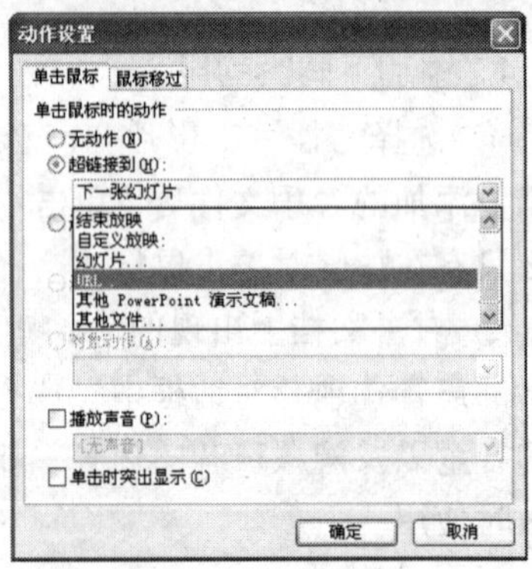

图 2-1-20　“动作设置”对话框

3. 触摸屏原理

触摸屏主要有三种类型：电阻技术触摸屏、表面声波技术触摸屏和电容技术触摸屏。

（1）电阻技术触摸屏

主要是一块与显示器表面非常配合的电阻薄膜屏，它以一层玻璃或硬塑料平板作为基层，表面涂有一层透明氧化金属导电层，上面再覆有一层外表面硬化处理、光滑防擦的塑料层，其内表面也有一涂层，在它们之间有许多细小的透明隔离点把两层导电层隔开绝缘。当手指触摸屏幕时，两层导电层在触摸点位置就有了接触，再根据模拟鼠标的方式动作，这就是电阻技术触摸屏最基本的原理。电阻技术触摸屏以稳定的质量、可靠的品质及对环境的高度适应性占据着广大的市场，它最大的优点就是不怕油污、灰尘和水。

（2）表面声波技术触摸屏

表面声波技术是利用声波在物体的表面进行传输。当有物体触到表面时，阻碍声波的传输，进而进行鼠标的模拟。它适合于办公室等环境比较清洁的场所。

（3）电容技术触摸屏

利用人体的电流感应进行工作。由于人体电场，用户和触摸屏表面形成一个耦合电容，控制器通过精确的计算，得出触摸点的位置。

任务2 影片制作

问题情境

有一位朋友在网上下载了一个用 PowerPoint 制作的影片动画，情景十分逼真、生动，乍一看以为是用 Flash 软件制作的动画。这位朋友被动画所吸引，决心自己也用 PowerPoint 制作一个动画。

问题分析

既然用 PowerPoint 制作动画是可行的，那么 PowerPoint 中有哪些工具可以用于创建动画？这些工具如何使用？我们知道动画自然少不了动作，这样我们首先要掌握路径的概念，掌握动作路径的应用。其次，动画中少不了对白和音乐，所以还要掌握声音文件的插入方法。

任务设计

在电影和电视剧中，制作者们一般喜欢挑选片中精彩镜头放在片头，从总体上显示作品的风格和气势，这也展现了作品制作水平和质量，从而给观众留下第一印象；片尾则通常以移动字幕的形式给出演员、制作者等人员的姓名及相关资料。这里，我们简单以倒计时动画来充当片头的制作。

1. 片头制作

① 新建一个演示文稿，选择“视图 | 母版 | 幻灯片母版”命令，进入幻灯片母版视图，右击，在弹出的快捷菜单中选择“背景”命令，弹出“背景”对话框，在其中设置背景填充颜色为黑色，单击“全部应用”按钮，如图 2-2-1 所示。

② 单击绘图工具栏里的“矩形”按钮□，在文档工作区适当位置拖出一个矩形，设置其填充颜色为白色，如图 2-2-2 所示。单击“关闭母版视图”按钮，返回到幻灯片编辑状态。

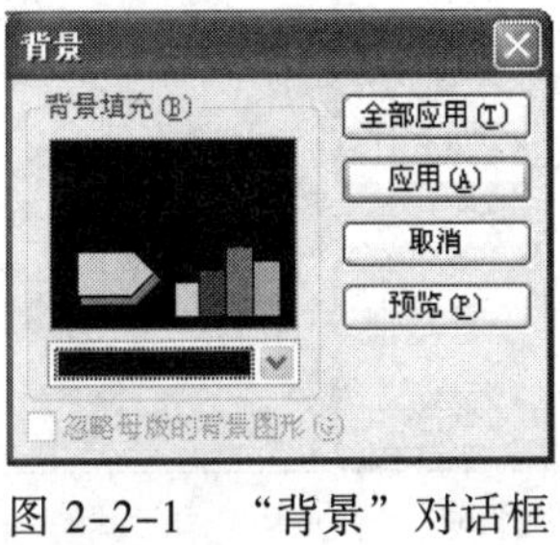

图 2-2-1 “背景”对话框

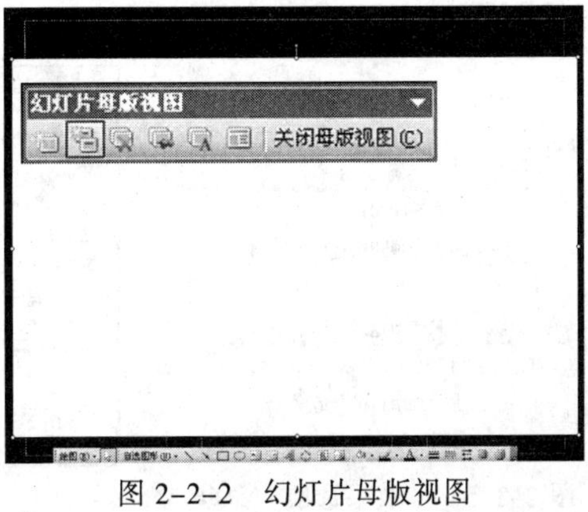

图 2-2-2 幻灯片母版视图

③ 单击绘图工具栏里的“椭圆”按钮◯，按【Shift】键的同时拖动鼠标画出一个大小合适的圆，设置填充颜色为黑色。

④ 再次单击绘图工具栏里的“椭圆”按钮◯，按【Shift】键的同时拖动鼠标画出一个大小合适的圆，设置填充颜色为白色。同理，再拖出一个小圆，右击，在弹出的快捷菜单中选择“添加文字”命令，输入数字“3”，系统默认的 18 号字太小，影响动画效果，直接在“格式”工具栏的字号框中输入 180 并按【Enter】键，如图 2-2-3 所示。

⑤ 选中上层的圆（内有数字 3），右击，在弹出的快捷菜单中选择“自定义动画”命令，在屏幕右侧的“自定义动画”任务窗格中依次选择“添加效果 | 强调 | 其他效果”命令，在弹出的“添加强调效果”对话框中找到并选择“温和型”中的“闪烁”效果，如图 2-2-4 所示，完成动画效果的添加。

图 2-2-3 片头内容

图 2-2-4 “添加强调效果”对话框

⑥ 在自定义动画窗格中单击动画序列窗口中“椭圆 3:3”右侧的下拉箭头，在弹出的下拉菜单中选择“效果选项”命令，如图 2-2-5 所示。弹出“闪烁”对话框，选择“计时”选项卡，将动画的开始时间设为“之前”，动画速度设为“快速（1 秒）”，如图 2-2-6 所示，自定义动画的设置完成。

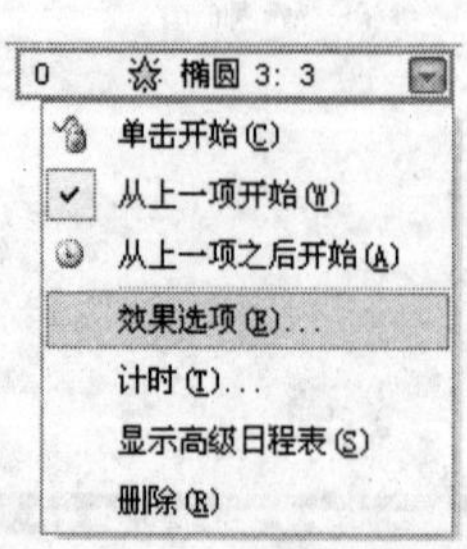

图 2-2-5 “效果选项”命令

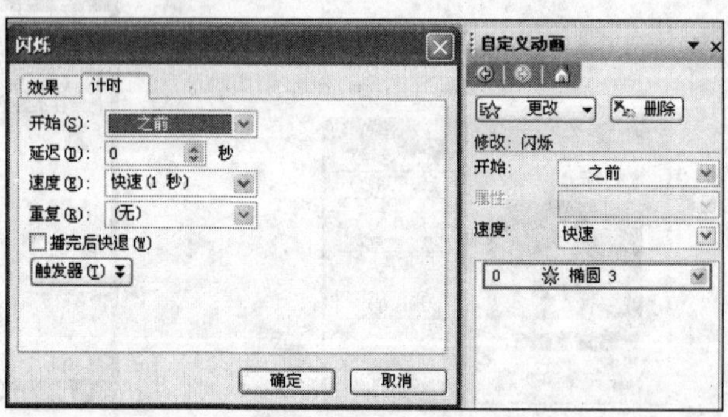

图 2-2-6 “计时”选项卡

⑦ 在幻灯片编辑区域左侧的任务窗格中选中第1张幻灯片，按【Ctrl+C】组合键复制对象，再连续按【Ctrl+V】组合键，复制出两张同样的幻灯片。

⑧ 第2张幻灯片中的数字改为2，依此类推，将另外一张幻灯片的数字改为1，如图2-2-7所示。

⑨ 单击“自定义动画”任务窗格右侧的下拉箭头，从弹出的下拉菜单中选择“幻灯片切换”命令，此时任务窗格里显示的是与幻灯片切换相关的信息，系统默认的换片方式为“单击鼠标换页”。要每张幻灯片播放1秒且自动换页，应先取消“换片方式”选项区域下的“单击鼠标时”复选框，再选择“每隔”复选框，并将换页时间设为“00:01”，最后，单击“应用于所有幻灯片”按钮，将幻灯片切换效果应用到所有幻灯片中，如图2-2-8所示。

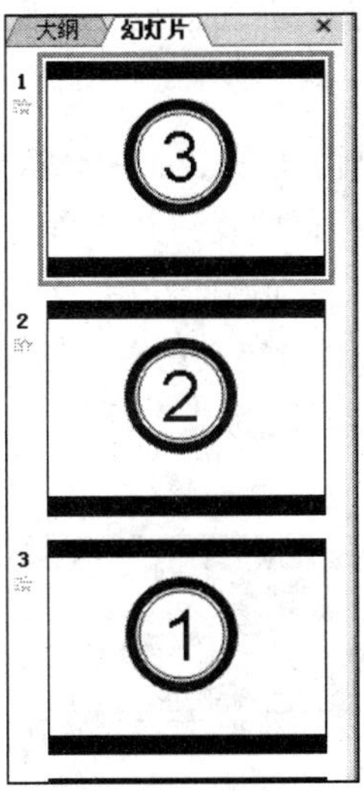

图2-2-7　幻灯片

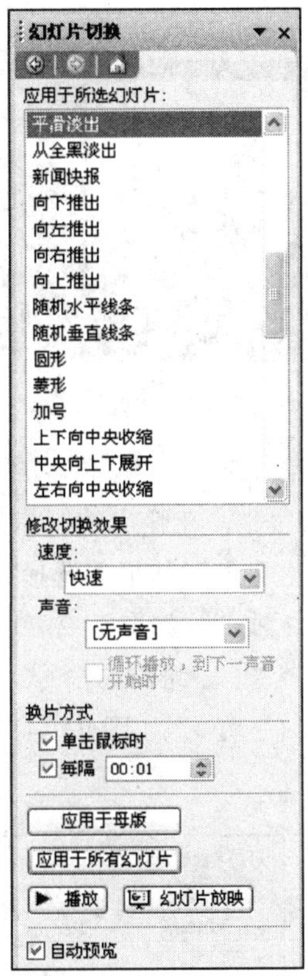

图2-2-8　幻灯片切换

2. 部分剧情制作

由于篇幅问题，我们在这里只简单介绍一下剧情制作技巧。

① 选择“插入 | 新幻灯片”命令，插入新幻灯片，删除原有的文本框。

② 单击绘图工具栏中的“竖排文本框”按钮，加入剧情文字内容，并对字体、字号、文字颜色等进行调整。例如，输入“夜空古塔漫步”文本。如果需要音乐，可以选择“插入 | 影片和声音 | 文件中的声音”命令，在弹出的对话框中选择适当音乐，插入了音乐。

③ 根据剧情，选择“插入 | 图片 | 来自文件”命令，在弹出的“插入图片”对话框中选择需要的图片，并调整图片的大小。在绘图工具栏中选择“绘图 | 叠放次序”命令，调整顺序。这里插入了月亮、古塔和人物三幅图片，如图2-2-9所示。

④ 设置文本框的动画方式：选择“幻灯片放映 | 自定义动画”命令，在窗口右侧的“自定义动画”任务窗格中依次选择“添加效果 | 进入 | 其他效果”命令，在弹出的“添加进入效果”对话框中找到并选择“温和型”中的“上升”类型，完成动画效果的添加。

⑤ 在“自定义动画”任务窗格中单击动画序列“形状 1：夜空古塔漫步”右侧的下拉箭头，在弹出的下拉菜单中选择“效果选项”命令，弹出“上升”对话框。选择“计时”选项卡，将动画的开始时间设为“之后”，动画速度设为“快速（1 秒）”，如图 2-2-10 所示。自定义动画设置完成。

图 2-2-9　夜空古塔漫步

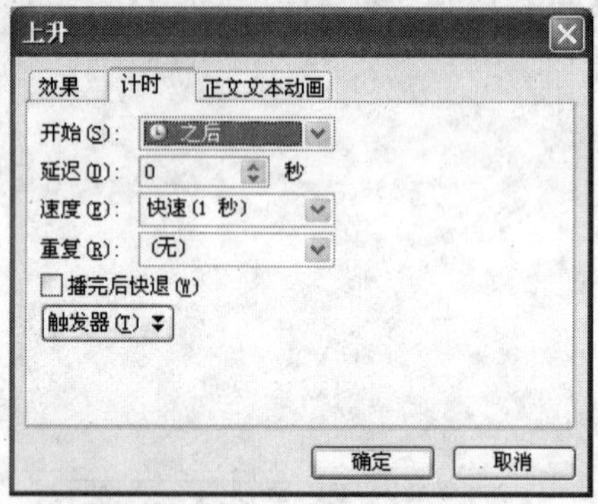

图 2-2-10　“计时”选项卡

⑥ 选中“月亮”图片，在窗口右侧的“自定义动画”任务窗格中依次选择“添加效果 | 进入 | 其他效果”命令，在弹出的“添加进入效果”对话框中找到并选择“温和型”中的“上升”类型。弹出“上升”对话框，选择“计时”选项卡，将动画的开始时间设为“之后”，动画速度设为“中速（2 秒）”，如图 2-2-11 所示。同时单击“自定义动画”任务窗格中的“更改”按钮，选择“强调 | 放大/缩小”命令，设置动画的开始时间为“之后”，尺寸为“200%”，动画速度设为“中速（2 秒），如图 2-2-12 所示。

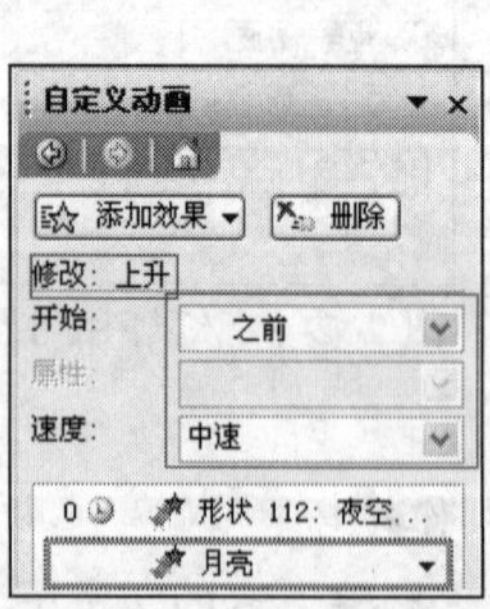

图 2-2-11　“上升”类型

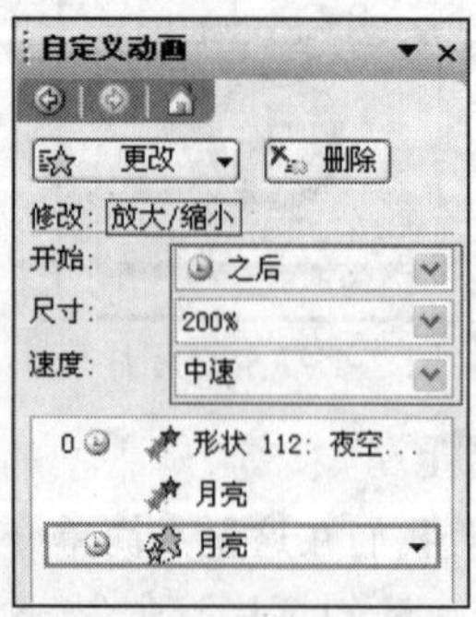

图 2-2-12　放大/缩小

⑦ 同理，选中“古塔”图片，在窗口右侧的“自定义动画”任务窗格中依次选择“添加效果 | 进入 | 其他效果”命令，在弹出的“添加进入效果”对话框中找到并选择“温和型”中的“上升”类型。弹出“上升”对话框，选择“计时”选项卡，将动画的开始时间设为“之后”，动画速度设为“中速”。

⑧ 选中“人物”图片，在窗口右侧的“自定义动画”任务窗格中依次选择“添加效果 | 动作路径 | 其他动作路径”命令，在弹出的“添加动作路径”对话框中找到并选择“直线和曲线”中的“正弦波”类型，单击“确定”按钮，如图 2-2-13 所示。

⑨ 选中路径中的结束标志，将其拖到图片运动过程中要停止的位置，并设置动画的开始时间设为“之后”，动画速度设为“慢速”，如图 2-2-14 所示。

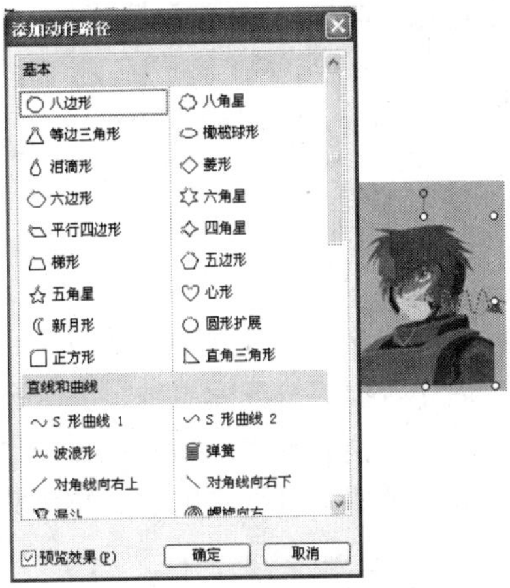

图 2-2-13 添加动作路径

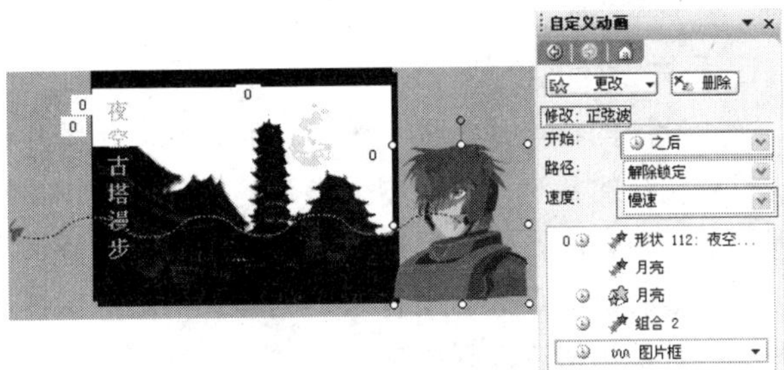

图 2-2-14 正弦波效果

3. 片尾制作

① 选择“插入 | 新幻灯片”命令，插入新幻灯片，删除原有的文本框。

② 单击绘图工具栏里的“文本框”按钮，加入片尾字幕文字内容（如制作者、配音、制作日期等），并对字体、字号、文字颜色等进行调整。例如，输入“制作：陈保”等信息。

③ 设置文本框的动画方式：选择“幻灯片放映 | 自定义动画”命令，在窗口右侧的“自定义动画”任务窗格中依次选择“添加效果 | 进入 | 其他效果 ”命令，在弹出的“添加进入效果”对话框中找到并选择“细微型”中的“渐变”类型，完成动画效果的添加。设置动画的开始时间设为“之后”，动画速度设为“中速”，如图 2-2-15 所示。

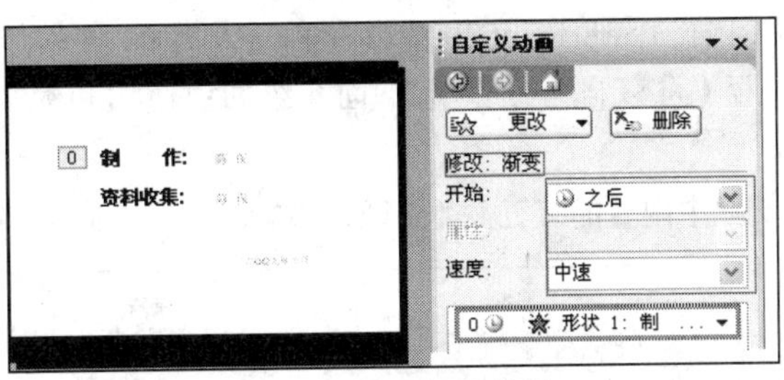

图 2-2-15 渐变效果

④ 选中文本框，在窗口右侧的“自定义动画”任务窗格中依次选择“添加效果 | 动作路径 | 向上”命令，完成动作路径效果的添加。选中路径中的结束标志，将其拖到图片运动过程中要停止的位置，设置动画的开始时间设为“之后”，动画速度设为“中速”，如图 2-2-16 所示。

至此，整个影片制作完成，按【F5】功能键即可欣赏动画效果。

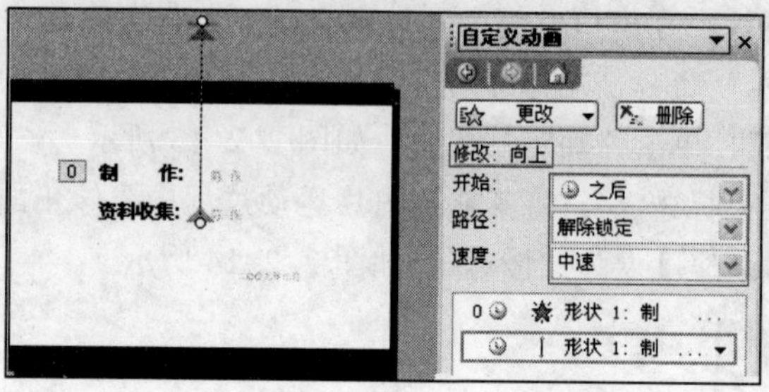

图 2-2-16 设置向上效果

规律总结

1. 影片设计的特点

影片设计的特点是连贯、统一，通过系列化图片设计可以对观众产生较强的视觉印象，不断地引起观众的共鸣，从而增强影片的趣味性。作为影片的创作者要充分开发思维，灵活运用视听技巧，结合电影化的呈现，把握具体电影的诗情品格或美学定位。深入、理性地分析如何在一些关键的情节点上运用音乐、色彩、构图等影视语言来渲染情绪、营造氛围等，给主题带来升华，对人物塑造起到影响。

2. 影片元素应用的意义

任何一部影片首先要考虑的是主题。如果观众不知道影片讲的是什么，那么很难指望他们去评论、分析和研究；如果影片制作者不知道他要说的是什么，他就不可能制作出一部能起交流作用的艺术作品。另外，在运用的时候，有些特定意义的素材一定要知道本意才能使用，避免带来不便；其次，还要注意不要滥用。

知识链接

1. 动作路径类型

动作路径是一种不可见的轨迹，即将幻灯片上的图片、文本行或形状等项目放在动作路径上，使它们沿着动作路径运动。PowerPoint 2003 自带有三大类 64 种动作路径，包括预设的直线、曲线、形状以及自定义路径（可以自由创作）。下面介绍如何使用和编辑路径以及它们的可用选项和技巧。

PowerPoint 2003 演示文稿中内置的有三大类路径：基本、直线和曲线、特殊。如图 2-2-17 所示。

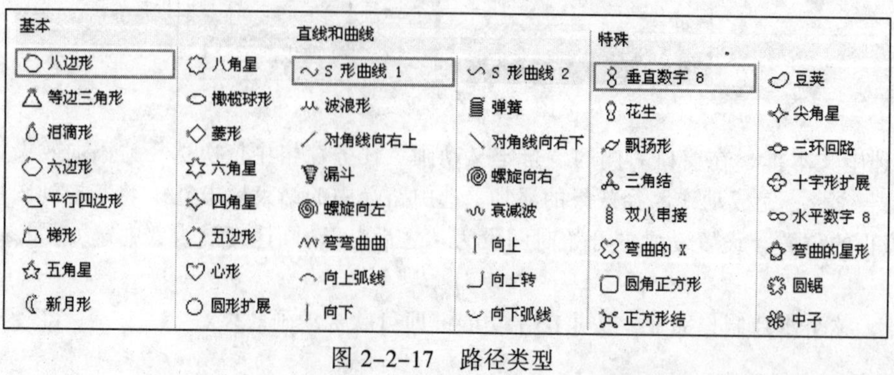

图 2-2-17 路径类型

2. 自定义动画路径

在制作动画时，如对内置的动画路径不满意，可以自定义动画路径。

（1）为对象添加路径

① 在 PowerPoint 演示文档中，选中需要添加路径动画的对象，选择“幻灯片放映 | 自定义动画 | 添加效果 | 动作路径”命令，然后再从列表中选择一种绘制方式，如自由曲线。接着用鼠标准确地绘制出移动的路线。

② 在添加一条动作路径之后，对象旁边也会出现一个数字标记，用来显示其动画顺序，如图 2-2-18 所示。同时，演示文档中出现一个箭头来指示动作路径的开端和结束，分别用绿色和红色表示。

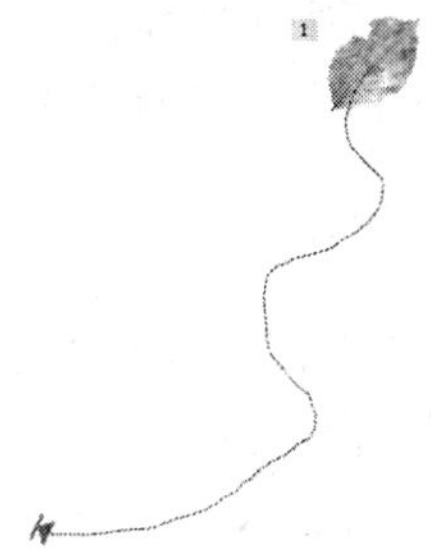

图 2-2-18 添加动作路径

可以单击选中动作路径，对动作路径进行移动、旋转以及纵向和横向的缩放。除此之外，动作路径还有更高级的应用、更大限度的自由化，既可以用新的动作路径替代旧的动作路径，甚至可以修改动作路径中的个别节点。做这些高级改动时，要求保持幻灯片处于“普通视图”状态，幻灯片中将显示文本、对象以及动作路径等素材。

（2）更改路径

用新的动作路径替代旧的动作路径的方法比较简单，只要在幻灯片中选中旧的动作路径，选择“自定义动画 | 添加效果 | 更改”命令，在弹出下拉菜单中选择“动作路径”子菜单，在弹出的诸多选项中做相应的选择即可。

如果要对动画路径中的个别节点进行个别调整，按照下列操作步逐操作即可实现。

① 右击动作路径，在弹出的快捷菜单中选择“编辑顶点”命令，如图 2-2-19 所示。

② 将鼠标放在需要调整的节点（也可以是起点和终点）上，鼠标指针变为带有箭头的十字，此时按住鼠标可将节点移动到新的位置，在非节点的动作路径上单击将会产生锚点，拖动节点可以增加新的节点，并移动到新的位置。我们可以通过各锚点来调整各节点，使动画具有完美的演示效果，如图 2-2-20 所示。调整完毕后，右击动作路径，在弹出的快捷菜单中选择“退出节点编辑”命令即可。

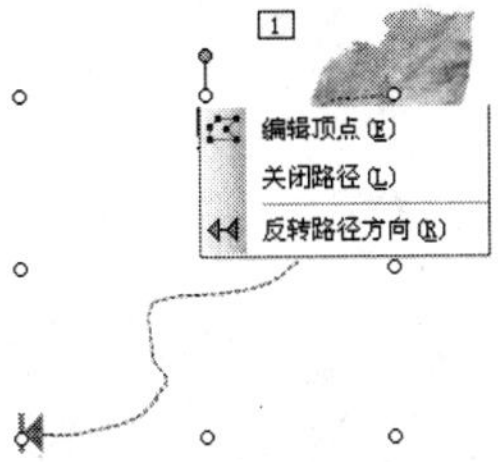

图 2-2-19 “编辑顶点”命令

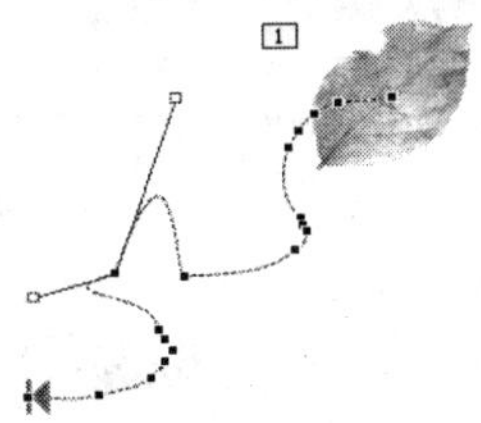

图 2-2-20 选择“编辑顶点”后状态

如果在快捷键菜单中选择“反转路径方向”命令，可以使对象沿动作路径的反方向运动。

如果在快捷键菜单中选择“关闭路径”命令，可以将开放的动作路径闭合，使对象可以沿着封闭路径运动。

任务 3 电子考卷制作

问题情境

学校的老师经常使用 PowerPoint 制作课件进行教学，学校期末考试时，要对学生进行测验，考试要打字排版印试卷，考完试还要改卷，要做的工作实在是太多，老师们能不能用 PowerPoint 制作一份电子考卷系统呢？

问题分析

90 年代早期，使应用程序自动化还是充满挑战性的领域时，对每个需要自动化的应用程序，人们不得不学习一种不同的自动化语言。例如，可以用 Excel 的宏语言来使 Excel 自动化，使用 Word Basic 使 Word 自动化等。微软决定让它开发出来的应用程序共享一种通用的自动化语言——Visual Basic For Application（VBA），VBA 是非常流行的应用程序开发语言。在 PowerPoint 中使用 VBA 制作简易的电子考卷并不难。下面就来介绍如何在 PowerPoint 中制作电子考卷。

任务设计

本节的电子考卷制作，可以分成三部分完成：第一部分为试卷头的制作，第二部分为试题的制作，第三部分为制作交卷页。

1. 试卷头的制作

① 新建一个 PowerPoint 文档，从右边“幻灯片版式”任务窗格中，选择一个空白版式幻灯片，保存为“试卷制作.ppt”。

② 为了保证 VBA 能够正常运行，选择“工具 | 宏 | 安全性”命令，在弹出的“安全性”对话框中选择“安全级”选项卡，选择“低”单选按钮，如图 2-3-1 所示，单击“确定”按钮。

③ 选择“视图 | 工具栏 | 控件工具箱”命令，调出控件工具箱，如图 2-3-2 所示。

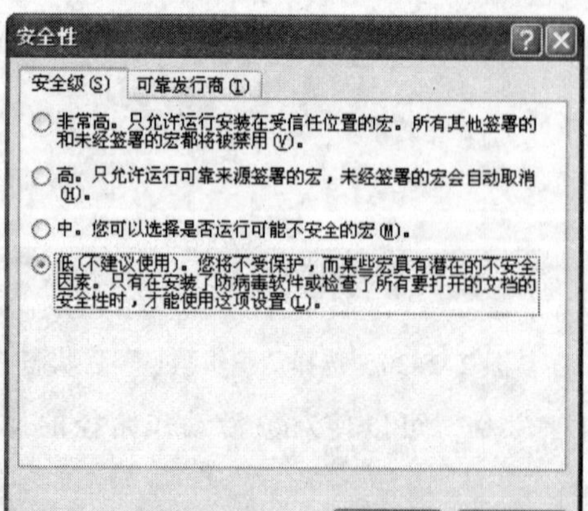

图 2-3-1 “安全级”选项卡

图 2-3-2 控件工具箱

④ 单击“控件工具箱”中的“命令按钮”，并在空白幻灯片上拖出一个按钮 Command Button1，右击，在弹出的快捷菜单中选择“属性”命令，如图 2-3-3 所示。

⑤ 在弹出的“属性”面板中将 CommandButton1 属性框中的 Caption（标题）属性改为“单击输入学生姓名”；设置按钮背景颜色 BackColor 为“&H80000010&”，如图 2-3-4 所示。

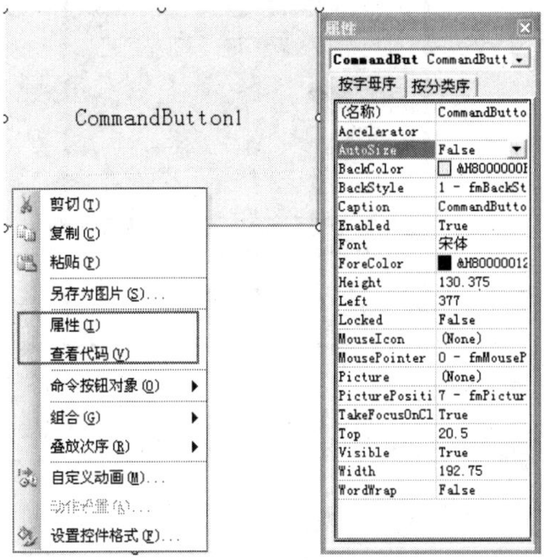

图 2-3-3　“属性”面板

图 2-3-4　设置相关属性值

⑥ 为了能记录考生做各个题目的答案并统计其得分，应定义公用变量和数组，双击“单击输入学生姓名”按钮，进入 VBA 代码编写窗口，选择“插入｜模块”命令，在模块编辑窗口中输入以下代码：

```
Public xm As String
Public aw(50) As String
Public sm(50) As Integer
```

如图 2-3-5 所示，其中 xm 变量用于记录考生姓名，数组 aw(50)用于记录考生各题所选择的答案，sm(50)数组用于记录各个答案的得分。这里设置的数组上界是 50，如果题目更多，可加大这个上界。

⑦ 为 CommandButton1 按钮添加输入学生姓名的代码，如图 2-3-6 所示。

```
Private Sub CommandButton1_Click()
xm=InputBox("输入考生姓名: ")      'InputBox()函数记录考生输入的姓名
End Sub
```

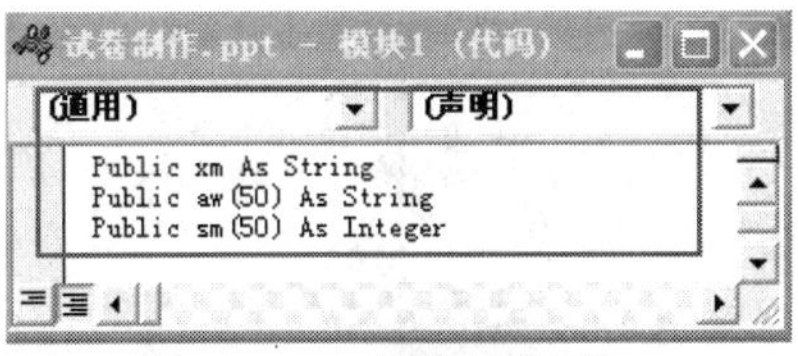

图 2-3-5　模块编辑窗口

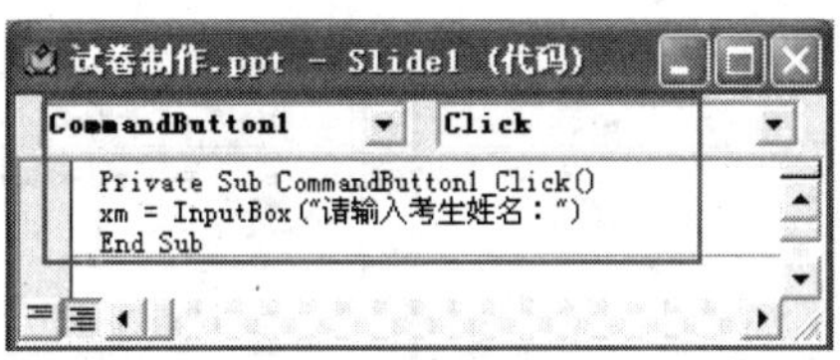

图 2-3-6　添加 CommandButton1 按钮代码

2. 试题的制作（填空题）

① 返回到“试卷制作.ppt”文档中，在 CommandButton1 按钮的下方插入文本框，输入填空题的第 1 道题题目，然后单击“控件工具箱”中的“文本框”控件，然后根据需要拖出两

个大小合适的文本框，调整其位置至合适，并在其“属性”对话框中设置相关的属性，如边框类型（BorderStyle）、字体格式等，如图 2-3-7 所示。

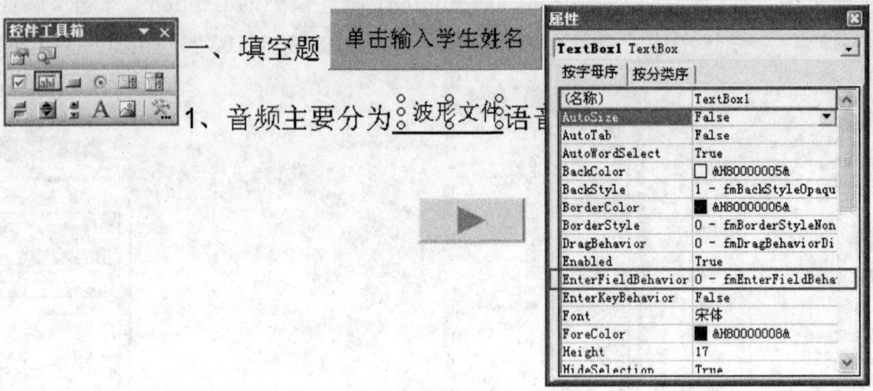

图 2-3-7 “文本框”控件属性

② 选中第一个文本框按钮，双击打开代码编辑窗口，输入以下代码：

```
If TextBox1.Value="波形文件" Then
aw(1)=Trim(TextBox1.Value)
sm(1)=1
Else
   aw(1)=Trim(TextBox1.Value)
   sm(1)=0
End If
```

代码含义：如果第一个文本框的内容为“波形文件”，那么将第一个文本框的内容存储在 aw(1)数组中，将得分“1”存储在 sm(1)数组中；如果第一个文本框的内容不为“波形文件”，则将第一个文本框的内容存储在 aw(1)数组中，将得分“0”存储在 sm(1)数组中。第二个文本框按钮依次类推，如图 2-3-8 所示。

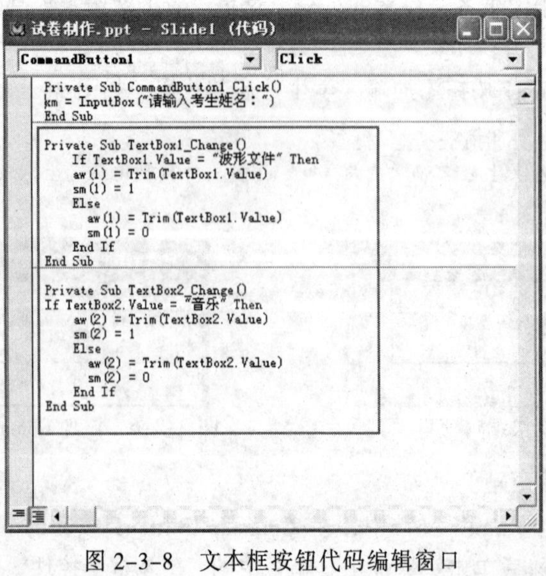

图 2-3-8 文本框按钮代码编辑窗口

③ 选择“幻灯片放映 | 动作按钮 | 前进或下一项”命令，在文档窗口中拖出“下一项”按钮，在弹出的“动作设置”对话框中，单击“确定”按钮，当做完本题后能进入到下一题，如图 2-3-9 所示。

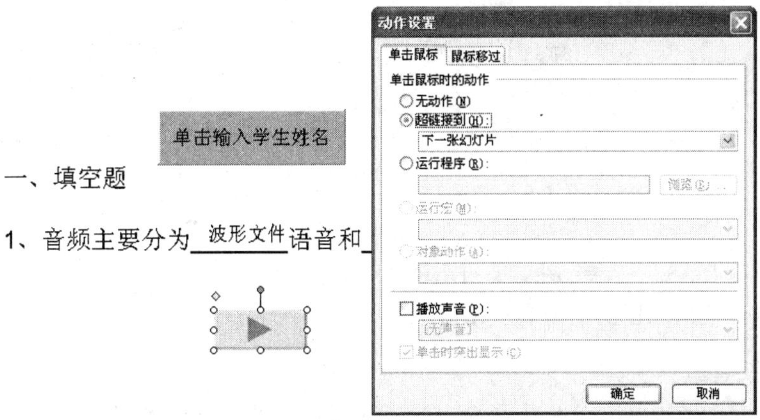

图 2-3-9 前进或下一项动作按钮

④ 单项选择题试题。选择“插入 | 新幻灯片”命令，创建一张新幻灯片。单项选择题目的题干部分，可以通过绘图工具栏中的文本框进行输入，然后用“控件工具箱”中的单选按钮做四个选项。可以在做好一个答案以后，按住【Ctrl】键不放，通过鼠标拖移进行复制得到其他三个答案。只需要修改属性中的 Caption 项即可，并在下方加入一个动作按钮，链接到下一题，如图 2-3-10 所示。

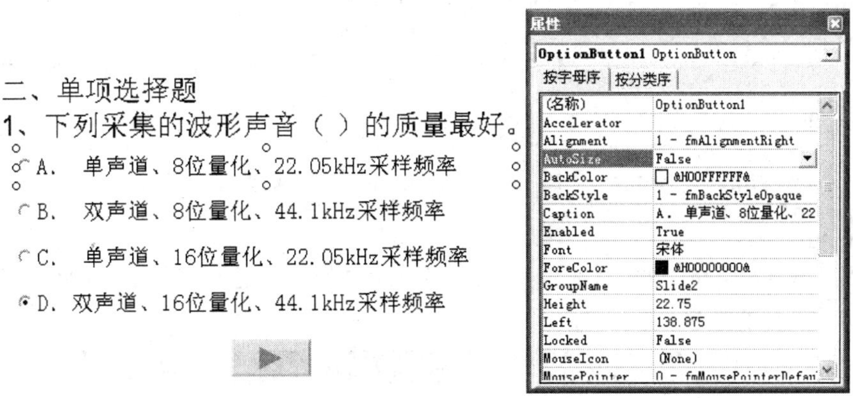

图 2-3-10 单选框属性

选中第一个单选按钮，双击打开代码编辑窗口，输入以下代码：

```
Private Sub OptionButton1_Click()
aw(3)="A"
sm(3)=0
End Sub
```

由于本题的答案是 D，代码含义：aw(3)表示本试卷的第三个答案如果选择 A，则得分为 0。依此类推，如图 2-3-11 所示。

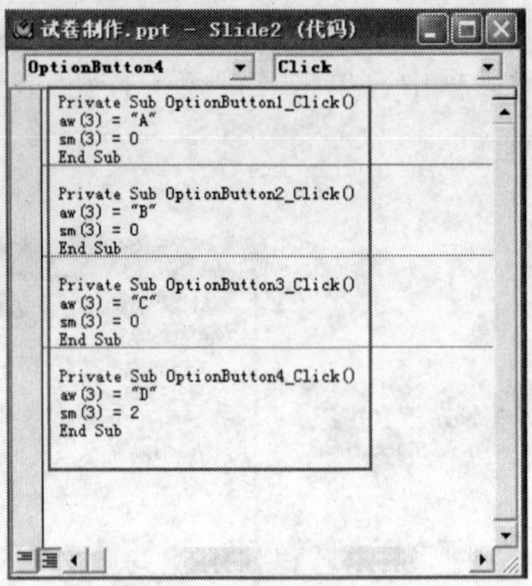

图 2-3-11　单选框按钮代码编辑窗口

其他试卷类型由于篇幅原因，不再赘述。

3. 制作交卷页

试卷做完了，当然得提交查看成绩。在最后一题的幻灯片中就没有进入到下一题的按钮了，而是通过"控件工具箱"创建一个"交卷"按钮，双击这个按钮，输入以下代码：

```
Private Sub CommandButton1_Click()
Dim i,j,s,nf As Integer
  nf=FreeFile
  s=0
  For i=1 To 3            '累加各题得分，本试卷只有 3 个答案，故设为 3
    s=s+sm(i)
  Next
Open "d:\" & xm & ".txt" For Append As nf
                          '成绩将放在D盘以学生姓名为文件名的文本文件中
For j=1 To 3              '把各个题号和所选择的答案按顺序写入到这个文本文件中去
  Print #nf, Str(j) & aw(j);
Next j
  Print #nf,"总分: ";
  Print #nf,Str(s)        '把得分写入到这个文本文件的最后
Close nf
End Sub
```

如图 2-3-12 所示，这段代码使用 VBA 的文本文件功能记录考生各个题目所选择的答案和得分，实现了自动判卷。

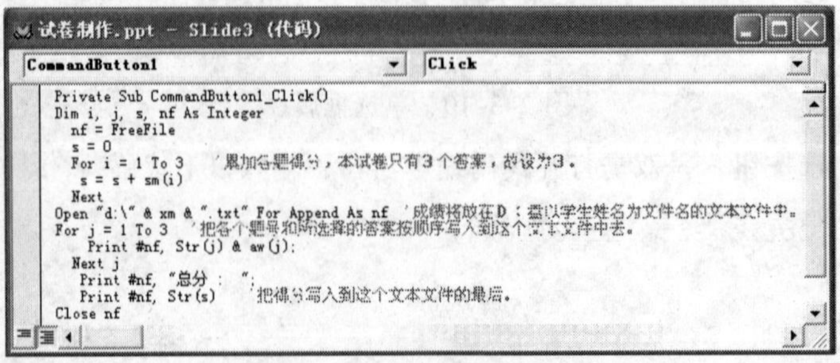

图 2-3-12　命令按钮代码编辑窗口

按【F5】键开始考试。答完后单击"交卷"按钮即可在相应目录下找到以考生命名的文本文件，最后数字即为得分。最终部分效果如图 2-3-13 所示。

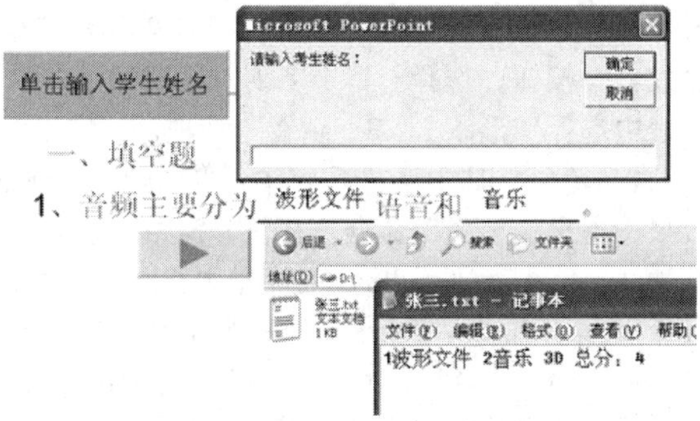

图 2-3-13　电子试卷效果图

至此，电子试卷制作完成。

规律总结

电子试卷一般是把题目、难度等级和答案、分值做成数据表，然后做一个程序，根据考号判定考生是否有资格。如有资格，利用随机函数（或者先选试题等级）给出题目和答题框，由考生填写或选择，结果返回程序。进行判断，如果等于答案，就得分；不同于答案就不得分。程序结束时，统计总分。并判定是及格、良好或优秀。题库可以用 Excel 电子表和数据库来完成，一般适用于选择题，不太适用于问答题。

知识链接

1. 触发器的应用

下面就以用触发器制作单选题为例简单介绍制作方法。

① 新建一个演示文档，通过绘图工具栏中的文本框来完成输入题目、选项。为设计方便，这里选项设置为两个，然后通过绘图工具栏“自选图形 | 标注”中的子命令，分别在每个选项的旁边加上评语，如“正确”或“错误”，如图 2-3-14 所示。

② 选中 A 选项评语(“正确!”标注框)，右击，在弹出的快捷菜单中选择“自定义动画”命令，打开“自定义动画”任务窗格，选择“添加效果 | 进入 | 百叶窗”命令，在任务窗格的动画序列中单击“圆角矩形标注 4：正确!”右边的下拉按钮，然后在弹出的快捷菜单中选择“计时”命令。弹出“百叶窗”对话框，选择“计时”选项卡，单击“触发器”按钮，选择“单击下列对象时启动效果”单选按钮，单击其右边的下拉按钮并在下拉列表中选择“形状 2：A、波形文件”选项，如图 2-3-15 所示。单击　“确定”按钮。

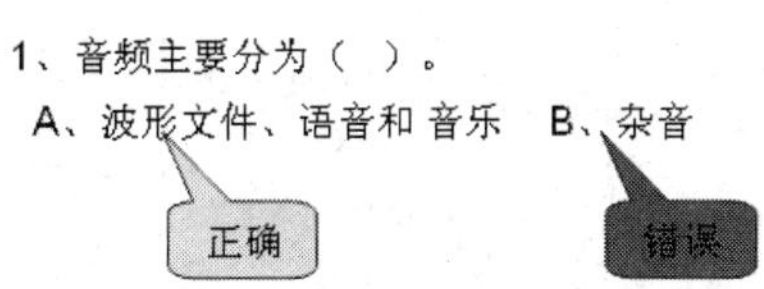

图 2-3-14　单选题评语

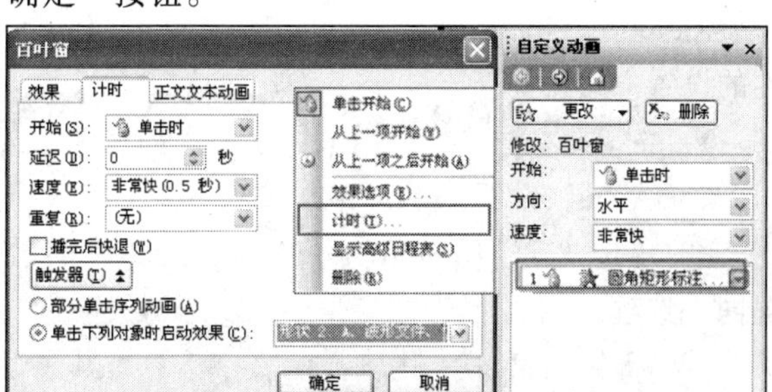

图 2-3-15　百叶窗触发器效果

③ 同理，对 B 选项评语进行“百叶窗”效果操作，在弹出的“百叶窗”对话框中选择“计时”选项卡，单击“触发器”按钮，选择“单击下列对象时启动效果”单选按钮，单击其右边的下拉按钮并在下拉列表中选择“形状 3：B、杂音”选项。

④ 为了让评语能够自动消失，选中 A 选项评语（“正确!”标注框），在“自定义动画”任务窗格，选择“添加效果 | 退出 | 消失”命令。在任务窗格的动画序列中单击“★圆角矩形标注 4：正确!”右边的下拉按钮，然后在弹出的快捷菜单中选择“计时”命令。弹出“百叶窗”对话框，选择“计时”选项卡，设置开始为“之后”，延迟为 1 秒，单击“确定”按钮。然后，在任务窗格中调整“圆角矩形标注 4：正确”的顺序，如图 2-3-16 所示。同理，设置 B 选项评语。

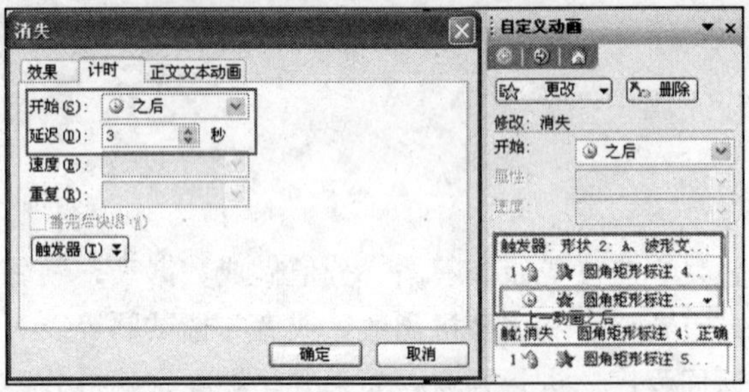

图 2-3-16 消失效果

2. 常用控件按钮

① 复选框（CheckBox）：可以选择多个选项，常用来设计多选题。其常用属性如下：

- AutoSize：有两个值，True 表示根据字的多少调整复选框的大小；False 表示复选框为固定大小。
- BackColor：设置复选框的背景颜色，单击该属性框出现下拉按钮，选择“调色板”选项卡后选择颜色。
- Caption：控件的名称，把默认值删除再重新输入新名称。
- Font：设置字体、字号及字形，单击该属性框出现按钮，单击该按钮出现字体对话框，再在对话框中进行设置。
- Forecolor：设置字的颜色，设置方法同 BackColor。
- Height：复选框的高度，直接输入数字即可。
- Width：复选框的宽度，直接输入数字即可。
- Value：复选框的值，True 为选中；False 则相反。

② 文本框（TextBox）：可以输入文本，常用来设计填空题。其常用属性如下：

AutoSize、BackColor、Font、ForeColor、Height、Width 等属性的设置方法与复选框相应属性的设置方法相同。

Value：文本框的值，用来保存输入的文本。

TextAlign：设置文本对齐方式。

③ 单选按钮（OptionButton）：只能选中一个选项，常用来设计单选题或判断题。其属性设置同复选框。

④ 标签（Label）：用来显示文字信息。其属性设置除 Value 外，其他同复选框。

⑤ 命令按钮（CommandButton）：用来确定选择或输入，也可设计超级链接。其属性设置同标签。

本 章 练 习

1. 制作一份自动展示作品的演示文档。

【知识要点】设置放映方式、动作设置、幻灯片切换方式、自定义放映、排练计时等，效果如图 2-4-1 所示。

2. 用 PowerPoint 为一部电影做预告片。

【知识要点】使用自定义动画中各种动画效果，效果如图 2-4-2 所示。

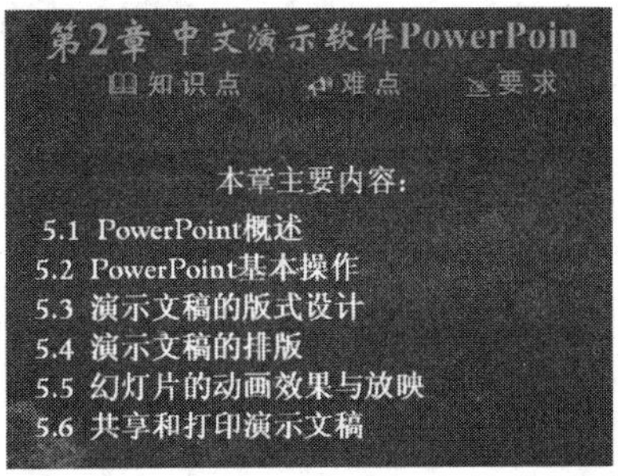

图 2-4-1　自动展示演示文档效果图

图 2-4-2　电影预告片效果图

3. 用 powerpoint 做一份综合电子试卷。

【知识要点】使用控件工具箱中相关工具和 VBA 代码窗口进行编写设计，效果如图 2-4-3 所示。

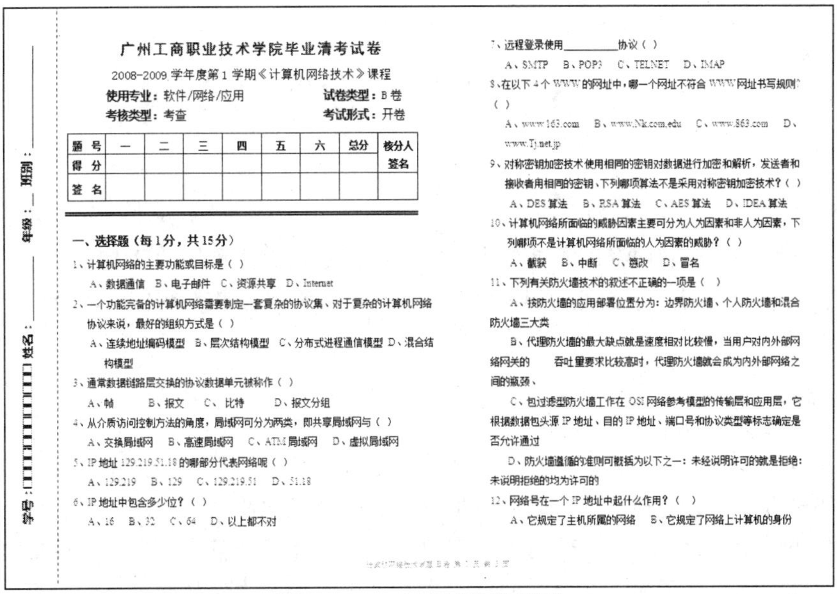

学号：　姓名：　年级：　班别：

广州工商职业技术学院毕业清考试卷

2008-2009 学年度第 1 学期《计算机网络技术》课程

使用专业：软件/网络/应用　　试卷类型：B 卷

考核类型：考查　　考试形式：开卷

题　号	一	二	三	四	五	六	总分	核分人签名
得　分								
签　名								

一、选择题（每 1 分，共 15 分）

1、计算机网络的主要功能或目标是（ ）

A、数据通信　B、电子邮件　C、资源共享　D、Internet

2、一个功能完备的计算机网络需要制定一套复杂的协议集、对于复杂的计算机网络协议来说，最好的组织方式是（ ）

A、连续地址编码模型　B、层次结构模型　C、分布式进程通信模型　D、混合结构模型

3、通常数据链路层交换的协议数据单元被称作（ ）

A、帧　B、报文　C、比特　D、报文分组

4、从介质访问控制方法的角度，局域网可分为两类，即共享局域网与（ ）

A、交换局域网　B、高速局域网　C、ATM 局域网　D、虚拟局域网

5、IP 地址 129.219.51.18 的哪部分代表网络呢（ ）

A、129.219　B、129　C、129.219.51　D、51.18

6、IP 地址中包含多少位？（ ）

A、16　B、32　C、64　D、以上都不对

7、远程登录使用__________协议（ ）

A、SMTP　B、POP3　C、TELNET　D、IMAP

8、在以下 4 个 WWW 的网址中，哪一个网址不符合 WWW 网址书写规则?（ ）

A、www.163.com　B、www.Nk.com.edu　C、www.863.com　D、www.Tj.net.jp

9、对称密钥加密技术使用相同的密钥对数据进行加密和解析，发送者和接收者用相同的密钥、下列哪项算法不是采用对称密钥加密技术？（ ）

A、DES 算法　B、RSA 算法　C、AES 算法　D、IDEA 算法

10、计算机网络所面临的威胁因素主要可分为人为因素和非人为因素，下列哪项不是计算机网络所面临的人为因素的威胁？（ ）

A、截获　B、中断　C、篡改　D、冒名

11、下列有关防火墙技术的叙述不正确的一项是（ ）

A、按防火墙的应用部署位置分为：边界防火墙、个人防火墙和混合防火墙三大类

B、代理防火墙的最大缺点就是速度相对比较慢，当用户对内外部网络网关的　吞吐量要求比较高时，代理防火墙就会成为内外部网络之间的瓶颈、

C、包过滤型防火墙工作在 OSI 网络参考模型的传输层和应用层，它根据数据包头源 IP 地址、目的 IP 地址、端口号和协议类型等标志确定是否允许通过

D、防火墙遵循的准则可概括为以下之一：未经说明许可的就是拒绝：未说明拒绝的均为许可的

12、网络号在一个 IP 地址中起什么作用？（ ）

A、它规定了主机所属的网络　B、它规定了网络上计算机的身份

图 2-4-3　电子试卷效果图

第3章 音频处理

随着虚拟技术不断发展，人们不再满足单调、平面的声音，而更倾向于具有空间感的三维声音效果。数字化处理的核心是对音频信息的采样，通过对采集到的样本进行加工，达成各种效果。声音的三维化处理不仅可以表达出声音的空间信息，与视觉信息的多通道结合，还可以创造出极为逼真的虚拟空间，这在未来的多媒体系统中是极为重要的措施。

学习目标	☑ DIY 手机铃声 ☑ 朗诵配乐诗的制作 ☑ 录制个人卡拉 OK 和刻录个人 CD

任务 1　DIY 手机铃声

问题情境

随着手机技术的发展和内存的不断扩大，手机铃声不仅支持单调的 MIDI、MMF 等格式，还支持 MP3、WMA 等格式。下面通过 Adobe Audition（简称 AU）软件制作一款个性十足的 MP3 格式的手机铃声。

问题分析

① Adobe Audition（前 Cool Edit Pro）是美国 Adobe Systems 公司开发的一款功能强大、效果出色的多轨录音和音频处理软件。不少人把它形容为音频“绘画”程序。用户可以用声音来“绘”制音调、歌曲的一部分、声音、弦乐、颤音、噪音或是调成静音。而且它还提供有多种特效，如放大、降低噪音、压缩、扩展、回声、失真、延迟等，为作品增色。用户可以同时处理多个文件，轻松地在几个文件中进行剪切、粘贴、合并、重叠声音等操作。使用它可以生成的声音有：噪音、低音、静音、电话信号等。该软件还包含有 CD 播放器，支持可选的插件，支持多文件，自动静音检测和删除，自动节拍查找，录制等。另外，它还可以在 AIF、AU、MP3、Raw PCM、SAM、VOC、VOX、WAV 等文件格式之间进行转换，并且能够保存为 RealAudio 格式。软件界面如图 3-1-1 所示。

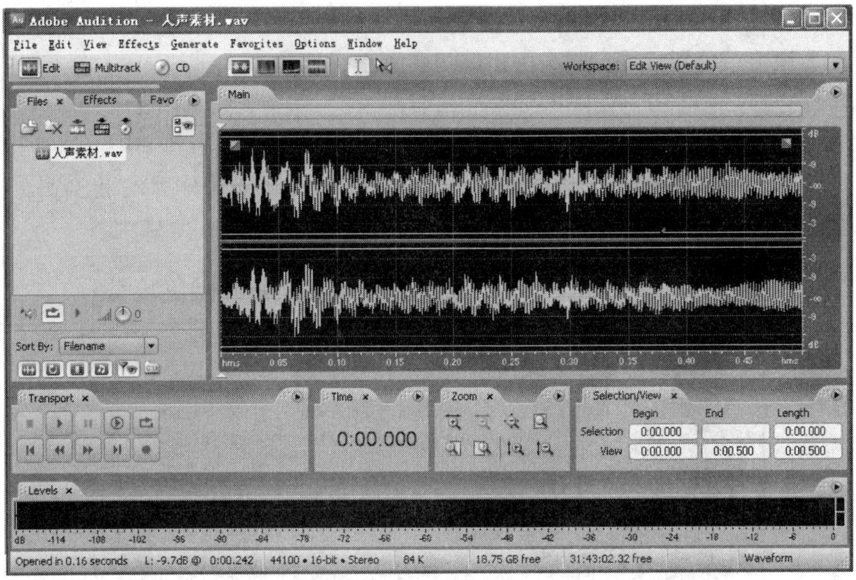

图 3-1-1　Auditon 3.0 界面

② 网上下载的歌曲格式不一定适合任何手机，可以通过 Audition 软件中的音频格式转换功能，将其转换成手机支持的格式。

③ 大部分歌曲的前奏部分比较长，且音量比较小，不适合作为手机铃声。因此，通常提取歌曲的高潮部分作为手机铃声。

④ 通常我们可以将音频素材通过复制、粘贴、剪切等方式进行“移花接木”，制作出搞笑的语音片断，为特效铃声添彩不少。

⑤ 将音频添加自己喜欢的特效，如变速变调、模仿机器人的声音、模拟儿童的声音等效果。

任务设计

1. 准备音频素材

准备好喜欢的音乐背景或者语音片段。如果 Audition 软件不能处理从网上下载的音频文件，可以用专业的音频转换软件实现转换成 Audition 软件支持的音频（此处免述）。

2. 提取音频高潮部分

① 单击 Edit（编辑）按钮，进入 Edit（编辑查看）模式（见图 3-1-2），单击 FileOpen（打开文件）按钮打开要作为手机铃声的音频文件。

② 单击 Play（播放）按钮（见图 3-1-3），或者按【Space】键，通过播放和试听找到需要的音频高潮部分的起始点和结束点。

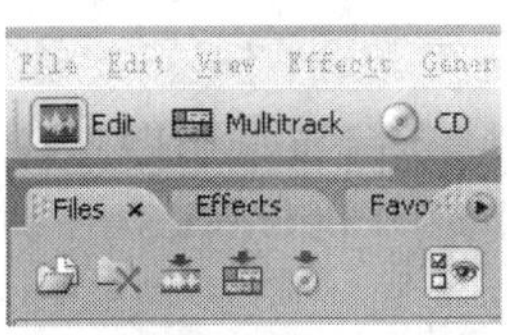

图 3-1-2　单击 Edit（编辑）按钮即切换为编辑查看模式

图 3-1-3　播放按钮，播放时显绿色

③ 在 Main（主）面板上将鼠标拖动覆盖起始点和结束点的位置，显示其背景为白色。

④ 右击选择的白色背景部分，在弹出的快捷菜单中选择 Copy To New 命令，如图 3-1-4 所示，将之重新存储为一个 MP3 文件即可。

⑤ 此时关闭 AU 或者原始音频文件，系统会提示是否改变原来的 MP3（即整首歌），单击“否”按钮，这样整首歌的文件不会被改动，而经过删节的高潮部分 MP3 也会另外保存下来。

图 3-1-4　复制到新建

3. 声音剪接

① 按【Space】键播放声音素材，试听并决定在哪些音段上“做手脚”。试听时可以注意一下视觉上的波形和听觉上声音的同步关系，不难发现它们是否非常匹配。例如，经过试听，感到如果把某两个字重复多次，将非常有趣，那么可以按住鼠标右键不放，在时间标尺上横向拖动，把这一音段放大（见图 3-1-5）。这里的操作比提取高潮部分要精细很多，故放大处理，可以看清声音中的更多细节。

② 此时再播放音频，可以进一步确定两个字的所在位置。按住鼠标左键进行拖动，选中它们，如图 3-1-6 所示。

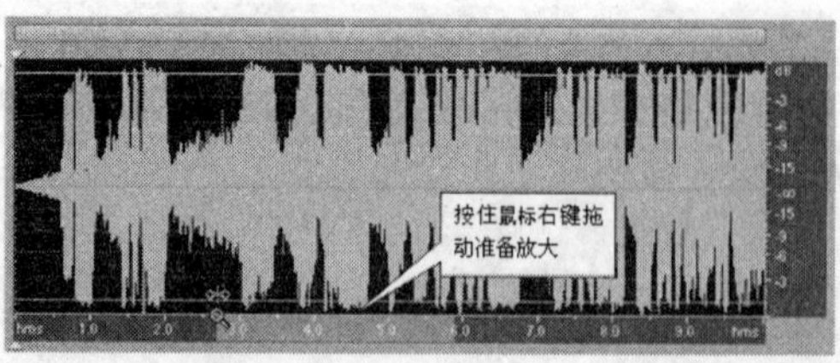

图 3-1-5　找好需要详细制作的部分，放大以显示细节

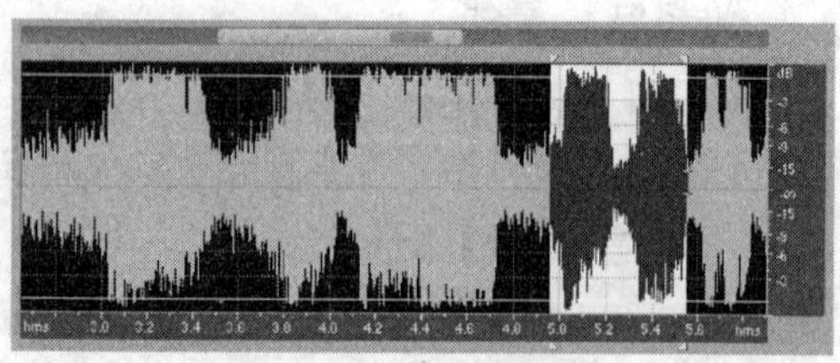

图 3-1-6　选择要复制的字音

③ 选完后，按【Ctrl+C】组合键或选择“Edit | Copy”命令，将其复制到剪贴板中。如果不想保留现在位置上这两个字的声音，则可以按【Ctrl+X】组合键进行剪切，然后将光标线移到适合粘贴的位置，即适当的两个字之间，如图 3-1-7 所示。

④ 按【Ctrl+V】组合键或选择“Edit | Paste”命令，将后台复制的内容粘贴至该位置，可以看到同样的两股波形已经出现在视野中，而视图的比例尺也自动做出了微调，如图 3-1-8 所示。

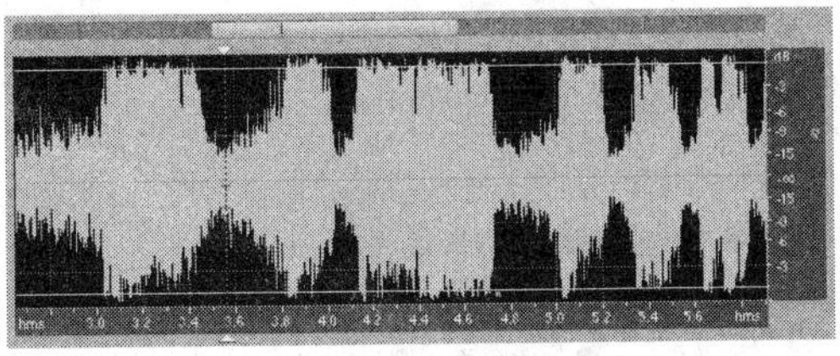

图 3-1-7 将光标线移到适合粘贴的位置

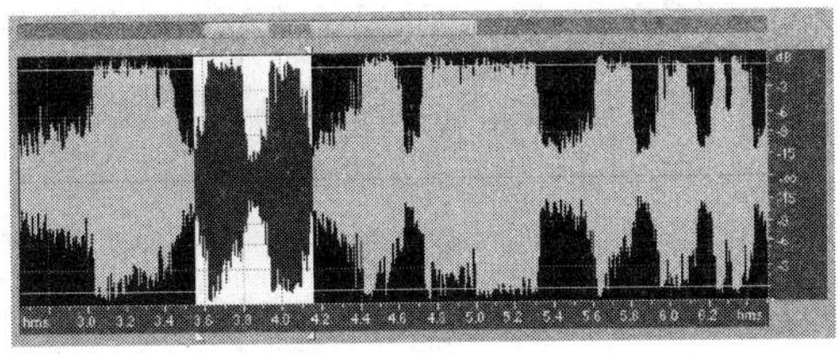

图 3-1-8 第一次粘贴完成

一次复制后，只要不切换剪贴板，或者不复制其他内容，所复制内容可以进行多次重复粘贴。图 3-1-9 所示为最后拼接出多次重复的语音。这段“啰唆”的滑稽声音如果再做加速处理，将更加精彩。

4. 声音变速变调效果处理

① 首先选择“File | Open”命令，打开语音素材文件，如图 3-1-10 所示。

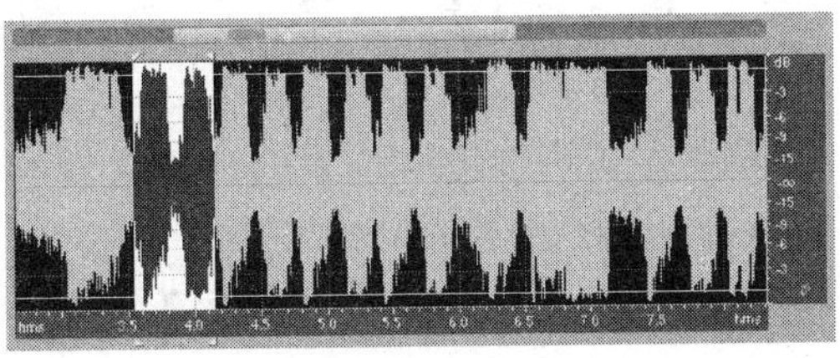

图 3-1-9 获得连续重复单词的效果

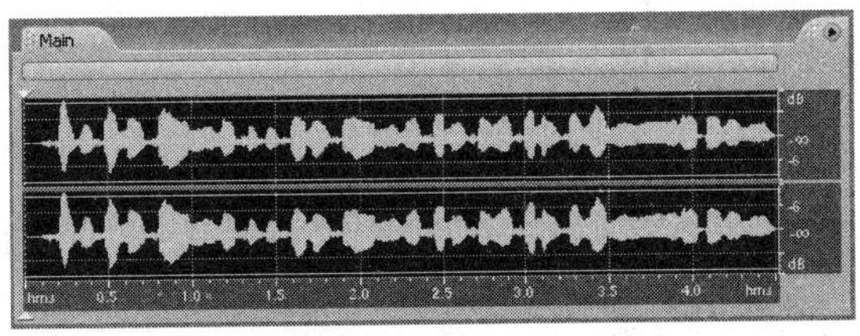

图 3-1-10 待作变速处理的素材，注意时间标尺上的刻度值

② 假定对文件整体进行处理，那么无须选取任何段落，直接选择“Effects | Time&Pitch | Stretch”（效果|时间 | 音调 | 拉伸）命令，弹出图 3-1-11 所示的对话框。

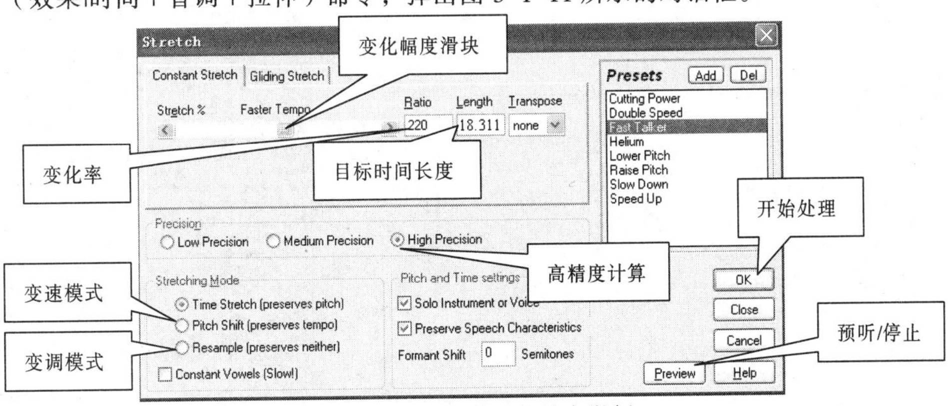

图 3-1-11 变速效果的设定举例

a. 变速：根据图 3-1-11 中的标注，首先选择 High Precision（高精度计算）单选按钮，把精度设定为高；横向拉动 Faster Tempo（变化幅度滑块），向右是变快，向左是变慢；单击 Preview（预览）按钮可以听到效果。当然，也可以直接填入变化率数字，100 为不变，200 代表加速一倍，50 是减速一半；也可以通过填入 Lenth（目标时间长度）值来决定速度变化率，例如，本例的素材长度是 18.311s，若填时间长度为 9.156，即可加速一倍。

设定完毕后，单击“OK”（确定）按钮进行正式处理。图 3-1-12 所示的是加速一倍以后的波形，注意时间标尺上的刻度数值已经按比例减小了。从理论上说，波形不应该有变化，这里波形的细微变化是计算的误差所致，不过这并不影响语音加速的效果。

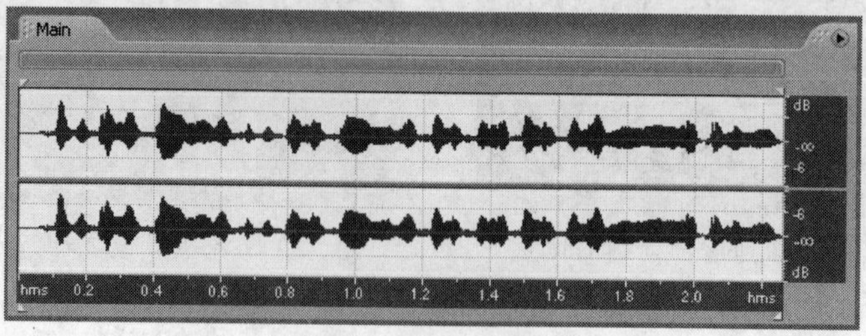

图 3-1-12　做完加速效果的语音素材

b. 变调：选择 Pitch Shift（变调模式）单选按钮，并拖动滑块，然后单击 Preview（预览）按钮，可以听到音调升高和降低的效果。

如果要将成年人的声音变调为儿童的声音，设置如下：选择 Gliding Stretch 选项卡，将 Ratio（比率）值设为 60，Splicing Frequency（拼合频率）设为 40。此时，声音就变成了可爱的童声了，如图 3-1-13 所示。

5. 文件的导出和保存

音频文件通过多次编辑和反复试听最终确定后，最后一步就是文件导出和保存。

方法很简单，即在音频编辑模式下选择“File | Save As”命令。AU 支持多种文件的导出（见图 3-1-14），选择手机能支持的 MP3 或者其他格式即可。

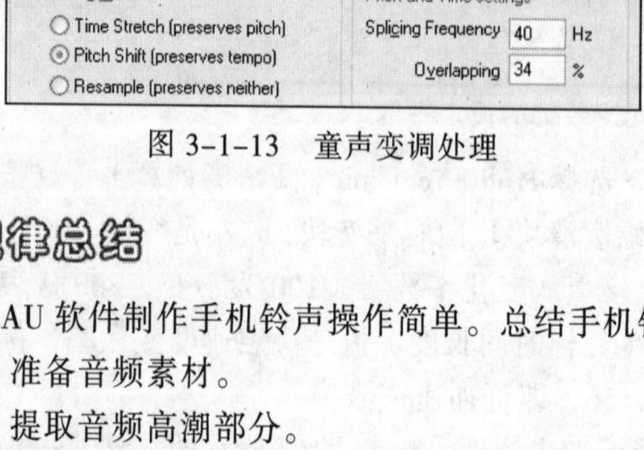

图 3-1-13　童声变调处理

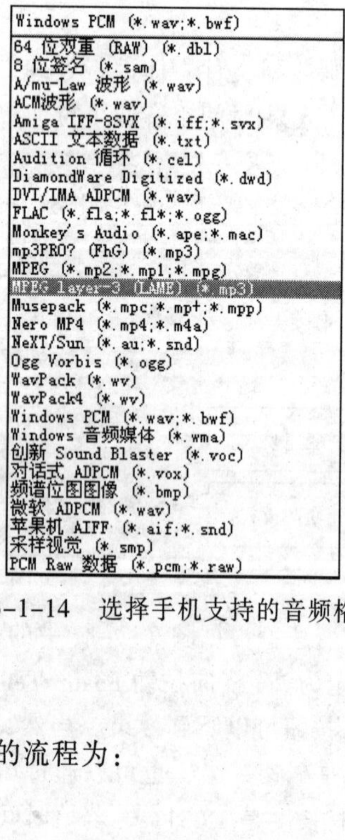

图 3-1-14　选择手机支持的音频格式

规律总结

用 AU 软件制作手机铃声操作简单。总结手机铃声制作的流程为：

① 准备音频素材。

② 提取音频高潮部分。

③ 剪接声音素材。

④ 添加声音滑稽效果。

⑤ 导出声音为手机支持的铃声格式。

其中高潮音频如何提取比较繁琐，需要有耐心；剪接声音素材和添加特殊声音效果是本任务的重点和难点。

知识链接

1. 音频主要格式

在计算机中存在很多音频格式，不同格式所提供的音质相差较大，有些格式还具有丰富的附加功能，可以满足不同用户对音频质量的要求。要能够正确地选择出适合自己的音频格式文件，首先要了解不同音频格式文件的特点。下面介绍一些主流音频文件的格式。

（1）WAV 文件

由 Microsoft 公司开发的一种 WAV 声音文件格式，是如今最为常见的声音文件，它符合 RIFF 文件规范，用于保存 Windows 平台的音频信息资源，被 Windows 平台应用程序所广泛支持，WAVE 格式支持 MSADPCM、CCIPTALAW、CCIPT-LAW 和其他压缩算法，支持多种音频位数，采样频率和声道。其缺点是文件体积较大，所以不适合长时间纪录。

（2）VOC 文件

VOC 文件是 Creative 公司所开发的标准音频文件格式，多用于保存 Creative Sound Blaster（创新声霸）系列声卡所采集的声音数据，被 Windows 平台和 DOS 平台所支持。

（3）MIDI 格式

MIDI 是乐器数字接口的英文缩写，是数字音乐/电子合成乐器国际标准。MIDI 规范由美、日等几家著名的电子乐器厂商于 1983 年共同制定，目的是解决各种电子乐器间存在的兼容性问题。MIDI 规范不仅定义了计算机音乐程序、音乐合成器及其电子音乐设备交换音乐信号的方式，而且还规定了不同厂家的电子乐器与计算机连接的电缆和硬件及设备间数据传输的协议，可用于为不同乐器创建数字声音，能很容易的模拟钢琴、小提琴等乐器的声音。MIDI 本身并不能发出声音，它是一个协议，其文件储存着 MIDI 资料和命令，包括音色、音符、时间码、速度、调号、拍号、键号等乐谱指令，能保存多达 16 个通道的音乐信息。按照指令中时间码的顺序，音序器能够精确地按时间合成音乐，再现文件内部的乐谱指令所包含的音乐旋律。

相对于保存真实采样数据的声音文件，MIDI 文件显得更加紧凑，其文件的大小要比 WAV 文件小得多——1min 的 WAV 文件约要占用 10MB 的硬盘空间，而 1min 的 MIDI 却只有 3.4KB。现在，MIDI 已经成为计算机音乐的代名词。

（4）MP1/MP2/MP3 格式

MPEG 代表的是 MPEG 活动影音压缩标准，MPEG 音频文件指的是 MPEG 标准中的声音部分即 MPEG 音频层。MPEG 频文件根据压缩质量和编码复杂程度的不同可分为三层（MPEG AUDIOLAYER 1/2/3 分别与 MP1、MP2 和 MP3 这三种声音文件相对应，MPEG 音频编码具有很高的压缩率，MP1 和 MP2 的压缩率分别为 4∶1 和 6∶1～8∶1，而 MP3 的压缩率则高达 10∶1～12∶1，也就是说 1minCD 音质的音乐未经压缩需要 10MB 存储空间，而经过 MP3 压缩编码后只有 1MB 左右，同时其音质基本保持不失真。因此，目前 Internet 上的音乐格式以 MP3 最为常见。MP3 为降低声音失真采取了名为“感官编码技术”的编码算法：编码时先对音频文件进行频谱分析，然后用过滤器滤掉噪音电平，接着通过量化的方式将剩下的每一位打散排列，最后形成具有较高压缩比的 MP3 文件，并使压缩后的文件在回放时能够达到比较接近原音源的声音效果。虽然它是一种有损压缩，但是它的最大优势是以极小的声音失真换来了较高的压缩比。

（5）MP4 格式

MP3 的开放性不可避免的导致了版权之争，在这样的背景之下，文件更小、音质更佳，同时还能有效保护版权的 MP4 就应运而生了。MP3 和 MP4 之间其实并没有必然的联系，首先 MP3 是一种音频压缩的国际技术标准，而 MP4 却是一个商标的名称；其次，它们采用的音频压缩技术也迥然不同，MP4 采用的是美国电话电报公司所研发的、以“知觉编码”为关键技术的 a2b 音乐压缩技术，将压缩比成功的提高到 15:1，最高可达到 20:1 而不影响音乐的实际听感；同时，MP4 在加密和授权方面也做了特别设计。MP4 的特点如下：

- 每首 MP4 乐曲就是一个扩展名为.exe 的可执行文件。
- 更小的体积、更好的音质。
- 独特的数字水印。MP4 采用了名为 Solana 技术的数字水印。可方便地追踪和发现盗版发行行为。而且，任何针对 MP4 的非法解压行为都可能导致 MP4 原文件的损毁。

（6）RA/RM/RAM 格式

Realaudio 文件是 Progressive Networks 公司开发的一种新型音频流文件格式，它包含在 Real Networks 公司所定制的音频、视频压缩规范——RealMedia 中，主要用于再低速率的广域网上实时传输音频信息。网络连接速率不同，客户端所获得的声音质量也不尽相同：对于 14.4Kbit/s 的网络连接，可获得调幅（AM）质量的音质；对于 28.8Kbit/s 的连接，可以达到广播级的声音质量，如果使用 ISDN 或 ADSL 等更快的线路连接，则可获得 CD 音质的声音。

（7）AIF/AIFF 格式

AIFF 是音频交换文件格式的英文缩写，它是 Apple 公司开发的一种音文件格式，被 Macintosh 平台及其应用程序所支持，Netscape Navigator 浏览器中的 LiveAudio 也支持 AIFF 格式，SGI 及其他专业音频软件包也同样支持 AIFF 格式。AIFF 支持 ACE2、ACE8、MAC3 和 MAC6 压缩，支持 16 位 44.1KHz 立体声。

2. 声音剪辑

早些年，声音内容都记录在磁带上，那时的剪辑师是拿着专业刀片和黏结剂，通过对磁带本身的剪贴完成剪辑的，可以说，那个时代的剪辑是一门艺术。

当今，用户只要操作一些软件，选择自己要剪辑的段落，即可利用许多菜单命令（或快捷键）来剪辑声音，效果更好，精度也高，需要的时间也少。剪辑的流程如图 3-1-15 所示。

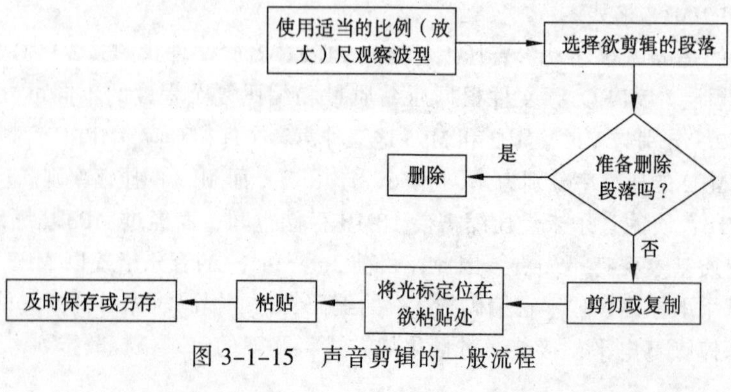

图 3-1-15 声音剪辑的一般流程

Audition 软件可以随意对声音文件进行精确定位，做复制、粘贴、剪切等编辑工作，就像 Office 软件编辑文字和图片一样简单，具体的操作细节请参考图 3-1-5～图 3-1-8，在此不再做详细叙述。

3. 添加声音效果

声音处理的实质是使用软件通过特定的算法，对现有的声音采样值进行改写（有些效果还会增加、减少样值的个数，或者改变样值的顺序）。改写后样值被播放出来就是带效果的声音了。

与各类编辑软件类似，对声音数据处理进行效果处理，首先也要进行准确的选择。任何处理都针对于被选择的段落进行。这与前面讲的声音剪辑的流程是相通的。具体来说，给声音添加效果的流程可模式化成如图 3-1-16 所示。

巧妙的效果添加能使铃声效果变得缤纷多彩，起到画龙点睛的作用。一些典型的操作已在“任务设计”中列出，在此不再赘叙。

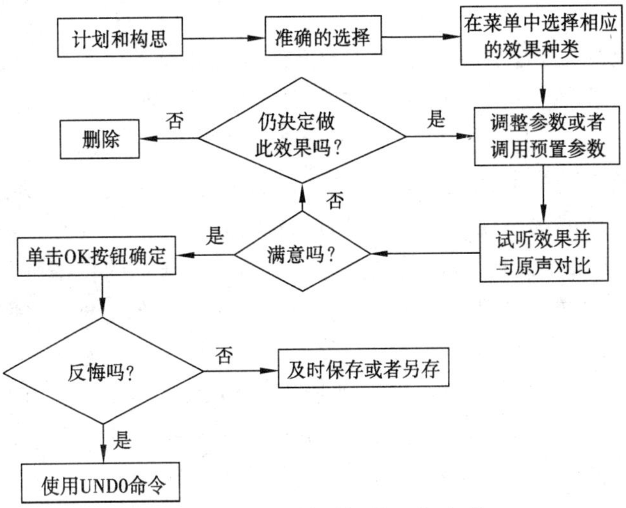

图 3-1-16 声效添加的一般流程

4. 声音格式转换

“转格式”是当前音频玩家和从业者经常要面对的一个任务，无论是铃声、彩铃或者为了在网络上发布的媒体文件，都对声音数据的格式有着各种各样的要求。

对业余人士来说，可以简单地认为“转格式”就是把声音保存成另一种扩展名的文件。对于有一定水平的玩家来说，就必须知道格式的转换不仅包括文件的类型，还要包括“采样指标”。换句话说，声音的格式分为“指标格式”和“编码方式”两部分，这涉及数字声音采样的基本原理以及声音数据的压缩算法。

（1）转换“指标格式”

通俗地说就是改变文件的采样率、位率和声道数。选择“Edit | Convert Sample Type”（编辑 | 转换采样类型）命令，会弹出一个对话框，如图 3-1-17 所示。

用户可以在对话框左边的 Sample Rate（采样率）文本框中手动输入一个新采样率值，需要注意其下面的品质滑动条，建议将其滑到右端高品质，可在稍后的转换时使用稍长一点的计算时间取得更好的换算效果。另外，建议选中 Pre/Post Filter（预加载/延迟滤波）复选框，以防止处理时在频谱低端产生冗余的信号影响声音品质。

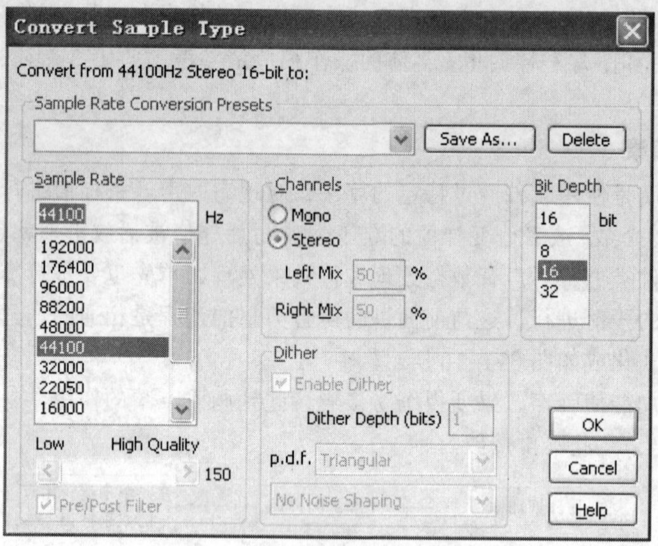

图 3-1-17　转换采样类型对话框

在对话框中间的 Channels（通道）选项区域中可以选左声道或者右声道，还可以设置左右声道各占一定的百分比（Left Mix 指左声道所占比例，Right Mix 指右声道所占比例）。Dither Depth（高频脉冲）选项区域中的选项仅在位率由高向低转换时可用。

这里简要讲解一下 Dither Depth（高频脉冲）的功能。声音的位率降低意味着软件要给每个样值在“低容量”的样值空间里就近分配一个新值，新值与老值之间就形成一个误差，误差值可能为正或者为负，这样就等于在原信号中叠入一个音量不大但很明显的、持续的噼啪噪音，损害了听觉舒适感。为了把这种损害将到最低，人们采用人为加入一个持续不噪音的方法来抵消量化误差噪音。固然，引入人工噪音进一步降低了信噪比，但信噪比的微小损失总比噼啪噪音好。

（2）转换文件格式

格式转换，从形式上说，就是把文件另存为其他扩展名，请参考图 3-1-14。

任务 2　配乐诗朗诵的制作

问题情境

学院五四青年节要举行大型文艺晚会，假如你是晚会音频负责人，需要完成一首《再别康桥》的配乐诗（背景轻音乐、朗读文字、朗诵声音文件自备）。

问题分析

AU 常用于舞台配乐，其中朗诵诗用得较多。

1. 怎样高质量地完成个人录音

① 保证声卡的安装正常。如果不正常，通常 Windows 系统会在设备管理器内给出提示，显示黄底黑色惊叹号，这时需要重新安装驱动。

② 保证周围的环境是安静的。当然掺杂少量噪音也是正常的，这需要用到 AU 中噪音的采样和降噪处理。如果是在隔音效果非常好的专业录音棚中，则无须降噪，因为降噪会丢失声音的细节。

③ 不同类型的麦克风与嘴唇的距离是有区别的，一般介于 5～15cm 之间。麦克风放得离声源越远，录音中就会出现越多的房间氛围、反射、回声等。但是，随着麦克风与声源距离的增大，麦克风输出的信号强度会快速地（按平方反比律）下降。

④ 录制完成的声音要经过采样降噪、均衡、剪接、压限、添加混响等效果的步骤，使声音听起来圆润、自然、饱满。

2. 怎样能够将诗歌朗读和背景音乐和谐的交融在一起

朗诵诗一般用于抒发作者情怀，感悟诗词精华，多用于舞台表演的活动，一般而言，我们加入背景轻音乐使朗诵诗词达到更好的情怀抒发。

在 AU 软件中，可以通过在“多轨模式”下将录制的声音和背景音乐融合在一起，通过标准化操作、声音比例的调节、淡入-播放-淡出效果等添加使背景和朗读自然和谐地交融在一起等。

当然最重要的是平时多听、多练，增加乐感。

任务设计

1. 录音工具和素材准备

① 准备一台安装 AU 软件的计算机和麦克风。

② 准备好背景音乐和文字材料，放到同一个文件夹“配乐朗诵诗”文件夹里。

2. 录音

（1）建立文件夹和建立会话

① 在硬盘空间新建一个文件夹，名称为“配乐朗诵诗”。

② 启动 Audition 软件，打开 File（文件）菜单，单击 Multitrack（多轨）按钮，进入 Multitrack（多轨查看）模式（见图 3-2-1），单击 New Session（新建会话）按钮，选择会话的 Sample Rate（采样率），通常设为 44100，设置完成后保存会话为“配乐诗朗诵.ses”（见图 3-2-2）。

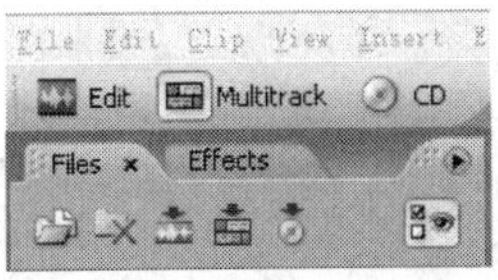

图 3-2-1　进入多轨模式

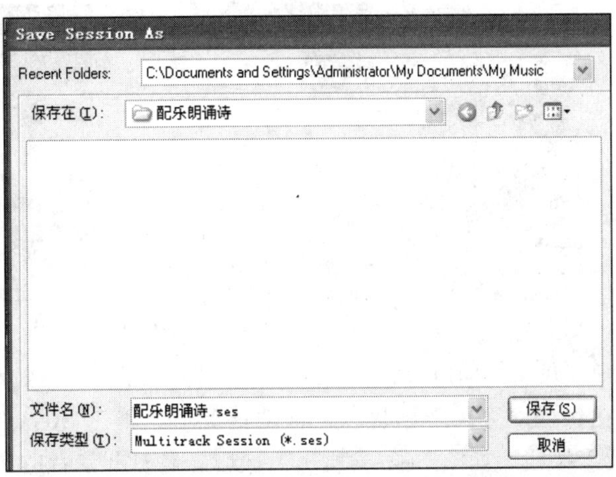

图 3-2-2　保存扩展名为.ses 的会话文件

（2）录音前的准备

① 单击 Edit（编辑）按钮，在编辑查看模式下，选择“File | New”（文件 | 新建）命令，弹出 New Waveform（新建波形）对话框，设置 Sample Rate（波形采样率）为 44100，选择适当的 Channel（通道）和 Resolution（分辨率），通常情况下，选择 Stereo（立体声）和 16bit（16 位）的分辨率（见图 3-2-3）。

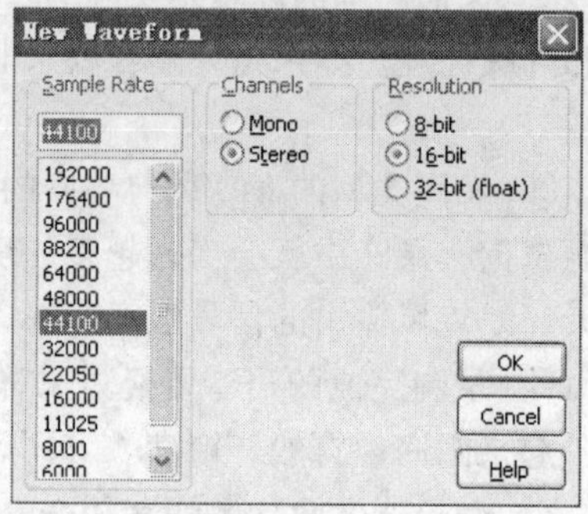

图 3-2-3　设置 Sample Rate（采样率）、Channels（通道）和 Resolution（分辨率）

② 选择“Option | Windows Recording Mixer”（选项 | Windows 录音控制台）命令，如图 3-2-4 所示。在打开的“录音控制”窗口中选择“麦克风”选项区域中的“选项”复选框，如图 3-2-5 所示。

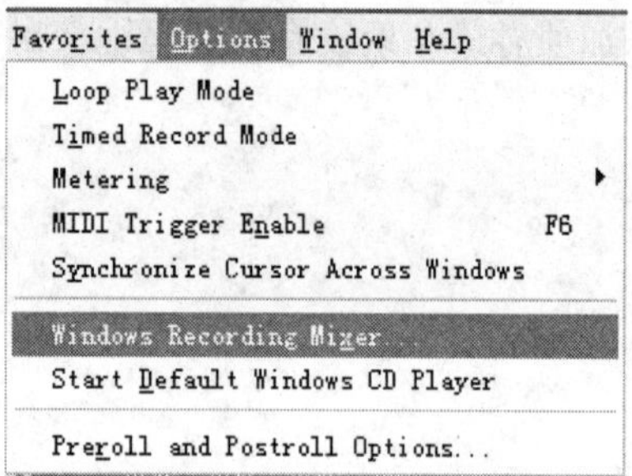

图 3-2-4　Windows Recording Mixer 命令

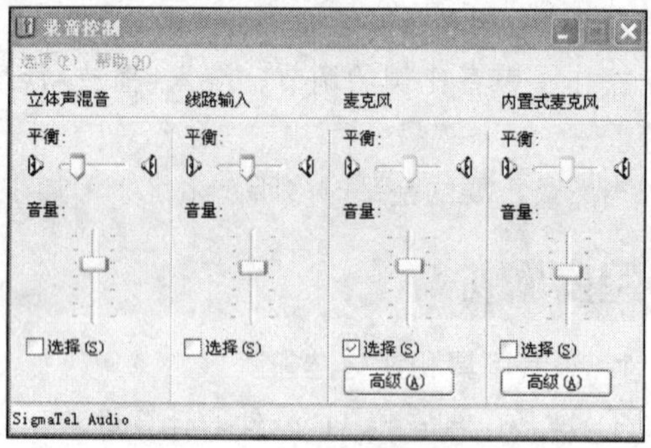

图 3-2-5　选择麦克风

③ 鼠标停留在 Level（电平）面板，右击，显示图 3-2-6 所示的快捷菜单，选择 Monitor Record Level（监视录音电平）命令，通过选择电平精度，使绿色的电平信号显示在总长度的 3/4 左右处，即-50～-6 之间为宜。此处录音电平如果太大，会有太多信号被增益到超过数字音频处理范围的上限，使音质劣化；如果太小，会降低计算机对声音分辨的精确度，使声音被电路中固有的“本底噪音”干扰得更多。所以，调整录音电平的基本标准做到“最大不失真”。

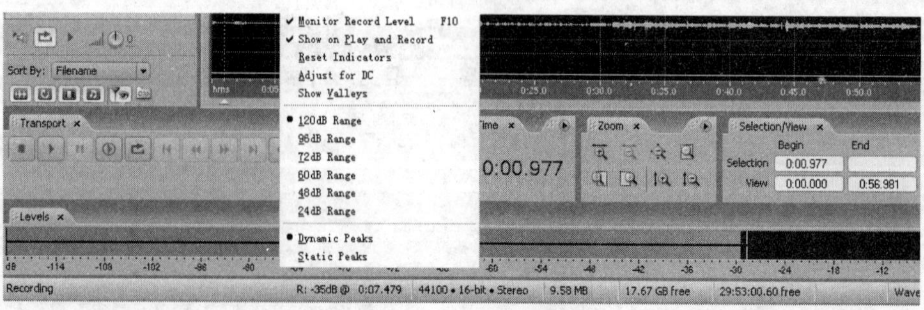

图 3-2-6　电平信号信息

（3）录制朗诵声音

在保证麦克风工作状态正常地情况下，单击 Record（录音）按钮，如图 3-2-7 所示。同时，要打开录音的文本，调整气息，开始对着麦克风录音。

图 3-2-7　红色为录音按钮

（4）录制完成保存

再次单击 Record（录音）按钮，完成录制并保存录音文件。

3. 录音编辑加工

（1）删除多余部分

选择前面的空白或者中间有清嗓子的声音，按【Delete】键进行删除。

（2）降噪处理

选择一小段没有人声的波形，单击效果面板的“Resoration | Noise Reduction”（修复 | 降噪器）项（见图 3-2-8），弹出 Noise Reduction（降噪器）对话框，单击 Capture Profile（获取特性）按钮（见图 3-2-9），进行捕获采样噪音。然后，对音频文件全选，重新进入降噪器对话框，Noise Reduction Level（降噪级别）设在 90～100。还可以单击 Preview（试听）按钮，边视听边调节。满意后，单击 OK 按钮，编辑完成。处理前后波形变化如图 3-2-10 和图 3-2-11 所示。

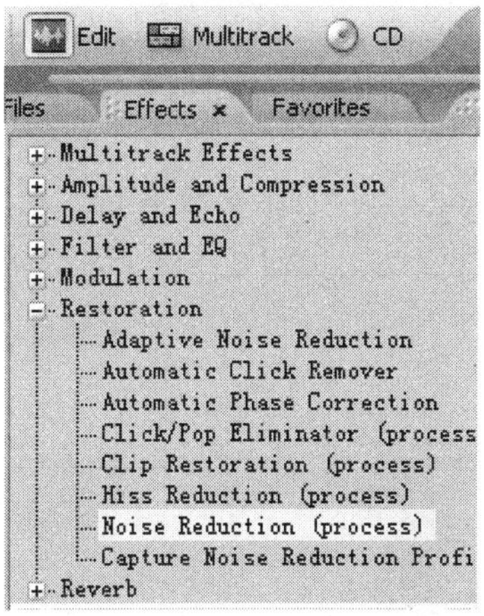

图 3-2-8 降噪器位于效果面板中

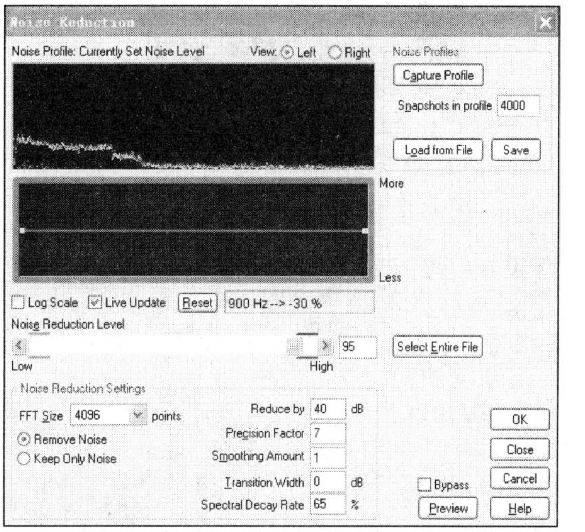

图 3-2-9 右上角为获取特性按钮

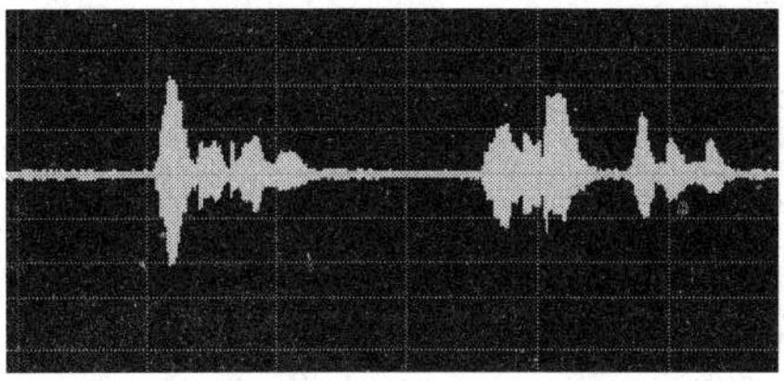

图 3-2-10 降噪前，无人声处有细微噪音波

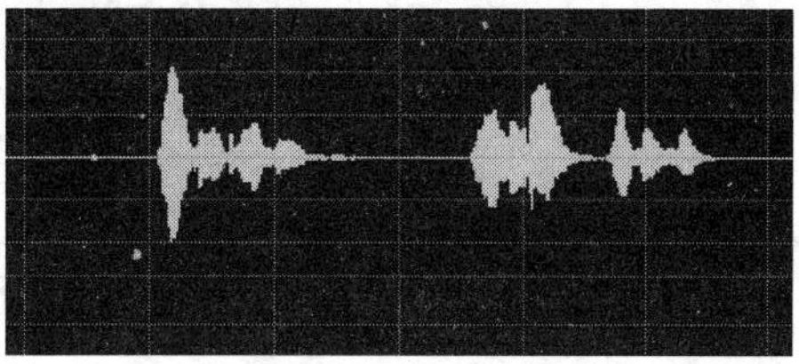

图 3-2-11 降噪后，无人声处基本为细直线

（3）增加波形声音

录制的声音如果比较小，选择“Effects | Amplitude and Compression | Normalize”（效果 | 振幅 | 标准化）选项（见图 3-2-12），弹出 Normalize（标准化）对话框，如图 3-2-13 所示。选择 Nomalize to（标准化到）复选框，并在其后的文本框中输入 98，提高录音音量，通常还设置 DC Bias Adjust（调整直流偏移）到 0。调整前后波形变化如图 3-2-14 和图 3-2-15 所示。

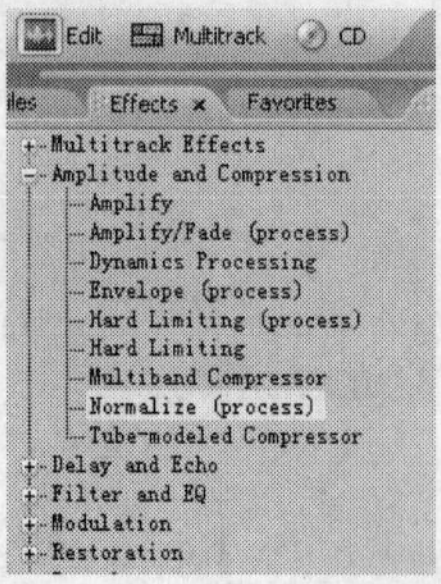

图 3-2-12　标准化选项

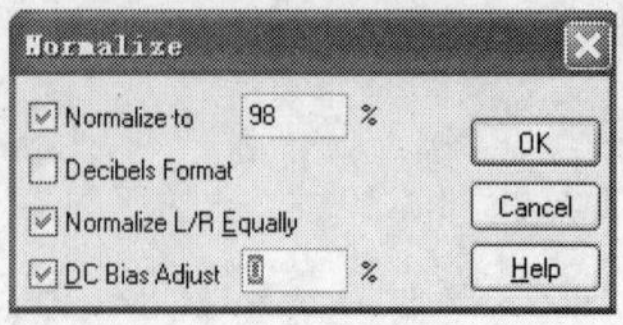

图 3-2-13　标准化值为 98%

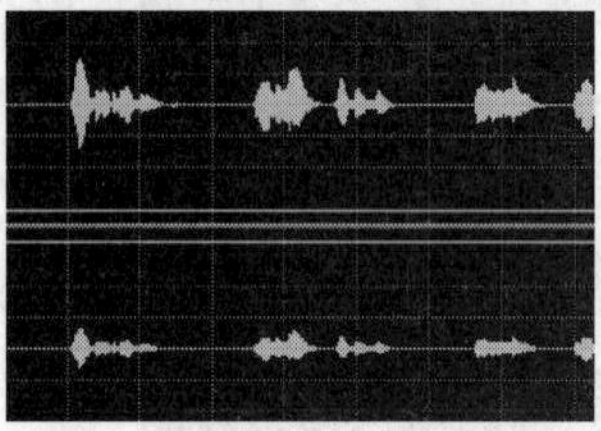

图 3-2-14　标准化前的波形

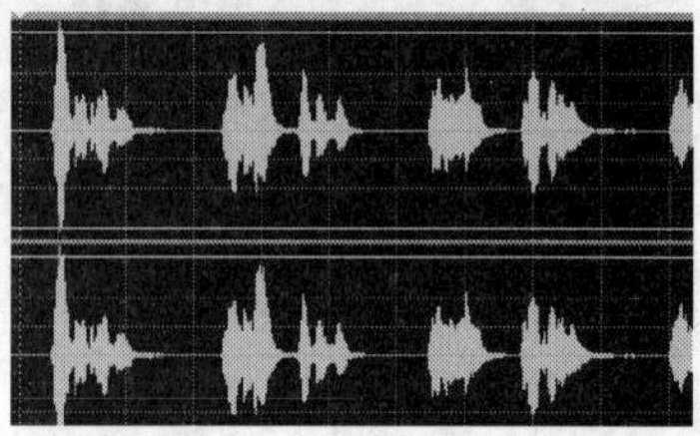

图 3-2-15　标准化后的波形

（4）压限处理

压限能将振幅差别比较大的声波调节成一致，这样声音大小比较协调和一致。选择“Effects | Amplitude and Compression | Dynamics Processing”（效果 | 振幅和压限 | 动态处理）选项，在弹出的对话框中设置相关的参数，如图 3-2-16 所示。处理后前后对比效果如图 3-2-17 和图 3-2-18 所示。

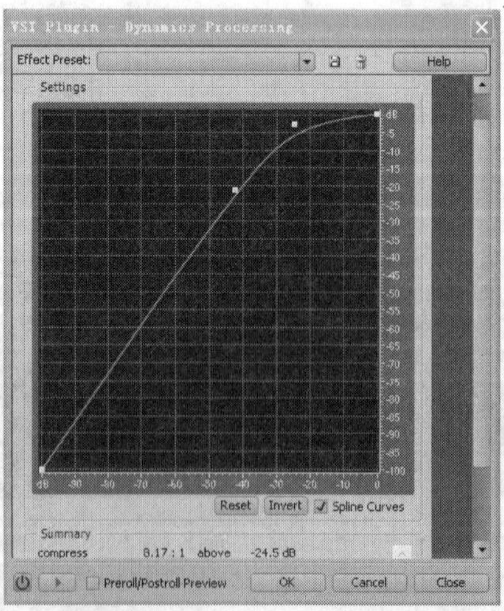

图 3-2-16　压限处理

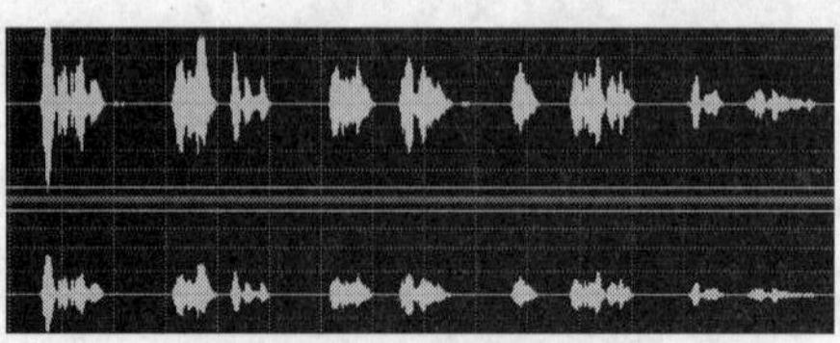

图 3-2-17　压限前的波形

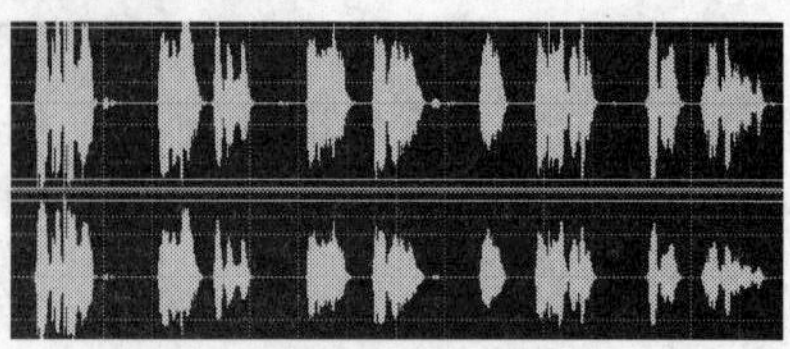

图 3-2-18　压限后的波形

（5）增加混响效果

录制的声音通常有点干瘪，可以通过混响功能增加立体空间感。

在菜单中的 Effect（效果）选项卡选项中选择“Reverb | Studio Reverb”（混响 | 房间混响）选项，在弹出的对话框中选择 Great Hall 方案（见图 3-2-19）或者其他，可以调节参照，但初学者一般按默认值设置效果即可。预听效果，满意后单击 OK 按钮。

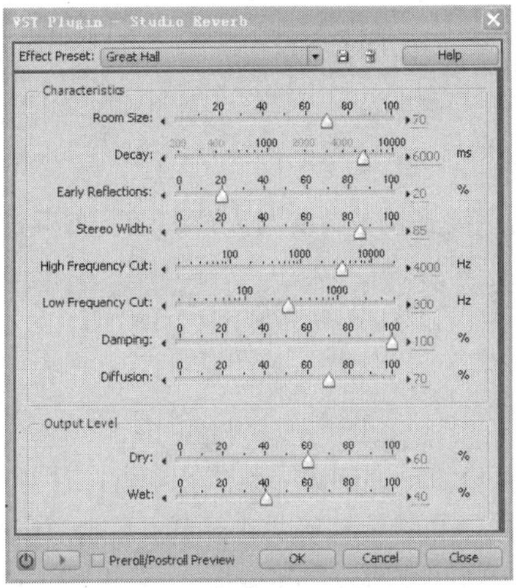

图 3-2-19 添加 Great Hall 混响效果，各参数按默认值设定

4. 多轨配乐

回到 Multitrack（多轨查看）（见图 3-2-1）模式下。

① 导入背景音乐和录音，单击 Play（播放）按钮，仔细地听，如果声音比例不协调，可以调整两个音轨的音量，如图 3-2-20 所示。

② 调整搭配，移动录音。如果背景音乐很长，则需要删除超过的部分。

③ 调整波形为淡入-播放-淡出的音频效果。在这里，主要是调整包络线，文件外的包络线，鼠标变成手型，且右下角出现“+”图标时表示可以添加控制点，通过控制点调整包络线成图 3-2-21 所示的状态。

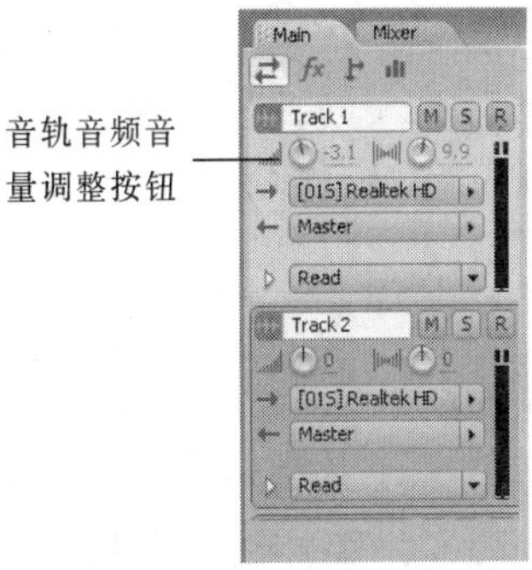

图 3-2-20 调节音轨音频音量大小

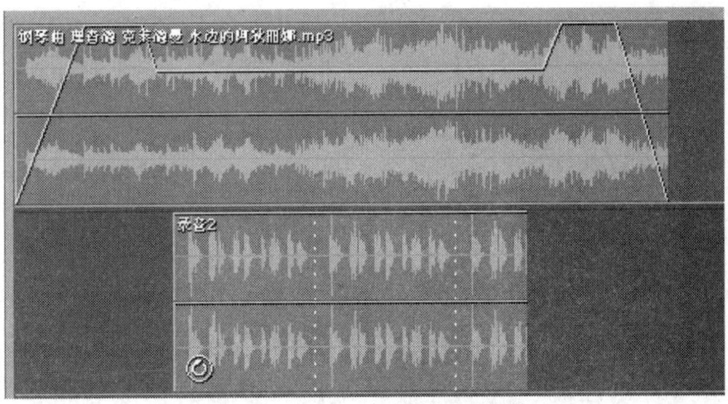

图 3-2-21 调整包络线

5. 多轨模式下导出为混缩音频文件

多听几次，确定可以了，选择“File | Export | Audio Mix Down”（文件 | 导出 | 混缩文件）命令，在弹出的对话框中将文件命名为“配乐朗读诗”，保存为 WAV 或者 MP3 等格式。

规律总结

一般的配乐诗工作完成的规律是单轨编辑和多轨合成。

1. 单轨编辑

① 麦克调试。

② 录取人声。

③ 效果处理：降噪，标准化，混响等。

2. 多轨合成

① 插入伴奏。

② 伴奏人声合并（此处主要是调节伴奏与人声和谐，如音量对比、时间长短等）。

③ 保存合并后的音乐。

知识链接

1. 音轨

所谓“音轨”（track），可以简单理解为一条声音素材（注意：立体声的素材，不能称为两条音轨，只能称为左、右声道）。Edit 编辑模式在录制、编辑、修改单独的一个音频文件时操作方便简单，但无法完成多个音频文件的录制和编排；“多轨”（multitrack）一般用在多条声音素材的叠加，允许用户在时间轴上随意排布许多素材文件，并让它们同时发声或者不发声，还可以自由地调整各个素材的效果。故两者是相辅相成、互相弥补的，在配乐朗诵诗的不同阶段应该使用不同的音轨编辑模式。Audition 3.0 本身就已经是一个专业化软件，最多支持 128 个音频编辑，允许用户在时间轴上随意排布许多素材文件，并让它们同时发声或者是不发声，随时调整每个素材的情况，并在调整过程中不会影响到其他素材。对整体音响效果满意后，再混合成一个单独的声音文件（混合的工作由软件通过音频数据加法来完成），以便记录唱片或在网络上传播。这一混合动作过程称为“混缩”。

2. 录制声音和输出控制

用 Audition 录制声音的流程可用图 3-2-22 表示。

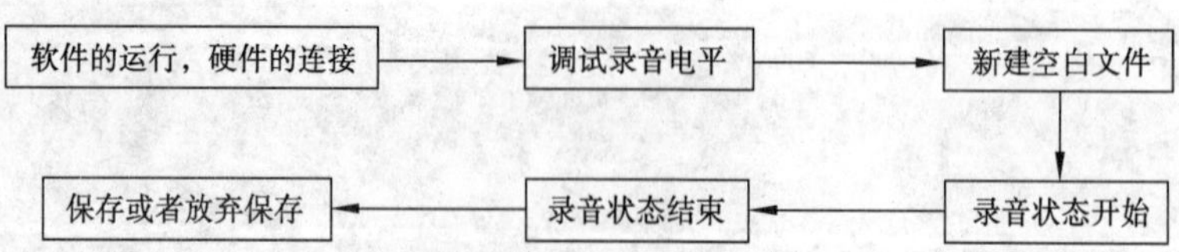

图 3-2-22　录音流程

同时，应对声音控制窗口进行了解，以便按正确的方式输出想要的声音。

双击选择桌面右下任务栏的“喇叭”图标能直接打开 Volume Control（声音控制）窗口。

① 音量控制：它能控制系统所有设备的播放音量。如果使其静音，整个系统将没有声音播放出来（ASIO、E-WDM 等专业驱动除外）。

② 波形：但它控制的是系统内部数字音频流的声音，如 WAV、MP3、WMA 等格式的音量，但 MIDI 播放的音量是不受它控制的。

③ 软件合成器：它专门控制 MIDI 合成器的音量。如果使其静音，MIDI 播放无声，而其他 WAV、MP3、WMA 播放不受此影响。

④ CD 唱机：通常情况下，CD-ROM 会有一条四芯模拟音频线（L、G、G、R）连接到声卡，这个项目就是控制 CD-ROM 驱动器模拟线路音量的。现在，有很多播放器（如 Windows Media Player 9.0、Foobar2000 等）都可以通过操作系统内部的 DirectX 通道来播放 CD 音频，CD 音频数据通道来自 CD-ROM 的 IDE 线路，从而实现“软数字播放”，如果是这样，CD Audio 模拟音量将不控制 CD 播放音量。有些中高档声卡，还有一个专门的 S/PDIF CD 同轴接口，它是连接 CD-ROM 的两芯数字接口的，从而实现“硬数字播放”，硬数字播放的音质，和声卡的 DAC（数模转换器）的品质有关。

⑤ 麦克风音量控制：它是控制麦克风捕获声音并被送到声卡输出的音量，声卡 MIC 孔一旦插上麦克风并对麦克风说话，麦克风捕获的声音将被输出到声卡的输出系统，用户就可以直接在音箱或耳机里听到自己说话的声音。在录音过程中，这个通常是控制麦克风实时监听音量的，方便在录音的时候能从耳机里听到自己的声音，而不是单控制麦克风录音音量。无论如何调节它，都不能改变麦克风录音音量大小（除非录音控制台里选择了“混音器”内录方式）。

⑥ 线路输入：所有声卡都有 Line In 接口，可以通过一根立体声音频线来把外部模拟设备（如收音机、录音机、CD 随身听、调音台等）连接到声卡，这样，就可以通过计算机来听这些设备播放的声音了。同 Microphone 控制一样，它仅是控制外部线路设备的播放音量，而不是控制录音音量。

3. 降噪、压限、混响等效果处理

因为环境条件有限，录制的声音一般都带有一定程度的噪音，甚至会出现话筒或线路引起的背景“电流声”、插头不结实引起的噼啪声等。因此后期制作时，通过软件的算法分析，对这些瑕疵予以补救消除，即降噪。由于降噪必定要损坏有用的信号，所以只能努力把损失减少到不易察觉的程度。

录音的时候人声的大小可能高低起伏，即振幅差别很明显。故常利用“压限”将振幅差别比较大的声波调节成一致，使振幅过渡比较平滑。

个人在居室录制的声音往往很“干”，即缺乏混响。这是由于房间内布置复杂，声波在某些小局部经多次反射而逐渐削弱，再加上吸声物质（如纺织品）较多的结果。而利用混响效果器，让软件计算并添加混响能量，就可以将声音“置于”各种环境之中。

此处操作请参考本节“任务设计”中“3.录音编辑加工”部分。

4. 多轨编辑

多轨编辑的一般流程如图 3-2-23 所示。

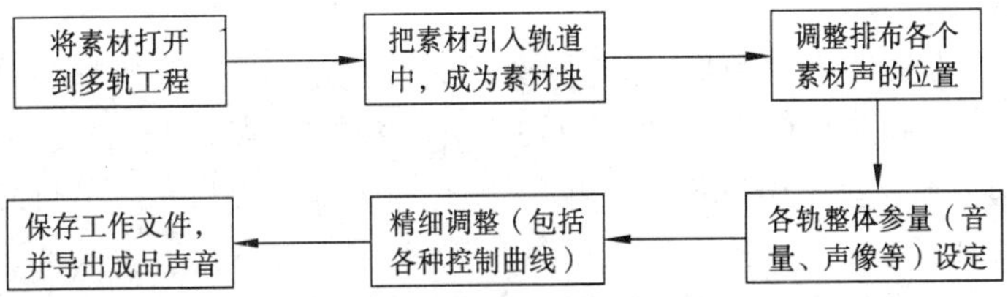

图 3-2-23 多轨编辑流程

5. 混缩

此项操作请参考本节“任务设计”中“5. 多轨模式下导出为混缩音频文件”的讲解。

任务 3　录制个人卡拉 OK 和刻录个人 CD

问题情境

很多音乐爱好者将自己录制的歌曲传到网上共享或者刻录成 CD 保存欣赏。如果你有一副好嗓子，AU 可以将你的计算机模拟成一座全功能的录音棚，使你几乎不增加其他投资，就可以制作出专业而美妙的音乐。同时，它具有功能强大的 CD 界面，可以将要处理的音频文件处理好后直接刻录成个人专辑。

问题分析

1. 如何获取伴奏带

伴奏带可以从网上下载或者从已有的 VCD 光碟中提取。实在找不到的话，可以通过 AU 软件中的命令来删除人声，过滤出伴奏声。

2. 如何对歌声润色处理

每个人的音质不同，采用的效果也五花八门，我们通过后述的几个比较流行的操作进行了解。

3. 如何在 Audition 中设计环绕声，刻录 CD

当前比较通行的 CD 播放和家庭数字影院的环绕声系统是 5.1 声道。利用 AU 的环绕声编码器，用户可以将已有音频轨改造为 5.1 声道中的各轨，并且可以自由调节其“环绕声像”位置，甚至设定各个素材的声像在二维平面内任意游动的效果，以便摆放出极其宽阔、真实的声场效果，并可以将准备好的各种音频素材分别分配给不同的声道，设置环绕效果。而且 AU 提供了强大的 CD 工作区，进行 CD 刻录，操作简单方便。

任务设计

1. 获取伴奏带

（1）从 VCD 光盘中提取卡拉 OK 伴奏

购买的 VCD 歌曲光盘一般都是带左、右声道的，一个声道是伴奏，一个声道为原唱。AU 能把伴奏声道提取出来。

① 选择“File | Extract Audio from CD”（文件 | 从视频文件中提取音频）命令，把一首歌的声音提取出来（VCD 文件是 DAT 格式，AU 不识别。可以将 VCD 文件复制到硬盘上，再将文件扩展名改为 MPG 即可）。

② 带左右声道的歌曲，一般左声道是伴奏，右声道是人声。按【Ctrl+A】组合键选取全部波形，按【Ctrl+L】组合键选取左声道（见图 3-3-1），再按【Ctrl+C】组合键复制；接着按【Ctrl+R】组合键选取右声道波形，按【Delete】键删除（变化如图 3-3-2 所示），再按【Ctrl+V】组合键进行粘贴（见图 3-3-3）。

③ 选择“File | Save AS”（文件 | 另存为）命令，在弹出的对话框中可以将文件存为 WAV 或 MP3 等格式。

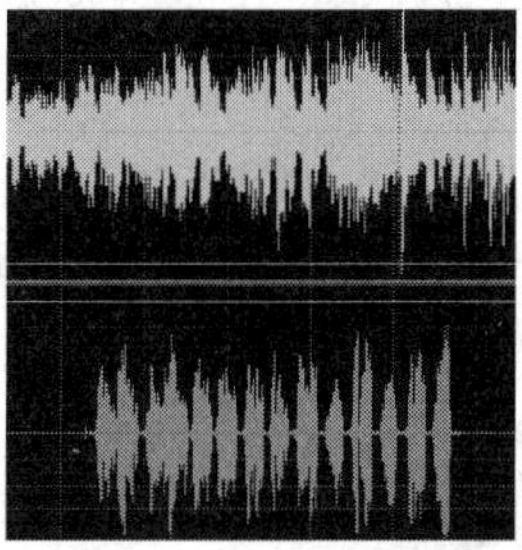

图 3-3-1　选取左声道

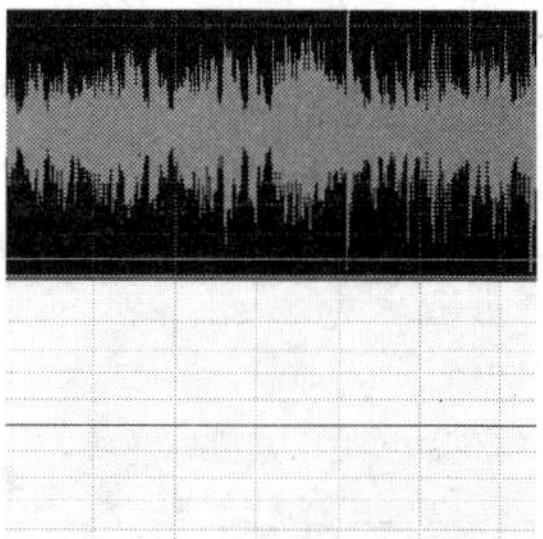

图 3-3-2　删除右声道

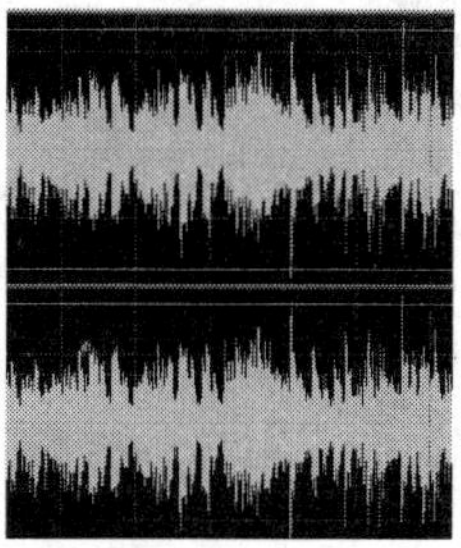

图 3-3-3　将左声道的内容复制到右声道

（2）从网上直接下载加工

推荐以下几个伴奏带下载网站：

www.wo99.com

www.banzouku.com

www.fufubbs.com

www.dadiy.com

（3）自制伴奏带

MP3 歌曲一般有两种格式：一种是伴奏和人声分离开来，分别存放在不同的声道中；另一种是伴奏与人声混合在一起的，左右声道中的声音完全一样。下面分别介绍一下在这两种情况下如何提取歌曲伴奏。

对导入的 MP3 歌曲，先按【Space】键播放声音，再按【Ctrl+L】组合键，听左声道的声音，然后按【Ctrl+R】组合键，听右声道的声音，比较左右声道，如果一边是伴奏声，一边是人声，则提取伴奏带。操作方法请参考“从 VCD 光盘中提取卡拉 OK 伴奏”。

假如左、右声道的声音一模一样（即是声道混合型的歌曲），则需要对波形文件进行处理，具体操作步骤如下：

① 双击第一轨音频，在音频编辑模式下，选择“Effects | Stereo Imagery | Channel Mixer”（效果 | 幅度 | 通道混合器）选项，在弹出的对话框中选择 Vocal Cut（声音消除）预设效果，如图 3-3-4 所示。

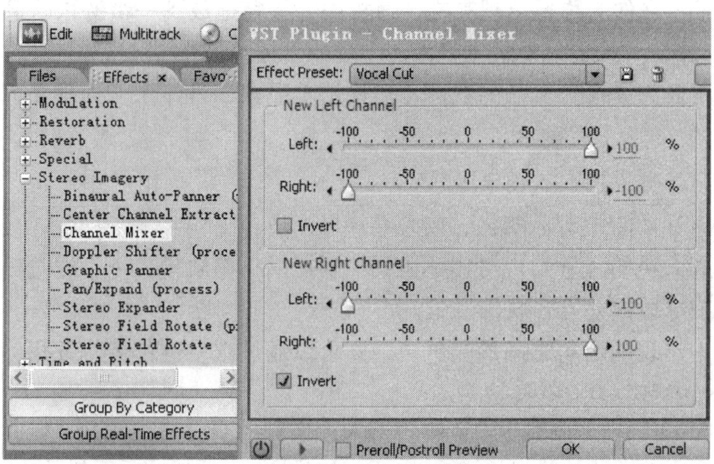

图 3-3-4　原声消除

此时试听一下效果，会觉得人声几乎没了，但再听一会儿会发觉似乎缺少了什么。没错，一些乐器的声音也被消掉了，那么只有从原曲中抽取这部分内容了。

② 将原声文件重新插入第二轨，双击进入 Edit（编辑）模式，选择“Effects | Filter and EQ | Graphic Equalizer”（效果 | 滤波器 | 图形均衡器）选项，为了更精确地调节频段，请将视窗切换为 30 段均衡视窗，如图 3-3-5 所示。

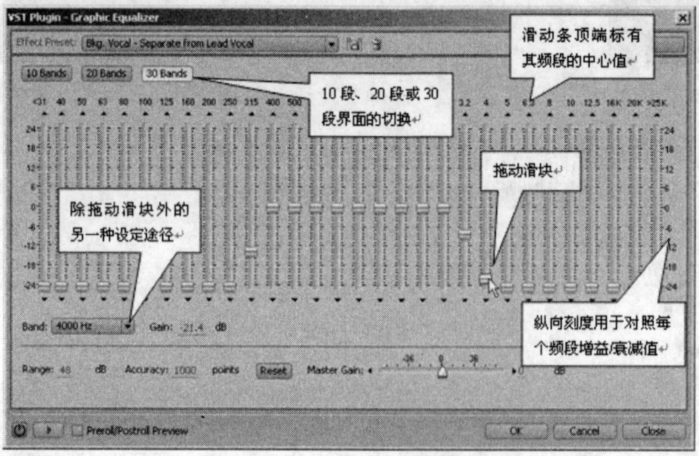

图 3-3-5 图形均衡器

③ 调整增益范围，正负 45dB，中间的 10 个增益（300～3 000M）控制基本上就是人声的频率范围。将人声覆盖的频段衰减至最小，边调节边监听，直到人声几乎没有即可。处理好后回到多轨编辑视窗，将两轨混缩成一轨，最后保存混缩的音频。

播放试听一下，会发现效果好一些了。不过，采用这种方法不可能完全消除人声，若要完全消除人声，所付出的是音乐失真的代价。不过用户在演唱时，声音完全可以覆盖住没有消除干净的原声。

2. 录歌和修饰

① 在 Multitrack（多轨）模式下，选择“File | Import”（文件 | 导入）命令，导入已经预先制作好的伴奏带。文件名称便出现在文件面板中，将其拖放到一个音乐轨道中。

② 新建一个录音。新建一个采样率为 44100 的立体声波形。

带上耳机，用麦克风录入自己的歌声（建议站着唱歌，具体录音处理细节请参考 3.2 节）。

注意事项：

- 将自己的声音分段录入，便于处理。
- 对录制的声音做降噪、标准化、放大等效果处理。
- 如果伴奏和人声的音量出现对比不协调，则可以在单轨模式下，通过标准化（nomalize）效果，调节部分或整条音轨的音量。
- 对于录音中出现的断句之间的吸气声，则可以通过选中这部分，并用标准化（nomalize）效果，调整参数为 0，将其剔除。

如何把握好 Multitrack（多轨）中伴奏带与人声文件的声音强度比例、时间吻合度等可参考 3.2 节。混缩完毕，导出（此处建议采样 WAV 无损格式导出，这样在后面刻录 CD 时效果会好一些）使用播放器播放音乐，如果没有问题即可关闭项目，并重新建立一个会话，制作下一首歌曲了。

3. 环绕声制作

① 在多轨模式下选择"View | Surround Encoder"(视图 | 环绕声编码器)命令，弹出图 3-3-6 所示的对话框。

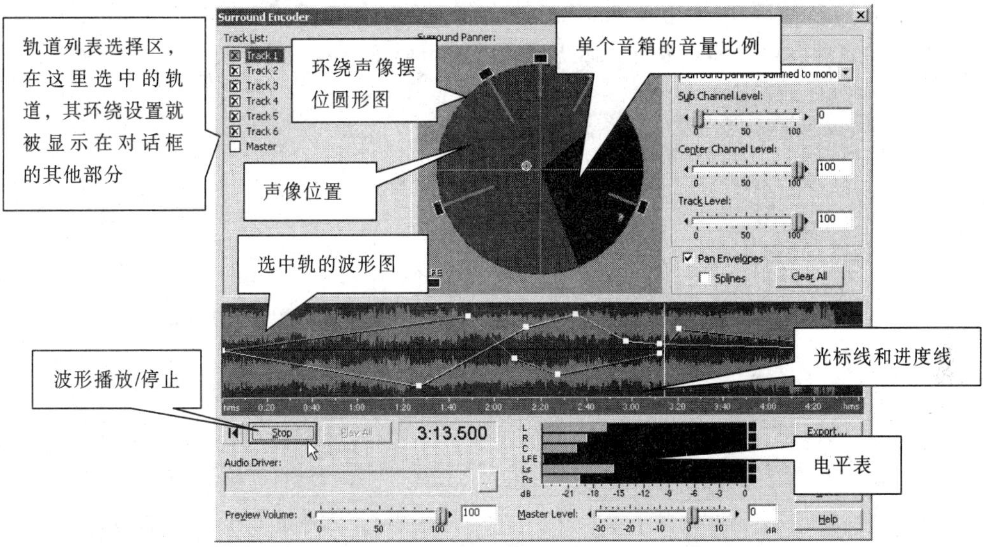

图 3-3-6 "环绕编码器"对话框

对话框的中部是波形图，显示"被选轨"的波形。这里有"时间标尺"和"光标线"，图中设有黄、绿共两条声像自动控制曲线。选择 Pan Envelopes(声相包络)复选框，则其下面的 Splines(平滑曲线)可以调节曲线在控制点处的拐弯方式，按钮 Clear All(清除所有)用于快速清除所有控制点，把曲线拉直。设定了声像曲线后，可以尝试单击 Play All(播放音轨)按钮，播放过程中能够看到，随着曲线的变化，上方的 Surround Panner(环绕声相)圆形图中的圆点也在实时地移动位置，将曲线实际产生的效果更直观地表达给用户。

滑动条 Preview Volume(预览音量)和 Master Level(总控电平)分别用于调整预听时的音量和整体输出的音量。另外，对话框内还附有一个六声道的电平表，声道的简称标注在电平表的左侧，右侧设有削波报警方框。

② 单击 Export(导出)按钮可弹出图 3-3-7 所示的对话框，这是导出环绕声文件前的最后设定。前面的两个文本框用于指定成品文件的名字和保存路径。

若选择 Export and encode as Windows Media Audio Pro 6-channel file(导出并编码为 Window Media Audio pro-6 通道文件)单选按钮，则另有一些附加选项需要设定。包括数据流量的模式——Constant bit rato(恒定比特率)、Variable bit rate(可变比特率)和 Lossless(无损)，还包括 Show code formats that most closely match the session's sample rat(显示与会话采样率精确匹配的编解码格式)。

单击 Fold down to stereo settings(向下折叠立体声选项)按钮可弹出图 3-3-8 所示的对话框，它主要是为了保证六声道 WMA 在双声道设备上也能正常播放。对话框的内容是请用户选择在遇到双声道设备时，如何把六声道的数据分配到 L、R 两个声道中去。具体的可设项是：Surround channel(环绕声道)、Center channel(中心声道)和 Sub(LFE)channel(辅助(LFE)通道)，单位为 dB。

Filenames to be saved（保存文件名）文本框用于列出即将生成的文件名称（包括扩展名）。如果用户选择生成六个独立的单声道文件（即 5.1 环绕系统的每个音箱用一个），那么该文本框内会列出六个文件名，并且自动给名字加上扩展名，便于区别。例如，用户指定文件名为 fin，那么就会列出 fin_R.wav（指右声道用）、fin_Rs.wav（指左后环绕声道用）等文件名。

③ 全部设置妥当后，单击 OK 按钮，环绕声文件就生成了。

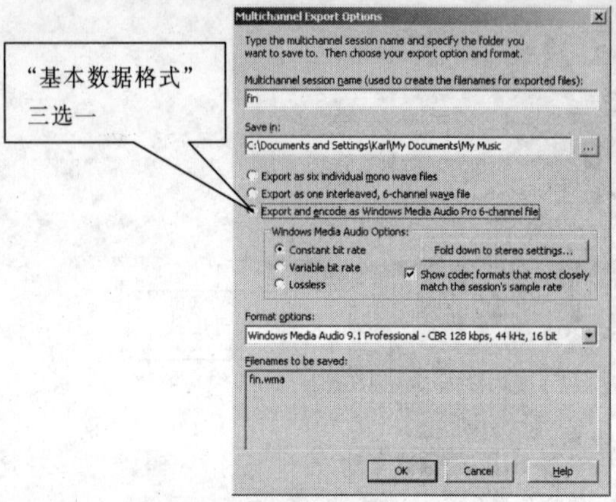

图 3-3-7 环绕声文件导出前的名称、路径、格式设定

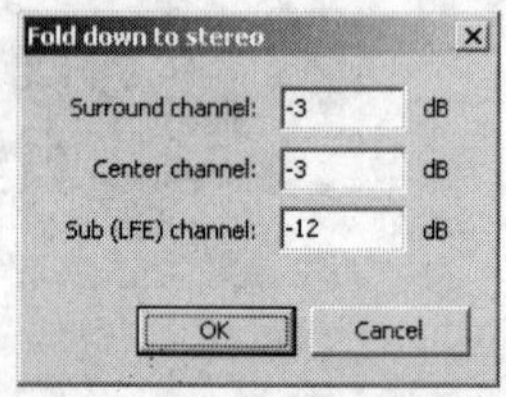

图 3-3-8 六声道 WMA 自动折减为双声道时的算法选项

4. 输入和刻录

导入制作好的音乐，转到 CD 模式下，将其按顺序全部拖入到刻录列表中，如图 3-3-9 所示。

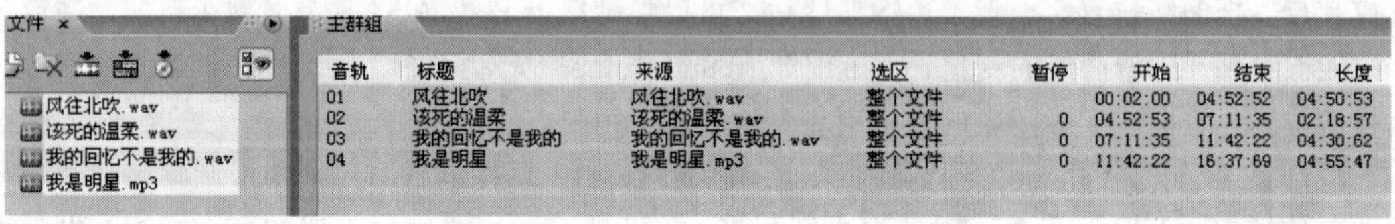

图 3-3-9 导入音频文件到 CD 刻录列表

注 意

界面的右下角有容量提示（见图 3-3-10），不要超出一张 CD 的容量。

图 3-3-10 刻录 CD 大小

调整顺序之后，单击 Write CD（刻录）按钮（注意，要有刻录机和可刻录 CD），属于你的专业品质的音乐专辑便诞生了。

规律总结

录制个人卡拉 OK 和刻录个人 CD 的流程如下：

① 下载或者制作伴奏带。

② 录制歌声，效果处理。

③ 歌声与伴奏之间的和谐调节。

④ 环绕声制作。

⑤ 导出作品，以 WAV 格式保存。

⑥ 刻录 CD。

知识链接

1. 消除声道混合型歌曲中的人声

方法一：

在音频编辑模式下，选择“Effects | Stereo Imagery | Channel Mixer”（效果 | 幅度 | 通道混合器）选项，在弹出的对话框中选择 Vocal Cut 预设效果（声音消除，请参照图 3-3-4 所示）。

方法二：

在音频编辑模式下，选择“Effects | Stereo Imagery | Center Channel Extractor”（效果 | 滤波器 | 提取中置通道）选项，在弹出的对话框中选择 Karaoke 预设效果，如图 3-3-11 所示。

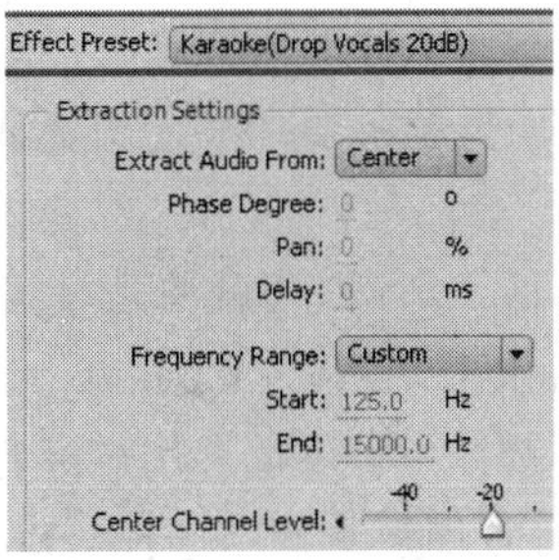

图 3-3-11　Karaoke 设置参数

方法三：

推荐比较专业的软件 DART Karaoke Studio。它通过削减特定的人声频率来达到去除人声的效果。不过每个演唱者的声线频率不尽相同，需要针对不同的人进行细致调整，比较复杂。

2. 5.1 声道环绕声

在杜比数码（Dolby digital）家庭影院系统中，听音设备是由六个音箱所组成的音箱群来构成，分别是三个前置声道——左声道（L）、右声道（R）和中置声道（C）；两个后置环绕声道——左环绕声道（SL）和右环绕声道（SR）；最后，还有一个超重低音声道（SW），通常也被称为 0.1 声道。由于低频声音的指向性不明显，因此超重低音声道音箱的摆位也就比较随便。在 5.1 声道环绕声音箱群中，每一个声道（这里不涉及超重低音声道）都是彼此相互独立，可以分别发出不同的声音，最后在五个全频音域声道（所谓全频音域，是指能够再现任何高、中、低频信息，不丢失每一个细节，从而产生逼真的声场）的中央形成一个完美的立体声场，可以充分模拟当初进行录音时的状态，临场感再造能力极强。而超重低音声道则不参与模拟声场的临场感，只是用来产生澎湃的重低音，制造各种爆棚效果。在 5.1 环绕声音箱群中，五个全频音箱（三前置两后置），一个超重低音音箱，通过在摆位（也就是音箱的摆放位置）和音量调节上的仔细调校，完全可以模拟出影院级别的环绕声临场效果。

3. 插件效果应用

插件能满足歌声更高的专业要求，使人声更加平均、更加贴切融合，伴奏有立体感。

主要有三套效果器：BBE、Waves、Ultrafunk fx（可以网上下载安装）。安装后刷新就会显示在效果面板中的 Directx 菜单下，如图 3-3-12 所示。

图 3-3-12　常见的 DirectX 插件

操作相关效果要先预演，试听一遍，没有异常情况，再选择确定。常用的插件效果如下：

高音激励：选中全部音轨，选择“Effects | Directx-BBE | SonicMaxizer”选项。进入界面，会看到三个旋钮：第一个调的是低音，第二个调的是高音，第三个调的是总输出音量。可以根据人声来调整高低音还要总音量，开始录进去的人声不是很有力度，通过加高音激励起来，这样听起来效果会好一些。

压限：选择“Effects | DirectX | Wave | C4”选项，在调整窗口选择 load 选项，进去后会看到很多种效果，可以选择 pop vocal 效果，然后单击 OK 按钮。压限的作用就是人声的高频不要“噪”，低频不要“浑”。开始不知道怎么用上面的方法，熟练以后要根据自己的人声调整正确数据。

低音加强（当歌曲是厚实饱满的风格）：选中全部或者需要特别加强的部分，选择“Effects | DirectX | Waves | MaxBass”选项。Light、Aggressive、Multimedia 三种方案各有特色，可以通过预演选择一种最适合用户声音的。

EQ 图形均衡：选择“Efects | DirectX | Ultrafunkfx | ReverbR3”选项。

还有很多其他插件，感兴趣的读者可以到网上搜索具体的使用方法。

4. 刻录 CD

Audition 自带刻录 CD 的功能，操作比较简单，但要注意以下几点：

① 原始文件最好采用标准 CD 品质的 PCM-WAV（采样率为 44100，位率为 16，双声道），当然也可以采用 MP3 等音质有损的压缩格式，软件会在刻录时自动先将其在后台转换成符合 CD 格式的数据，但注意损失的音质是找不回来的。

② 每个曲目所允许的最短时间是 4s，总时间短于 4s 的文件拖入主面板时，软件会弹出提示框，表示拒绝。

③ 在编辑曲目时，应注意观察视图底端的状态栏，它显示的是当前“光盘”（虚拟概念）的剩余数据量以及这些数据量可以容下的时间长度，不要让它们出现负数。如果在数据量超出的情况下，仍然单击“刻录”按钮，会弹出警示对话框，可以选择强行刻录，即“超刻”，但超刻出来的光盘中末端曲目一般无法正常播放。

本 章 练 习

1. 搜集一些昆虫、鸟、猫等动物叫声的音频素材，将其组合成一个“森林交响曲”。

【知识要点】提取部分音频、剪接声音素材、添加声音特效、音频转换等。

2. 影视配音

下载一个你喜欢的卡通电影或者电视剧，将其原声删除，然后根据屏幕的字幕节奏配出你喜欢的角色的声音，对声音作后期处理。

【知识要点】录音设备的使用、声音输入、噪音处理、添加效果、声音导出保存。

3. 通过迅雷等下载工具，搜索你喜欢的歌曲的 MTV，消除原声，下载对应的伴奏带，配上你的声音，加工成自己的 CD 专辑作品。

【知识要点】单轨编辑、多轨合成、声道环绕声、插件效果应用。

第4章 图像处理

前面已经介绍了使用PowerPoint制作多媒体演示文稿的方法。在制作这些作品时，经常要插入一些图片，但这些图片往往不符合需要。这个时候，就要对这些图片进行适当的处理。常见的处理有图像数字化、图像编码、图像增强、图像复原、图像分割和图像分析等。图像处理（image processing）一般指数字图像处理，即用计算机对图像进行分析，以达到所需结果的技术。虽然某些处理也可以用光学方法或模拟技术实现，但它们远不及数字图像处理那样灵活和方便，因而数字图像处理成为图像处理的主要方面。随着多媒体技术应用的兴起，它的应用扩展到教育、培训和娱乐等新的领域。

学习目标	☑ 水墨画的制作 ☑ 艺术照的制作 ☑ 企业画册制作

任务1 水墨画的制作

问题情境

四川某宣纸公司想让生产的珍品宣纸更受书画家的青睐，产品行销国内各省市，并出口日本、韩国、西欧等国家或地区。为了打造该公司企业的品牌，树立良好的企业形象。特意让宣传部门设计了一副水墨画来宣传宣纸是诗题作画的最好书写用纸，是外交照会、保存高级档案和史料的最佳用纸。

问题分析

1. 水墨画的特点与分类

水墨画是中国独具特色的传统绘画之一，相传始于唐代，成于五代，盛于宋元，明清及近代以来续有发展。以笔法为主导，充分发挥墨法的功能。它是用中国独有的毛笔，以水调墨、调色，画在具有渗透性能的宣纸及其他吸水性较强的纸上的一种绘画，是在笔、墨、水综合运用下进行意象造型的画种，画面形象不拘泥于自然，讲究单纯性、象征性和自然性，能够直抒胸怀，水墨画所能表达的情境十分广阔， 因此清代大画家石涛说："黑墨团里天地宽。"在现代平面设计中，人们追求以简约来构成画面的特点，使画面的诉求集中于一点，画面中的元素极其简单，运用毛笔的书法性线条和渗化感的水墨效果，给人以诗一样的意境，展现创作者在中国书画方面的修养，显示了高雅的文化品位和人文情怀。

经过一百多年的争论和试验，水墨画的现代走向大致分为两类：一类是在继承传统绘画的基础上，吸收外来艺术，走一条融合中西的创作道路；另一类是从内到外完全摆脱传统绘画的影响，走一条用西方现代艺术的观念来进行创作的道路，但是它们并没有放弃使用传统水墨画的笔、墨、纸等。随着中国整体文化的变化而变化的水墨画，确实有着强大的生命力。在进入21世纪后，水墨画以更加快速的节奏发生变化，这也说明水墨画的语言是在发展变化着的，是有可塑性的，它适合中国艺术家得心应手地描绘变化着的世界，表达日新月异的观念和感情。民族身份的认同使得水墨语言被更多的艺术家当做一种资源加以利用，无论是具有传统技法功底的专业水墨画家，还是从事其他艺术门类的艺术家，都看到了作为一种民族艺术的独特性表征的水墨艺术在当今世界文化中的重要意义。这一点吸引了五湖四海的书画家们来共同讨论水墨画的艺术文化，从而来寻求何种宣纸更能够展现水墨画的艺术价值。

2. 以什么主题的画来吸引书画家

翻阅浏览了古往今来文人雅士等对荷花的赞誉之词，深感荷之高风亮节、仙子临风、心通佛法、仙风道骨，更有顽强的生命力，又因周敦颐之名篇《爱莲说》称其“出淤泥而不染，濯清涟而不妖。”它的一生之荣华富贵，繁荣衰败于一年之中显而易见：从“小荷才露尖尖角”之生机勃勃，到“接天莲叶无穷碧”的欣欣向荣，再到“映日荷花别样红”的如日中天、耀眼夺目，再到“采莲南塘秋”的收获季节，直至“留得残荷听雨声”的虽败犹荣之景象，均令人感叹之！

荷花具有高洁、清淡、雅致、飘逸等诸多美德，故而人们总会以荷花之精神来喻人、赞人。荷花是智慧的象征，是友谊的象征和使者。它处于清晰与混沌之间，处于入俗与脱尘的感觉之中，是圣洁的代表，更是佛教神圣净洁的象征。

任务设计

1. 用 Photoshop 制作水墨画的步骤

下面使用 Photoshop 介绍水墨画的具体制作步骤。

① 按【Ctrl+O】组合键，打开素材“荷花.jpg”文件，选择“图层 | 复制图层”命令复制背景图层，然后选中复制图层按【Ctrl+Shift+U】组合键，对背景副本图层进行去色处理，效果如图 4-1-1 所示。

图 4-1-1 去色处理

② 对背景副本图层按【Ctrl+L】组合键适当调整“色阶”值。其中，通道设置为 RGB，输入色阶值分别 23、1.55、237，输出色阶为 0、255，如图 4-1-2 所示。调整后使荷花图像的亮度和暗部更自然。

③ 按【Ctrl+I】组合键，对图像进行“反相”操作，如图 4-1-3 所示。

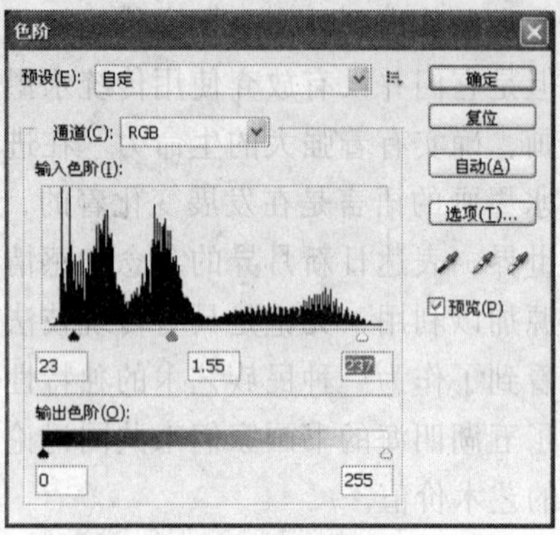

图 4-1-2　色阶

图 4-1-3　反相

④ 快速选择工具，沿荷花的图像创建选区，如图 4-1-4 所示。

⑤ 选择“选择 | 修改 | 羽化（【Shift+F6】组合键）”命令，打开图 4-1-5 所示的对话框，设置羽化半径为 15 像素，然后单击“确定”按钮。

图 4-1-4　创建选区

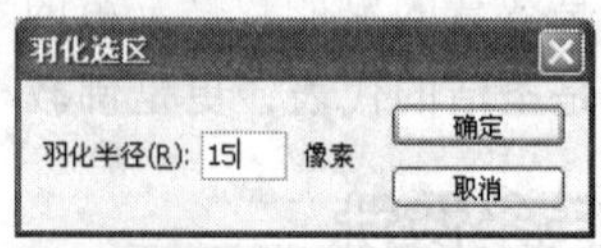

图 4-1-5　羽化选区

⑥ 按【Ctrl+L】组合键，在色阶对话框中调整荷花的亮度，调整色阶值。其中，通道设置为 RGB，输入色阶值分别 0、2.56、119，输出色阶为 0、255，如图 4-1-6 所示。单击“确定”按钮，按【Ctrl+D】组合键取消选区。

图 4-1-6　调整荷花的亮度

⑦ 使用快速选择工具，沿着纹理的荷叶创建选区，创建后按【Shift+F6】组合键，设置羽化半径为 5 像素，效果如图 4-1-7 所示。

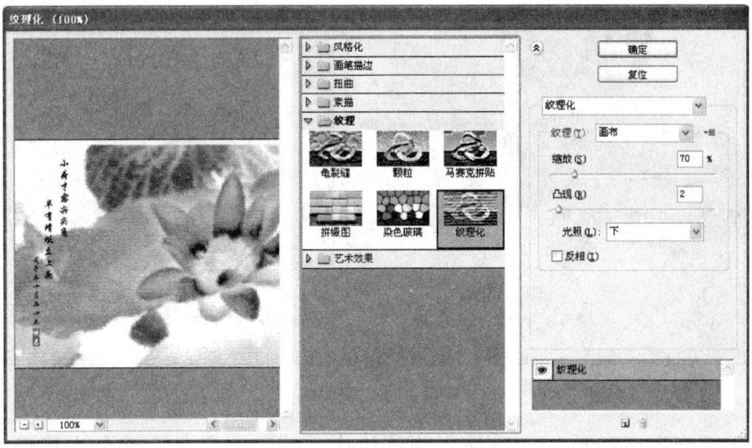

图 4-1-7 创建荷叶选区

⑧ 按【Ctrl+L】组合键，使用色阶命令适当地降低荷叶图像的亮度。其中，通道设置为 RGB，输入色阶值分别为 12、0.68、246，输出色阶为 0、255。使整个图像有暗调，如图 4-1-8 所示。

图 4-1-8 降低荷叶图像的亮度

⑨ 按【Ctrl+D】组合键取消选择，然后对背景副本图层再次按【Ctrl+L】组合键，打开“色阶”对话框，适当的调整色阶值使荷花图像的亮部更自然。其中，通道设置为 RGB，输入色阶值分别 45、1.38、241，输出色阶为 0、255。调整后效果如图 4-1-9 所示。

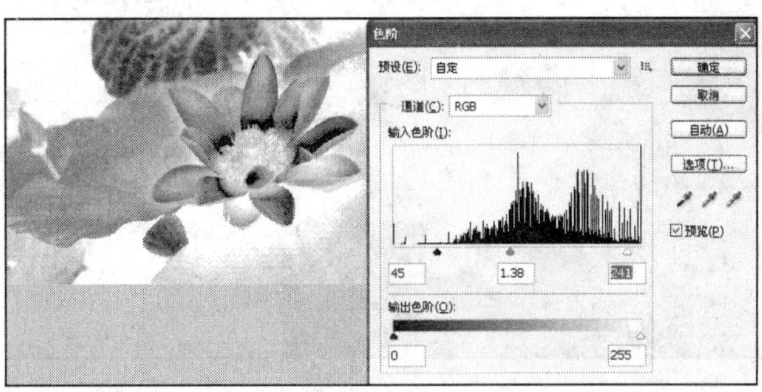

图 4-1-9 使荷花图像的亮部更自然

⑩ 颜色调整完成后，对图像进行国画效果处理。选中背景副本图层，选择“滤镜 | 模糊 | 高斯模糊”命令，设置半径为 2 像素，效果如图 4-1-10 所示。

图 4-1-10　高斯模糊

⑪ 继续对背景副本图层执行“滤镜 | 画笔描边 | 喷溅”命令，喷色半径设置为 3，平滑度为 4，使图像具有国画的浸墨效果，如图 4-1-11 所示。

图 4-1-11　浸墨效果

⑫ 单击图层调板中的👁图标，隐藏背景副本图层，使用快速选择工具或者磁性套索工具，选取荷花图像，如图 4-1-12 所示。然后，按【Shift+F6】组合键，在弹出的羽化选区对话框中，设置羽化半径为 2。

图 4-1-12　选取荷花

⑬ 按【Ctrl+J】组合键，将选区内的荷花图像复制到新的图层中，如图 4-1-13 所示。

图 4-1-13　复制到新图层

⑭ 按【Ctrl+Shift+ 】组合键，将图层 1 至于顶层，修改图层 1 的混合模式为“颜色”。然后，单击图层调板中的图标，显示背景副本图层，效果如图 4-1-14 所示。

图 4-1-14　修改图层混合模式

⑮ 为图像输入文字，使国画效果更加真实。在工具箱中单击直排文字工具，并在选项栏中将字体设置为“华文行楷”，字体大小为 21 点，字体锐利，字体颜色为黑色。输入文字“小荷才露尖尖角，早有蜻蜓立上头”。再在选项栏中设置字体为“华文行楷”，字体大小为 16 点，字体锐利。输入文字“戊子年十月二十九”。效果如图 4-1-15 所示。

图 4-1-15　添加文字

⑯ 下面为图像加上印章。新建一个图层，选取 矩形选框工具 M ，在文字的下方创建一个选区，设置工具箱中的前景色为红色（ # ff0000），按【Alt+Delete】组合键进行前景色填充。然后使用直排文字工具，输入“佚名”，字体为白色，用自由变换工具快捷键【Ctrl+T】调整好印章。效果如图 4-1-16 所示。

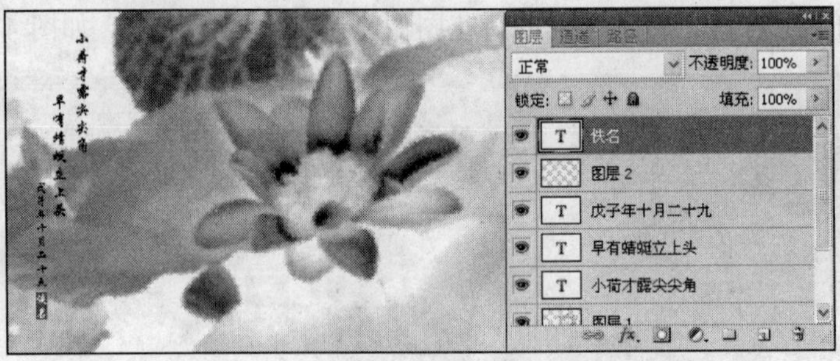

图 4-1-16　制作印章

⑰ 单击图层调板中的👁图标，隐藏背景图层。按【Ctrl+Alt+Shift+E】组合键盖印可见图层。然后选择“滤镜 | 纹理 | 纹理化”命令，在弹出的对话框中设置纹理为画布，缩放为 70%，凸现为 2，光照为下，为增强纸纹效果，如图 4-1-17 所示。

图 4-1-17　纹理化效果

2. **水墨画效果（见图 4-1-18）**

图 4-1-18　水墨画效果图

规律总结

水墨画强调写意、墨色、虚实、意趣，具有无穷的韵味。它以其独特的绘画艺术语言，表现出外在的形式与内在的精神的统一，引起了现代设计师们的高度重视。曾经在包豪斯执教的瑞士设计师 Johannes Itten，就认真研究过中国北宋时期山水画的绘画理论，并要求他的学生学习中国山水画。水墨画在于处理空间与处于空间之中的物体的相互之间的关系。

1. 中国水墨艺术独有的视觉感受

“和”是中国传统文化的最高境界。“和”所强调的是与自然融为一体，从而达到“天人合一”的境界。一方面，表现为形成独特的透视原理——散点透视。讲求“三远”，即高远、深远、平远。要求站在一个宏伟的高度，俯察游观自己所表现的对象，以大观小，“以一管之笔，拟太虚之体”。通过水墨变化的层次，营造一种深远的空间关系，从而表达自身内心悠远豁达的意境，从根本上揭示了事物的变化和规律。另一方面，表现为重视以虚拟实，“虚实相生，无画处皆成妙境”，用简洁的构图和笔墨表达丰富深邃的文化、精神内涵，进一步使人的思想精神超越表象、超越时空进入到了一个以物抒情、以情达意的幻化世界，品味那凝练而单纯、含蓄而整体、优美而恬静的水墨意境。

水墨艺术作为一种独特、凝练、含蓄、超越的有机物化形态，充满着辩证的哲理，反映着“形”和“意”的和谐统一，印证着民族内在的积养、品性和操守。水墨形意之美成为当代招贴设计师们的普遍追求，并多方面地从中国画中汲取审美智慧。例如，在表现对象时，重视对“神”（神态）的把握，注重表达“形”背后蕴含的“意”，对于物象的“形”追求“不似”中求“似”的审美意境，使形象更具概括性，引发欣赏者联想。

2. 水墨艺术元素在平面设计中的意象运用

水墨艺术独特的表现形式首先体现在水墨艺术中特有的简洁的形式语言，即“以少胜多”、“计白当黑”、“无画处皆成妙境”的朴素形象。由于笔中含水墨量的差异，便产生干、湿、浓、淡的变化。墨色或浓或淡、或疏或密，以素为炫的水墨看似无色，实为自然，通过晦冥时色的墨与冰启时色的白之间的色调变化，辅之水的渲染和调和，阐述了物象的虚实和气韵，赋予物以生命和精神，最终得到对事物和宇宙的本质认识。淡墨与浓墨的和谐组合，画面纯粹简洁而又丰富，磅礴大气而又飘逸非凡，大面积的白与或干或湿、或浓或淡不同层次的黑制造出脱俗灵动的意境，将中国画笔墨的灵性发挥得淋漓尽致，在视觉上给人以强烈的冲击感。在设计中，水墨画笔法的运用不是形式而是内容，要具有深层含义。

知识链接

1. 关于选区

可以通过多组单独的工具来选择位图和矢量数据。例如，要选择位图像素，可以通过选框工具、魔棒工具、套索工具或“选择”菜单等来实现。要选择矢量数据，可以使用钢笔工具或形状工具生成名为路径的精确轮廓。

（1）重新定位选框

若想选择时重新定位选框，可以使用任何选框工具（单列和单行除外）创建选区，并按住【Space】键拖动进行重新定位选区。

（2）添加或减去选区

添加到选区、从选区中减去或与选区交叉，可以使用任何选择工具和【Shift】键或【Alt】键。

（3）选框限制为方形或圆形

如果将选框限制为方形或圆形，可以在使用选择工具时，按住【Shift】键拖动。

（4）从中心绘制选框

如果从中心绘制选框，可以在使用选择工具时，按住【Alt】键拖动。

2. "色阶"命令

照片看起来是否昏暗、缺乏对比度、具有色痕？使用"色阶"命令，可以通过调整图像的暗调、中间调和高光等强度级别，校正图像的色调范围和色彩平衡，使画面层次更加分明

（1）打开图像

选择"文件 | 打开"命令，打开图像文件，如图 4-1-19 所示。在开始进行调整之前，先估计一下图像的色调。它是太亮还是太暗？其对比度是太大还是太小？它是否具有色痕？

（2）创建一个新的色阶调整图层

选择"图层 | 新调整图层 | 色阶"命令，然后在弹出的"新建图层"对话框中（见图 4-1-20）单击"确定"按钮。在使用调整图层时，原始图像保持不变，可以随时更改或完全扔掉调整图层并返回到原始图像。当然，也可以通过选择"图像 | 调整 | 色阶"命令直接调整图层。

图 4-1-19 人物素材

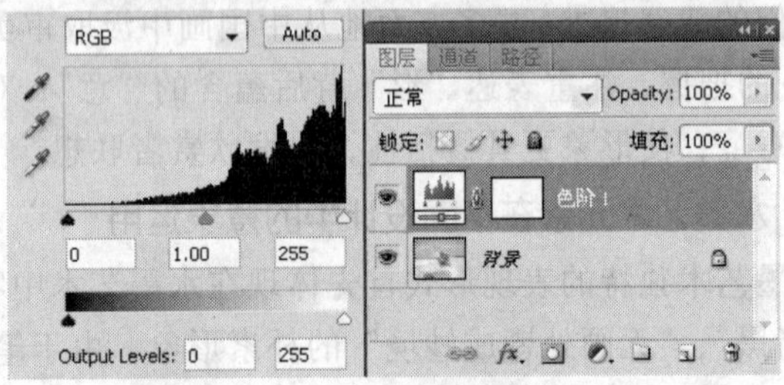

图 4-1-20 色阶调整图层

需要说明的是，用于评估图像色调的有用工具就是在"色阶"对话框中显示的直方图。直方图用图形表示图像的每个颜色强度级别的像素数量，以展示像素在图像中的分布情况。这可以显示图像在暗调（显示在直方图中左边部分）、中间调（显示在中间部分）和高光（显示在右边部分）中包含的细节是否足以在图像中创建良好的总体对比度。

（3）设置暗调和高光

将"黑场输入"滑块和"白场输入"滑块（紧邻直方图之下）从直方图的边缘向内移动。移动"黑场输入"滑块会将其位置处或其下方的所有图像值映射到"输出色阶"黑场（默认情况下，设置为 0 或纯黑）。移动"白场输入"滑块会将其位置处或其上方的图像值映射到"输出色阶"白场（默认情况下，设置为 255 或纯白）。

例如，如果图像太暗，尝试将"输入白场"滑块向左移动。这样会将图像中更多的值映射到 255（"输出色阶"白场），使图像更亮。一般来说，在使用输入色阶的高光值与暗调值时，可以将直方图上没有像素或像素很少的那一端作为调整点。如果高光一端没有像素，就将高光那端往暗调移；暗调那端没有像素就将暗调那端向高光移。调整量应该就设在直方图柱线开始增多的那个位置，这样就不会损失暗部或亮部的细节。如图 4-1-21 所示。

图 4-1-21 设置暗调和高光

（4）调整中间调

将中间的输入滑块向左移动可使图像变亮，向右移动可使图像变暗。中间输入滑块用于调整图像中的灰度系数。它会移动中间调（色阶 128），并更改灰色调中间范围的强度值，但不会明显改变高光和暗调。如图 4-1-22 所示。

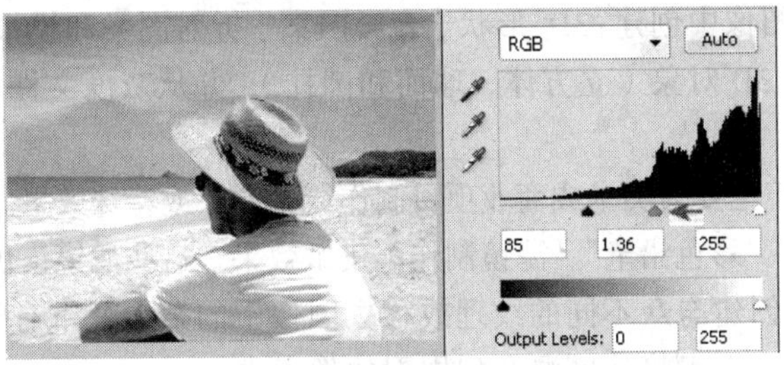

图 4-1-22　调整中间调

（5）移去色痕

在“色阶”对话框中选择“设置灰场”吸管工具。点取图像中仅包含灰色调的区域或包含尽可能少颜色的区域，如图 4-1-23 所示。平衡图像色彩有一种更容易的方法：先确定应为中性色的区域，然后从该区域中移去色痕。通过这样的校正，图像中所有其他色彩应该也会得到平衡。吸管工具最适合用于具有易于辨识的中性色的图像。也可以使用“色阶”命令，从“色阶”对话框的“通道”下拉列表框中选取一个通道，然后拖动输入滑块调整各个通道并移去色痕。

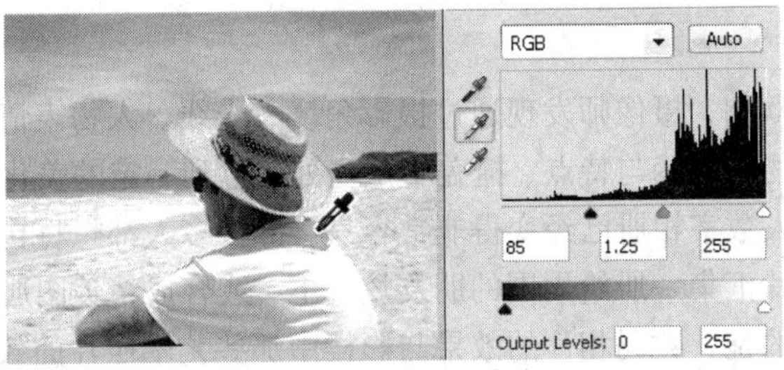

图 4-1-23　设置灰场

3. 滤镜效果

一般内置的滤镜分为 14 个子菜单，任何已安装的第三方滤镜都将出现在“滤镜”菜单的底部，下面简述内置滤镜的效果。

①“风格化”滤镜通过置换像素和通过查找并增加图像的对比度，在选区中生成绘画或印象派的效果。例如，在使用“查找边缘”和“等高线”等突出显示边缘的滤镜后，可使用“反相”命令用彩色线条勾勒彩色图像的边缘或用白色线条勾勒灰度图像的边缘。

②“画笔描边”滤镜使用不同的画笔和油墨描边效果创造出绘画效果的外观，其中有些滤镜向图像添加颗粒、绘画、杂色、边缘细节或纹理，以获得点状化效果。

③“模糊”滤镜柔化选区或整个图像，它们通过平衡图像中已定义的线条和遮蔽区域的清晰边缘旁边的像素，使变化显得柔和，这对于修饰非常有用。

④“扭曲”滤镜将图像进行几何扭曲，创建 3D 或其他整形效果。

⑤“锐化”滤镜过增加相邻像素的对比度来聚焦模糊的图像。

⑥“视频”滤镜通过移去视频图像中的隔行线或限制色域范围，使在视频上捕捉的运动图像变得自然平滑。

⑦“素描”滤镜将纹理添加到图像上，用于获得创建美术、手绘外观或 3D 效果。该滤镜在重绘图像时常与前景色和背景色配合使用。

⑧“纹理”滤镜可使图像表面具有深度感或物质感，或添加一种器质外观。

⑨“像素化”滤镜通过使单元格中颜色值相近的像素结成块来清晰地定义一个选区。

⑩“渲染”滤镜在图像中创建 3D 形状、云彩图案、折射图案和模拟的光反射，也可在 3D 空间中操纵对象，创建 3D 对象（立方体、球面和圆柱），并从灰度文件创建纹理填充以产生类似 3D 的光照效果。

⑪“艺术效果”滤镜主要为美术或商业项目制作绘画效果或特殊效果。例如，使用“木刻”滤镜进行拼贴或文字处理；“彩色铅笔” 滤镜制作羊皮纸效果。这些滤镜模仿自然或传统介质效果。

⑫“杂色”滤镜可创建与众不同的纹理或移去图像中的杂色及带有随机分布色阶的像素区域，如灰尘和划痕，这有助于将选区混合到周围的像素中。

⑬“其他”滤镜创建自己的滤镜、使用滤镜修改蒙版、在图像中使选区发生位移和快速调整颜色。

⑭ Digimarc 滤镜将数字水印嵌入到图像中以储存版权信息。

任务 2 艺术照的制作

问题情境

艺术照最早起源于欧洲，摄像师发现通过摄影角度、光线、人物表情、衣服、化妆、背景等手法，能够充分表现人物的内涵与特点、掩盖不足之处，达到一定的美化效果。在数码照相机日益普及的今天，制作个人数字相册已经变得非常容易了。很多人都想将自己从年轻、结婚、全家福等极具个性的自拍照片汇集一册给周围的朋友炫一下，或合成精美图册送给好友，让彼此留下美好回忆。但美中不足的是，数码相片的效果与影楼中那些艺术照片的效果还是有一定的差距。如何让自己的倩影更加华丽和精彩，让自己美丽的瞬间永久珍藏就成了很多人的梦想。

问题分析

我国 80 年代改革开放以后，随着国外技术大量涌入，广角、远角、近角镜头配合滤镜的使用，为艺术摄影打下了坚实的基础。现在个人写真、儿童照、婚纱照、自然照、复古照、古装照等均能够体现现代照相机的优势。但要有一副好艺术照，必须要有一个主题思想；根据个人的特点，采用最适宜的化妆技法；通过实景或者台拍台化、精心构思、创造美感、设计意境、艺术照后期处理等各种方式表现出来，方能制造出一种意想不到的效果。

任务设计

下面使用计算机进行处理，将整个过程分为润肤美白、定妆、修饰眼睛、描眉、腮红、上唇色美化手部（指甲）、修饰发饰等八部分来设计。

1. 润肤、美白

① 打开人物素材，准备简单地给人物润肤。

② 对背景人物素材进行两次复制，创建两个新图层，即背景副本和背景副本 2，如图 4-2-1 所示。

③ 在图层调板中单击背景副本 2，选择“滤镜 | 模糊 | 高斯模糊”命令，设置半径为 3.7 像素，如图 4-2-2 所示。

图 4-2-1 复制图层

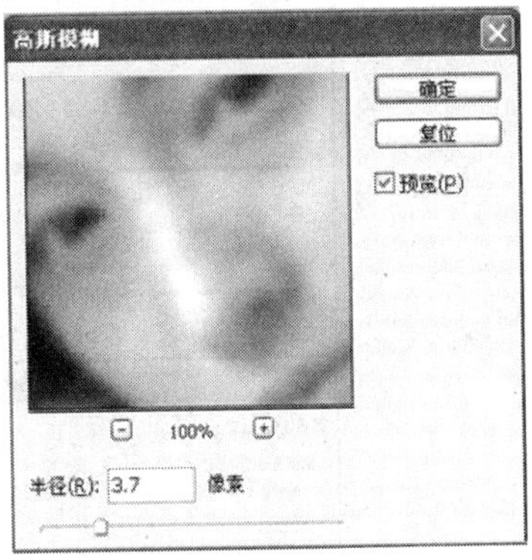

图 4-2-2 高斯模糊

④ 从工具箱中选择橡皮擦工具，在选项栏中设置透明度在 40%，如图 4-2-3 所示。

图 4-2-3 橡皮擦工具选项栏

⑤ 通过按【[】或【]】键，设置橡皮擦中画笔的大小，擦拭皮肤部分，头发不用擦，使皮肤变得细腻润滑。如图 4-2-4 所示。

⑥ 保留上述操作的最终效果，按【Ctrl+Shift+Alt+E】组合键盖印可见图层，产生图层 1，如图 4-2-5 所示。

图 4-2-4 擦拭皮肤

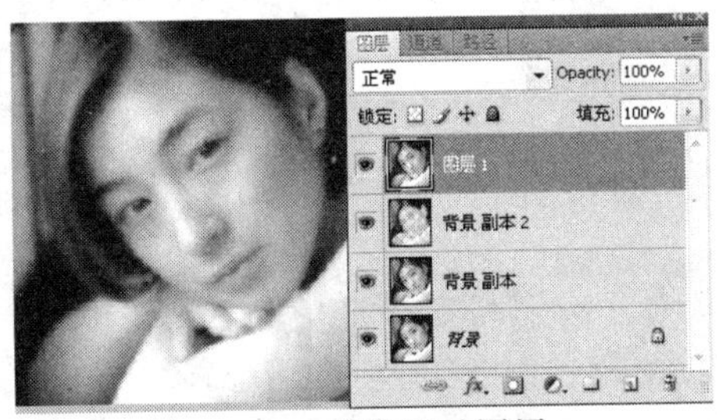

图 4-2-5 盖印可见图层

⑦ 复制两次图层 1，创建两个新图层，即图层 1 副本和图层 1 副本 2。在图层调板中单击图层 1 副本，选择“图像 | 调整 | 去色（【Shift+Ctrl+U】组合键）命令，并在图层调板中设置图层 1 副本图层模式为“滤色”；同时设置图层 1 副本 2 的图层模式为“柔光”，从而达到美白效果，如图 4-2-6 所示。

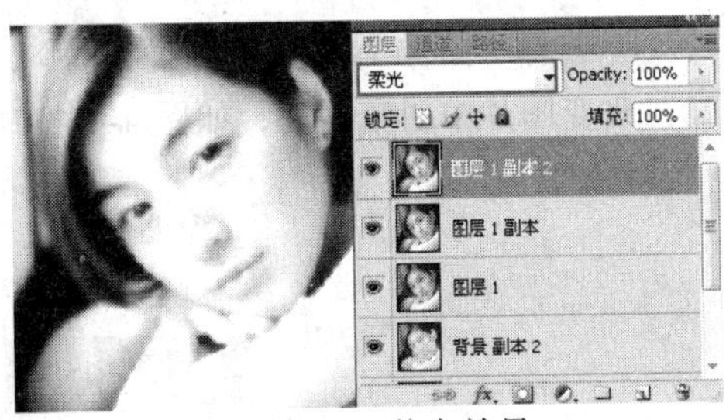

图 4-2-6 美白效果

2. **定妆**

① 按【Ctrl+Shift+Alt+E】组合键，盖印可见图层，产生图层 2。

② 单击通道调板，分别观察红、绿、蓝三通道，发现其中红通道变化最为明显，因此，选择“图像 | 调整 | 通道混和器”命令，分别设置红、绿、蓝三通道中的源通道中的红色为+107、-7、+7，如图 4-2-7 所示。

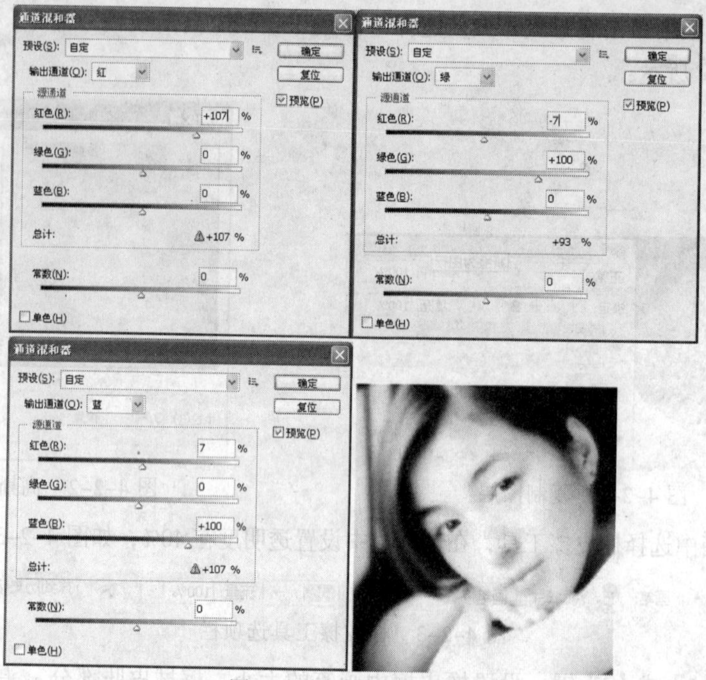

图 4-2-7 通道混和器

③ 选择“图像 | 调整 | 色相/饱和度”命令，在弹出的对话框中设置色相/饱和度值为 0、-10、0，改变色彩饱和程度，如图 4-2-8 所示。

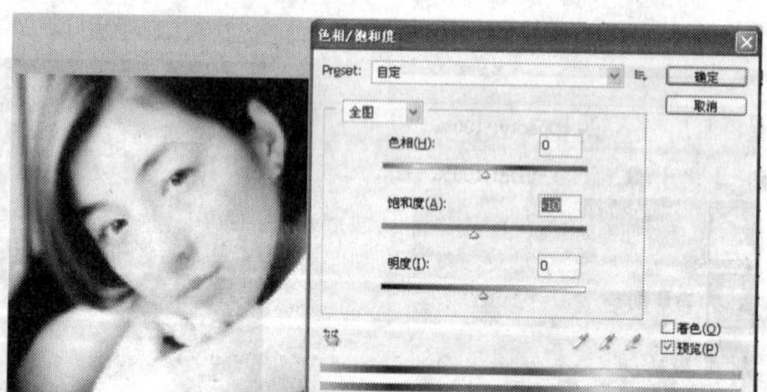

图 4-2-8 色相/饱和度

④ 选择“图像 | 调整 | 曲线”命令，在弹出的“曲线”对话框中设置输出为 140，输入为 120，改变图片中明暗程度，如图 4-2-9 所示。

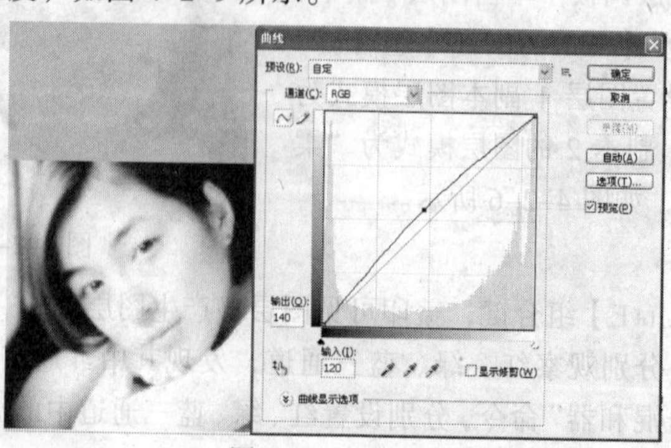

图 4-2-9 曲线

3. 修饰眼睛

① 新建图层 3，设置前景色的颜色为自己喜爱的颜色，在工具箱中选择“缩放工具”，放大眼睛部位，然后选择“画笔工具”，绘制眼影效果，如图 4-2-10 所示。

图 4-2-10 绘制眼影效果

② 选择“滤镜 | 模糊 | 高斯模糊”命令，设置模糊半径为 7 像素左右，如图 4-2-11 所示。

③ 可能由于在画眼影使用模糊工具时会把颜色弄到眼珠上，使用橡皮擦工具把多余的颜色擦除，然后将眼影图层模式设为“强光”，不透明度为“70%”，如图 4-2-12 所示。

图 4-2-11 高斯模糊

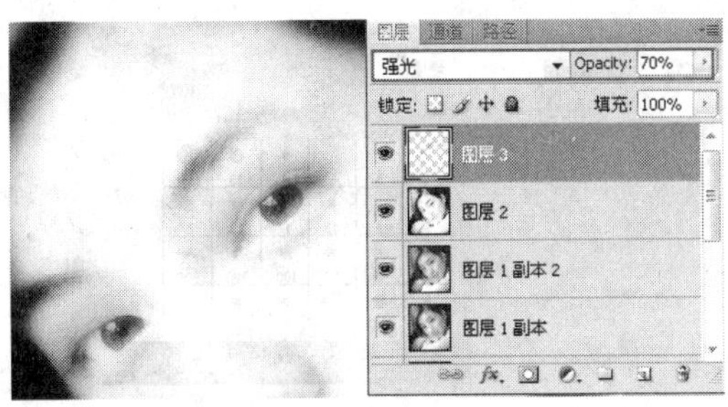

图 4-2-12 强光模式

④ 新建图层 4 作为“画眼线”图层，设置前景色为灰黑色（#333334）。在生活中一般的眼线是黑色的，但如果将其用到照片上会显得不自然，所以灰黑色更好一点。然后，使用画笔工具，将画笔的大小设为 1，流量设为 60%，如图 4-2-13 所示。

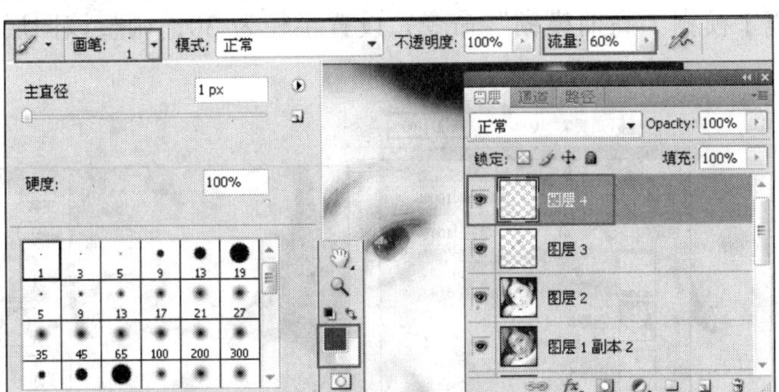

图 4-2-13 画笔

⑤ 在工具箱中选择“缩放工具”，放大眼睛部位。画眼线时，仔细地用画笔工具紧贴睫毛由外眼角向内眼角方向描画，上眼线比下眼线重些，上眼线从外眼角向内眼角画 7/10 长，下眼线画 3/10 长。将其的透明度调整到 40%左右，重在自然。如图 4-2-14 所示。

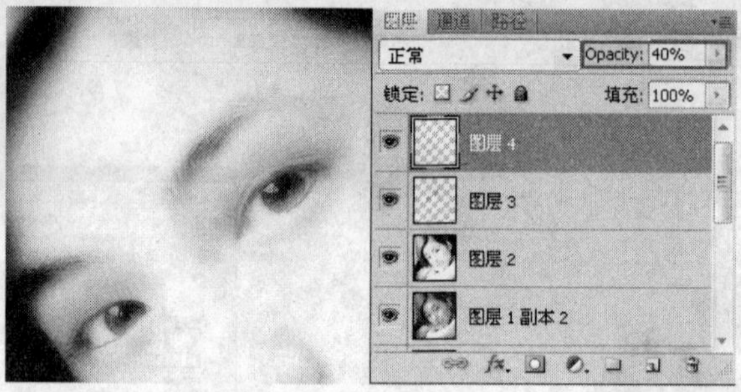

图 4-2-14 画眼线

4. 描眉

按【Ctrl+Shift+Alt+E】组合键，盖印可见图层，产生图层 5。选择一个与原图片眉毛相近的颜色（#735045），使用加深工具在眉毛适当位置进行反复涂抹，然后在图层调板中，设置透明度为 40%，如图 4-2-15 所示。

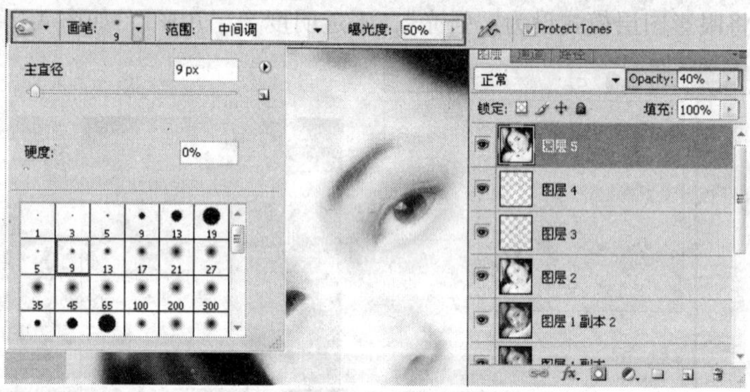

图 4-2-15 描眉

5. 腮红

① 新建一个图层，设置前景色为粉红色（#ee1169），使用画笔工具在脸部两边的适当位置点两个红点，如图 4-2-16 所示。

② 选择“滤镜 | 模糊 | 高斯模糊”命令，设置半径为 30；调整该图层的透明度为 60%，如图 4-2-17 所示。

图 4-2-16 画笔工具

图 4-2-17 高斯模糊

6. 上唇色

① 上唇色可以通过添加蒙版或画笔来完成。新建一个“嘴”图层（图层 7），这里使用钢笔工具来描出嘴的形状，如图 4-2-18 所示。

② 按【Ctrl+Enter】组合键将路径转换为选区，选择“选择 | 修改 | 羽化”命令，设置羽化半径为 2 像素。选择一种红色作为唇的颜色（# f70a2b），使用填充工具进行填充。最后，调整透明度为 25%，调整透明度重在自然，如图 4-2-19 所示。

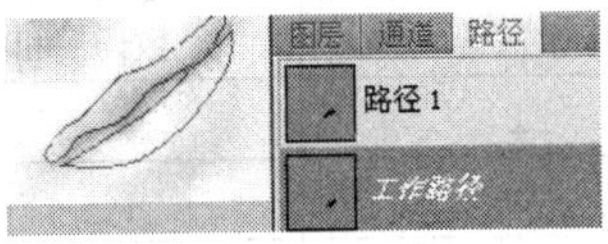

图 4-2-18 描出嘴的形状

图 4-2-19 上唇色

7. 美化手部（指甲）

新建一个图层 8，在图层调板中按住【Alt】键不放，单击背景图层缩影图标，隐藏其他图层，设置前景色的颜色（# ce2cb1），然后使用画笔工具在新建的图层 8 上进行完成涂抹指甲部分后，显示所有图层，如图 4-2-20 所示。

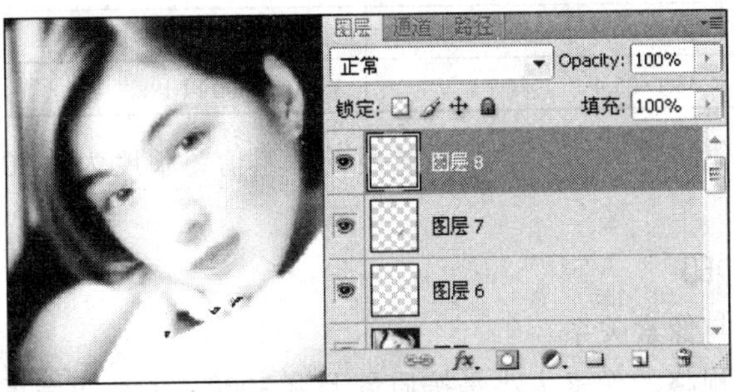

图 4-2-20 涂抹指甲部分

8. 修饰发饰

① 按【Ctrl+Shift+Alt+E】组合键进行盖印可见图层。

② 新建一图层，设置前景色为橙黄色（#EC7413），并设置画笔的硬度为 0%，然后使用画笔涂抹头发，并设置图层模式为“柔光”，调整该图层的内部的不透明度为 60%，如图 4-2-21 所示。

图 4-2-21 修饰发饰

规律总结

1. 相片在后期设计需要注意事项

① 相片需要调整的方面包括构图裁减、色阶、曲线、饱和度、锐化等，一切要有恒心、耐心、专注，善于思考，综合运用各种命令和工具来解决。

② 在相片后期设计时，要通过背景、色彩、文案等方面的配合，营造一个好的氛围环境。

2. 相片与常用尺寸对照表（见表 4-2-1）

表 4-2-1 相片与常用尺寸对照表

相片规格（in）	实际尺寸（cm）	像素	数码照相机类型
1	2.5×3.5	413×295	
2	3.5×5.3	626×413	
小 2	4.8×3.3	567×390	
5	12.7×8.9	1 200×840 以上	100 万像素
6	15.2×10.2	1 440×960 以上	130 万像素
7	17.8×12.7	1 680×1 200 以上	200 万像素
8	20.3×15.2	1 920×1 440 以上	300 万像素
10	25.4×20.3	2 400×1 920 以上	400 万像素
12	30.5×20.3	2 500×2 000 以上	500 万像素
15	38.1×25.4	3 000×2 000 以上	600 万像素

另外，数码相片不管像素是多少，只看长度的像素值，长度为 1 200 像素约 5in，1 400 像素约 6in，依此类推。

3. 关于数码相片冲印

（1）冲印相片大小与像素关系

表 4-1 中所列不同规格的像素大小是按质量上乘 300dpi 的要求考虑的，对于一般的照片冲印，250dpi 与 300dpi 的冲印质量是几乎分辨不出来的，可以根据各个照相机的记忆卡容量与拍摄的相机设定规格来考虑，但最好不要低于 200dpi。如冲印 4R，即 6in × 4in（15.2 cm × 10.2 cm），所需像素为 6 × 300=1 800，4 × 300=1 200（1 800 × 1 200 像素），不要小于 6 × 200=1 200，4 × 200=800（1 200 × 800 像素）。

（2）照相机设定像素规格与冲印大小规格

一般来说，照相机采用的像素规格表与计算机长宽比是一致的，即 4:3 关系。例如，在照相机上的规格为 640 × 480、800 × 600、1 024 × 768、1 280 × 960、1 600 × 1 200……而冲印照片时其规格便不再与照相机上的相同，需要调整。以 4R 为例，长宽比 6:4=3:2，在冲印时就只有两个办法来处理：一是将照相机所拍图像短边上下各切掉一部分（如果人工的话便可选择去除多少上或下，但一般都会自动处理掉），便出现原来照的景在相片中要少一部分了；二是用白边来补短边，但这样看起则有点别扭。

（3）冲印前工作

建议使用 Photoshop 等软件，先经过计算机处理比例关系（如 4R 为 3:2）后，再冲印；对于不懂这类软件的人员，在摄影时可考虑构图时上下多留一点空余，以便冲印时被切去部分。

知识链接

1. 图层混合模式

在想象图层混合模式的效果时，先从以下颜色进行考虑：

- 基色是图像中的原稿颜色。
- 混合色是通过绘画或编辑工具应用的颜色。
- 结果色是混合后得到的颜色。

下面简述一下各种混合模式的作用：

① 正常：这是默认模式。在处理位图图像或索引颜色图像时，“正常”模式又称阈值。编辑或绘制每个像素，混合后使其成为结果色。

② 溶解：根据任何像素位置的不透明度，结果色由基色或混合色的像素随机替换。

③ 变暗：此模式将查看每个通道中的颜色信息，并选择基色或混合色中较暗的颜色作为结果色。比混合色亮的像素被替换，比混合色暗的像素保持不变。

④ 颜色加深：通过增加对比度使基色变暗以反映混合色，与白色混合后不产生变化。

⑤ 线性加深：通过减小亮度使基色变暗以反映混合色，与白色混合后不产生变化。

⑥ 变亮：此模式将查看每个通道中的颜色信息，并选择基色或混合色中较亮的颜色作为结果色。比混合色暗的像素被替换，比混合色亮的像素保持不变。

⑦ 滤色：此模式将查看每个通道的颜色信息，并将混合色的互补色与基色复合。结果色总是较亮的颜色。用黑色过滤时颜色保持不变，用白色过滤将产生白色。此效果类似于多个摄影幻灯片在彼此之上投影。

⑧ 颜色减淡：通过减小对比度使基色变亮以反映混合色，与黑色混合则不发生变化。

⑨ 线性减淡：通过增加亮度使基色变亮以反映混合色，与黑色混合则不发生变化。

⑩ 叠加：复合或过滤颜色，具体取决于基色。图案或颜色在现有像素上叠加，同时保留基色的明暗对比。不替换基色，但基色与混合色相混以反映原色的亮度或暗度。

⑪ 柔光：使颜色变暗或变亮，具体取决于混合色。此效果与发散的聚光灯照在图像上相似。如果混合色（光源）比 50% 灰色亮，则图像变亮，就像被减淡了一样。如果混合色（光源）比 50%灰色暗，则图像变暗，就像被加深了一样。用纯黑色或纯白色绘画会产生明显较暗或较亮的区域，但不会产生纯黑色或纯白色。

⑫ 强光：复合或过滤颜色，具体取决于混合色。此效果与耀眼的聚光灯照在图像上相似。如果混合色（光源）比 50% 灰色亮，则图像变亮，就像过滤后的效果。这对于向图像中添加高光非常有用。如果混合色（光源）比 50% 灰色暗，则图像变暗，就像复合后的效果。这对于向图像添加暗调非常有用。用纯黑色或纯白色绘画会产生纯黑色或纯白色。

⑬ 亮光：通过增加或减小对比度来加深或减淡颜色，具体取决于混合色。如果混合色（光源）比 50% 灰色亮，则通过减小对比度使图像变亮。如果混合色比 50% 灰色暗，则通过增加对比度使图像变暗。

⑭ 线性光：通过减小或增加亮度来加深或减淡颜色，具体取决于混合色。如果混合色（光源）比 50% 灰色亮，则通过增加亮度使图像变亮。如果混合色比 50% 灰色暗，则通过减小亮度使图像变暗。

⑮ 点光：根据混合色替换颜色。如果混合色（光源）比 50% 灰色亮，则替换比混合色暗的像素，而不改变比混合色亮的像素。如果混合色比 50% 灰色暗，则替换比混合色亮的像素，而不改变比混合色暗的像素。这对于向图像添加特殊效果非常有用。

⑯ 差值：查看每个通道中的颜色信息，并从基色中减去混合色，或从混合色中减去基色，具体取决于哪一个颜色的亮度值更大。与白色混合将反转基色值，与黑色混合则不产生变化。

⑰ 排除：创建一种与“差值”模式相似但对比度更低的效果。与白色混合将反转基色值，与黑色混合则不发生变化。

⑱ 色相：用基色的亮度和饱和度以及混合色的色相创建结果色。

⑲ 饱和度：用基色的亮度和色相以及混合色的饱和度创建结果色。在无（0）饱和度（灰色）的区域上用此模式绘画不会产生变化。

⑳ 颜色：用基色的亮度以及混合色的色相和饱和度创建结果色。这样可以保留图像中的灰阶，并且对于给单色图像着色和给彩色图像着色都会非常有用。

㉑ 亮度：用基色的色相和饱和度以及混合色的亮度创建结果色。此模式创建与“颜色”模式相反的效果。

2. “通道混合器”命令

它可以通过从每个颜色通道中选取它所占的百分比来创建高品质的灰度图像、棕褐色调或其他彩色图像。使用“通道混合器”，可以通过源通道向目标通道加减灰度数据，实现用其他色彩调整工具不易达到的创意色彩调整。

3. “曲线”命令

选择“图像 | 调整 | 曲线”命令，弹出“曲线”对话框，如图 4-2-22 所示，打开时曲线是一条直的对角线。图表的水平轴表示像素（“输入”色阶）原来的强度值，垂直轴表示新的颜色值（“输出”色阶）。对于 RGB 图像，“曲线”显示强度值（从 0～255，黑色（0）位于左下角）；对于 CMYK 图像，“曲线”显示百分比（从 0～100，高光（0%）位于左下角）。

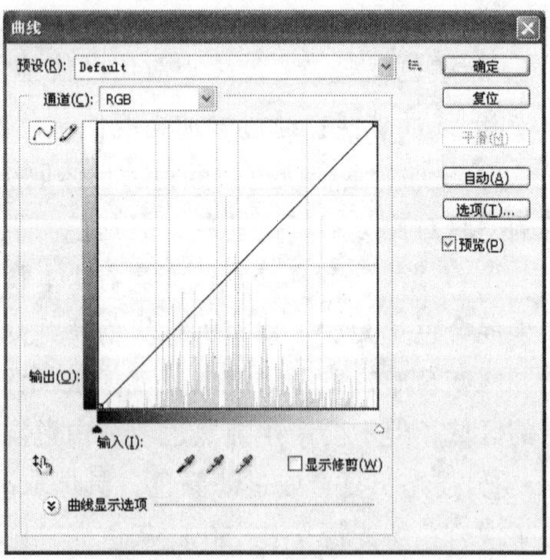

图 4-2-22 “曲线”对话框

与“色阶”对话框一样，“曲线”对话框也允许调整图像的整个色调范围。利用“曲线”对话框，可以在图像的整个色调范围（从暗调到高光）内最多调整 14 个不同的点，而不是只使用三个调整功能（白场、黑场、灰度系数）。也可以使用“曲线”对话框对图像中的个别颜色通道进行精确的调整。

任务 3　企业画册制作

问题情境

（雄达通企业）为了促进企业发展和提高企业的知名度，使公司客户更加了解企业的产品信息，也为了满足公司客户的需求，现公司决定做一本产品宣传画册。

问题分析

根据客户的要求，突出产品的环保等特点，从而使客户知道该公司主要经营生产涂料产品。

① 了解到客户对产品特性的关注，现在大多数产品画册设计风格都是按照产品的特点来定，抓住该产品的色彩、形状，质量等特点。

② 考虑到产品的环保功能，突出环保主题的颜色（绿色）是不可缺少的，在突出颜色的同时还要考虑涂料产品的质感。

③ 根据客户提供的 Logo 等相关企业素材来进行画册设计，这是每个产品画册不可缺少的一部分，并且绘制要精确美观，与标准版 Logo 一致。

④ 素材选取，要完成一个好的封面封底，除了要手绘效果好之外，素材的选取也很重要，好的素材可以决定好的效果，处理起来也比较简单，如图 4-3-1 所示。

图 4-3-1 企业素材图

任务设计

本次任务要分成四个部分来完成：Logo 绘制；素材选取后根据想法和构思进行效果处理，手绘必要的一些效果；添加文字内容；内容版面设计安排。

1. 制作封面效果

① 新建设置尺寸大小为 426×291，单位设为毫米，分辨率为 72 像素/英寸。RGB 模式，背景色为白色，如图 4-3-2 所示。

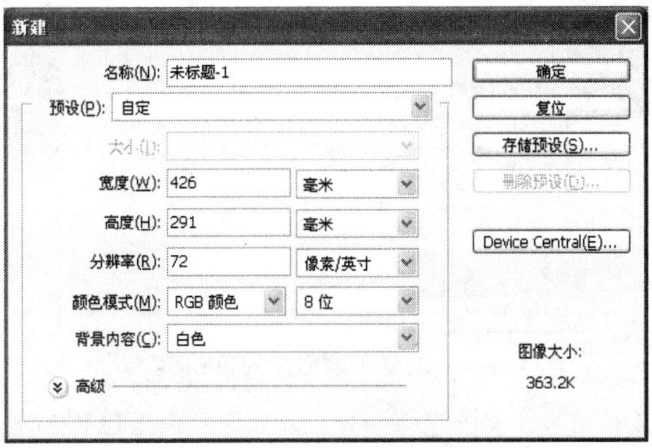

图 4-3-2 “新建”对话框

② 新建图层，导入公司的 Logo 图片，使用放大工具放大图片到一定比例，然后根据 Logo 的形状和颜色用钢笔工具画出标准的 Logo，如图 4-3-3 所示。

图 4-3-3 使用钢笔工具勾图

③ 使用文字工具输入封面内容为公司名称和 Logo，排版如图 4-3-4 所示。

④ 打开汽车图片素材，把需要的部分裁切下来，分别按照三个颜色来调整，注意每个色块高度比例要协调。用辅助线把三部分定好比例，用选框工具框选车顶部分，如图 4-3-5 所示。

图 4-3-4 封面内容

图 4-3-5 选车顶部分

⑤ 按【Ctrl+U】组合键，调整色相和饱和度。设置色相为 150，饱和度为 50，明度为 0，如图 4-3-6 所示。

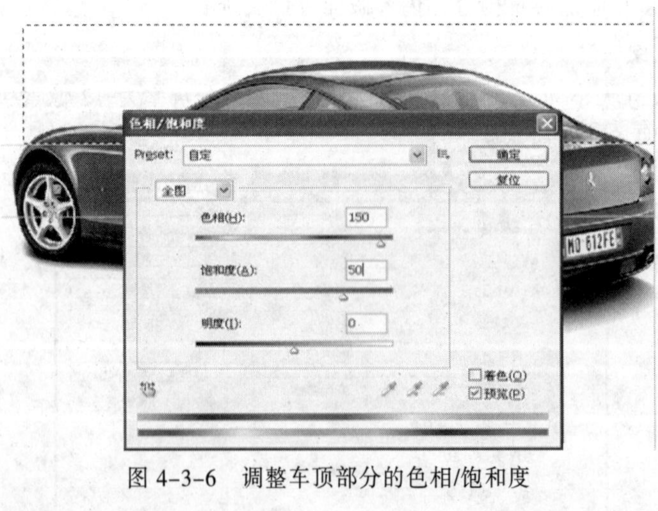

图 4-3-6 调整车顶部分的色相/饱和度

⑥ 用选框工具框选车身部分，按【Ctrl+U】组合键，调整色相和饱和度。设置色相为 0，饱和度为 20，明度为 0，如图 4-3-7 所示。

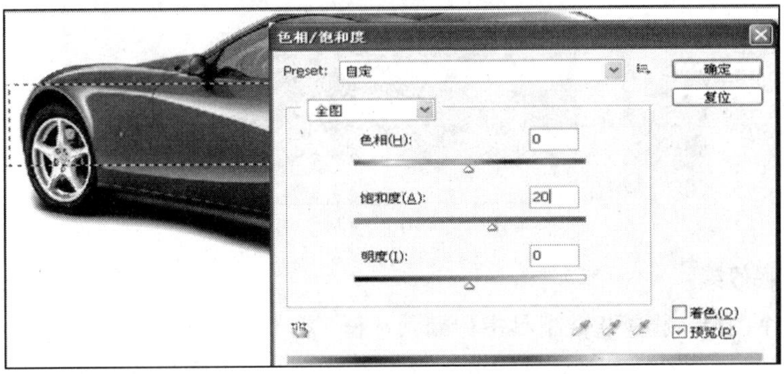

图 4-3-7　调整车身部分的色相/饱和度

⑦ 用选框工具框选车底部分，按【Ctrl+U】组合键，调整色相和饱和度。设置色相为-130，饱和度为 30，明度为 0，如图 4-3-8 所示。

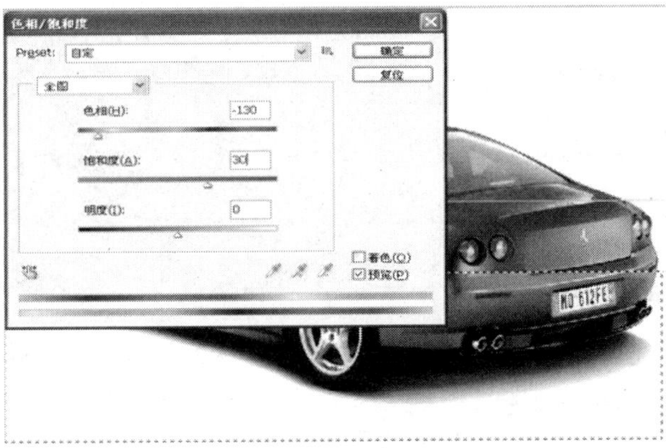

图 4-3-8　设置车底部分的色相/饱和度

⑧ 返回并新建图层，把调整好颜色的汽车拖到图层中，调整好位置和大小，效果如图 4-3-9 所示。

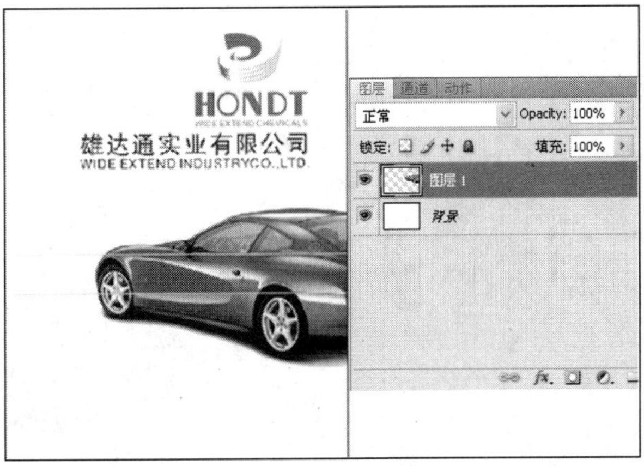

图 4-3-9　封面效果

⑨ 用选框工具画出一个高度相对应汽车色块高度的方块，用吸管工具吸取同样的颜色填充。用同样的方法分别画出另外两个色块，效果如图 4-3-10 所示。

图 4-3-10 绘制色块

2. 制作封底效果

① 新建一个图层，选择选框工具中的椭圆选框工具，按住【Shift】键不放，画出一个圆形，填充红色；再新建一个图层，复制刚才的圆形，填充白色，大小缩小 10%，调整好位置，效果如图 4-3-11 所示。

② 同样的方法画多个圆形，并按大小比例，调整好位置，每两个不同颜色间隔一层白色。最后把刷子素材添加进去，最终效果如图 4-3-12 所示。

图 4-3-11 绘制圆形

图 4-3-12 制作油漆效果

③ 封底效果基本完成，输入公司的联系方式、名称等内容并进行排版（Logo 和内容用虚线隔开），如图 4-3-13 所示。

图 4-3-13 封底部分效果

封面、封底效果已经全部完成，如图 4-3-14 所示。

图 4-3-14 封面、封底整体效果

规律总结

① 一般企业产品画册大小都是统一规格，为 426mm×291mm，其中包括 3mm 的出血位，部分产品画册大小是根据客户的需求来定。

② 封面、封底内容安排一般是：封面必须有公司名称、Logo，必要的时候会加上企业相关用语；封底要出现企业联系方式，包括公司电话、传真、电子邮件、网址等内容。

③ 封面、封底设计风格尽量简单、大度、稳重，要根据企业产品等内容来确定色彩搭配。例如，本任务完成的封面，该企业产品是涂料，涂料颜色是多种多样的，设计的时候也要出现几个色系，但是要考虑一个主题色（绿色），突出产品的环保特点。

知识链接

1. 查看图像

可以使用多种方法放大或缩小视图。窗口的标题栏中会显示出缩放百分比（除非窗口太小，放不下显示内容），窗口底部的状态栏也会显示缩放百分比。

（1）放大图像

选择缩放工具，指针会变为一个中心带有加号的放大镜。单击要放大的区域，每单击一次，图像便放大至下一个预设百分比，并以单击的点为中心显示。

如果想在不改变当前操作情况下切换到放大工具，可以使用【Ctrl+Space】组合键来实现。

（2）缩小图像

选择缩放工具，按住【Alt】键以启动缩小工具，指针会变为一个中心带有减号的放大镜。单击要缩小的图像区域的中心，每单击一次，视图便缩小到上一个预设百分比。当文件到达最大缩小级别时，放大镜将显示为空。

如果想在不改变当前操作情况下切换到缩小工具，可以使用【Alt+Space】组合键来实现。若仅按住【Space】键配合鼠标可以进行拖移操作。

（3）显示/隐藏调板

若要显示或隐藏所有打开的调板、选项栏和工具箱，按【Tab】键；要显示或隐藏所有的调板，按【Shift+Tab】组合键。

2. 钢笔工具绘图

钢笔工具可以创建比自由钢笔工具更为精确的直线和平滑流畅的曲线，它提供了最佳的绘图控制和最高的绘图准确度。

① 添加锚点：选择添加锚点工具，并将指针放在要添加锚点的路径上（指针旁会出现加号）单击并拖移以定义锚点的方向线。

② 删除锚点：选择删除锚点工具，并将指针放在要删除的锚点上（指针旁会出现减号）单击。

③ 在平滑点和角点之间进行转换：选择转换点工具，并将指针放在要更改的锚点上。如果要将平滑点转换成没有方向线的角点，单击平滑锚点即可；如果要将平滑点转换为带有方向线的角点，一定要能够看到方向线，然后拖移方向点。如图 4-3-15 所示。

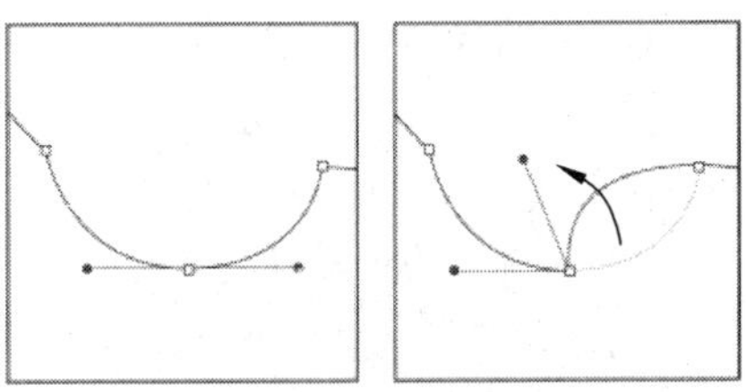

图 4-3-15 路径

④ 完成路径：按住【Ctrl】键在路径外单击即可。

⑤ 闭合路径：将钢笔指针定位在第一个锚点上。如果放置的位置正确，笔尖旁将出现一个小圈。单击可闭合路径。

⑥ 改变文字路径的形状：选择“直接选择”工具，单击路径上的锚点，然后使用手柄改变路径的形状。

3. 在路径上放置文字

可以使用钢笔、直线或形状等工具绘制路径，然后沿着该路径输入文本。例如，要使文本成球形分布，可以使用椭圆工具围绕该球形创建选区，并转换为一条路径，然后在该路径上输入文本。实现步骤如下：

① 选择适当的工具，如钢笔工具、直线工具、自由钢笔工具或某种形状工具。

② 在工作区顶部的选项栏中，选择“路径”按钮，然后绘制希望文本遵循的路径。

注意： 当使用钢笔或直线工具创建路径时，文字将沿着绘制路径的方向排列，当到达路径的末尾时，文字会自动换行。如果从左至右绘制路径，则可以获得正常排列的文字；如果从右至左绘制路径，则会得到反向排列的文字。

③ 在工具箱中选择所需的文字工具，在“字符”调板中选择字体和文本的其他文字属性。指针移到路径上方时，指针将变为一个带有横线的 I 型光标。横线标记文字的基线，即字母所依托的假想线。调整指针的位置，将 I 型光标的基线置于路径上，然后单击。路径上会出现一个插入点。

④ 输入所需的文本，获得满意的文本后，按【Ctrl+Enter】组合键结束。

⑤ 沿着路径移动文字。选择“直接选择”工具或“路径选择”工具，并将它定位在文字上，指针会变为带箭头的 I 型光标，单击并沿着路径拖移文字。

效果如图 4-3-16 所示。

（a）非闭合路径上的横排和直排文字示例

（b）用形状工具创建的闭合路径文字示例

图 4-3-16 路径文字效果

4. 路径和选区之间转换

① 将路径转换为选区边框

在“路径”调板中选择路径，单击路径调板底部的“将路径作为选区载入”按钮，或者按组合键【Ctrl+Enter】组合键。

② 将选区边框转换为路径

先建立选区，然后单击路径调板底部的“建立工作路径”按钮。

本章练习

1. 将一幅风景画制作成水墨画效果。

【知识要点】滤镜：画笔描边、高斯模糊、纹理。工具：套索工具。调整图层：色阶、反相、羽化、混合模式等。效果如图 4-4-1 所示。

（a）原图　　（b）水墨画效果图

图 4-4-1　将风景画制作成水墨画效果

2. 用 Photoshop 打造梦幻的紫色彩妆美女。

【知识要点】滤镜：高斯模糊。工具：历史记录画、套索工具、渐变工具、羽化。调整图层：亮度/对比度、图层模式等。效果如图 4-4-2 所示。

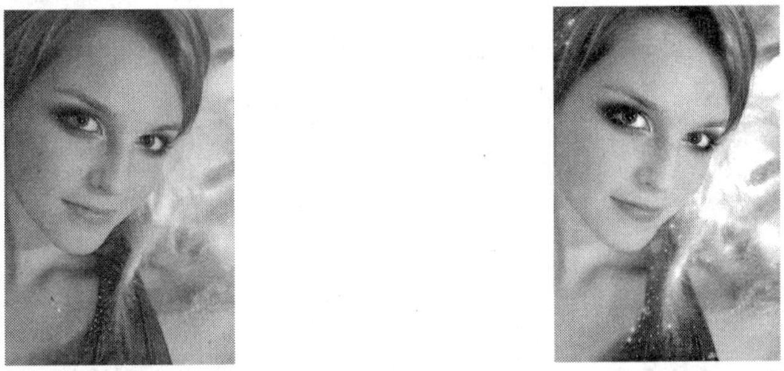

（a）原图　　（b）梦幻的紫色彩妆美女效果图

图 4-4-2　打造梦幻的紫色彩妆美女

3. 设计一本画册。

【知识要点】选区工具、图像合成、图层等，效果如图 4-4-3 所示。

图 4-4-3　画册效果图

第5章

Flash CS3 动画制作

Flash 是基于矢量的动画软件。矢量动画具有以下的特性：基于矢量的动画制作，不论将其放大多少倍，它仍然那么清晰；用 Flash 生成的交互式动画体积很小，这是相对动态的 GIF 而言，更适合于在网上传播。Flash 的播放是“流”技术，动画边下载边演示，如果控制得好用户几乎感觉不到文件还没有完全下载。

由于技术先进，使用方便，Flash 动画现在已经成为新一代网络动画标准。目前，Flash 动画已成为了互联网最火爆的动画，互联网上已经有成千上万个 Flash 站点。

学习目标	☑ Flash 动画的基本动画制作 ☑ Flash 片头动画制作 ☑ Flash 网络广告制作 ☑ Flash MTV 制作

任务 1　用 Flash 制作片头动画

问题情境

人们对中央电视台新闻联播节目的片头动画都很熟悉，片头动画中的画片虽然比较简单但具有典型性、象征性，地球模型让人很容易马上联想到新闻类节目，营造了新闻联播的气氛、增强节目的艺术效果和感染力、吸引观众注意力。这样的片头动画可不可以用 Flash CS3 技术制作出来呢?

问题分析

1. 制作片头动画的场景如何设计

片头动画中的场景必须表现主体所处的环境，即背景和场景中出现的物体和辅助物体，要能给观看者以深刻而鲜明的印象。例如，娱乐类电视栏目的片头色彩较为鲜艳，节奏明快，其场景、气氛都与栏目风格谐调一致。这里将要做的是新闻联播栏目的片头，这种片头动画则需要庄重、严肃，其色彩应采用蓝、银、紫等冷色调映衬出栏目严肃的气氛，旋转的地球等虚拟道具则喻示着栏目的性质。

从实现动画手段来看，Flash 动画虽然是一种二维动画，但它利用遮罩等动画技巧同样可以实现三维效果，且文件体积要小得多。在创意上，制作 Flash 动画给制作者极大的创作空间，重要的是要充分发挥自己的创造力、想象力，要摆脱传统的字幕片头动画带来的思想束缚。

Flash 中背景的设计与实现一般采用以下两种方式：

一是直接在环境设置中调入已有的背景图片或视频。前提是必须有现成的、符合场景要求的图片或视频。

二是在 Flash 工作环境绘制背景和辅助道具。

辅助道具具有暗示作品或影片内容，强化作品风格、性质的作用。片头中的道具一般比较简单而且具有典型性、象征性，如一见到地球模型，人们就很容易想到新闻类节目。道具设计因节目类型、节目内容而异，设计时既要体现同类作品的一般风格，又要敢于打破常规，勇于创新。

2. 怎样实现声音控制

在片头动画中声音的平衡控制很重要，例如，新闻联播的片头动画中报时的声音结束一定要和时钟动画中的时钟指钟指向 12 点这一瞬间完全相吻合。可以采用在时间轴中使用声音和用 ActionScript 语句调用声音来控制时间平衡。本任务将采用在时间轴中使用声音的方法，这种方法是 Flash 中声音最常使用的方式。

在设置一个关键帧后，只要导入了声音文件，在帧属性面板都能进行该帧的声音设置。声音的同步属性（sync）中使用数据流（stream）的设置，会使动画的播放与声音同步，如果动画下载速度跟不上声音，将跳过相关帧而保持与声音同步。另外，如果在播放中设置了（stop）动画停止，声音也将停止。

任务设计

仿“中央电视台新闻联播”节目的片头动画由两大部分组成：报时和片头动画与文字的播放。

报时画面：由时钟和声音文件组成。

片头画面与文字部分：地球模型以及文字“中国中央电视台新闻联播”组成的画面和音乐。这部分的动画可以使用遮罩层动画与滤镜等技巧来实现。

1. 创建新文件

① 启动 Flash CS3 软件，新建文件，选择“Flash 文件 ActionScript2.0”选项后，设置文档属性如图 5-1-1 所示。

② 选择“文件→导入→打开外部库”命令，打开素材（.fla 格式文件），将其中的文件夹悉数导入到当前文档的库中。亦可将该素材直接用做本任务的文档。

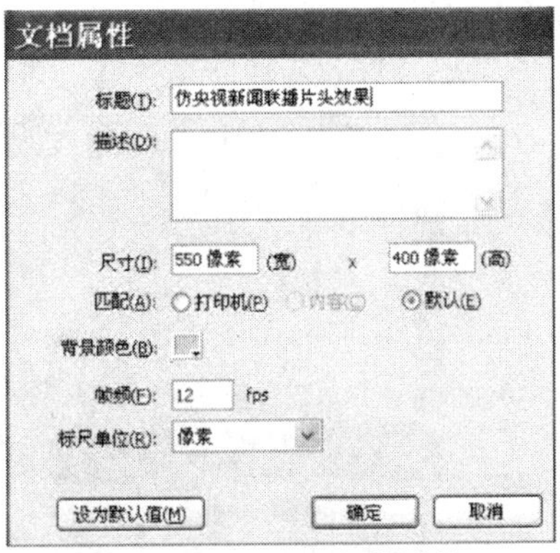

图 5-1-1　设置文档属性

2. 创建图形元件——电视机框

① 图层 1 重命名为“电视机框”，并在第 1 帧，分别选择矩形工具、线条工具和椭圆工具，禁用填充色，笔触色任意，绘制图 5-1-2 所示的图形。

② 打开颜色面板，填充颜色，如图 5-1-3 所示，然后删除所有线条。

图 5-1-2　电视机框

图 5-1-3　填充颜色

③ 插入两个图层，并把“电视机框”图层推至最上，第 2 帧插入帧，锁定该图层。

④ 将最下面的图层更名为“影片效果”，第 1 帧选择矩形工具，绘制图 5-1-4 所示的图形，用静态文本输入文字，并添加滤镜中的投影效果。

图 5-1-4　影片投影效果

3. 创建影片剪辑元件——时钟

这里采用先在舞台上绘制图形并将其转换为元件后再双击进入其编辑区的方法，是为了后续的编辑能够始终以场景中的“电视机框”作为参照物，便于摆放元件的位置。

① 第 2 帧插入空白关键帧，选择椭圆工具，无填充色，笔触色为黑色，绘制直径为 185 像素的正圆。对齐面板中选择水平中齐，再用键盘上的方向键将其置于电视机框的正中间，如图 5-1-5 所示。

② 右击该圆，将其转换为影片剪辑，名称为“片头动画”，双击该元件，进入其编辑区。再次选中该圆，右击，将其转换为名为“钟表”的影片剪辑元件，双击该元件，进入其编辑区。

③ 在钟表元件的编辑区，再绘制一个较小的圆，如图 5-1-6 所示。

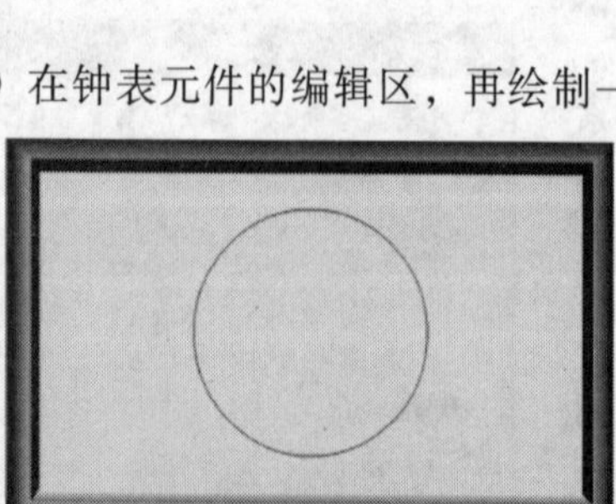

图 5-1-5　绘制圆

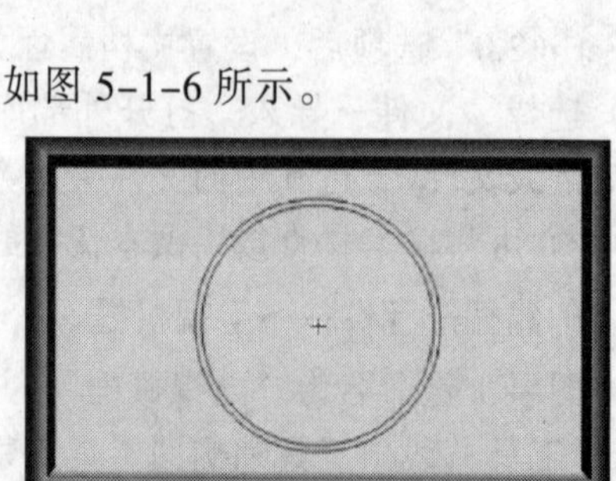

图 5-1-6　绘制小圆

④ 插入新图层，绘制刻度。

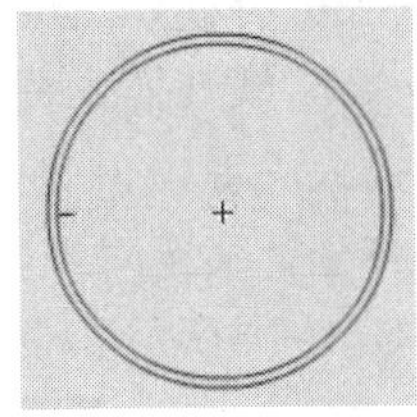

图 5-1-7　绘制刻度

a. 用直线工具画一条宽为 8 高为 0 的线段，选择对齐面板中的水平居中对齐、垂直居中对齐，然后再利用键盘上的方向键，将此线段平移至表盘的左边缘，如图 5-1-7 所示。

b. 用任意变形工具选中线段，将变形点（中间的圆点）移至注册点处（表盘中心处的十字），打开窗口中的变形面板，旋转 30°，复制 12 次该线段，如图 5-1-8 所示。

c. 再用直线工具画一条宽约是上面线段一半的线段，同步骤 a 的方法，将其置于表盘左侧，打开窗口中的变形面板，旋转 6°，复制 59 次，如图 5-1-9 所示。

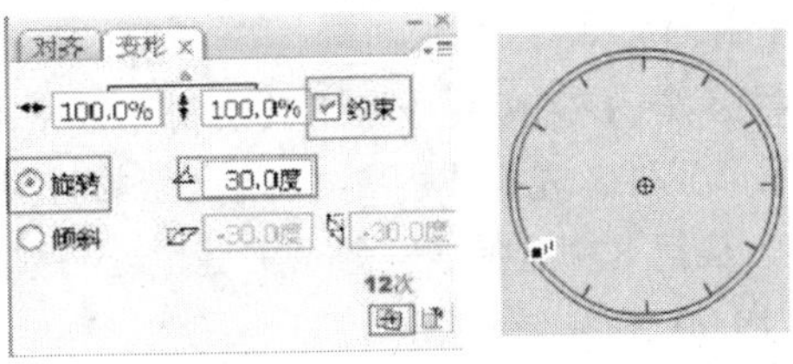

图 5-1-8　复制刻度

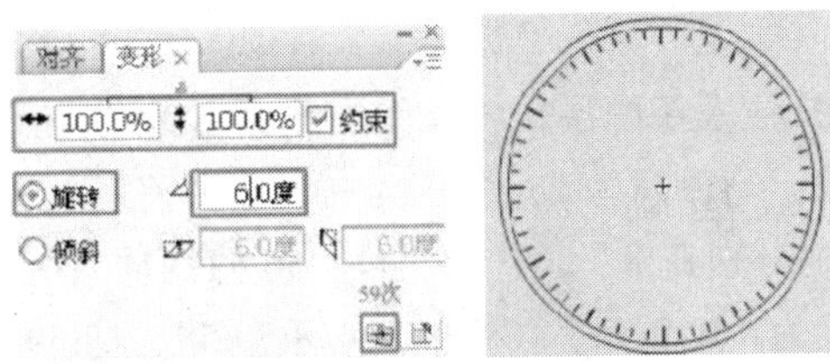

图 5-1-9　绘制其他刻度

⑤ 插入新图层，选择文本工具，文本属性为静态文本，输入数字 1～12。然后分别选中每一个数字，调整位置，直到满意为止，如图 5-1-10 所示。

⑥ 插入三个新图层，在每个图层分别绘制时针、分针和秒针，并分别将各个图层的指针组合，摆放位置如图 5-1-11 所示。

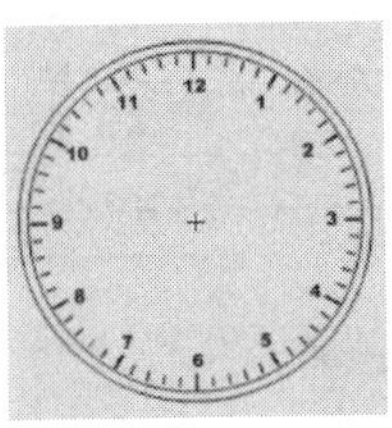

图 5-1-10　输入时钟数字

图 5-1-11　绘制指针

⑦ 依次将刻度图层和数字图层的对象复制粘贴到第 1 帧，并删除这两个图层。由下至上，将各个图层重命名为钟盘、时针、分针、秒针，并均在第 8 帧插入关键帧，如图 5-1-12 所示。

⑧ 插入新图层，将该图层移至最底层，在第 1 帧处用矩形工具绘制同电视机框内同样大小的矩形，不用笔触色，填充色为左白右蓝的放射状渐变，再用渐变变形工具调整至图 5-1-13 所示的效果。

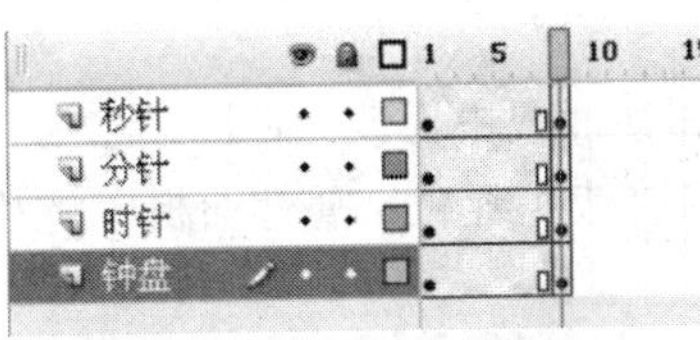

图 5-1-12　将对象复制到第 1 帧

图 5-1-13　放射状渐变

⑨ 将秒针图层的秒针用任意变形工具选中，将变形点移至表盘中心处，分别在 20、32、44、56 帧处插入关键帧。从第 8 帧开始，在每个关键帧处都依次旋转 6°。时针图层的第 56 帧插入关键帧，此处将时针移至对准数字 7。分针图层也在 56 帧处插入关键帧，在第 56 帧处将分针移至对准数字 12。创建时针图层和分针图层第 8 帧到 56 帧的补间动画，图层效果如图 5-1-14 所示。

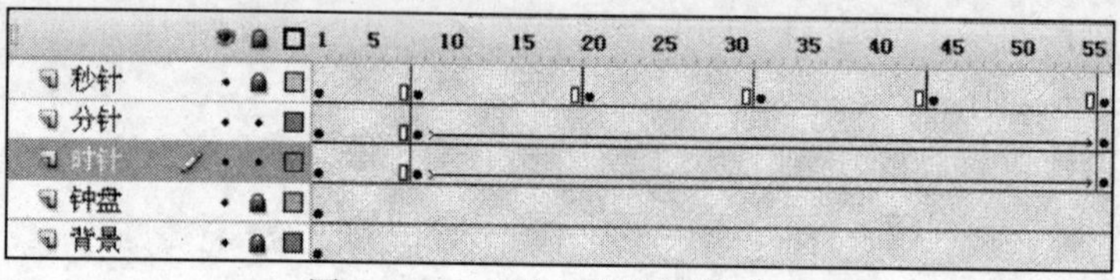

图 5-1-14　时、分针补间动画

⑩ 插入新图层，将该图层重命名为“电子时钟”，第 1 帧处用线条工具绘制宽为 8 像素的线段，笔触高为 2，颜色为白色，并将其转换为图形元件，先拼成图 5-1-15 所示的时间。

⑪ 分别在 8、20、32、44、56 帧处插入关键帧，从第 8 帧开始，在每个关键帧处将数字依次更改为 18:59:56、18:59:57、18:59:58、18:59:59、19:00:00。

⑫ 插入新图层，将该图层重命名为“报时声”。分别在 8、20、32、44、56 帧处插入空白关键帧，在每个关键帧处，属性面板的声音选项中选择“报时声.wav”，并单击“声音编辑封套”按钮，按图 5-1-16 所示进行编辑，各图层均在 60 帧插入帧。

图 5-1-15　绘制电子时钟

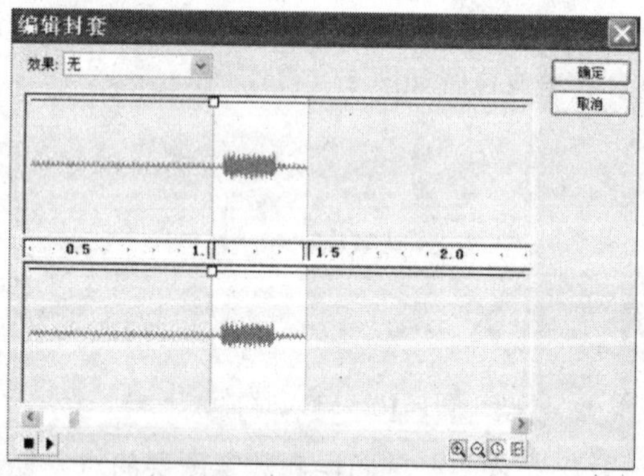

图 5-1-16　声音编辑封套

⑬ 编辑完成的图层如图 5-1-17 所示。

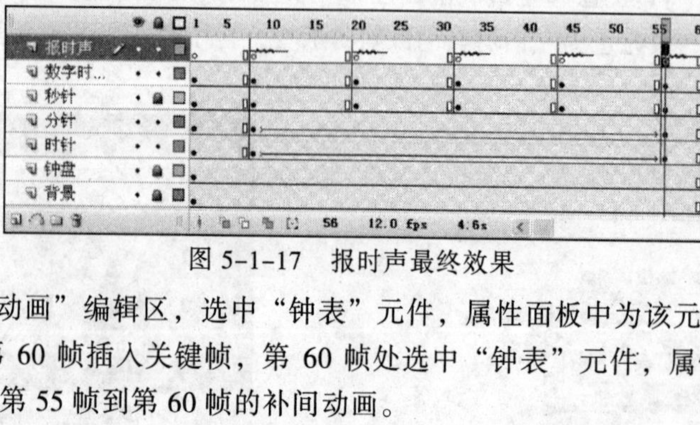

图 5-1-17　报时声最终效果

⑭ 返回“片头动画”编辑区，选中“钟表”元件，属性面板中为该元件区命名为 clock。分别在第 55 帧和第 60 帧插入关键帧，第 60 帧处选中“钟表”元件，属性面板中将其 Alpha 值修改为 0%，创建第 55 帧到第 60 帧的补间动画。

⑮ 插入新图层，将“钟表”图层移至上面，并上锁。

4. 制作背景

① 将底层重命名为“背景”，第 61 帧插入空白关键帧，选择矩形工具，禁用笔触色，填充色可暂时用任意色，绘制矩形，如图 5-1-18 所示。

② 在该图形上右击，将其转换为影片剪辑元件，名称为“背景”。双击该元件，进入其编辑区，选中舞台上的矩形，打开颜色面板，选择填充色，如图 5-1-19 所示。

图 5-1-18　绘制背景

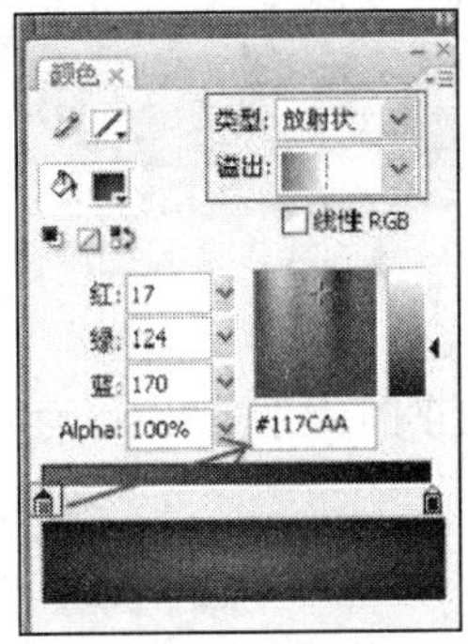

图 5-1-19　设置填充色

③ 选择渐变变形工具，将填充色调整至图 5-1-20 所示的状态。

④ 在第 20 帧和第 40 帧分别插入关键帧，在 20 帧处将填充色调整至图 5-1-21 所示的状态。

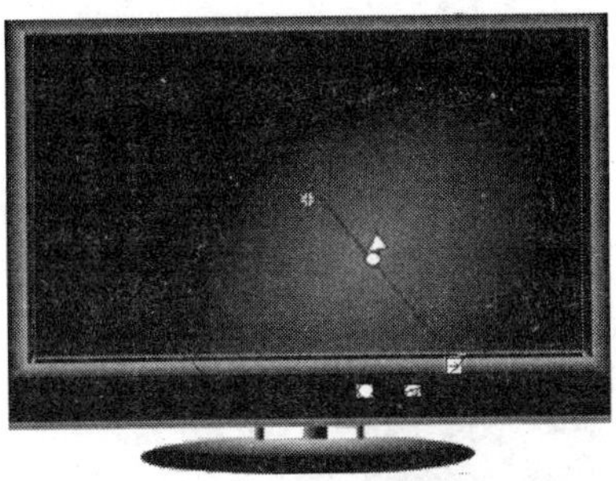
图 5-1-20　调整渐变色

图 5-1- 21　第 20 帧填充色调整

⑤ 选中图层，在属性中创建形状补间动画。返回“片头效果”编辑区，在第 265 帧插入帧。制作地球影片剪辑元件。

⑥ 在“背景”图层上插入新图层，将该图层重命名为“地球”，第 61 帧插入关键帧，将库中的地图拖入舞台。在该图上右击，将其转换为影片剪辑元件，名称为“地球”，双击该元件，进入其编辑区。

⑦ 插入两个新图层，将图层 2 重命名为“地图”。这幅地图是按照大陆块在地球上分布的实际位置制作的。但各个国家在制作本国地图时，总是把自己国家所在位置的那部分置于中心处，我国也不例外，所以，要将这幅地图做如下修改：

a. 选中该图，选择“修改 | 分离”命令，用选择工具框选中图 5-1-22 所示的部分。

b. 用键盘上的方向键，将被选中部分水平移至右侧，如图 5-1-23 所示。

c. 取消选中（即在场景外任意处单击），再将缝合好的地图全部选中，选择“修改 | 组合”命令，再选中地图，在对齐面板中选择“右对齐”和“垂直中齐”。再次选中该图，右击，在弹出的快捷菜单中选择“复制”命令，在场景任意处右击，在弹出的快捷菜单中选择“粘贴”命

令，粘贴到当前位置。在对齐面板中选择“左对齐”，并再次将合在一起的两幅图组合。

图5-1-22　选择美洲地图部分

图5-1-23　调整地图位置

⑧ 将图层 3 重命名为“遮罩”层，第 1 帧处，选择椭圆工具，绘制 200×200，无笔触色，填充色任意的正圆，并全居中，如图 5-1-24 所示。

图 5-1-24　绘制遮罩层

⑨ 将遮罩层延长到第 205 帧，并上锁。

⑩ 选中“地图”图层，使用键盘上的方向键，将地图水平移至图 5-1-25 所示的位置。

图 5-1-25　水平移动地图

⑪ 第 205 帧插入关键帧，再将地图水平移至如图 5-1-26 所示的位置。

图 5-1-26　在第 205 帧处水平移动地图

⑫ 创建第 1 帧到第 205 帧的补间动画。选中遮罩图层，右击，从弹出的快捷菜单中选择“遮罩层”命令。这样制作的效果就是地球转动从开始到结束，中国所在的亚洲部分将处于中心位置，可以按【Enter】键进行测试。

⑬ 将图层 1 重命名为“绿光”，用椭圆工具，无笔触色，填充色为放射状，两个色块都为 #999900，左色块 Alpha 为 20%，右色块 Alpha 为 0，绘制宽、高为 296×115 的椭圆，并用渐变变形工具调整至图 5-1-27 所示的效果。

⑭ 在该椭圆上右击，将其转换为影片剪辑元件，名称为“绿光”。双击该元件，进入其编辑区，第 20 帧和第 40 帧插入关键帧，在第 20 帧处打开颜色面板，将两个色块的 Alpha 值均修改为 0，选中图层，属性中创建形状补间动画。

⑮ 返回到地球元件编辑区，将绿光元件的 Alpha 值修改为 60%左右，复制出一个该元件，并参考图 5-1-28 所示的位置和角度摆放。

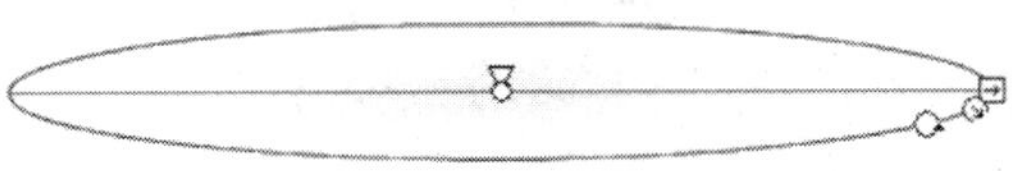

图 5-1-27 “绿光”图层

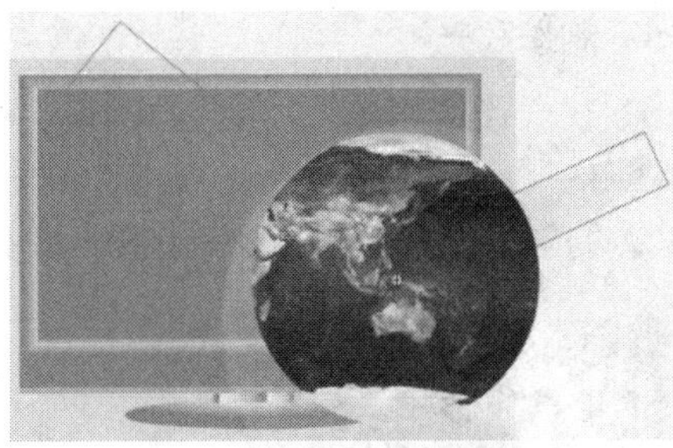

图 5-1-28 地球元件编辑区

⑯ 插入图层 3，在图层的第 205 帧插入空白关键帧，在动作面板中输入“stop();”。

⑰ 返回到“片头效果”编辑区，选中地球元件，属性中为该元件命名为 earth，并按图 5-1-29～图 5-1-31 所示的滤镜效果进行设置。

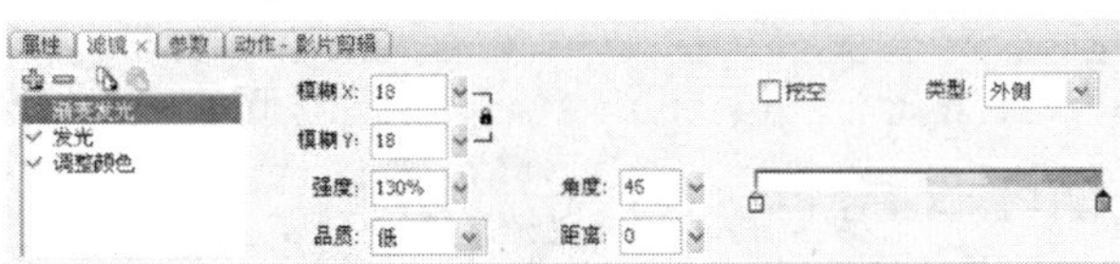

图 5-1-29 渐变发光滤镜效果

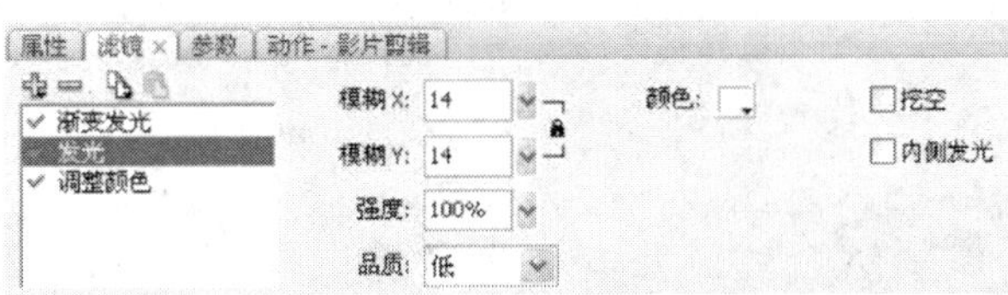

图 5-1-30 发光滤镜效果

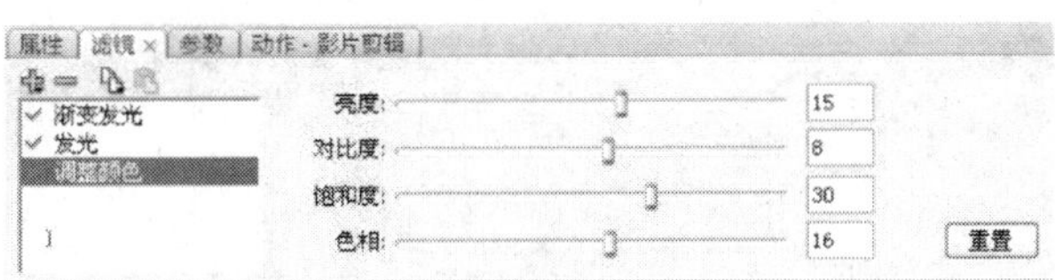

图 5-1-31 调整颜色滤镜效果

⑱ 在地球图层第 90 帧插入关键帧，在第 61 帧处将地球元件移至图 5-1-32 所示的位置，并放大到 150%，然后创建第 61 帧到 90 帧的补间动画。

图 5-1-32　地球元件

5. 制作底光

① 在“背景”图层上插入新图层，在该图层的第 61 帧插入空白关键帧，用矩形工具绘制图 5-1-33 所示的图形。

② 打开颜色面板，选择填充色，具体设置如图5-1-34所示，并填充该矩形。

图 5-1-33　绘制底光

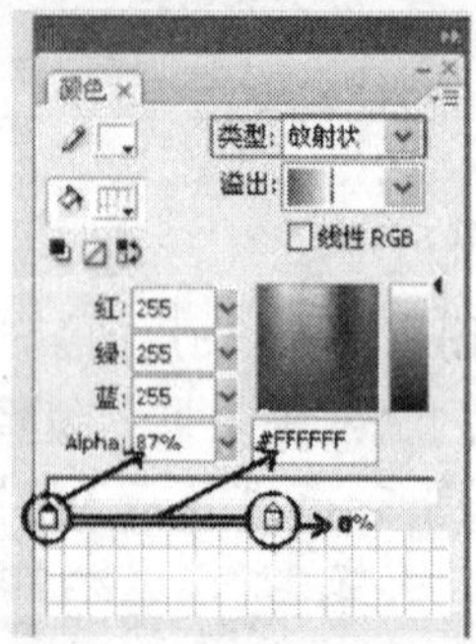

图 5-1-34　填充底光色

③ 选择渐变变形工具，调整至图 5-1-35 所示的效果。

④ 将线条删除，右击该图形，将其转换为影片剪辑元件，并添加图 5-1-36 所示的滤镜效果。

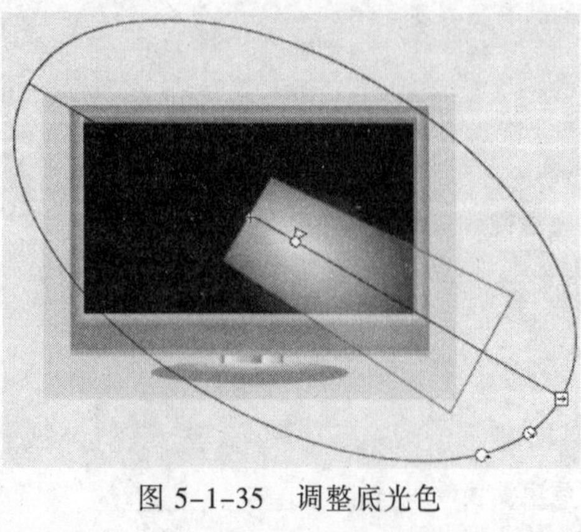

图 5-1-35　调整底光色

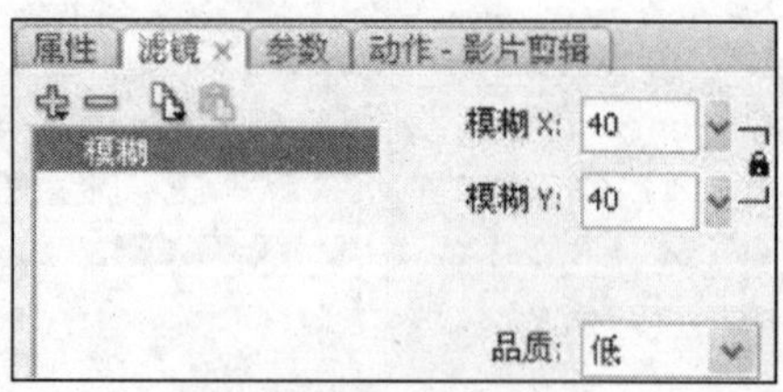

图 5-1-36　模糊效果

⑤ 在该图层 90 帧插入关键帧，返回第 61 帧，将该元件位移至图 5-1-37 所示的位置，并创建第 61 帧到第 90 帧的补间动画。

图 5-1-37　“底光”补间动画

6. 制作光晕

① 在底光图层上插入新图层，重命名为“光晕”。在第 61 帧插入空白关键帧，用椭圆工具绘制无笔触色，填充色为放射状渐变，颜色设置如图 5-1-38 所示的，直径为 150×150 的正圆。

② 该圆上右击，将其转换为影片剪辑元件，名称为“光晕”。双击该元件，进入其编辑区，选择“修改 | 形状 | 柔化填充边缘”命令，在弹出的“柔化填充边缘”对话框中进行设置，具体如图 5-1-39 所示。

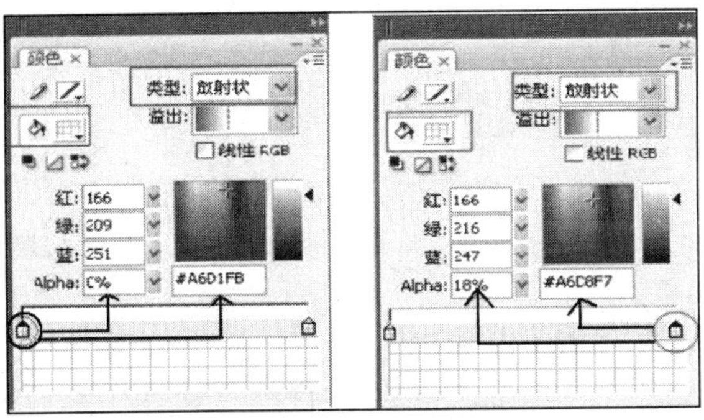

图 5-1-38　制作光晕

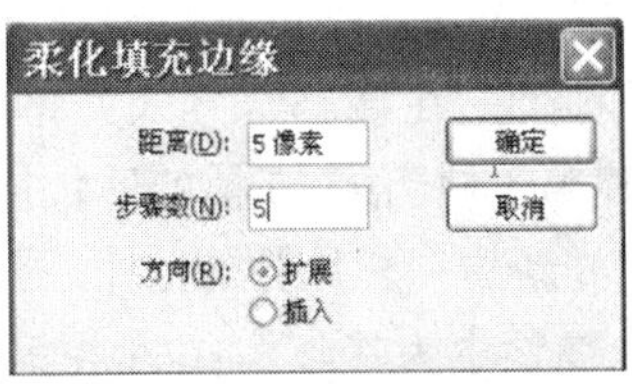

图 5-1-39 柔化填充边缘

③ 在第 35 帧处插入关键帧，将该圆修改为 550×550，并创建第 1 帧到 35 帧的形状补间动画。

④ 插入两个图层，将图层 1 第 1 帧到第 35 帧复制、粘贴到图层 2 的第 10 帧和图层 3 的第 30 帧，图层效果如图 5-1-40 所示。

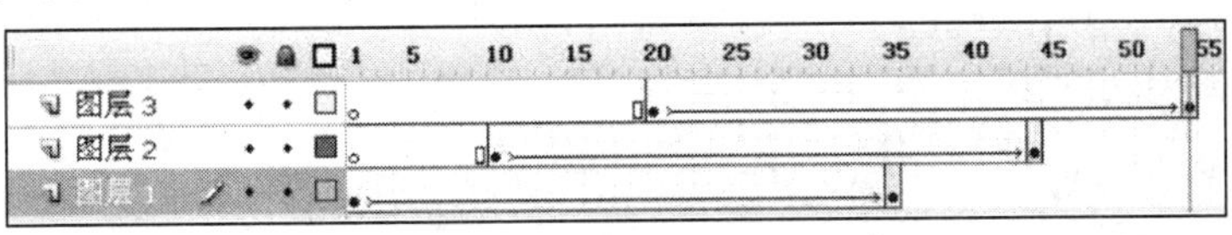

图 5-1-40　“光晕”形状补间动画

⑤ 返回“片头效果”编辑区，选中“光晕”元件，添加图 5-1-41 所示的滤镜效果。

⑥ 在该图层第 90 帧插入关键帧，将 61 帧移至图 5-1-42 所示的位置，并适当扩大（大于地球元件），创建第 61 帧到第 90 帧的补间动画。

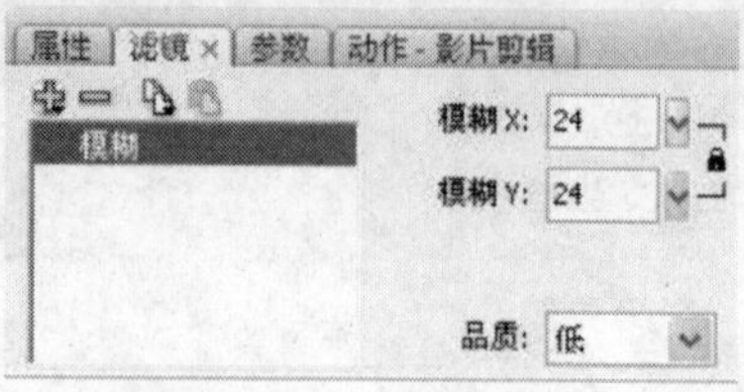

图 5-1-41 模糊效果

图 5-1-42 补间动画

7. 制作流星

① 在“光晕”图层上插入新图层，重命名为“流星”。在第 90 帧处插入关键帧，用椭圆工具绘制无笔触色，填充色设置如图 5-1-43 所示的，宽、高为 80×6 的椭圆。

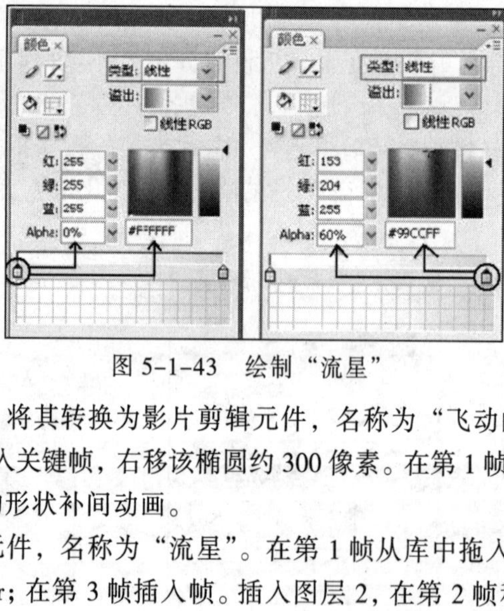

图 5-1-43 绘制“流星”

② 在该椭圆上右击，将其转换为影片剪辑元件，名称为“飞动的流星”。双击该元件，进入其编辑区，在第 15 帧插入关键帧，右移该椭圆约 300 像素。在第 1 帧处将其宽、高修改为 6×2，并创建第 1 帧到第 15 帧的形状补间动画。

③ 新建一影片剪辑元件，名称为“流星”。在第 1 帧从库中拖入“飞动的流星”影片剪辑元件，属性中为其命名 star；在第 3 帧插入帧。插入图层 2，在第 2 帧和第 3 帧插入空白关键帧，为每帧添加如下语句：

第 1 帧：

```
star._visible=false;
I=0;
```

第 2 帧：

```
duplicateMovieClip("star","star"+i,i);
x=225-(Math.random()*550);
y=100-(Math.random()*100);
r=Math.atan(y/x);
a=(180/Math.PI)*r;
scale=Math.random()*60;
if(x<0){
a+=180;
}
setProperty("star"+i,_y,y);
```

```
setProperty("star"+i,_x,x);
setProperty("star"+i,_rotation,a);
setProperty("star"+i,_xscale,scale);
setProperty("star"+i,_yscale,scale);
i++;
```

第 3 帧：

```
gotoAndPlay(2);
```

④ 返回到“片头效果”编辑区，将第 90 帧的元件删除，从库中拖入“流星”影片剪辑元件，置于地球元件的中心处（流星元件的十字与地球元件的十字重合），复制出另一个，并选择“修改 | 变形 | 垂直翻转”命令。

8. 编辑片头曲

在“钟表”图层上插入新图层，重命名为“片头曲”，在第 61 帧插入空白关键帧，选中该帧，在属性面板的声音选项中选择“新闻联播片头曲.mp3”，同步选择“数据流”，单击“编辑声音封套”按钮，将编辑封套中间滑块移至图 5-1-44 所示的位置。

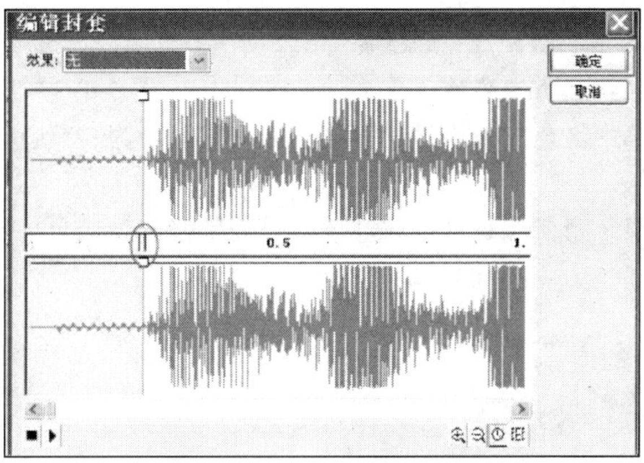

图 5-1-44　声音编辑封套

9. 制作彩条

① 在地球图层上插入三个新图层，由下至上分别重命名为“红色彩条”、“蓝色彩条”和“绿色彩条”。

② 在红色彩条图层的第 61 帧插入关键帧，用矩形工具、选择工具和线条工具，按图 5-1-45 所示的步骤勾勒出轮廓。

③ 选中最后图形右击，将其转换为图形元件，名称为“红色彩条”。双击该元件，进入其编辑区。打开颜色面板，依次进行设置、填充，如图 5-1-46 所示。

④ 用渐变变形工具，采用放射渐变，焦点在左侧，然后调整渐变的宽度。修改窄红部分的色宽，如图 5-1-47 所示。

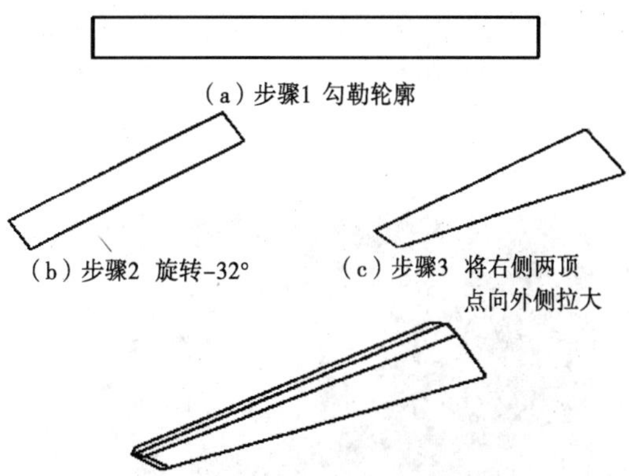

图 5-1-45　绘制彩条

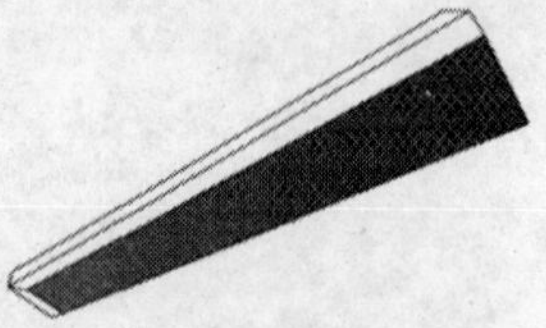

（a）步骤1 线性渐变填充正面，左红右黑，右色块Alpha=30%

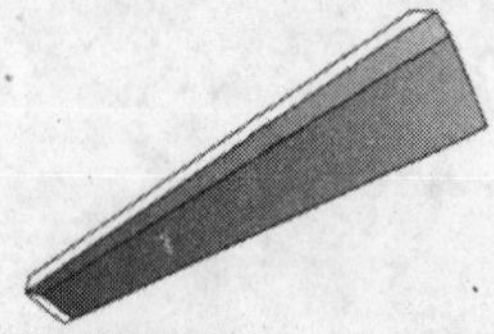

（b）步骤2 线性渐变填充上面与正面的并报接面，均为红色，右色块Alpha=33%

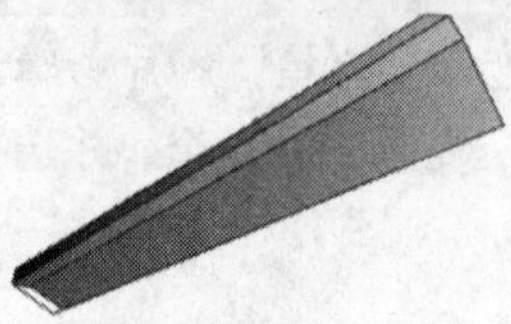

（c）步骤3 线性填充上面，均为黑色，右色块 Alpha=30%

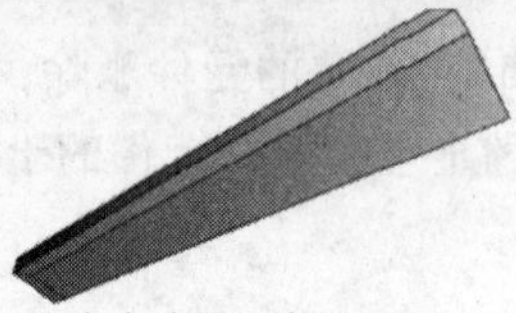

（d）步骤4 填充正面与左侧面交接面为纯红色

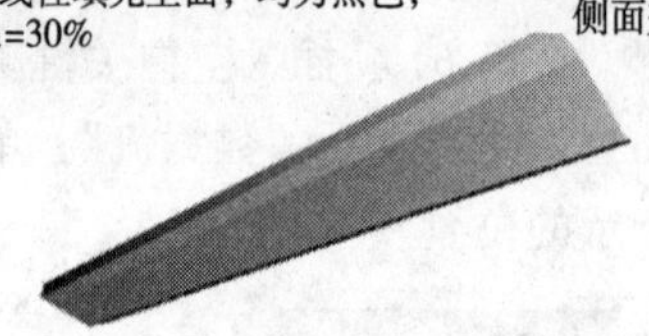

（e）步骤5 保留最底边线条，删除其余线条

图 5-1-46 填充彩条

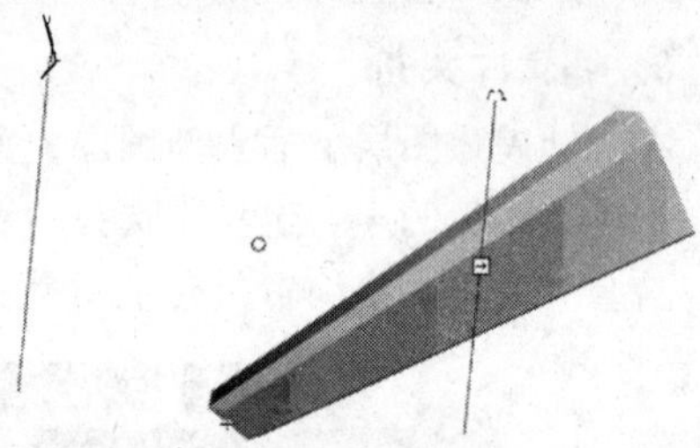

图 5-1-47 修改窄红部分的色宽

⑤ 打开库面板，选中红色彩条元件，直接复制（重命名为“蓝色彩条”）；再次直接复制（绿色彩条）。

⑥ 分别进入蓝、绿色彩条编辑区，将红色部分分别修改为蓝色、绿色，将下面的线条改为蓝色和绿色。并改变角度，如图 5-1-48 所示。

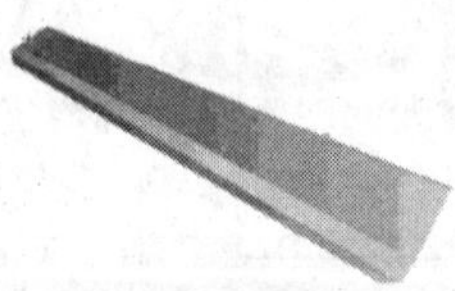

（a）步骤 1 垂直翻转

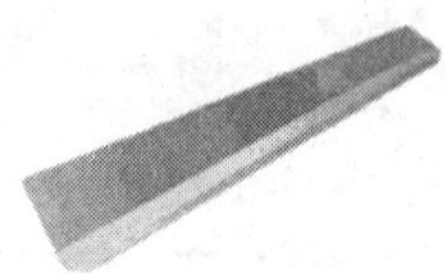

（b）步骤 2 水平翻转

图 5-1-48 编辑彩条

⑦ 返回“片头效果”编辑区，将红色彩条图层置于图 5-1-49 所示的位置。

⑧ 在第 93 帧插入关键帧，将红色彩条移至左下方，并将其 Alpha 值修改为 10%，创建第 61 帧至第 93 帧的补间动画，如图 5-1-50 所示。

图 5-1-49 设置红色彩条图层的位置

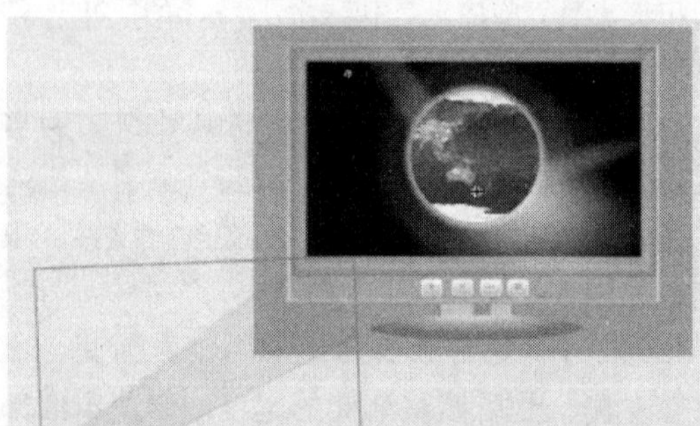

图 5-1-50 红色彩条的补间动画

⑨ 删除后面多余的帧。在蓝色彩条图层的第 77 帧处插入关键帧，从库中拖出蓝色彩条元件，置于舞台右下角，如图 5-1-51 所示。

⑩ 在第 106 帧插入关键帧，将元件移至左上角，并修改其 Alpha 值为 10%，创建第 77 帧到第 106 帧的补间动画，删除后面多余的帧，如图 5-1-52 所示。

图 5-1-51 设置蓝色彩条图层的位置

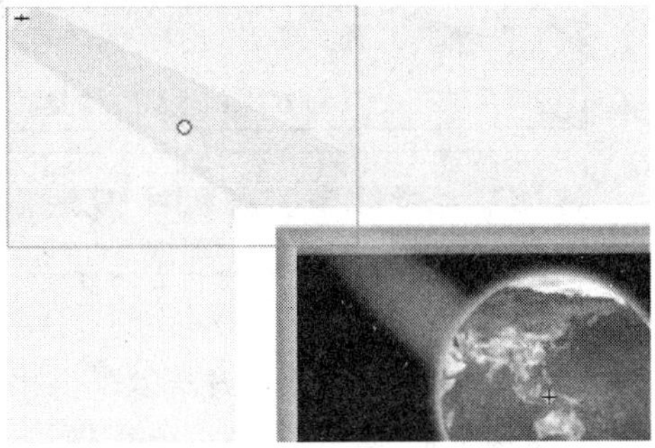

图 5-1-52 蓝色彩条的补间动画

⑪ 绿色彩条图层的第 97 帧插入关键帧，从库中拖出绿色彩条元件，置于左下角，如图 5-1-53 所示。

⑫ 在第 26 帧插入关键帧，将绿色彩条移至右上角，将其 Alpha 值修改为 10%，创建第 97 帧至在第 126 帧的补间动画，删除后面多余的帧。

图 5-1-53 设置绿色彩条图层的位置

10. 编辑文字效果

① 选择“插入 | 新建元件”命令，建立名称为“文字 1”的影片剪辑元件。在其编辑区，将鼠标放在 29 帧处，按住左键向前拖至第 2 帧，按【F7】键，这样，第 2 帧到第 29 帧都插入了空白关键帧，如图 5-1-54 所示。

② 打开库面板中的“文字—中央电视台”这个文件夹，按序将位图拖到第 1 帧到第 29 帧，再依次单击“绘图纸外观”、“编辑多个帧”和“修改绘图纸标记”中的“绘制全部”按钮，如图 5-1-55 所示。

③ 再选择菜单栏中的“编辑 | 全选”命令，打开对齐面板，选择“水平中齐”和“垂直中齐”，将取消“绘图纸外观”和“编辑多个帧”两个单选按钮。鼠标在场景任意处单击一下，这样就取消了选中，按【Enter】键进行测试，一个逐帧文字动画就完成了。可是，“中国中央电视台”几个字显得略小了些，不大协调，需要再调整一下。按上面的步骤，依次单击“绘图纸外观”、“编辑多个帧”和“修改绘图纸标记”中的“绘制全部”按钮，再将时间轴上右边的

大括号向左移动至第 18 帧。再选择菜单栏中的“编辑 | 全选”命令。选择“窗口 | 变形”命令，打开变形面板，“约束”复选框，将 100%修改为 130%，再将已选中的按钮和鼠标释放，按【Enter】键进行测试，使前后两组文字大小差不多。

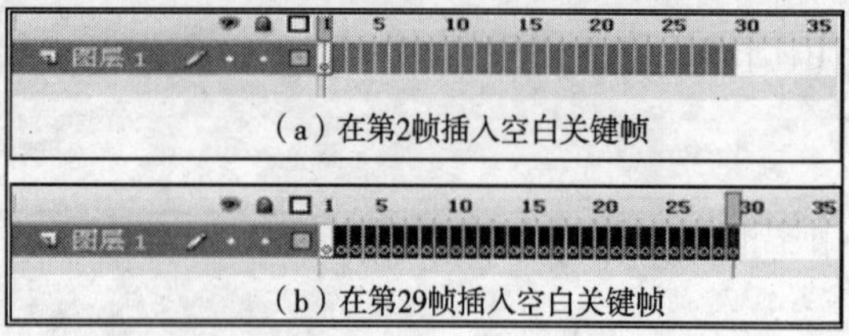

（a）在第2帧插入空白关键帧
（b）在第29帧插入空白关键帧

图 5-1-54　插入空白关键帧

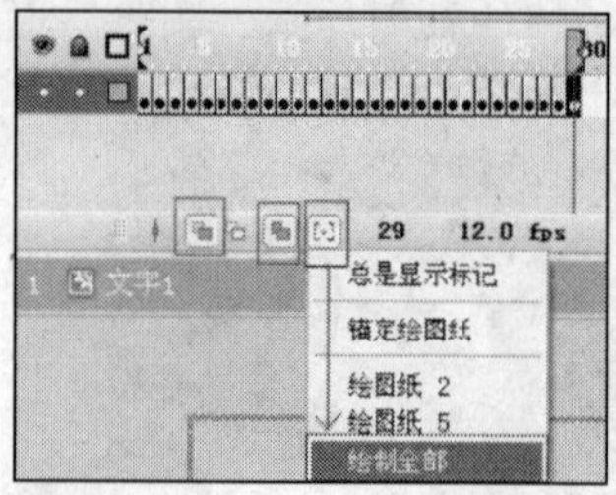

图 5-1-55　修改绘图纸标记

④ 返回主场景，双击“片头效果”元件，进入其编辑区。在“绿色彩条”图层上插入新图层，将其重命名为“文字 1”。在第 127 帧插入关键帧，从库中拖入“文字 1”影片剪辑元件，置于舞台右侧，如图 5-1-56 所示，并给该元件在属性中命名为 word1。

⑤ 双击该元件，进入其编辑区，进一步进行编辑：选中第 1 帧，按【F5】键 10 次，即将第 1 帧的对象延长到了第 11 帧；再在第 11 处帧插入关键帧，单击“时间轴”面板下方的“编辑多个帧”按钮，选择所有帧将第 11 帧往后的对象水平移至舞台中央，如图 5-1-57 所示。

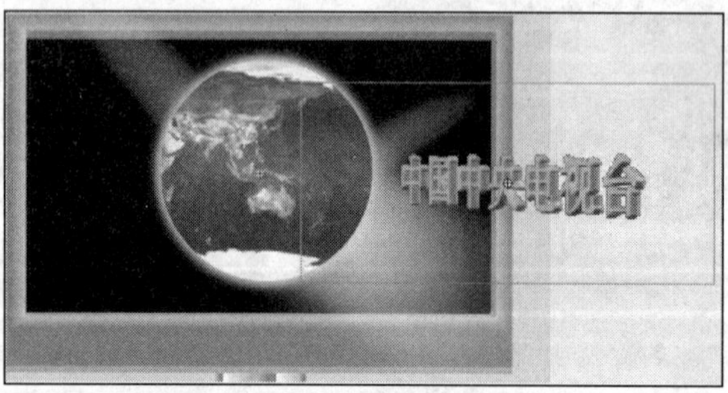

图 5-1-56　word1 影片剪辑元件

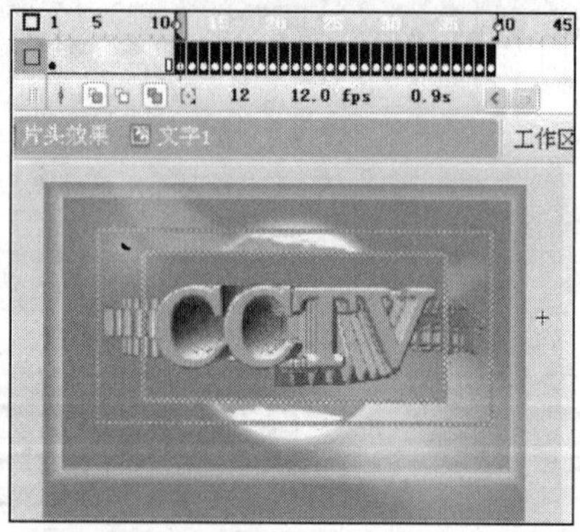

图 5-1-57　编辑 word1 影片剪辑元件

⑥ 释放被选中的按钮和鼠标后，创建第 1 帧到第 11 帧的补间动画。

⑦ 选中第 15 帧，按【F5】键 6 次，创建第 1 帧到第 11 帧的补间动画。

⑧ 在第 52 帧插入关键帧，在变形面板中选择“约束”复选框，扩大至 150%。在第 60 帧插入关键帧，用任意变形工具将文字放大到图 5-1-58 所示的效果。

图 5-1-58　放大文字
（舞台比例缩小至 20%）

⑨ 创建第 45 帧以后的补间动画。

⑩ 插入新图层，在第 60 帧插入空白关键帧，在动作面板中输入“stop();”。

⑪ 选择“插入 | 新建元件”命令，建立名称为“文字 2”的影片剪辑元件，将鼠标指针放在第 8 帧处，按住鼠标左键将其向前拖至第 2 帧，按【F7】键，在第 2 帧到第 8 帧插入空白关键帧。打开库中“文字—新闻联播”文件夹，将其中的位图依次拖入到各个关键帧处的舞台中，再依照“编辑多个帧”的方法，将全部对象全居中。

⑫ 返回到主场景，双击“片头效果”元件，进入其编辑区。在“文字 1”图层的第 189 帧处插入空白关键帧，并在该图层上插入新图层，重命名为“文字 2”；在该图层的第 186 帧处插入关键帧，从库中拖入“文字 2”影片剪辑元件，并在属性中为该元件命名为 word2，将该元件置于图 5-1-59 所示的位置。

⑬ 双击该元件，进入其编辑区。选中第 1 帧，按【F5】键 14 次，在第 15 帧插入关键帧，将第 1 帧对象垂直移至舞台上方，如图 5-1-60 所示，并创建第 1 帧到 15 帧的补间动画。

图 5-1-59 word2 影片剪辑元件

图 5-1-60 word2 补间动画

⑭ 选中第 15 帧，按【F5】键 12 次，在第 26 帧插入关键帧，将第 15 帧对象垂直向下移动若干距离，如图 5-1-61 所示，并创建 15 帧的补间动画。

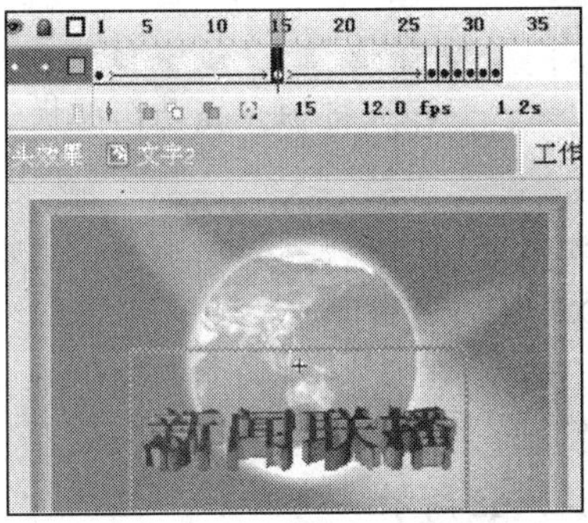

图 5-1-61 word2 补间动画效果

⑮ 从第 26 帧到第 30 帧，在每个关键帧上依次按【F5】键一次，在第 70 帧处插入帧。时间轴如图 5-1-62 所示。

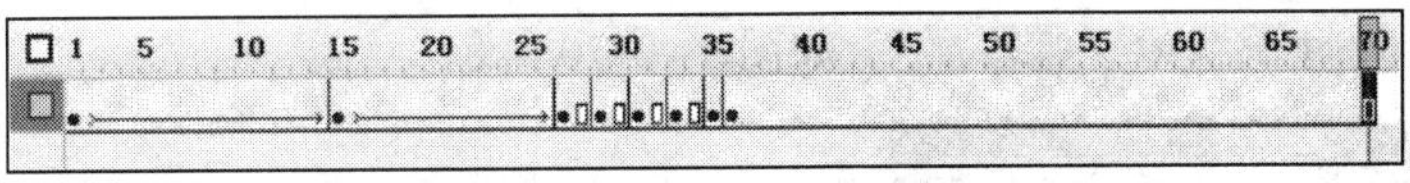

图 5-1-62 在 word2 第 70 帧插入帧

⑯ 插入新图层，在第 36 帧处插入空白关键帧。选择文本工具，用文本属性为静态文本，如图 5-1-63 所示。

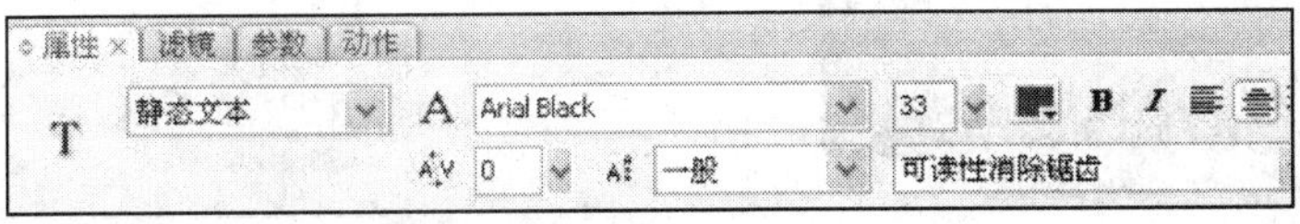

图 5-1-63 静态文本属性

⑰ 用英文输入法的大写，输入图 5-1-64 所示的文字。

⑱ 右击该段文字，将其转换为影片剪辑元件，名称为“拼音”，在属性面板中为该元件命名 pinyin，双击该元件，进入其编辑区。选中文字，选择“修改 | 分离”命令两次，选择墨水瓶工具，笔触颜色为浅蓝色，修改笔触高为 2，依次单击每个字母笔画的边缘部分。完成后的效果如图 5-1-65 所示。

图 5-1-64　输入英文文字

图 5-1-65　英文文字效果

⑲ 将该图层延长到第 40 帧，插入新图层，在图层 2 的第 1 帧，用矩形工具，禁用笔触色，填充色任意，绘制能遮住整段文字的矩形，如图 5-1-66 所示。

⑳ 在第 40 帧处插入关键帧，选择第 1 帧，将绘制的矩形水平移至文字左侧，如图 5-1-67 所示。

图 5-1-66　绘制矩形

图 5-1-67　水平调整矩形

㉑ 创建第 1 帧到第 40 帧的形状补间动画，右击图层 2，选择“遮罩层”命令。

㉒ 插入新图层，在第 40 帧插入空白关键帧，在动作面板中输入“stop();”

㉓ 返回到“文字 2”元件编辑区，插入新图层，在第 70 帧处插入空白关键帧，在动作面板中输入：“stop();”。

㉔ 返回“片头效果”元件编辑区，在“片头曲”图层上插入新图层，在第 265 帧处插入空白关键帧，在动作面板中输入“stop();”。

该编辑区的全部图层如图 5-1-68 所示。

图 5-1-68　各图层关系

11. 布置场景

① 返回主场景。在“片头效果”图层上插入新图层，重命名为“遮罩层”。在该图层，用矩形工具，禁用笔触色，填充色任意，绘制一个大于电视机框内部的矩形，如图 5-1-69 所示。

② 将该图层属性设置为“遮罩层”，如图 5-1-70 所示。

图 5-1-69　绘制电视机框内部的矩形

图 5-1-70　遮罩层

③ 在“电视机框”图层上插入新图层，从公用库中拖出四个按钮（或自己制作四个个性按钮），放在适当位置，如图 5-1-71 所示。

图 5-1-71 设置按钮

④ 插入新图层，在第 2 帧插入空白关键帧，分别在第 1 帧和第 2 帧的动作面板中输入“stop();”。

⑤ 分别为每个按钮输入语句。

播放按钮：

```
on (release) {
   gotoAndPlay(2);
}
```

暂停按钮：

```
on (release) {
   lianbo.stop();
   lianbo.clock.stop();
   lianbo.earth.stop();
   lianbo.word1.stop();
   lianbo.word2.stop();
   lianbo.word2.pinyin.stop();
}
```

继续按钮：

```
on (press) {
   lianbo.play();
   lianbo.clock.play();
   lianbo.earth.play();
   lianbo.word1.play();
   lianbo.word2.play();
   lianbo.word2.pinyin.play();
}
```

停止按钮：

```
on (release) {
   gotoAndStop(1);
}
```

至此，全部效果制作完毕，进行测试、保存。

规律总结

无论是电视节目片头动画，还是网站片头动画，或者游戏片头动画，制作流程基本都要经过五个阶段：动画创意阶段、分镜头脚本创作阶段、动画设计阶段、动画制作阶段、动画合成阶段。

其中，分镜头脚本的创作相当于动画的效果预览，直接关系到未来动画的成败，在这个阶段要明确动画的整体风格、节奏和特殊效果等，此阶段很重要。说它很重要是因为它蕴涵着动画的核心规律——视听语言艺术。就是说要通过动画影片里的场景气氛、构图、景别、角度、灯光、色彩、运动、音响、剪辑点的位置等来体现出动画作品在针对某个具体节目而反映出独特的视听艺术感觉。在创作过程最大限度地深入到细节部分，为了达到最好效果常会使用许多特效，如闪光效果、遮罩效果等。下面使用 Flash 来实现这些特效。

1. 闪光效果

这种特效实现起来比较简单，效果好，用处多。

① 启用 Flash CS3 软件，新建文件，选择“Flash文件 ActionScript2.0”选项。确定后将背景设置为黑色，其他参数保持默认设置。

② 在图层 1 的第 1 帧用矩形工具绘制一个无笔触颜色、填充颜色为白色的矩形，亮度为 100，Alpha 值为 3。

③ 在第 8 和第 15 帧插入关键帧，在第 3 帧和第 10 帧插入空白关键帧，在第 17 帧放置将要闪出的对象，第 20 帧插入帧。(闪出的停留时间可以根据需要插入延长帧。)时间轴状态如图 5-1-72 所示。

图 5-1-72 闪光效果

2. 遮罩效果

在片头动画使用遮罩层动画技巧会带来多眩目神奇的效果，如创建文字特效。制作电影效果文字的步骤如下：

① 新建一影片，设置影片大小为 300 像素 × 200 像素，背景颜色为#CCFFFF，其他参数保持默认设置。将一幅 NOKIA 手机图片导入到库中。

② 新建图形元件“文字背景”，将已导入库中的图片拖放到工作区中，并调整位置居中。在第 30 帧插入帧。

③ 返回主场景，插入图层 2，在图层 2 的第 1 帧，从工具箱中选取文本工具，设置字体为 Arial Black，大小为 60，在工作区中输入文本 NOKIA，居中。

④ 将图层 1 重命名为“文字背景”，在第 1 帧将元件“文字背景”拖放到场景中，与文字右边对齐。在第 30 帧插入关键帧，并将元件移动与文字左边对齐，在第 1 帧关键帧右击，从弹出的快捷菜单中选择“创建补间动画”命令。

⑤ 测试，保存文件。最终效果如图 5-1-73 所示。

图 5-1-73 遮罩效果

知识链接

1. 动画中按钮的处理

许多网站片头动画播放完毕后，需要浏览者单击 Enter 按钮显示相关信息或者进入相关网页。对 Enter 按钮可以根据后续动作做出相应的处理：

① 如果需要直接打开独立页面，只需要在按钮上加入代码（AS 2.0）：

```
On (release) {
   getURL("指向页面的内容");}
```

② 如果片头和下面的内容是一体，则可以用：

```
gotoAndPlay([scene,] frame);
```

③ 如果是在片头播放完毕以后自动转向某个页面，可以在影片播放完毕的最后一帧加入代码：

```
Stop();
getURL("转向页面","_blank");
```

在浏览某些网站时，由于片头动画播放时间较长，为了方便急于想进入主站点的浏览者，在 Flash CS3 动画的第 1 帧加入了 Skip 按钮直接转向主页面。Skip 按钮的具体代码加载与 Enter 按钮相同。

注　意

要确保按钮定义了足够好的反应区域。

2. 制作 loading 的技巧

Loading 制作的方法很多，这里采用一段 AS 2.0 代码来制作。

创建步骤如下：

① 创建一个空的影片剪辑元件，命名为 load。

② 将空的影片剪辑 load 元件拖至场景中“背景”图层的第 1 帧处，用箭头工具选中该影片剪辑，打开动作面板，输入以下代码：

```
onClipEvent (load){                                  //影片剪辑加载时，做初始准备
   setProperty("_root.bofang",_visible,0);           //把所有按钮都隐含起来
    createTextField("tt",1,50,30,100,20);
//在深度层 1 创建一个动态文本框，其变量为 tt
    tt.textColor=0xffff00;                           //设置文本前景颜色，黄色
    createEmptyMovieClip("loading",2);
//在深度层 2 创建一个新影片剪辑，实例名为 loading
with(loading){                                       //在影片剪辑中画进度条
   lineStyle(0,0x0000ff,50);                         //设置进度条边框色
   moveTo(0,0);                                      //进度条边框起点
   beginFill(0x3399ff,50);                           //进度条内部填充色
      lineTo(0,10);                                  //进度条边框第 2 连接点
      lineTo(10,10);                                 //进度条边框第 3 连接点
      lineTo(10,0);                                  //进度条边框第 4 连接点
      endFill();                                     //结束填充
   }
}
onClipEvent (enterFrame) {                           //影片剪辑与帧频同步触发以下动作
   load=int(_root.getBytesLoaded()/_root.getBytesTotal()*100);
//计算下载字节数的百分比
   tt.text="已下载: "+load+"%";                        //动态显示下载进度
```

```
    loading._width=2*load                        //进度条总长200像素，所以百分数乘2
    if (_root.getBytesLoaded()==_root.getBytesTotal()){
//下载的字节数等于文件的字节数时，显示播放按钮。
        setProperty("_root.bofang",_visible,1);
        setProperty("_root.bofang.anniu",_visible,1);
        _root.gotoAndStop(1);                    //播放头停在主场景第1帧
    }
}
```

3. 影片剪辑的绘图方法

在制作进度条中用到了在影片剪辑中画进度条的代码，下面来进一步解析这些方法的使用。

（1）MovieClip.beginFill()

用法：my_mc.beginFill(rgb:Number,[alpha:Number])

参数：

rgb:Number 为十六进制颜色值。例如，红色为 0xFF0000，蓝色为 0x0000FF。如果未提供或未定义该值，则不创建填充。

alpha:Number 为可选，是一个 0～100 之间的整数，指定填充的 Alpha 值。如果未提供该值，则使用 100（纯色）。如果该值小于 0，则 Flash CS3 使用 0；如果该值大于 100，则 Flash CS3 使用 100。

返回：无。

（2）MovieClip.lineStyle()

用法：my_mc.lineStyle(thickness,rgb,alpha):Void

指定用于后续 lineTo()和 curveTo()方法调用的线条样式，在以不同参数调用 lineStyle()方法之前，线条样式不会改变。可以在绘制路径的中间调用 lineStyle() 以为路径中的不同线段指定不同的样式。

参数：

thickness:Number 为一个整数，以磅为单位指示线条的粗细，有效值为 0～255。如果未指定数值，或者该参数为 undefined，则不绘制线条。如果传递的值小于 0，则 Flash CS3 使用 0。数值 0 表示极细的粗细；最大粗细为 255。如果传递的值大于 255，则 Flash CS3 使用 255。

rgb:Number 为线条的十六进制颜色值（例如，红色为 0xFF0000，蓝色为 0x0000FF 等）。如果未指示值，则 Flash CS3 使用 0x000000（黑色）。

alpha:Number 为一个整数，指示线条颜色的 Alpha 值，有效值为 0～100。如果未指示值，则 Flash CS3 使用 100（纯色）。如果该值小于 0，则 Flash CS3 使用 0；如果该值大于 100，则 Flash CS3 使用 100。

该方法还可以有其他参数，具体用法请查阅 Flash CS3 帮助文档。

（3）MovieClip.lineTo()

用法：my_mc.moveTo(x,y)

将当前绘画位置移动到(x,y)。如果缺少任何一个参数，则此方法将失败，并且当前绘画位置不改变。

参数：

x:Number 为一个整数，指示相对于父级影片剪辑注册点的水平位置。

y:Number 为一个整数，指示相对于父级影片剪辑注册点的垂直位置。

（4）`MovieClip.moveTo()`

用法：`moveTo(x:Number,y:Number):Void`

将当前绘画位置移动到(x,y)。如果缺少任何一个参数，则此方法将失败，并且当前绘画位置不改变。

参数：

x:Number 为一个整数，指示相对于父级影片剪辑注册点的水平位置。

y:Number 为一个整数，指示相对于父级影片剪辑注册点的垂直位置。

（5）`MovieClip.endFill()`

用法：`endFill():Void`

对从上一次调用 beginFill() 或 beginGradientFill()之后存在的直线或曲线应用填充。Flash CS3 使用的是对 beginFill() 或 beginGradientFill()的先前调用中指定的填充。如果当前绘画位置不等于 moveTo()方法中指定的上一个位置，而且定义了填充，则用线条闭合该路径，然后进行填充。

（6）`MovieClip.curveTo()`

用法：`my_mc.curveTo(controlX,controlY,anchorX,anchorY):Void`

通过由(controlX,controlY)指定的控制点，使用当前线条样式绘制一条曲线，该曲线从当前绘画位置到(anchorX,anchorY)。当前绘画位置随后设置为(anchorX,anchorY)。如果正在其中绘制的影片剪辑包含用 Flash CS3 绘画工具创建的内容，则调用 curveTo()方法将在该内容下面进行绘制。如果在调用 moveTo()方法之前调用 curveTo()方法，当前绘画位置将设置为默认值(0,0)。如果缺少任何一个参数，则此方法将失败，并且当前绘画位置不改变。

参数：

controlX 为一个整数，指定控制点相对于父级影片剪辑注册点的水平位置。

controlY 为一个整数，指定控制点相对于父级影片剪辑注册点的垂直位置。

anchorX 为一个整数，指定下一个锚点相对于父级影片剪辑注册点的水平位置。

anchorY 为一个整数，指定下一个锚点相对于父级影片剪辑注册点的垂直位置。

下列示例绘制一条近似圆形的曲线，该曲线具有纯蓝色的极细笔触和纯红色的填充，效果如图 5-1-74 所示。

```
this.createEmptyMovieClip("circle_mc", 1);
with (circle_mc) {
  lineStyle(0,0x0000FF,100);
  beginFill(0xFF0000);
  moveTo(100,100);
  curveTo(100,200,100,200);
  curveTo(200,200,200,100);
  curveTo(200,100,100,100);
  curveTo(100,100,100,100);
  endFill();
}
```

影片剪辑的绘图方法综合示例，效果如图 5-1-75 所示。

```
this.createEmptyMovieClip("gradient_mc",this.getNextHighestDepth());
with (gradient_mc)
{
   colors=[0xFF0000,0x0000FF];
   fillType="radial"
   alphas=[100,100];
   ratios=[0,0xFF];
   spreadMethod="reflect";
   interpolationMethod="linearRGB";
   focalPointRatio=0.9;
   matrix={matrixType:"box",x:100,y:100,w:200,h:200,r:(45/180)*Math.PI};
   beginGradientFill(fillType,colors,alphas,ratios,matrix,
   spreadMethod,interpolationMethod,focalPointRatio);
   moveTo(100,100);
   lineTo(100,300);
   lineTo(300,300);
   lineTo(300,100);
   lineTo(100,100);
   endFill();
}
```

图 5-1-74　绘图效果

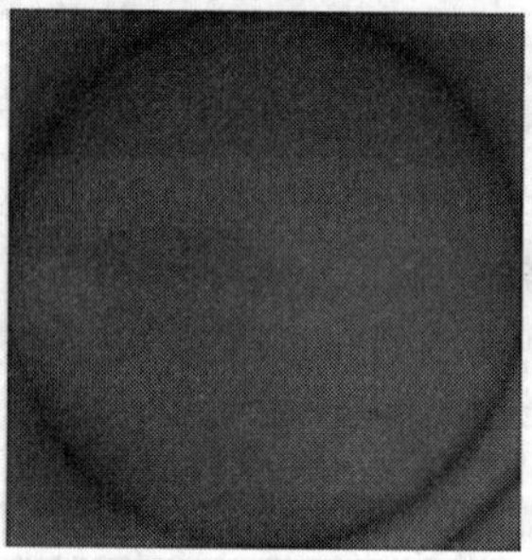

图 5-1-75　代码绘制效果

任务 2　用 Flash 制作网络广告

问题情境

浏览网页时经常发现网页上飘动着 Flash 广告，登录 QQ 时同样总是出现一些瞬息万变的广告宣传。目前，Flash 广告成为网络应用最多、最为优越、最流行的网络广告形式。现在，很多电视广告也采用 Flash 进行设计制作，Flash 以独特的技术和特殊的艺术表现，给人们带来了特殊的视觉感受。

问题分析

网络广告有多种多样。美国互动广告署（IAB）在 1997 年发布了关于网络广告标准，2001 年又进行了修订，增加了 7 种形式的网络广告标准。它分别为：横幅广告（banner）、按钮广告（button）、电子邮件广告（E-mail）、赞助式广告（sponsorship）、插播式广告（interstital）、丰富媒体广告（rich media banner）、文本链接广告（textlink）、关键字广告（keyword）、分类广告、其他形式的网络广告。

美国互动广告署（IAB）制定的网络广告标准如表 5-2-1 所示。

表 5-2-1 美国互动广告署（IAB）制定的网络广告标准

类　型	尺寸（像素）	类　型	尺寸（像素）
全幅（full banner）	468 × 60	宽摩天形（wide skyscraper）	160 × 160
半幅（half banner）	234 × 60	摩天形（skyscraper）	120 × 160
直幅（verticle banner）	120 × 240	大长方形（large rectangle）	336 × 280
方形按钮（square button）	125 × 125	中长方形（medium rectangle）	300 × 250
按钮#1（button 1）	120 × 90	长方形（rectangle）	180 × 150
按钮#2（button 2）	120 × 60	竖长方形（vertical rectangle）	240 × 400
小按钮（micro Bar）	88 × 31	弹出式正方形（square pop-up）	250 × 250

网上广告的制作，应注意充分发挥计算机显示技术中色彩、动画、声音等视觉优势。具有一定冲击力的色彩有黄色、橙色、绿色和蓝色等。动态广告反应要强于对静态广告，统计表明，前者的吸引力要强后者 3 倍。对于广告体积大小而言，468 × 60 像素的动态旗帜广告，其体积应尽量控制在 10K 以下。

任务设计

制作一个关于 NOKIA 手机的简单横幅广告，这种广告投放位一般在首页、各栏目第一层。具体制作步骤如下：

1. 创建文件

打开 Flash CS3 软件，新建文档，选择“Flash 文件 ActionScrip 2.0”选项，参数设置如图 5-2-1 所示。

2. 创建元件

① 创建影片剪辑元件“商标”，进入编辑状态，选择文本工具，静态文本，黑体字，输入文字 NOKIA、CONNECTING PEOPLE、诺基亚，按【Ctrl+B】组合键将文字分离两次，变为形状，填充颜色#FFFF00 填充。编辑后效果如图 5-2-2 所示。

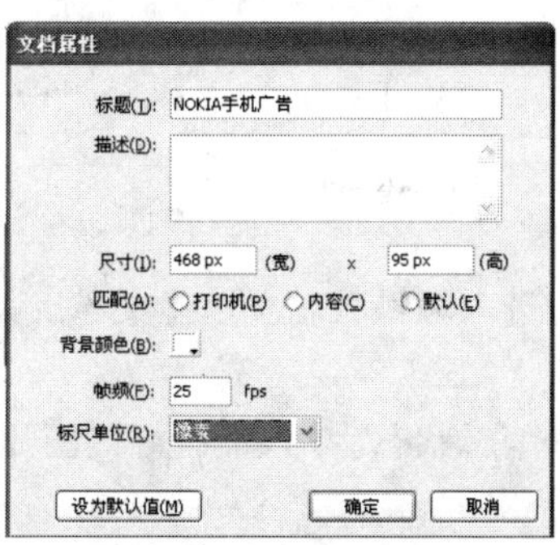

图 5-2-1 文档属性

图 5-2-2 商标

注：该商标创建为影片剪辑是为使用滤镜做准备。分离成图形状是为了保证广告字体不变。

② 创建图像元件，名称为“背景”，选择矩形工具，绘制一个与场景大小相同、无笔触颜色的矩形，打开混色器面板，类型选择为放射放状，色块颜色（从左到右）为#FF352B、#F30101、#CC0000、#740101。

③ 创建图形元件，名称为“水珠”选择椭圆工具，绘制一个尺寸为 12×12 的椭圆，填充颜色类型为放射状，色块颜色（从左到右）为#470000、#CC0000、#FFFFFF、Alpha=0，效果如图 5-2-3 所示。

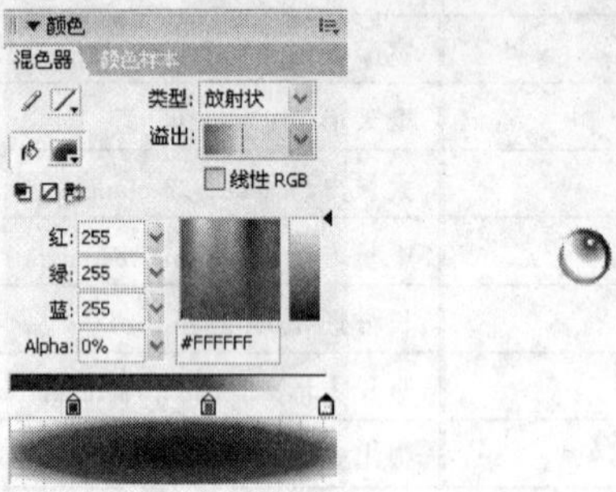

（a）参数设置　　（b）元件放大到200%后的效果

图 5-2-3　绘制水珠

④ 创建影片剪辑元件，名称为“水滴”，进入编辑状态。在图层 1 的第 1 帧，将图形元件拖到舞台，大小改为 24×24。

⑤ 创建图形元件，名称为“手机”，进入编辑状态。选中图层 1 的第 1 帧，选择椭圆工具，画圆，尺寸为 95×95，打开混色器面板，类型为放射状，色块颜色（从左到右）为：#FF0404，Alpha=0；#8E0000，Alpha=100。效果如图 5-2-4 所示。

⑥ 插入新图层，重命名为“手机”，进入编辑状态。在第 1 帧，导入一张 NOKIA 手机图片，修改其大小，使其落在图层 1 的图形中。元件效果如图 5-2-5 所示。

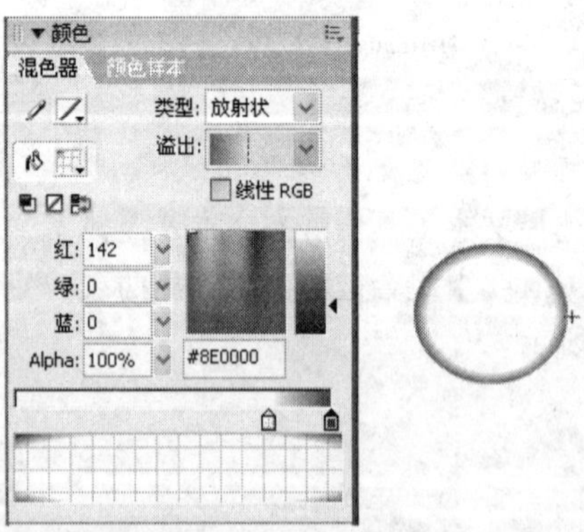

图 5-2-4　混色器面板

图 5-2-5　元件效果

⑦ 创建图形元件，名称为“文字 1”，进入编辑状态。选择文本工具，文字颜色为黑色，在第 1 帧输入文字“NOKIA 手机升华隽永”。

⑧ 创建图形元件，名称为“图片”，进入编辑状态。导入准备好的图片并进行分离（【Ctrl+B】组合键）。

⑨ 创建图形元件，名称为“文字 3”，进入编辑状态。选择文本工具，输入文字“拍下生活闪光点，精彩无限”，制作浮雕效果。

3. 组织场景

① 将图层 1 重命名为“背景”，在第 1 帧将背景图形元件拖到舞台。选中第 142 帧插入帧。

② 插入新图层，重命名为“商标”。在第 1 帧将商标元件商标拖放到背景的左上角，尺寸改为 50 像素 × 30 像素。在属性面板选择“滤镜”选卡，添加发光效果，参数设置如图 5-2-6 所示。

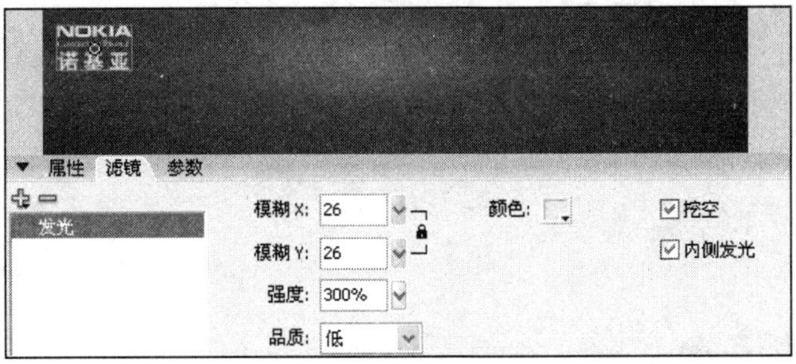

图 5-2-6　发光效果

③ 插入新图层，重命名为“阴影”。在第 1 帧将阴影元件拖到舞台。在第 5、9、12、13、15、17、19、22、25、27、29、31、33、40、44 帧插入关键帧，参照水滴动作调整相应位置，并添加动作补间动画。

④ 插入新图层，重命名为“手机”。在第 44 帧处插入空白关键帧，将手机元件拖到舞台。在第 142 帧处插入帧。

⑤ 插入新图层，重命名为“文字 1”。在第 44 帧处将文字 1 元件拖到舞台，文字 1 的位置为 x=715、y=45。在第 56 帧插入关键帧文字 1，其位置为 x=330、y=45。在第 44 帧与第 56 帧之间添加动作补间，在第 142 帧插入帧。

⑥ 插入新图层，重命名为“水滴”。在第 1 帧将水滴元件拖到舞台。第 5、9、12、13、15、17、19、22、25、27、29、31、33、40、44 帧插入关键帧，通过移动关键帧上的对象位置，制作出水滴运动效果，在这些帧之间添加动作补间动画。

⑦ 插入新图层，重命名为“图片”。在第 70 帧处插入空白关键帧，将图片元件拖到左下边缘，旋转-24°，这时图片的尺寸和坐标为宽=352、高=306，x=35、y=36，放到舞台。在第 75 帧处图片的尺寸和坐标为宽=115、高=80，x=55、y=10。在第 105 帧插入关键帧，将图片的 Alpha 值调整为 30%。在第 142 帧处插入帧。

⑧ 插入新图层，重命名为“文字 3”。在第 105 帧处将文字 3 元件拖到舞台，这时存放位置为 x=45、y=29。在第 142 帧插入帧。

⑨ 插入新图层，重命名为“隐形按钮”。在第 1 帧处，将隐形按钮元件拖到舞台，覆盖整个场景。在第 142 帧处插入帧。在场景中选中隐形按钮元件，打开动作面板，添加脚本语句，如图 5-2-7 所示。

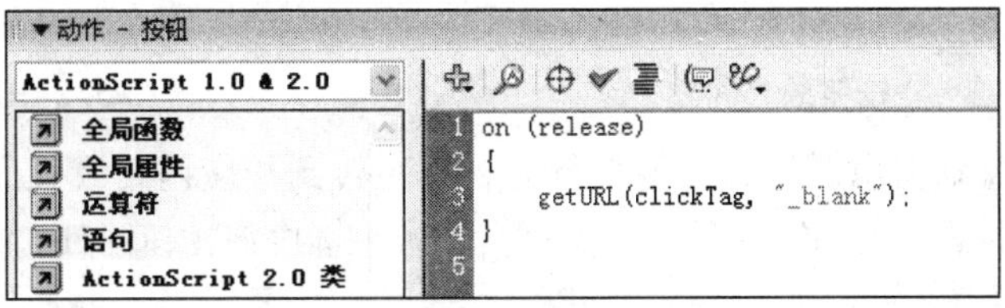

图 5-2-7　隐形按钮脚本语句

⑩ 测试、保存文件，最终效果如图 5-2-8 所示。

图 5-2-8　图层与效果

规律总结

1. 隐形按钮的制作

目前，网上的广告基本为动态广告，如按钮广告、Text Link（文字链接）广告、Float Icon（移动图标）即在页面上飘浮的广告等。在制作的广告中很多都用到隐形按钮，这种按钮的作用是触发行为，它可以达到欣赏者在非刻意的情况下触发事件，达到互动效果。

按钮元件实际上是一个四帧的影片剪辑，其中每一帧都有特定的作用，状态如图 5-2-9 所示。

在制作隐形按钮的时候，不能在按钮编辑区的第 1 帧做按钮，因为第 1 帧在场景中是可见的，达不到预期的效果。而应该直接在第 4 帧中插入一个空白关键帧，然后在编辑区中绘制反映区的大小即可。因为按钮编辑区中的第 4 帧“单击”帧在场景中是不可见的，编辑的时候，在主场景中显示的是绿色半透明状态。

具体制作步骤如下：

① 运行 Flash CS3，新建文档，选择“文件 ActionScript 2.0”，文档属性默认。

② 新建一个元件，名称为 button，类型为按钮。

③ 进入按钮元件编辑区，在第 4 帧插入一空白关键帧，选择矩形工具，用任意填充颜色绘制一个矩形。

④ 返回场景，选择“文件 | 导入 | 导入到舞台”命令，导入一幅图片，调整其在舞台的位置。

⑤ 在时间轴上新建一个图层，命名为“按钮”层，把刚制作的按钮从库中拖动到舞台中的合适位置。状态如图 5-2-10 所示。

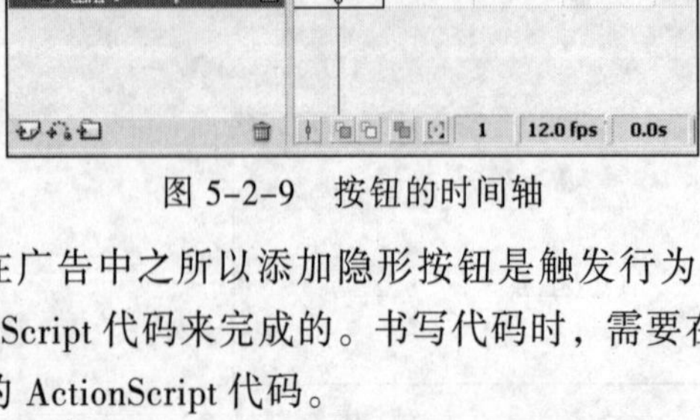

图 5-2-9　按钮的时间轴

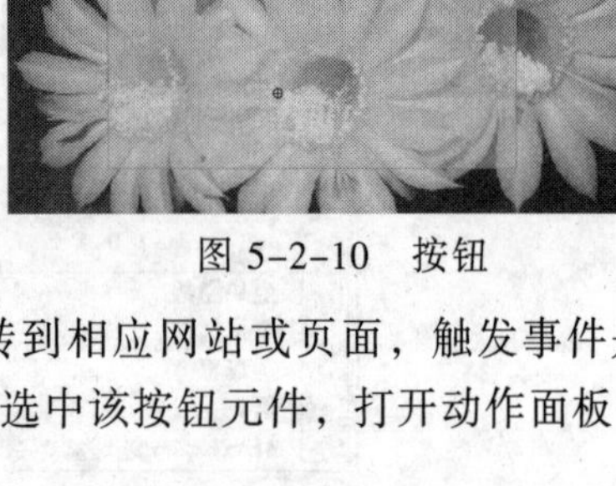

图 5-2-10　按钮

在广告中之所以添加隐形按钮是触发行为，即跳转到相应网站或页面，触发事件是通过 ActionScript 代码来完成的。书写代码时，需要在场景中选中该按钮元件，打开动作面板，输入相应的 ActionScript 代码。

按钮有动画灵魂之称，而隐形按钮是按钮中的重中之重。掌握了此项技术，即可利用隐形按钮的特点，发挥其独到的作用，设计出许多交互性动作。

2. 制作 Flash CS3 动画控制 SWF 大小的技巧

用 Flash CS3 做的广告要放到网络上传播，其大小一般不能超过 20k，而制作时稍一不注意，文件就有几兆甚至几十兆，因此控制广告文件的大小非常重要。要控制 Flash CS3 广告文件的大小，首先要分析哪些原因会造成文件增大，从而找出解决的方法。

① 制作广告时往往把体积很大的图片不做任何处理导入 Flash CS3 里面，然后按要求进行缩小，这样广告文件体积也随之增大。解决的途径是把需要的图片在 Photoshop 里面处理好大小，将其保存为 PNG 格式。

② Flash CS3 是矢量动画软件，因此所使用的对象尽量都用矢量图，但是边缘太复杂的矢量图同样会让文件体积增大，如圆体文字、剪纸效果等。另外，采用位图转换成的矢量图，因为有太多的色点同样也很大，尽量采用鼠绘图像。

③ 为了使用特殊字体会在动画中使用嵌入字体，这样会让文件大很多。所以，在输入动态文本的时候少使用生僻字体。

④ 导入的音乐如果选用 WAV 格式会比 MP3 格式大很多，所以尽量采用 MP3 格式。

⑤ 发挥 Flash CS3 元件的作用，重复利用可以不增加文件大小。但是如果在动画背景中有很多阵列的圆，让它整体移动，这个时候把圆全部打散要比把圆转换为元件然后复制要小得多。

⑥ 如果需要大量使用文字，尽量用设备字体，字体较小的时候用设备字体会显示得比较清晰，而且不占用文件大小。

3. 使用任意颜色做背景

通常情况下，在 Flash CS3 中动画背景颜色仅可以从 216 种网页安全色中选择。如果想使用网页安全色以外的颜色作为动画的背景色，可以使用以下方法：

① 在动画中绘制一个矩形（其他形状也可以），然后用目标背景色填充此物体。

② 在动画属性面板中，单击背景颜色，指针变为吸管状。

③ 单击矩形上颜色，这时矩形中颜色就作为动画的背景颜色了。

4. 使用透明背景

如果要使 Flash CS3 动画背景透明，需要在 Dreamweaver 中对动画进行设置：

① 在 Dreamwear 中插入一个 Flash CS3 动画，在对象属性栏中单击参数（parameters）按钮。

② 在参数设定对话框中，单击加号按钮新建一参数，在左边参数文本框中输入 Wmode，右边参数值填入 Transparent。

这样，用浏览器打开保存好的页面时，就会发现 Flash CS3 动画的背景已经变为透明。

反映到 HTML 代码上，即是在插入 Flash CS3 的 <OBJECT> 标签中插入代码“<param name="Wmode"value="transparent">”。

知识链接

1. 网络广告中图像和文字处理

网络广告是由图像和文字的特效和谐组成。Flash CS3 新增了功能滤镜和混合模式这两项重要的功能，从而大大增强了其设计方面的能力，给处理文字和图片带来极大的方便，轻轻松松就可以做出很炫目的文字动画。

（1）滤镜效果

滤镜效果有阴影、模糊、发光、斜角、渐变发光、渐变斜角和调整颜色等。和“属性”选项卡排列在一起的“滤镜”选项卡，是管理滤镜的主要工具，增加、删除滤镜或改变滤镜的参数等操作都可以在该面板中完成。

滤镜效果只适用于文本、影片剪辑和按钮。

下面用发光和挖空的滤镜效果打造文字特效。

在“属性”面板中，选择“滤镜”选项卡。单击“添加滤镜”按钮，然后从弹出的菜单中选择“发光”滤镜。然后编辑滤镜设置，如图 5-2-11 所示。

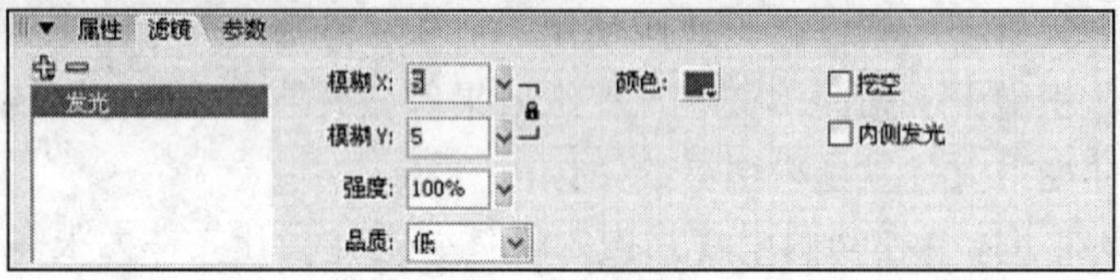

图 5-2-11 “滤镜”选项卡

① 单击“模糊 X”和“模糊 Y”微调按钮，设置发光的宽度和高度。

② 单击“颜色”按钮，打开“颜色”窗口，设置发光颜色。

③ 单击“强度”微调按钮，设置发光的清晰度。

④ 选择“挖空”复选框挖空（即从视觉上隐藏）源对象，并在挖空图像上只显示发光。

⑤ 选择“内侧发光”复选框，在对象边界内应用发光。

⑥ 选择发光的品质级别。把品质设置为“高”就近似于高斯模糊。建议把品质设置为“低”，以实现最佳的回放性能。

在场景中，选择文本工具，输入静态文字“NOKIA 手机”，使用投影、发光+挖空滤镜效果，效果如图 5-2-12 所示。

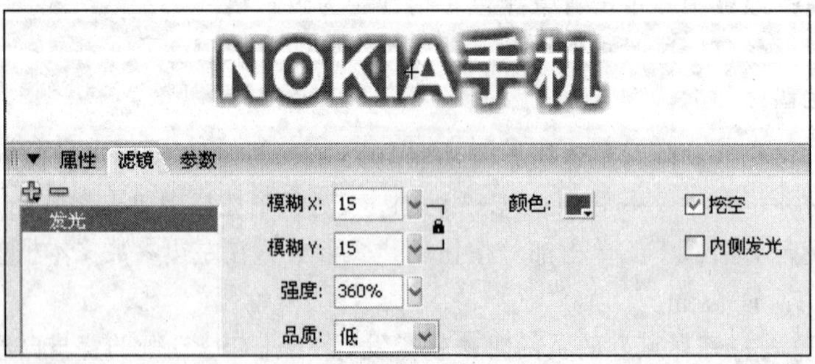

图 5-2-12 滤镜效果

（2）制作浮雕字

关键技术：在制作过程中巧妙地应用不同图层之间的排序，三个不同的图层即可实现这一效果。

操作步骤：

① 新建 Flash CS3 文档，场景尺寸为 200 × 200 像素，其他参数默认。

② 插入两个新图层。在图层 1 的第 1 帧，选取文本工作，设置字体为黑体，大小为 60，文字颜色为黑色，输入静态文本“升华隽永”，选择“修改 | 分离”命令，将文字变为图形。将图层 1 的第 1 帧分别复制到图层 2 的第 1 帧和图层 3 的第 1 帧；选择图层 2 的第 1 帧，然后打开混色器面板，进行图 5-2-13 所示的设置。

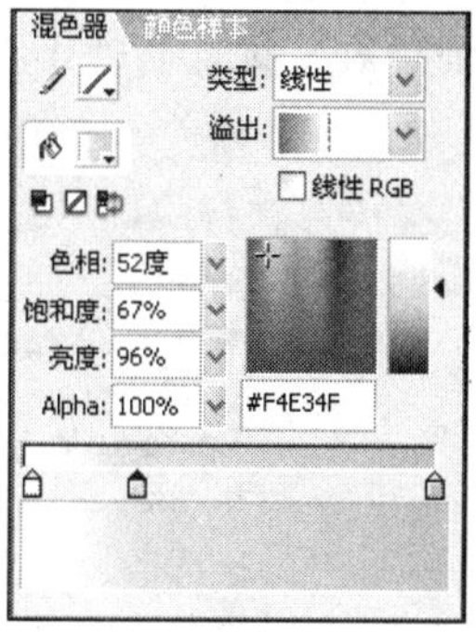

图 5-2-13 混色器面板

③ 应用上面设计的填充色，使用颜料桶工具将文本进行填充，用填充变形工具进行调整，如图 5-2-14 所示。并将它向右移 2 像素，与图层 1 的文字图形位置错开。

④ 选择图层 3 的第 1 帧，填充颜色选择为#0000FF，并将文字图形向上移动 2 像素，得到图 5-2-15 所示的效果。

图 5-2-14 填充色

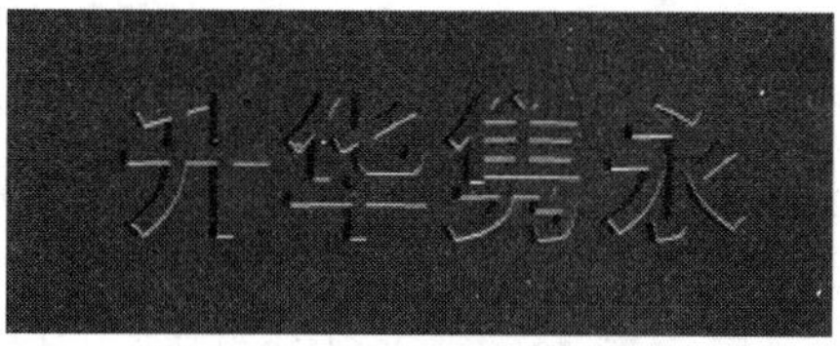

图 5-2-15 浮雕字效果

2. 利用 Flash CS3 的时间轴制作化妆品广告

① 新建 Flash CS3 的文档，尺寸大小为 275×400 像素，其他保持默认设置。

② 创建影片剪，名称为“背景”，进入编辑状态。选择矩形工具，无笔触颜色，填充色类型选择线性，颜色左色标#003300，右色标 001100，绘制一个和场景一样大小的矩形。然后，用渐变变形工具把暗的颜色调到下方，全居中。如图 5-2-16 所示。

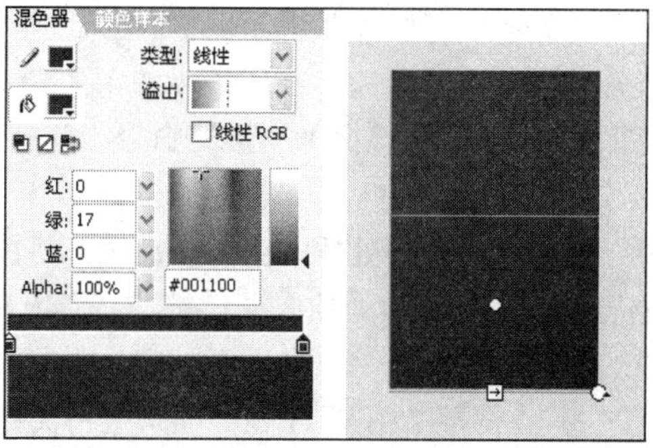

图 5-2-16 绘制背景

③ 导入准备好的图片 1～图片 11 张产品图片到库，然后将全部图片拖到舞台。选中全部图片，右击，从弹出的快捷菜单中选择“分散到各图层”命令。然后选中已分散在各图层的图片，分别选择“修改 | 转换为元件”命令，将其转换为影片剪辑元件，名称对应图片编号，即 P1、P2…P11。

④ 回到场景，将图层 1 重命名为“特效 1”，从库中把影片剪辑元件“背景”拖入场景，全居中。在特效 1 图层的第 2 帧插入空白关键帧，将图形元件 P1 拖入，全居中，双击进入 P1 的元件编辑区。在特效 1 图层的第 20 帧插入关键帧，在第 20 帧对图片右击，从弹出的快捷菜单中选择“时间轴特效 | 效果 | 模糊”命令，进模糊参数设置，如图 5-2-17 所示。

⑤ 插入图层 2，在图层 2 的第 60 帧插入空白关键帧，把图形元件 P2 拖入，全居中。在第 70 帧插入关键帧。回到第 60 帧，选中图层 2 把 Alpha 设为 0。单击选中第 60 帧，作动画补间。插入图层 3，在图层 3 的最后一帧插入关键帧，展开动作面板，添加停止语句“stop();”。回到场景 1，在特效 1 图层的第 71 帧处插入帧。

⑥ 插入图层 3，将其重命名为“特效 2”。在第 71 帧处插入空白关键帧，将图形元件 P2 拖入，全居中，双击进入 P2 的编辑区。插入图层 2，在第 20 帧把 P4 拖入，对 P4 选择“时间

轴特效 | 变形/转换 | 转换”命令，进行转换参数设置，如图 5-2-18 所示。

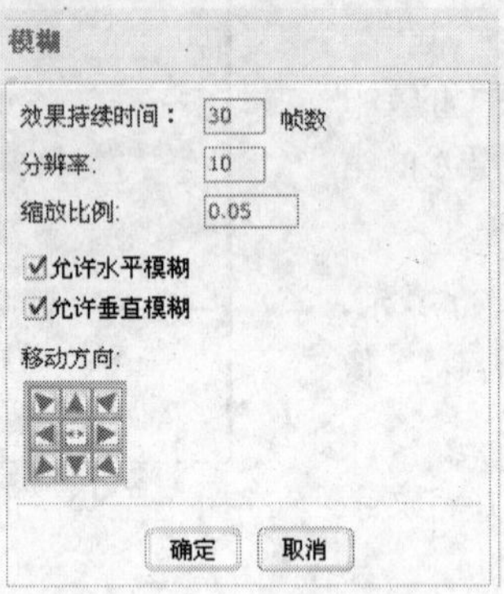

图 5-2-17　设置模糊特效

图 5-2-18　设置转换特效

⑦ 在第 50 帧插入空白关键帧，把图形元件 P4 拖入场景，全居中。在第 60 帧插入关键帧，在第 60 帧选中 P4 元件，将 Alpha 设为 0。选中第 60 帧，做动画补间。选中图层 2，插入图层 3，在第 50 帧插入空白关键帧，把图形元件 P5 拖入场景，全居中。在第 60 帧插入关键帧。回到第 50 帧，选中 P5 元件，把 Alpha 设为 0。选中第 50 帧，做动画补间。将图层 1 延长到 60 帧，插入图层 4，在图层 4 最后一帧插入空白关键帧，展开动作面板，添加停止语句“stop();”。回到场景，在特效 2 图层的第 130 帧处插入帧。

⑧ 插入图层 4，重命名为“特效 3”。在第 131 帧处插入空白关键帧，将影片剪辑元件 P5 拖入，全居中，双击进入 P5 影片剪辑的编辑区中。在图层 1 的第 1 帧对 P5 选择“时间轴特效工厂 | 变形/转换 | 变形”命令，进行变形特效设置，如图 5-2-19 所示。

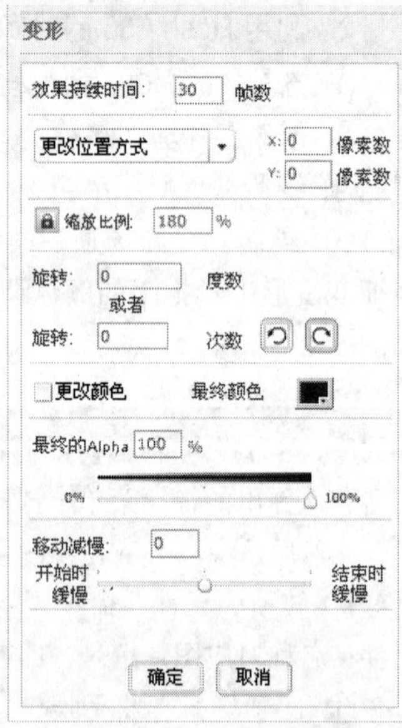

图 5-2-19　变形特效

⑨ 在第 31 帧处插入空白关键帧，将图形元件 P5 拖入，全居中。在第 40 帧处插入关键帧，在第 40 帧选中 P5，将 Alpha 设为 0。选中第 31 帧，做动画补间。选中图层 1，插入图层 2。

⑩ 在图层 2 的第 31 帧处插入空白关键帧，将图形元件 P6 拖入，全居中。在第 40 帧处插入关键帧，在第 40 帧选中 P6 元件将 Alpha 设为 0。选中第 31 帧做动画补间。选中图层 2，添加图层 3，在其最后一帧插入关键帧，展开动作面板，添加停止语句“stop();”。回到场景 1，在特效 3 图层的第 173 帧处插入帧。

⑪ 插入图层 5，将其重命名为“特效 4”。在第 174 帧处插入空白关键帧，将影片剪辑 P6 副本 2 拖入，全居中。在第 224、243 帧插入关键帧，在第 243 帧选中 P6，将 Alpha 设为 0。选中第 224 帧，做动画补间。再插入图层 6，将其重命改名为“图片 7”，在第 174 帧处插入空白关键帧，将 P7 拖入，全居中。再插入图层 7，将其重命名为“遮罩层”，在第 174 帧处插入空白关键帧，用矩形工具绘制一个笔触色禁止、填充色任意、(275,400)的矩形，全居中，对矩形选择“时间轴特效 | 变形转换 | 变形”命令，进行变形参数设置，如图 5-2-20 所示。右击“遮罩层”，将其设为遮罩层，将遮罩层延长到第 223 帧。

⑫ 插入图层 8，将其重命名为“特效 5”。在第 224 帧处插入空白关键帧，将图形元件 P8 拖入，全居中。在第 242 帧插入关键帧，在第 242 帧选中 P8，将 Alpha 设为 0。选中第 224 帧，做动画补间。在第 243 帧将图形元件 P8 副本拖入，全居中。在第 243 帧选中 P8 副本，双击进入 P8 副本的影片剪辑的编辑区中。在图层 1 的第 10 帧插入关键帧。在第 11 帧插入空白关键帧，将图形元件 P8 副本 2 拖入，全居中，对 P8 副本 2 选择“时间轴特效 | 效果 | 分离”命令，进行分离参数设置，如图 5-2-21 所示。

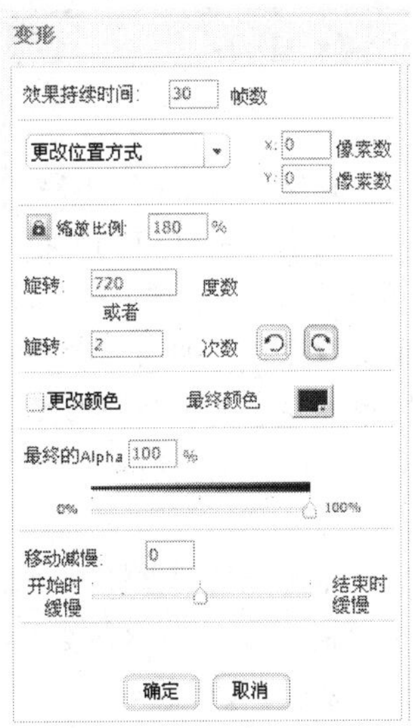

图 5-2-20　变形特效

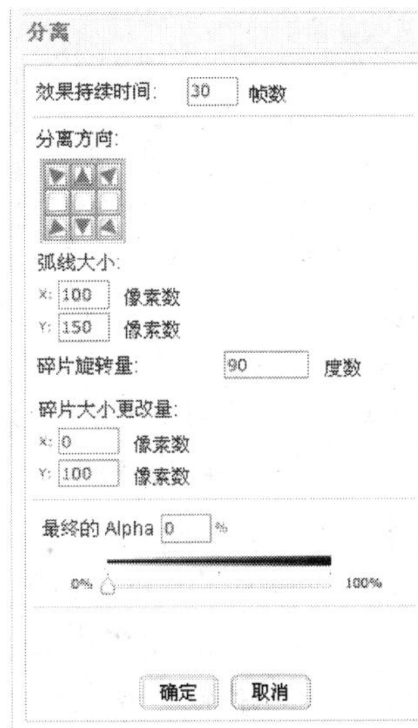

图 5-2-21　分离特效

⑬ 插入图层 2，在图层 2 的最后一帧，展开动作面板，添加停止语句“stop();”。

⑭ 回到场景 1，在特效 5 图层的第 283 帧处插入帧。插入图层 9，将图层 9 重命名为“特效 6”。在第 284 帧处插入空白关键帧，将影片剪辑 P9 拖入，全居中。在第 304 帧插入关键帧。在第 305 帧插入空白关键帧，将影片剪辑 P9 副本拖入，全居中，双击进入 P9 副本的影片剪辑的编辑区中。在图层 1 的第 1 帧对图片选择“时间轴特效 | 效果 | 模糊”命令，进行模糊参数设置，如图 5-2-22 所示。

⑮ 插入图层 2，在图层 2 的最后一帧，展开动作面板，添加停止语句“stop();”。回到场景 1，在特效 6 图层的第 332 帧处插入帧。

⑯ 插入图层 10，将其重命名为“转换”。在第 331 帧处插入空白关键帧，单击选矩形工具，笔触色禁止，填充色放射状，左色块 FFFF00，右色块 000000 在场景中画一个(275,400)的矩形，全居中。在第 357，384，412 帧处插入关键帧，在第 357 帧处改左色块为 00FFFF，在第 384 帧处改左色块为 9900FF，在第 412 帧处改左色块为 FF9900，单击选图层做形状补间。

⑰ 插入图层 11，将其重命名为“文字”。在第 331 帧处插入空白关键帧，用文本工具，颜色白色，字号 36，字体华文行楷，输入文字“诺基亚”。在第 350 帧处插入关键帧，对文字选择“时间轴特效 | 效果 | 模糊”命令，进行模糊参数设置，如图 5-2-23 所示。

⑱ 插入图层 12，将其重命名为“图 10”。在第 368 帧插入空白关键帧，把影片剪辑 P10 拖入放在场景的右边，展开变形面板，选中宽高比复选框，任意一项改为 50%。在第 388 帧插入关键帧，将 P10 移到场景中合适的位置，如图 5-2-24 所示。选中第 368 帧，做动画补间。

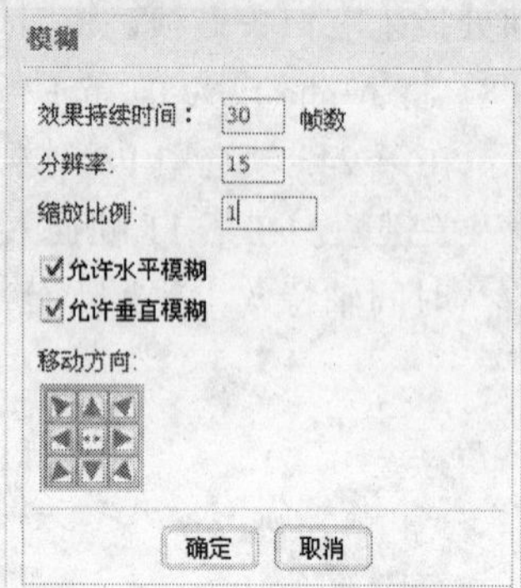

图 5-2-22 图片模糊特效

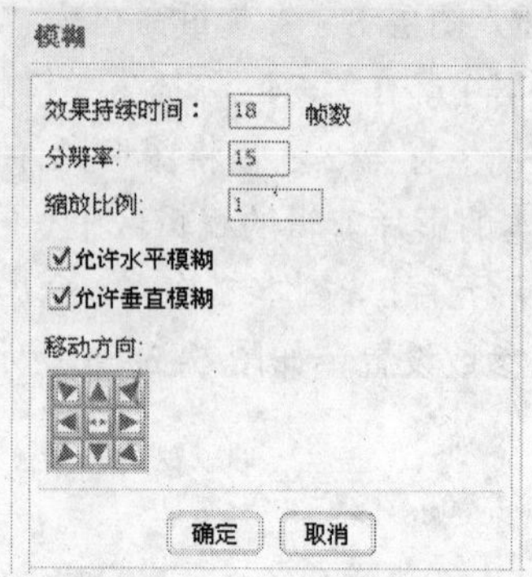

图 5-2-23 文字模糊特效

⑲ 插入图层 13，将其重命名为“文字 1”。在第 331 帧处插入空白关键帧，用文本工具，颜色白色，字号 36，字体华文行楷，输入文字“角色倾城，升华隽永”。在第 350 帧处插入关键帧，对文字选择“间轴特效 | 效果 | 模糊”命令，进行模糊参数设置，如图 5-2-23 所示。在第 368 帧插入空白关键帧，把影片剪辑 P6 副本拖入放在场景的左边，展开变形面板，选择宽高比复选框，任意一项改为 50%。在第 388 帧插入关键帧，将 P6 副本移到场景中合适的位置，如图 5-2-17 所示。选中第 368 帧，做动画补间。

⑳ 插入图层 14，将其重命名为“文字 2”。在第 368 帧处插入空白关键帧，用文本工具，颜色白色，字号 60 左右，字体华文彩云，输入文字“NOKIA 手机”。在第 388 帧处插入关键帧，对文字选择“时间轴特效 | 效果 | 模糊”命令，进行模糊参数设置，如图 5-2-25 所示。

图 5-2-24 效果图

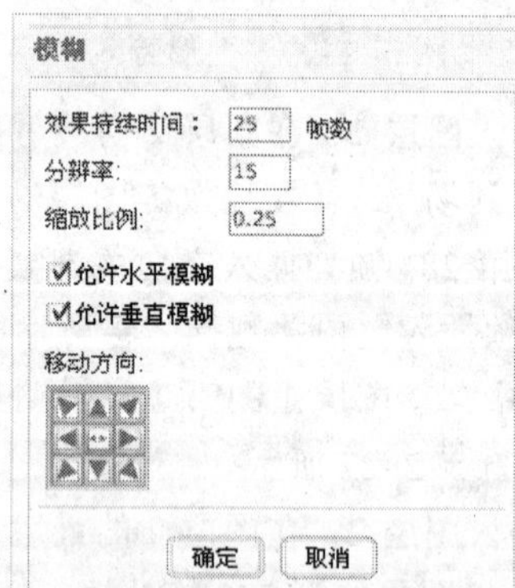

图 5-2-25 模糊特效

㉑ 插入新图层，将其重命名为“按钮”。第 1 帧和第 2 帧各放一个相同位置的按钮，在第一帧按钮加入语句：

```
on(release){
   play();
}
```

在第 2 帧按钮加入语句：

```
on (release){
   gotoAndStop(1);
}
```

㉒ 测试影片，保存文件。

任务 3 用 Flash 制作 MTV

问题情境

当您欣赏过许多用 Flash CS3 制作的图文声三者并貌、动人心弦的 MTV 之后，是不是会怦然心动，激起您自己“闪”的欲望？也许您想为远方朋友的生日做一首祝福生日的 MTV，也许您希望创作一首 MTV 来表达自己的情感，让我们一起来行动吧！

问题分析

1. 怎样让你的 MTV 具有感染力

① 让一个 Flash MTV 有感染力，具有生命力，首先是歌曲的选择。在欣赏 MTV 的时候，一定有这样的感觉，一首歌的好坏会盖过制作者的技术。无论是绘画技术还是制作技巧，制作 MTV 选材是颇为重要的。

② 创作 MTV 与创作其他动画不同，不能随心所欲，必须以配合歌曲为主要目的，以使歌曲表达的信息更容易被理解和接受。一个动人的 MTV 从构思到完成，需要花费较长的时间来进行规划、分镜、人物设定等，刚开始一定要多花时间认真地构思，把握好每一个环节，为后期的制作打下坚实的基础。

2. 创作 MTV 时怎样进行音乐设置

首先，来了解音乐的几种常见格式：

① MP3（Mpeg-1 audio layer 3）：能够以高音质、低采样率对数字音频文件进行压缩。换句话说，音频文件（主要是大型文件，如 WAV 文件）能够在音质丢失很小的情况下（人耳根本无法察觉这种音质损失）把文件压缩到更小的程度。

② WMA（Windows media audio）：是微软在互联网音频、视频领域的力作。常常用于在线收听和广播的首选，WMA 格式是以减少数据流量但保持音质的方法来达到更高的压缩率目的，其压缩率一般可以达到 1:18。

③ WAV 是一种波形声音文件格式，是最早的数字音频格式，被 Windows 平台及其应用程序广泛支持。采用 44.1kHz 的采样频率，16 位量化位数，跟 CD 一样，对存储空间需求太大不便于交流和传播。

属性（采样频率）：

- 5kHz：只适合于说话声音。
- 11kHz：相当于电话音质。是标准 CD 采样率的 1/2，是最低的推荐品质。
- 22kHz：相当于 FM 广播的声音品质。相当于标准 CD 采样率的 1/2，是供 Web 播放的通用选择。

3. 44kHz，理论上的 CD 音质界限。标准 CD 采样率

采样位数：一段相同的音乐信息，16 位声卡能把它分为 64K、80K、96K 等精度单位进行处理，但这个数值越大，解析度就越高，声音就越真实。

当采样频率、采样位数（音质）两因素质量越高，音乐的体积也成正比地表现出越大。

在 Flash CS3 环境中，声音有四种类型：

① 事件（event）：要等文件全部到本机时才播放，有停顿。且与动画互不相干。当播放指针第二次经过时会重叠。

② 开始（start）：与事件的唯一区别是会“侦察”同一声音文件是否在播放。

③ 停止（stop）：对以事件和开始类起作用。

④ 数据流（stream）：是以帧为单位将音乐平均分配到所需的帧中。例如，一分钟的音乐，帧频 12fps，则它会被平均分布在 720 帧中。而且它以音乐为主，动画过“重”不流畅时，会产生音乐不变，动画停顿的情况。这样，在编辑字幕图层中的文字时，只要掌握好时间轴就可以做到音字同步了。

在作品中使用的音乐类型对应 Flash CS3 环境中声音的同步类型的设置如表 5-3-1 所示。

表 5-3-1　音乐类型对应的声音的同步设置

音　乐　类　型	声音的同步设置
循环音乐（渲染场景的短音乐，头尾无缝）	适合设置为“开始”（start）模式
情景音乐（MTV）	适合设置为“数据流”（stream）模式
音效（动作效果）	适合设置为“事件”（event）模式
按钮声音	适合设置为“事件”（event）模式

声音效果的设置：

① 在时间轴上，选择包含声音文件的第 1 个帧。

② 在声音属性面板中，从“效果”下拉列表框中选择声音效果选项（见图 5-3-1）。

- 无：无特效。
- 左声道：只在左声道播放声音。
- 右声道：只在右声道播放声音。
- 从左到右淡出：声音从左向右渐变。
- 从右到左淡出：声音从右向左渐变。
- 淡入：在声音的持续时间内逐渐放大。
- 淡出：在声音的持续时间内逐渐减小。
- 自定义：创建自己订制的声音效果。

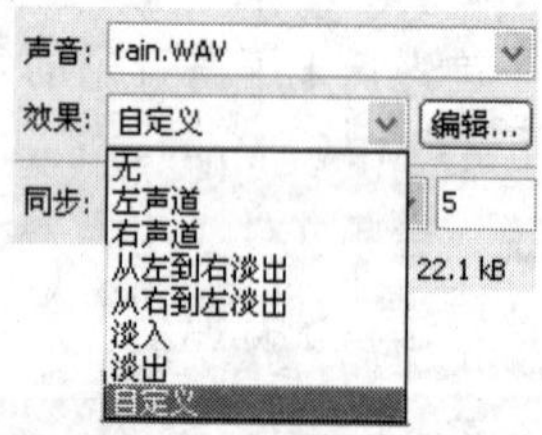

图 5-3-1　效果下拉列表框

③ 如果选择自定义或单击“编辑”按钮，可以打开声音编辑控件（见图 5-3-2），使用此控件可以改变声音开始播放和停止播放的位置或调整音量的大小。

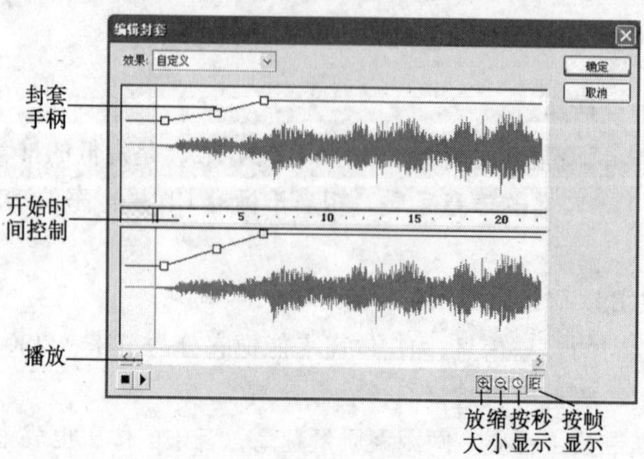

图 5-3-2　声音编辑控件

- 要改变声音的起始点和终止点：拖动“开始时间”和“停止时间”控件。
- 要更改音量大小：拖动封套手柄来改变声音中不同点处的音量大小。封套线显示声音播放时的音量。
- 添加封套手柄：单击封套线创建新的封套（最多可达 8 个）。
- 删除封套手柄：将套手柄拖出窗口。
- 改变窗口中显示的声音长度：单击“放大”或“缩小”按钮。
- 在秒和帧之间切换时间单位：单击“秒”和“帧”按钮。
- 试听编辑后的声音：单击“播放”按钮。

4. MTV 中使用音乐以外的素材准备

① 由于在制作 MTV 的过程中，将要使用的是图片或者自己保存的照片，那么就会存在图片或者自己保存的照片本身容量较大的情况。这样，做出来的作品会出现文件大，上传网络困难，不易打开等问题。所以，希望有基础和有条件的读者还是要学会鼠标绘画。

对于初学者使用图片或者自己保存的照片制作 MTV，制作方法简单。不过最好采用 Photoshop 软件，对图片进行优化处理，使之体积变小，品质良好。

② 歌词的准备，可以使用快捷的处理办法：先把整个歌词做成以每句为单位的图形元件，并按“序列”命名，如 c1、c2、c3 等。

5. 制作 MTV 时的注意事项

① 尽可能地将 MTV 中常用的部分用 MC 来完成制作。一方面可以避免场景过于凌乱，操作起来很不方便；另一方面，也便于修改。有的制作者习惯将整个背景都放置在一个 MC 中，这对于没有 Action 脚本的 Motion 动画来说是个不错的选择，但对于含有脚本效果的动画来说，还是将每个背景单独设为一个 MC 为好。

② 在时间轴上的同一个时间点，尽量少用关键帧，这样做是为了减少在同一个时间点中的数据量，以便使动画播放得更流畅。同样，在同一个时间段上，尽量少放置移动的符号。这也是为了减少同一个时间段上的数据量，使得动画不会出现停顿或跳帧的现象。

③ 在图形符号和 MC 比较丰富的场景中要少使用 Action，虽然能使用动作脚本效果或利用动作脚本来控制动画、减少动画文件的体积，但是过多的使用 Action，无疑会使计算机的 CPU 运算量加大，这样也会造成动画无法流畅播放。在使用动作脚本效果的时候，特别要注意脚本所控制对象的色彩，尽量将原始 MC 设置为单色。

任务设计

简单 MTV 的制作——雨夜。

本任务运用了鼠绘、运动、形状渐变、遮罩、运动引导线、声音、按钮等基础知识。画面简洁，美观大方、观赏性强。具体操作步骤如下：

1. 新建文件

启动 Flash CS3 软件，新建文件，选择“Flash 文件 ActionScript 2.0”选项，设置文档属性，背景色为黑，其他参数保持默认设置，命名为“风雨夜”。选择“文件 | 保存”命令，设置保存路径，进行保存。

2. 云团元件的制作

① 创建图像元件，名称为“单片云”。用铅笔工具画出一片云的轮廓线，如图 5-3-3 所示。

② 打开混色器面板，选择线性填充，从左到右两个色块，颜色代码分别为 # D9D9D9、# 404040。再用填充变形工具调整颜色，并删除轮廓线，如图 5-3-4 所示。

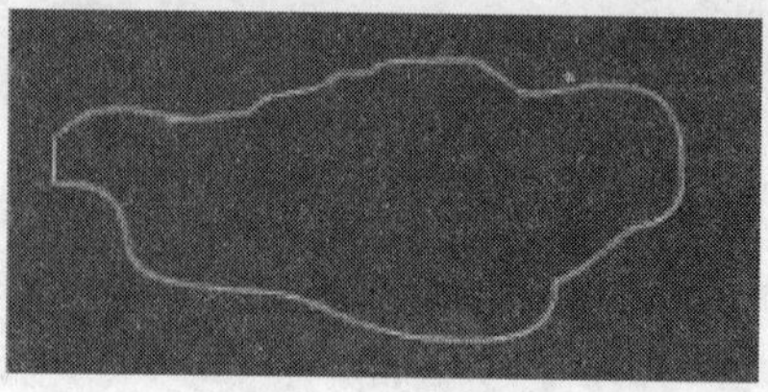

图 5-3-3 绘制云的轮廓线

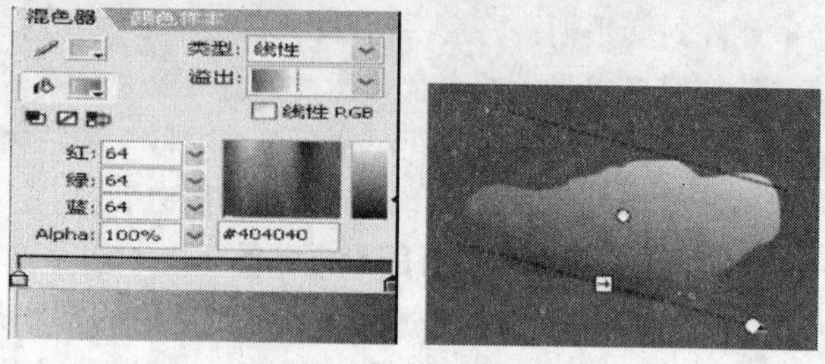

图 5-3-4 绘制云

③ 选择选择工具，框选场景中的云，选择“修改 | 形状 | 柔化填充边缘”命令，对云进行柔化，设置距离为 30px，步骤数为 10，方向为扩展，如图 5-3-5 所示。

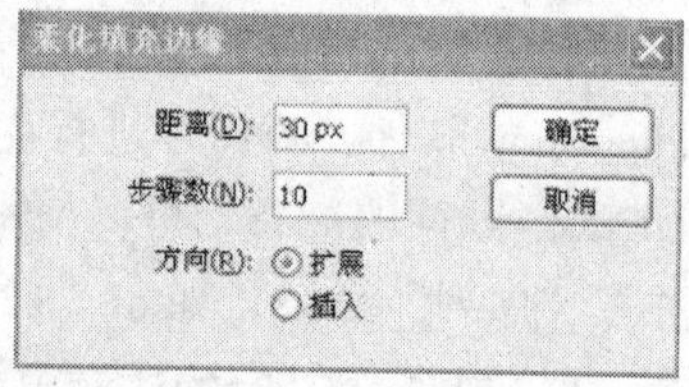

图 5-3-5 柔化填充边缘

④ 创建图形元件，名称为“云团”。进入云团的制作场景，将单片云元件拖入场景，在属性面板把其 Alpha 值改为 50%。并复制出 7 到 8 片，用变形工具对每一片云调整形状，摆放成云团的形状，如图 5-3-6 所示。

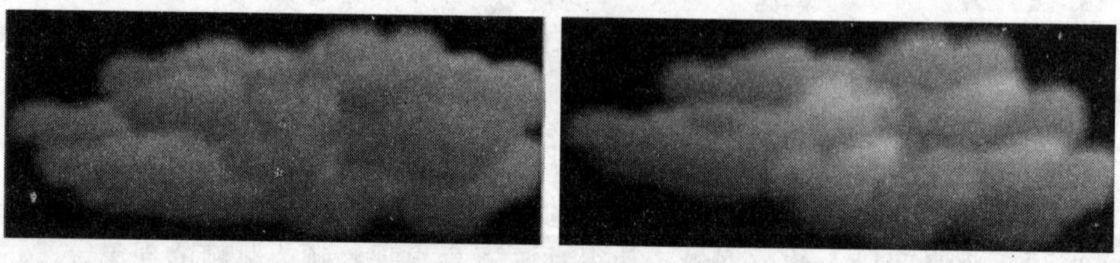

图 5-3-6 调整云团形状

3. 闪电线元件的制作

① 创建图形元件，名称为“闪电线”。

② 双击进入元件的编辑场景。选择铅笔工具，展开属性面板，设置笔触高度为 1，样式为实线，笔触颜色为白色。

③ 在场景中画出一条闪电线（见图 5-3-7（a）），选中闪电线，选择“修改 | 形状 | 将线条转化为填充”命令，将线条转化为图形。再选中转化后的图形，选择“修改 | 形状 | 柔化填充边缘”命令，设置距离值为 7px，步骤数为 5，方向为扩展，如图 5-3-7（b）所示，单击“确定”按钮。对闪电线进行柔化（见图 5-3-7（c）），选择墨水瓶工具，颜色代码为 # 66CCFF，把场景比例放大到 400 倍，填充柔化边缘的最外两层。再用变形工具框选整个闪电线，并调整其形状，效果如图 5-3-7（d）所示，并恢复场景的显示比例为 100%。

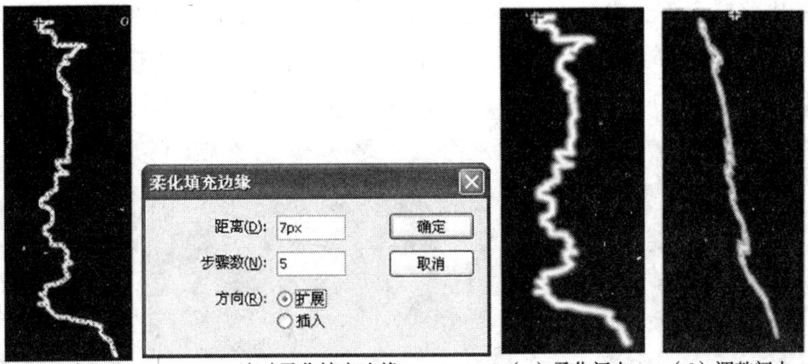

（a）一条闪电　（b）柔化填充边缘　（c）柔化闪电　（d）调整闪电

图 5-3-7　闪电线元件的制作

4. 闪电元件的制作

① 创建影片剪辑元件，名称为“闪电”。

② 双击进入闪电元件的编辑场景。展开库面板，将闪电线元件拖入场景，把图层 1 重命名为“闪电线”。在第 5 帧插入关键帧，选中第 5 帧，再单击场景中的闪电线元件，展开属性面板，在颜色选项栏中将 Alpha 值降为 0。在第 36 帧插入延长帧，并将闪电线图层锁上。

③ 添加一个新图层，重命名为“遮罩层”。选择矩形工具，无笔触，填充色任意，在场景中画一个矩形，选择“修改 | 组合”命令将其组合，选择变形工具调整它的大小，以完全遮住闪电线为准。在遮罩层第 5 帧插入关键帧，第 36 帧插入延长帧。单击选中第 1 帧，将矩形移到闪电线正上方。再单击选中第 5 帧，将矩形拉到完全遮住闪电线的位置。单击选中第 1 帧，展开属性面板，创建补间动画。在遮罩层上右击，选择“遮罩层”命令，创建遮罩。

④ 添加一个新图层，重名为“雷声”。在第 4 帧插入空白关键帧，把库中音乐文件夹中的雷声拖入场景，并展开属性面板，将同步选择为数据流。在第 36 帧插入延长帧，锁住图层。

⑤ 添加新图层，重命名为 AS，在第 36 帧插入空白关键帧，展开动作面板，输入“stop();”脚本代码。如图 5-3-8 所示。

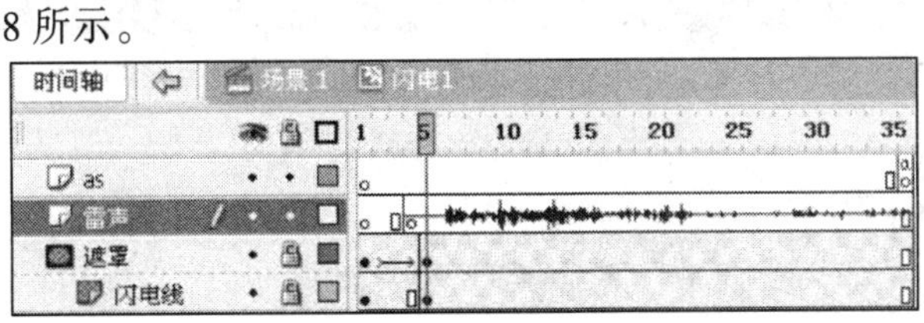

图 5-3-8　添加脚本

5. 下雨元件的制作

① 创建图形元件，名称为“单雨线”。

② 双击进入雨线的编辑场景，选择直线工具，在属性面板设置笔触高度为 1，笔触样式为实线，笔触颜色为白色，其他设置保持默认。在场景中画一条大于 400 像素的竖线，展开对齐面板，相对于舞台水平中齐、垂直中齐。单雨线元件就做好了。

③ 创建图形元件，名称为“雨线组”。将单线元件拖入雨线组的编辑场景，相对于舞台居中对齐。复制出 4 条单线，用黑箭头工具框选中场景中的 5 条线条，再复制出 6 组线条。单击选中第 1 帧，选中所有线条，展开对齐面板，取消相对于舞台按钮，单击选中“垂直中齐”按钮、“水平平均间隔”按钮，选择“修改 | 组合”命令将其组合。再展开对齐面板，单击“相对于舞台”按钮，使其相对于舞台水平中齐、垂直中齐。如图 5-3-9 所示。

④ 创建影片剪辑元件，名称为“下雨”。将图层 1 重命名为“雨线”。将库中的雨线组元件拖入场景，选中场景中的雨线组，选择变形工具，将雨线组拉斜，选择“修改 | 分离”命令将其分离。选择黑箭头工具调整线条的间距，使其不均匀分布，形成雨丝效果，锁上图层，如图 5-3-10 所示。

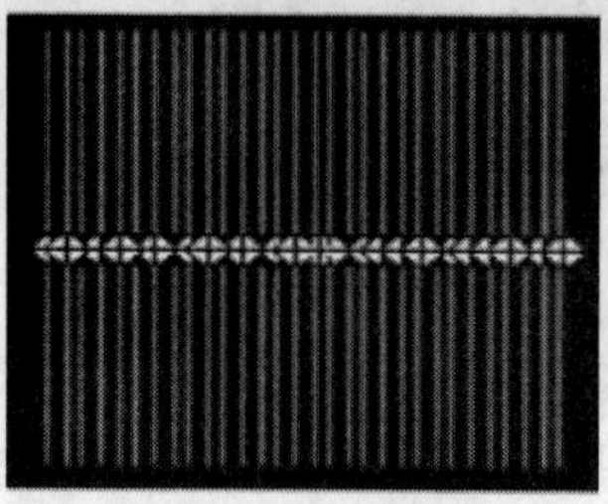

图 5-3-9　雨线组

图 5-3-10　雨丝效果

⑤ 插入新图层，重命名为“遮罩层”。从库中将雨线组元件拖进场景，用变形工具把其宽度拉长、拉斜。选择“修改 | 分离”命令将其打散三次，令其变成麻点状。选择“修改 | 形状 | 将线条转化为填充”命令，将其转化。单击选中遮罩层第 1 帧，全选雨线条，选择“修改 | 组合”命令将其组合。在第 20 帧插入关键帧，在第 1 帧创建补间动画，并将遮罩条移到雨线右侧（见图 5-3-11（a））（要完全遮住雨线层）。单击选中第 20 帧，将遮罩条移到雨线左侧（见图 5-3-11（b））（也要完全遮住雨线）。在遮罩层上右击，选择“遮罩层”命令，创建遮罩。把雨线图层延长到第 20 帧。

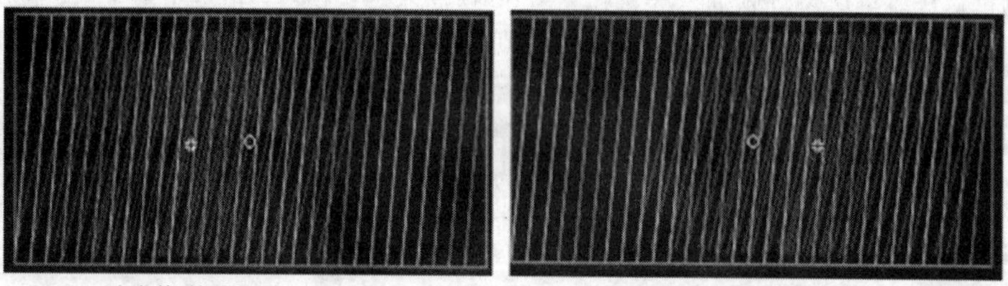

（a）第1帧（线右）　　（b）20帧（线左）

图 5-3-11　雨线遮罩

6. 涟漪元件的制作

① 创建影片剪辑元件，名称为“大涟漪”。选择椭圆工具，无笔触，展开混色器面板，填充色选择放射状渐变，从左到右三个色块色码分别为: # FFFFFF，Alpha 为 0；#CCFFFA，Alpha 为 100%；#FFFFFF，Alpha 为 0。在场景中画一个正圆，在属性面板修改其宽为为 70，高为为 27。展开对齐面板，相对于舞台水平、垂直中齐，如图 5-3-12 所示。

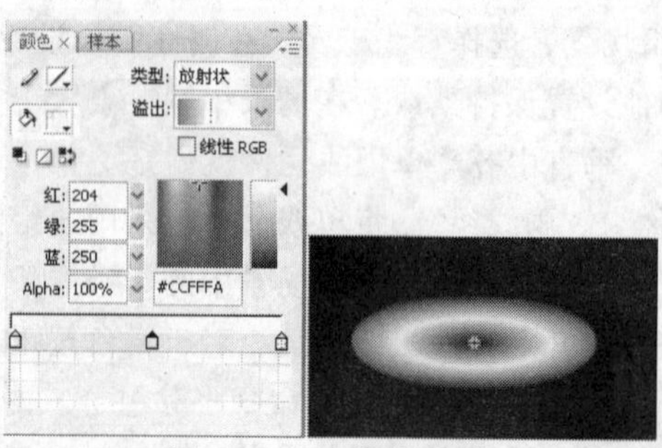

图 5-3-12　绘制涟漪

② 在第 5 帧、第 15 帧分别插入关键帧。选择第 1 帧，打开属性面板，把宽高的小锁锁上，设置宽为 5，按【Enter】键。在混色器面板将其中间色块的 Alpha 设为 0，并创建形状补间动画。在第 15 帧，打开属性面板，锁上小锁，设置宽为 90，按【Enter】键，并在混色器面板将其中间色块的 Alpha 设为 0，单击选中第 5 帧创建形状补间动画。如图 5-3-13 所示。

图 5-3-13 涟漪补间动画

③ 打开库面板，选中大涟漪元件右击，选择“重置”命令两次，复制出两个新元件，分别命名为“中涟漪”、“小涟漪”。然后双击涟漪文件进入元件内部进行编辑，选中第 5 帧，打开属性面板，将宽、高的小锁锁上，将宽改为 60，按【Enter】键。用同样的方法将第 15 帧宽改为 80，按【Enter】键。用同样的方法，更改小涟漪的第 5 帧和第 15 帧的大小分别为 50，70。这样三个大小不同的涟漪元件就做好了。

④ 打开库面板，双击库中的下雨元件，进入下雨元件的编辑场景，添加三个图层，分别重命名为“涟漪 1”、“涟漪 2”、“涟漪 3”。将这三个图层拉到雨线层下面。在涟漪 1 图层第 1 帧，涟漪 2 图层的第 5 帧，涟漪 3 图层的第 10 帧分别插入空白关键帧，在这三个图层的第 20 帧插入延长帧。分别单击选中涟漪 1、2、3 图层第 1、5、10 关键帧，将库中的大、中、小涟漪分别拖入若干个，放到场景底部，随意排列，形成涟漪效果，如图 5-3-14 所示。

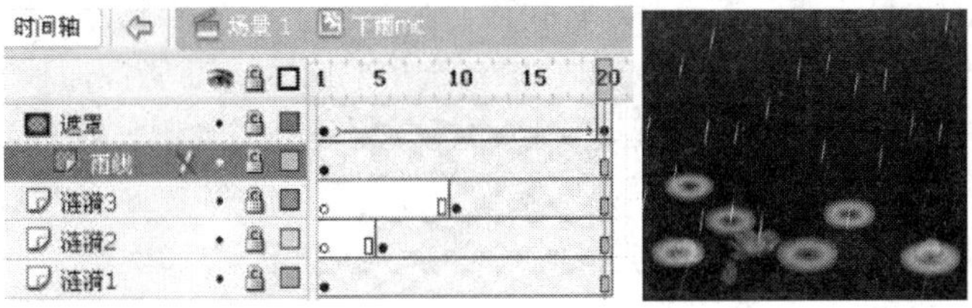

图 5-3-14 涟漪效果

7. 文字元件的制作

（1）飘入文字元件的制作

① 创建图形元件，名称为“飘入的文字”。选择文本工具，文本类型为静态文本，字体颜色为白色，字体为华文行楷，字号为 40。在场景中输入“又是一个飘零夜”。打开对齐面板，相对于舞台居中对齐，选中文字。选择“修改 | 分离”命令打散两次。选择任意变形工具，框选所有文字，在选项栏选择封套工具，对选中的文字进行变形，如图 5-3-15 所示。

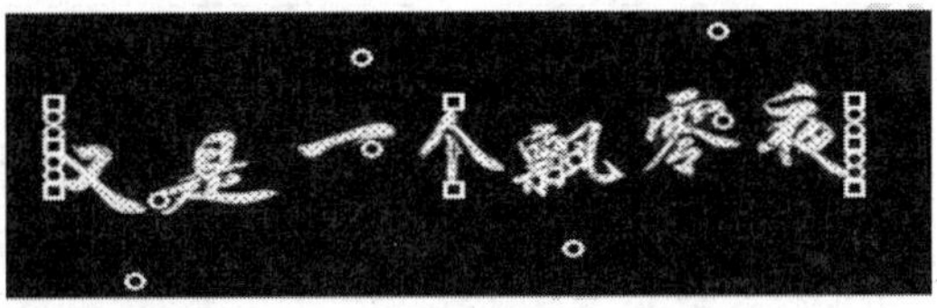

图 5-3-15 飘入文字元件的制作

② 选择“选择用”工具框选所有的文字，选择“修改 | 形状 | 柔化填充边缘”命令，设置步骤数为 3，距离为 3，方向为扩展（见图 5-3-16（a）），然后单击“确定”按钮，对文字边缘进行柔化处理。选择墨水瓶工具，线条填充颜色为 # 66CCFF，把场景比例放大到 400% 对文字边缘进行填充（见图 5-3-16（b））。然后分别将每个文字转化成元件（见图 5-3-16（c）），并用文字本身命名。再把场景的显示比例恢复到 100%。

图 5-3-16　飘入文字元件的修改

（2）飘出的文字元件的制作

① 创建影片剪辑元件，名称为“飘出的文字”。在图层 1 从库中把“飘入的文字”元件拖入场景（作为参考图层），相对于舞台居中对齐，并单击“显示轮廓”按钮，把图层上锁。添加一个新图层，分别将七个文字元件拖入场景，并按参考图层文字的位置摆放，摆放好以后把参考图层删除。如图 5-3-16（c）所示，用黑箭头工具框选所有的文字，右击，选择“分散到图层”命令，将文字分散到七个图层，把最上面的空白图层删除。然后选择所有图层的第 15 帧插入关键帧，在第 15 帧处把所有的文字上移一段距离，分别单击选中每个文字，将它们水平翻转，并摆放在一起，如图 5-3-17 所示。

图 5-3-17　飘出文字元件的制作

② 选中所有图层的第 15 帧，右击场景中被选中的文字，在属性面板中设置它们的 Alpha 值为 0。再选中所有图层的第 1 帧，展开属性面板，创建补间动画。从“是”图层开始，把上面每个图层向后分别顺延移动 8 帧，再分别复制“是”字图层以上的各层中的第一个关键帧，粘贴到本层的第 1 帧，然后删除多余的补间。

③ 在最上层添加新图层，命名为 as。在第 63 帧处插入空白关键帧，展开动作面板输入“stop();”，如图 5-3-18 所示。

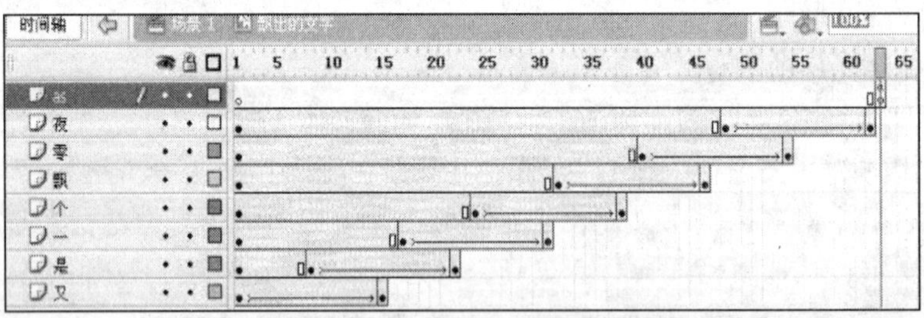

图 5-3-18　飘出文字补间动画

（3）上移的文字元件的制作

① 插入新元件，单击选中文本工具，在属性面板设置静态文本，白色，字体为华文行楷，字号为 50。在场景中输入文字“又是一个风雨夜，亲爱的，你怎么不在我身边，想你。。。。。。”，如图 5-3-19 所示。

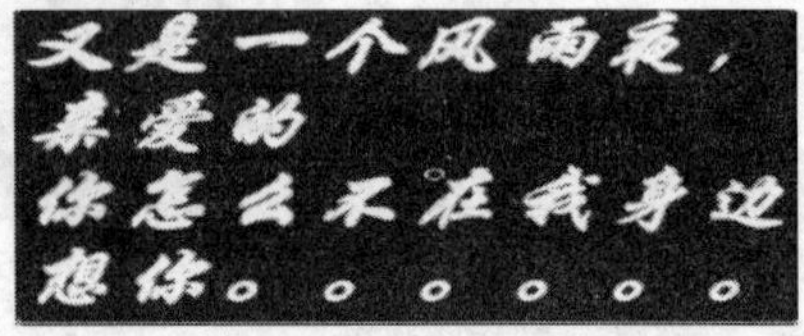

图 5-3-19　输入上移的文本

② 添加新图层，命名为“遮罩”。用矩形工具，笔触无，填充色任意，在场景中画一个矩形条（比文本块略宽，高度略大于一行文字），展开对齐面板，相对于舞台居中对齐。单击选中文字层第 1 帧，将文本块移至矩形条下方。在文字层第 200 帧插入关键帧，并将文本块文字移至矩形条上方。回到文字层第 1 帧创建补间动画。将遮罩层延长至第 200 帧，右击遮罩层选择“遮罩层”命令，创建遮罩。

③ 插入新图层，命名为 as，在 as 图喜忧参半第 200 帧插入空白关键帧，展开动作面板输入“stop();”。如图 5-3-20 所示。

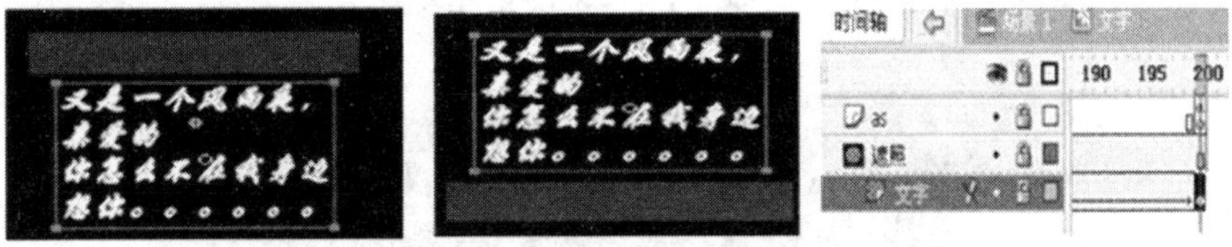
(a) 第1帧　(b) 第200帧　(c) 时间轴

图 5-3-20　上移文字补间动画

8. 组织场景

① 将图层 1 重命名为“背景”，然后新添加 14 个图层，从下向上分别命名为“背景”、“荷花背景”、“闪电”、“云”、“云 1”、“伞”、“引导层”、“下雨”、“女孩”、“文字”、“按钮”、“音乐”、“as”、“遮挡层”，如图 5-3-21 所示。

② 制作背景层。单击选中背景层第 1 帧，选择矩形工具，无笔触，填充色为黑色，画一个矩形，展开对齐面板，单击“相对于舞台”按钮，匹配宽高，居中对齐。在第 30 帧插入关键帧，展开混色器面板，类型为线性，从左到右三个色块色码分别为#000000、#0E0143、#060121。用颜料桶工具对矩形进行填充，用填充变形工具调整颜色方向，如图 5-3-22 所示。

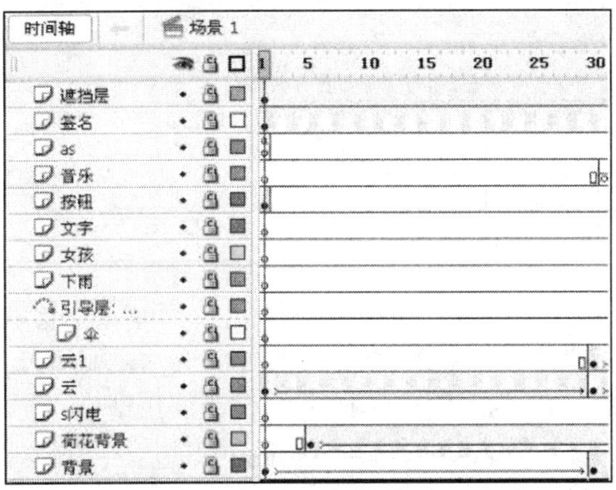
图 5-3-21　组织场景

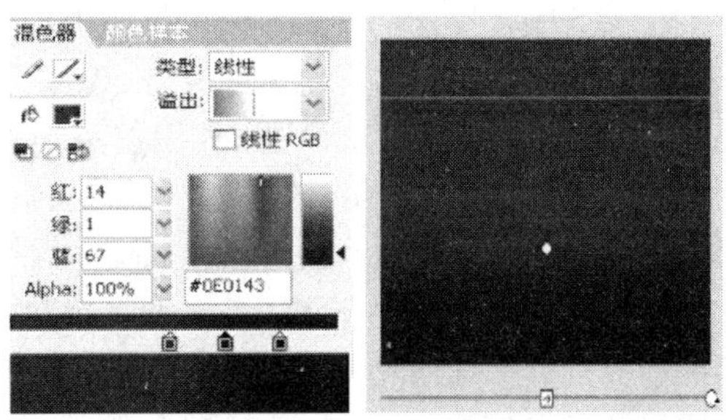
图 5-3-22　设置背景层

单击选中第 1 帧，展开属性面板，创建形状补间动画。在第 1689 帧插入关键帧；在第 1720 帧插入关键帧，将颜色调整为黑色。回到第 1689 帧创建形状补间动画。将背景层上锁。

③ 制作荷花背景层。在第 5 帧插入空白关键帧，把库中的荷花元件拖入场景，选中荷花元件，展开属性面板，设置宽为 550、高为 43、Alpha 值为 0；展开对齐面板，相对于舞台水平对齐，底对齐。在第 289 帧插入关键帧，单击选中荷花元件，将 Alpha 值改为 20%。选中第 5 帧，创建补间动画。在第 1689 帧、第 1720 帧分别插入关键帧，在第 1720 帧将 Alpha 值改为 0，并在第 1689 帧创建补间动画。锁上该图层。

④ 制作闪电层。在第 284 帧插入空白关键帧，把库中的闪电元件拖入场景，放在适当的位子。在第 330、334 帧插入空白关键帧，在第 334 帧再拖入一个闪电元件，放在适当的地方。在第 376 帧插入延长帧。把图层上锁。

⑤ 制作云层。单击选中第 1 帧，把库中的云团元件拖入场景放在场景的顶部，单击选中

云团，在属性面板的颜色选项中改变它的色调为黑色，色值为 47%，并用变形工具把云团适当变形拉长。在第 30 帧、第 1689 帧和第 1720 帧插入关键帧，并在第 1 帧、第 1689 帧创建补间动画，把第 1 帧和第 1720 帧的 Alpha 值改为 0。将图层上锁。如图 5-3-23 所示。

图 5-3-23　云层

⑥ 制作云 1 层。在第 30 帧插入空白关键帧，把库中的云团拖入场景，单击选中云团，在属性面板的颜色选项中改变它的色调为黑色，色值为 47%。然后复制出另 4 个云团，用变形工具分别调整这 4 个云团的大小和形状，并移至场景右外侧上端，并适当调整摆放位置。用黑箭头工具框选 4 片云团，选择“修改 | 组合”命令将其组合。在第 590 帧插入关键帧，将云团组移至场景左外侧。在第 30 帧创建补间动画。如图 5-3-24 所示。

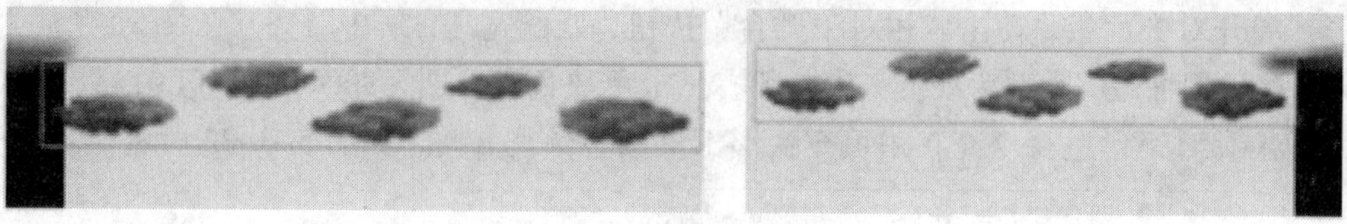

（a）第 30 帧　　（b）第 590 帧

图 5-3-24　云团补间动画

在第 591 帧插入空白关键帧，把库中的云团拖入场景。单击选中云团，在属性面板的颜色选项中改变它的色调为黑色，色值为 50%，用变形工具调整云团的大小和形状，并移至场景右外侧上端，适当调整摆放位置，用黑箭头工具框选云团。在第 1005 帧插入关键帧，将云团移至场景左外侧。在第 591 帧创建补间动画。在第 1006 帧插入空白关键帧，把库中的云团拖入场景。单击选中云团，在属性面板的颜色选项中改变它的色调为黑色，色值为 47%。然后复制出另一个云团，用变形工具调整两片云团的大小和形状，移至场景右外侧上端，适当调整摆放位置，用黑箭头工具框选两片云团，选择“修改 | 组合”命令将其组合。在第 1370 帧插入关键帧，将云团组移至场景左外侧。在第 1006 帧创建补间动画。将图层上锁。（可以参考云的图片的摆放）。

⑦ 制作引导层。在第 1039 帧插入空白关键帧，选择铅笔工具在场景中画出一条引导线，在第 1330 帧插入普通帧。右击引导层，在弹出的快捷菜单中选择“引导层”命令，创建引导层。右击伞层，在弹出的快捷菜单中选择“属性”命令，在图层属性对话框中，选择类型中的被引导，单击“确定”按钮，创建被引导层。

⑧ 制作伞层。在第 1039 帧插入空白关键帧，把库中雨伞文件夹中的伞元件拖入场景，在属性面板中，设置它的宽为 27，高为 26。在第 1330 帧插入关键帧，展开属性面板设置它的宽为 94，高为 91。在第 1039 帧创建补间动画，并在颜色选项中调整它的色调为黑色，色值为 50%。在第 1689 帧、第 1720 帧插入关键帧，并在 1720 帧将伞元件的 Alpha 值改为 0，回到第 1689 帧创建补间动画。单击选中第 1039 帧，展开属性面板，选择调整到路径、同步、对齐三个复选框，选择黑箭头工具，将伞元件注册点吸附到引导线右端的。单击选中第 1330 帧，将伞元件吸附对齐到引导线的左端。（根据引导线形状，在不同的位置插入关键帧，并调整伞的大小和方向。）把这两个图层锁上。如图 5-3-25 所示。

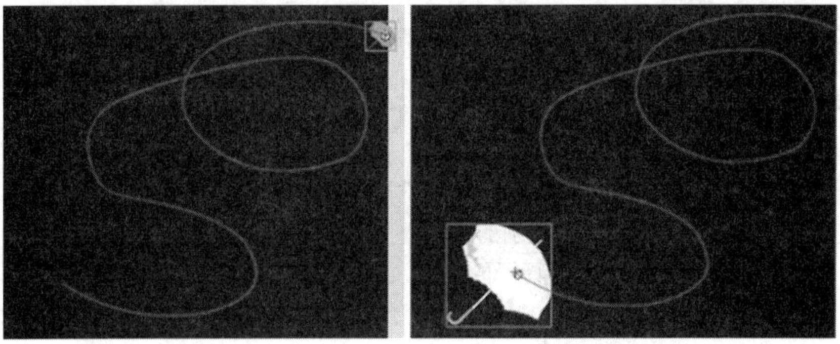

（a）第1039帧　　（b）第1330帧

图 5-3-25　伞补间动画

⑨ 制作下雨层。在第 350 帧插入空白关键帧，展开库面板，把库中的下雨元件拖入场景，放到合适的地方（不要太靠顶部）。在第 1720 帧插入延长帧。将图层上锁。

⑩ 制作女孩层。在第 375 帧插入空白关键帧，展开库面板，将打伞的女孩拖入场景，放到场景的外左下端，在属性面板修改大小比例宽为 103，高为 183.3。然后在第 700 帧插入关键帧，把女孩拉到场景中，适当地缩小她的比例，设置宽为 83，高为 147。在第 1030 帧插入关键帧，大小改为宽 32，高 57，在第 1720 帧插入延长帧，最后在第 375 帧、第 700 帧处创建补间动画。锁上该图层小锁。

⑪ 制作文字层。在第 1 帧用文本工具，写三个大字“风雨夜”。颜色、大小自己定，然后将其转化成元件。在第 30 帧插入关键帧，把透明度降为 0。回到第 1 帧创建动作补间。在第 1265 帧插入空白关键帧，打开库，把库中的“飘入的文字”元件拖入场景外的左中偏上的地方，改变大小设宽 8.6，高 1.7，Alpha 值改为 80%。在第 1395 帧插入关键帧，在属性面板，锁上宽高的比例小锁，改变他的大小（大小合适即可，设置宽为 331.4，高为 58.6），并把 Alpha 值改为 0，在第 1455 帧插入关键帧，大小不变，Alpha 值改为 50%。在第 1265 帧、第 1395 帧创建补间动画。

在文字图层的第 1460 帧插入空白关键帧，展开库面板，把库中的“飘出的文字”元件拖入场景，放在适当的位置（也就是第 1455 帧飘入的文字的位置，大小也和飘入的文字一样大），并把 Alpha 改为 50%。在第 1520 帧处插入空白关键帧。在第 1530 帧插入空白关键帧，从库中把“上移的文字”元件拖入场景，放在场景中间适当地位置。并在第 1720 帧处插入延长帧。将图层上锁。

⑫ 制作按钮层。在按钮层的第 1 帧，把库中的按钮拖入场景，放在适当的位置，展开动作面板，输入语句“on (release) {play();}”，锁上该图层。

⑬ 制作音乐层。在音乐层的第 30 帧插入空白关键帧，把库中的音乐文件“越爱越深”拖入场景，在属性面板设置它的同步为数据流。在第 1690 帧插入延长帧。将图层上锁。

⑭ 制作 as 层。单击选中该图层的第 1 帧，展开动作面板，输入“stop();”。锁上图层。

⑮ 制作遮挡层。在该图层的第 1 帧，用矩形工具，笔触为黑色，无填充颜色，在场景中画一个矩形，在属性面板设置宽为 550、高为 400。展开对齐面板，把矩形相对于舞台水平中齐、垂直中齐。然后不改矩形工具的属性，再画一个宽为 850、高为 700 的矩形，再把它相对于舞台居中对齐。用颜料桶工具，把大矩形以内、小矩形以外的部分颜色填充为黑色，也就是将在编辑过程中露在场景外的部分遮挡住。

⑯ 测试，保存文件，导出影片。

规律总结

1. 文字处理

（1）文字处理

文字动画的处理在 MTV 中同样比较重要。在制作 MTV 中使用的往往都是本机安装的特殊字体的文字，当发布作品后，才发现它在别的机器上只是普通的宋体，这是怎么回事儿？

这是因为在 Flash 中使用 Text 工具写的文字，Flash 把它当成文字而不是图形。如果想在其他机器上正常显示，必须选择“修改 | 分离”命令，分离两次，将文字打散成图形，这样就不会有变化了。

（2）字动画

在 MTV 中一般会使用文字特效，如字幕动画、歌词浮出效果等。下面使用隐形按钮和遮罩层动画的知识来制作一个字幕动画。制作步骤如下：

① 创建 Flash CS3 文档，选择“Flash 参数符合 MTV 的要求选项。

② 创建按钮元件，名称为“隐形按钮”，按钮尺寸为场景大小。

③ 创建图形元件，名称为“滚动字幕”，在元件中用文字工具，属性为静态文字，输入需要显示的文本内容。

④ 创建图形元件，名称为 mask，在场景中用任意填充颜色画一个矩形，矩形大小根据显示文字而定。

⑤ 回到场景，将图层 1 重命名为 mask，在第 1 帧将库中 mask 元件拖入舞台，在第 30 帧插入帧。插入新图层，重命名为“滚动文字”，在第 1 帧将库中“滚动字幕”文件拖入舞台，放在 mask 的下方。在第 30 帧插入关键帧，将文字元件上移，回到第 1 帧创建动作补间。插入新图层，重命名为“隐形按钮”，在第 1 帧将库中“隐形按钮”元件拖入舞台，在第 30 帧插入帧。选中元件，展开动作面板，添加动作代码（AS 2.0）：

```
on (rollOver){
  this.stop();
}
on (release,rollOut,dragOut,releaseOutside){
  this.play();
}
```

⑥ 测试动画。

2. 随机设置 MC 颜色

```
MC 实例名为"m_mc"
mycolor=new Color("m_mc");
mycolor.setRGB(random(0xffffff));          //随机函数
```

3. 为什么做出来的 MTV 文件很大，播放速度也不很流畅

在做 MTV 或是动画时一定要注意以下几点：

① 尽量少用位图做放大缩小等动画。

② 在动画中少用虚线、点和不规则的图形。

③ 尽可能地用同一 Symbol，减少 Library 里 Symbol 不必要的重复。

④ 少用逐帧动画。

⑤ 关键帧不要乱用，可以不用的就要去掉。

（6）少用形变动画，在做动画时，布置好场景中 MC 的位置，不要出现叠层。

知识链接

1. 制作 MTV 时声音和歌词的同步处理

（1）歌词与音乐同步的方法

用 Flash 制作 MTV 时，歌词与音乐同步的问题是制作的重要环节之一。下面以导入 MP3 格式为例，说明歌词与音乐同步的方法。（当遇到文件拒绝导入的情况，是由于 MP3 文件的压缩比不对而造成的，使用 GoldWave 录音编辑软件改变压缩比为 22 050Hz、16kbps，压缩后即可导入）。

例如，在场景中插入两个图层："音乐"图层和"注释"图层，如图 5-3-26 所示。

在音乐图层的第 1 帧导入汪国真朗诵《感谢》的 MP3 格式的声音文件，在属性面板中设置同步为数据流。下面来计算其长度。

① 直接计算音乐的长度。

要计算音乐的长度（所占帧数），首先应该知道音乐的播放时间。选择音乐图层第 1 帧，展开属性面板就可以看到相应的信息，如图 5-3-27 所示。

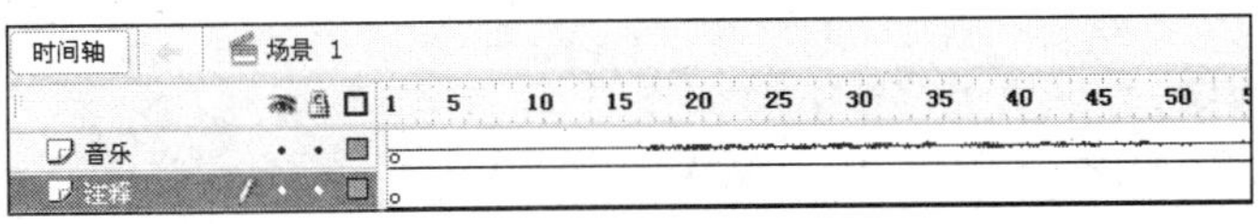

图 5-3-26　图层状态

图 5-3-27　音乐属性面板

时间为 188.7s（秒），那么可以用计算的方法算出播放完整音乐所需的帧数为 12×188.7=2264.4，取整数值为 2264 帧。选择音乐图层的第 2264 帧，按【F5】键，延伸帧，使音乐能在时间轴上播放完。

② 在"编辑封套"面板中查看音乐长度。

另外一种方法是通过"编辑封套"面板来查看音乐的长度。选中音乐图层的第 1 帧，展开属性面板，单击"编辑"按钮，弹出"编辑封套"对话框。在"封套编辑"对话框的最下方有一组按钮，最右边的按钮为"帧"按钮，单击它后，能使音乐以帧为单位的方式显示。

拖动下面的滚动条到最右边，单击"缩小"按钮。其中，灰白交界的地方为音乐的长度。这里选择了以帧为单位显示，音乐的长度就是音乐持续的帧数，本例中帧数为 2264 帧，如图 5-3-28 所示。

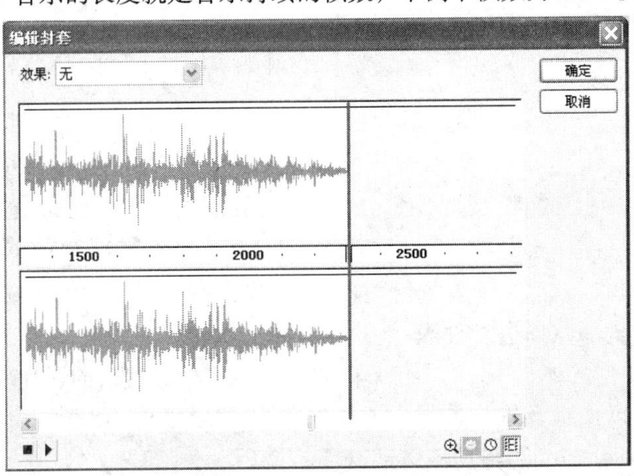

图 5-3-28　查看音乐长度的帧数

（2）注释帧标签

在制作 MTV 时为了使每一句歌词与相应的动画相吻合，可以按以下操作步骤来完成：

① 在场景的主时间轴中的音乐（或声音）文件所在的帧的范围内按【Enter】键后，歌曲（或声音）开始播放，无论在哪个时间段按【Enter】键，它都会在哪个时间点开始播放。（注：只有设置了 Stream 后才有这样的效果，否则当按【Enter】键的时候，无论在哪个时间点，它都会从歌曲的开头开始播放。）仔细听歌曲，记下每句歌词开始和结束点的帧。为了准确记录，可以随时按【Esc】键，使播放暂时停止，待完成记录后再按【Enter】键继续播放。

② 每句歌词的开始处，在注释图层，展开属性面板，在“帧”文本框中输入歌词，标签类型选择注释，如图 5-3-29（a）所示。在“注释”图层标签的显示如图 5-3-29（b）和 5-3-29（c）所示。

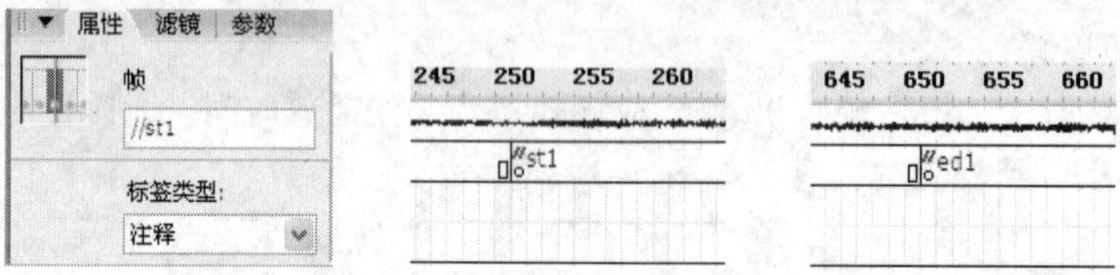

（a）　　（b）　　（c）

图 5-3-29　注释帧标签

（3）制作歌词

① 创建图形元件（对每一句歌词均创建图形元件），并为其取相应的名字，如 gz1、gz2 等。

② 创建影片剪辑（按每一句歌词的图像元件创建）。下面以 gz1 句为例，进入编辑状态：

a. 将图层 1 重命名为 gz1，将库中图形元件 gz1 拖入场景，全居中。在第 28 帧插入帧。

b. 插入图层 2，将 gz1 图层第 1 帧复制到第 7 帧。

c. 插入图层 3，重命名为 mask。单击第 1 帧，在场景中画以无笔触颜色的蓝色矩形（矩形颜色可根据自己对文字颜色的需要而定），与歌词一样宽、高度大于文字。在图层的第 24 帧和第 25 帧插入关键帧，在第 28 帧插入帧。回到第 1 帧，将矩形宽度改变为 10。

d. 右击，将当前图层设置为“遮罩层”。如图 5-3-30 所示。

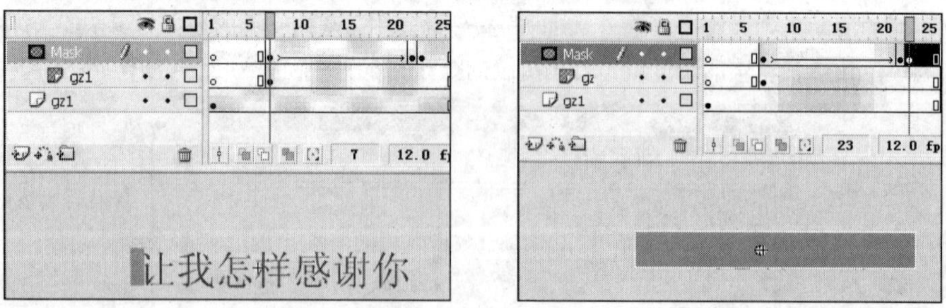

（a）第 7 帧状态　　（b）第 23 帧状态

图 5-3-30　用遮照制作歌词

用同样的方法对全部歌词进行处理。

③ 按照注释图层中的注释中 st1、st2…在歌词图层将相应的歌词影片剪辑与元件拖入场景。通过上述步骤可以做到音乐与歌词同步。

2. 使用 loadMovieNum()函数加载外部文件的技巧

在做 MTV 时为了减少加载时间的，有时候采用在播放的同时加载外部动画。

Flash 可以通过帧、按钮、影片剪辑来调用外部文件。调用的外部文件包括：外部文本文件、外部程序文件、外部*.swf 文件、外部图片文件、外部音乐文件、外部脚本文件。

使用的函数 loadMovieNum()。

用法： `loadMovieNum("url",level [, variables])`

功能： 在播放原来加载的 SWF 文件的同时，将 SWF 文件或 JPEG 文件加载到 Flash CS3 Player 中的某个级别。

参数： 该函数有 3 个参数：url、target 和 variables。其中，最后一个参数 variables 是一个可选参数。

url：要加载的 SWF 文件或 JPEG 文件的绝对或相对 URL（路径）。

level：一个整数，指定 SWF 文件将加载到 Flash CS3 Player 中的哪个级别。加载的时候，可以这样来写：

```
loadMovieNum("01.swf",1);        //将 01.Swf 文件加载到 1 级
loadMovieNum("02.swf",2);
loadMovieNum("03.swf",3);
```

loadMovieNum 加载后的控制可以这样使用：

```
_level1._x=10;                   //1 级上的文件 x 坐标设置为 10
_level2._alpha=50;               //2 级上的文件的 alpha 设置为 50
_level3._width=110;              //3 级上的文件 width 设置为 110
```

需要注意的是，每一个级别只能同时存在一个 SWF 或 JPEG 文件。如果两个 SWF 或 JPEG 文件的级别相同，那么后者将替换掉前者。级别不同的 level，级别大的将覆盖掉级别小的，即数字大的将处于数字小的之上。如上例，03.swf 处在 02.swf 和 01.swf 上方，02.swf 处在 01.swf 上方。

注 意

如果将 SWF 文件加载到级别 0，则 Flash CS3 Player 中的每个级别均被卸载，并且级别 0 将替换为该新文件。处于级别 0 的 SWF 文件为所有其他加载的 SWF 文件设置帧频、背景色和帧大小。例如：

```
loadMovieNum("00.swf",0);        //以下均不显示，这样只有一个 00.swf
loadMovieNum("01.swf",1);
loadMovieNum("02.swf",2);
loadMovieNum("03.swf",3);
```

loadMovieNum()的卸载方法如下：

使用 unloadMovieNum()可删除用 loadMovieNum()加载的 SWF 文件或图像。

用法： `unloadMovieNum(level)`

参数： level 所加载影片的级别(_levelN)。

例如：

```
on(release){
  unloadMovieNum(1200);          //unloadMovieNum(_level1200)不能卸载
  loadMovieNum("sje.swf",1200);
}
```

loadMovieNum()的定位方法如下：

从前面我们已经知道了，函数 loadMovieNum()是将 SWF 或 JPEG 文件加载到_level(级别)

的。并且是用_level1._x、_level2._x、_level1.aa._x 之类来定位的。例如，要将 02.swf 加载到主场景坐标系的(50,100)中，代码如下：

```
loadMovieNum("02.swf",1);                //极有可能不能如愿定位
_level1._x=50;
_level1._y=100;
```

但是在测试的时候会发现，加载进来的 02.swf 并没有如所预期的那样出现在主场景坐标系的(50,100)位置，这是为什么呢？

原来，在没有使用 loadMovieNum()以前，所有的图形、MC 等都是处于_level0 里的，通常使用的_root 其实就是_level0。通过做测试 trace(_root==_level0)，会发现返回值是 True。

那么，用 loadMovieNum()加载 SWF 或 JPEG 文件的时候，程序就要对指定的_level 进行创建，随后再紧接着载入 SWF 或 JPEG 文件。如果像刚才代码中写的那样，不判断_level 是否存在而调用其属性，势必无功而返。

解决的方法也很简单，就是用一个循环来判断指定的_level 是否存在。一旦_level 产生，那么它的种种属性自然可以调用了。代码如下：

```
loadMovieNum("02.swf",1);            //如愿定位
onEnterFrame=function(){
   if(_level1){
      with(_level1){
         _x=50;
         _y=100;
      }
   delete onEnterFrame;
   }
};
```

我们经常遇到在主动画中载入子动画（SWF 文件）的情况。但是，这种方式载入后，载入的动画往往不在所需要的坐标位置上。为了解决这个问题，首先建立一个空 MC，将该 MC 拖到主场景中，并为之命名（Instance），如 a1。然后在主场景的相应帧加上动作脚本，在动作面板中的 URL 中填入要载入的 SWF 文件，Location 设为 Target，在其后的文本框中填入“/a1”。这样 SWF 文件就载入到实体名为 a1 的 MC 中了。现在，只要控制该 MC 在场景中的位置，就可控制载入的子动画的精确坐标了。

3. 诗词竖版逐字显示方法

制作过程如下：

① 创建 Flash CS3 文件，参数保持默认设置。

② 图层 1，导入诗词图片到舞台，调整位置。并将该图片转换为“诗词”影片剪辑，或者新建一个“诗词”影片剪辑。在影片剪辑中输入竖版从右向左的文字。然后将“诗词”影片剪辑拖到图层 1 的第一帧。

③ 插入图层 2。在图层 2 的第 1 帧，用矩形工具绘制一个无边的长方形。其宽度等于“诗词”影片剪辑的宽度除以诗词的列数；高度等于 X（高度越高，显示速度越快）。上例中“诗词”影片剪辑的宽度为 270，诗词的列数 5，所以无边的长方形的宽度 = 270/5=54，高度 = 4。

调整无边长方形位置，使其位于“诗词”影片剪辑的右上角，上面和右边与“诗词”影片剪辑上面和右边对齐。即 X 轴 = “诗词”影片剪辑 X 轴 + “诗词”影片剪辑宽度 – 无边的长方

形宽度。Y 轴 = “诗词”影片剪辑 Y 轴。

将无边的长方形转换为“遮罩”影片剪辑。并修改该影片剪辑属性的实例名称为“遮罩”。

选中图层 2 层并右击，在弹出的快捷菜单中选择“遮罩层”命令，将图层 2 转变为遮罩层。

④ 插入图层 3。将图层 1 的“诗词”影片剪辑、复制、粘贴到图层 3 的第 1 帧。修改“诗词”影片剪辑的属性的实例名称为 sc。

⑤ 插入图层 4。将图层 2 的“遮罩”影片剪辑、复制、粘贴到图层 4 的第 1 帧。修改“遮罩”影片剪辑的属性的实例名称为 zz。将图层 4 转变为遮罩层。

图层的顺序从上到下分别为：图层 4（遮罩层）、图层 3、图层 2（遮罩层）、图层 1。

⑥ AS 语句。

插入图层 5，重命名为 AS，在第 1 帧输入代码如下：

```
stop();                    //诗词的列数
ls=5
kd=_root.sc._width/ls
```

图层 4 第 1 帧的“遮罩”影片剪辑（遮罩）的 AS 语句如下：

```
onClipEvent (load) {
  bsy=this._height*100
  scgd=_root.sc._height/this._height
  jsy=0
  i=0;
}
onClipEvent (enterFrame){
  jsy++
  if(jsy<scgd){
    _yscale+=bsy
  }else{
    jsy=0;
    i++
    if(i>1){
      _root.zhezhao01._x-=_root.kd;
      _root.zhezhao01._xscale=100*i
    }
    _root.zhezhao01._yscale=30000
    this._yscale=1;
    this._x-=_root.kd;
    if(i>_root.ls){
      _root.nextFrame();
    }
  }
}
```

⑦ 第 2 帧的相关处理。

图层 1、图层 2 的第 2 帧为空白关键帧。

图层 3 的第 2 帧为插入帧。即“诗词”影片剪辑延续到第 2 帧。

图层 4 的第 2 帧为空白关键帧，帧的 AS 语句为“gotoAndPlay(1);”。

在此基础上可以制作竖版左向右、横版的诗词或文字的逐字显示效果。

本 章 练 习

1. 制作盛世莲花 MTV，动画效果如图 5-4-1 所示。

【知识要点】使用滤镜中发光和斜角等特效；巧用遮罩层图形与被遮罩层图形之间的叠加原理制作闪烁动画效果。

2. 制作游动产品展示广告，动画效果如图 5-4-2 所示。

【知识要点】使用隐形按钮、脚本语言。

图 5-4-1　注释帧标签

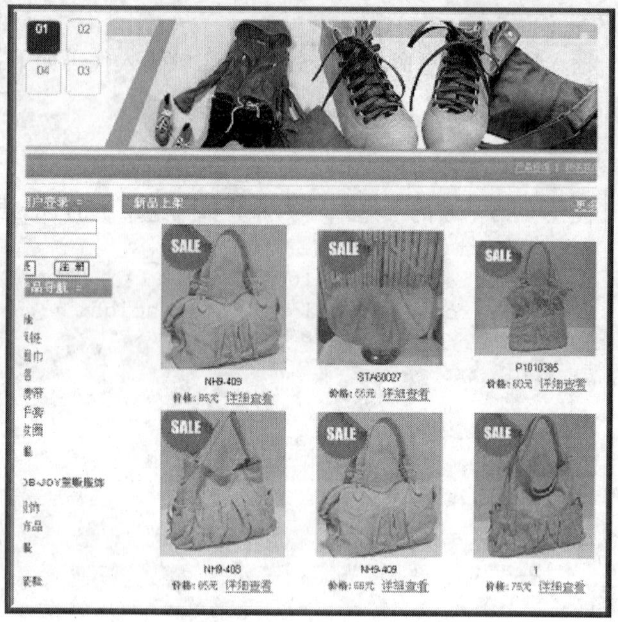

图 5-4-2　游动产品广告

3. 制作 MTV，动画效果如图 5-4-3 所示。

【知识要点】使用音乐与歌词的多种技巧，制作朗诵词的 MTV。

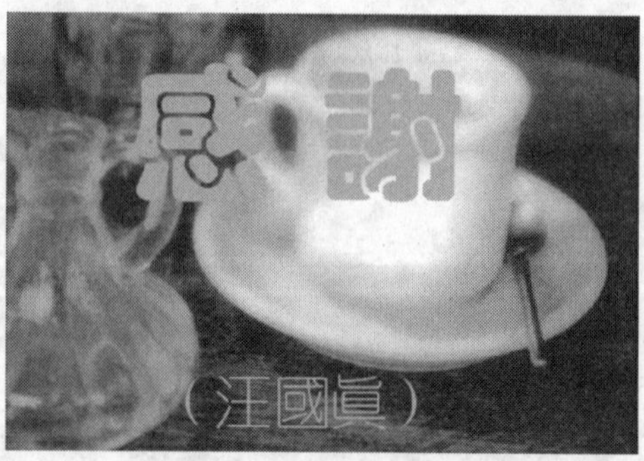

图 5-4-3　制作朗诵词 MTV

第6章

视频处理

21世纪进入了信息化时代，随着信息技术的数字化、网络化、宽带化和综合化，视频技术也得到了长足的发展。在进入多媒体时代的今天，到处都可以见到各式各样的图像和视频产品，它们使我们的生活变得丰富多彩。

学习目标	☑ WinAVI Video Converter 的安装 ☑ 视频格式的转换 ☑ 常见视频格式 ☑ 电子相册的制作 ☑ 会声会影 9 简介 ☑ 视频编码

任务1 视频格式转换

问题情境

小颖喜爱看电影，收集了很多各种格式的视频短片，希望能够把一些有趣的短片上传到视频网站，但是由于网站只支持 RM、WMV 和 ASF 格式的影片，于是希望做视频格式转换，把 AVI、MPEG 的视频格式转换成 RM、WMV 和 ASF 格式的影片。

问题分析

要对影片进行格式转换，就需要对影片重新编码。WinAVI Video Converter 是一款专业的视频编、解码软件，界面漂亮，简单易用。该软件支持包括 AVI、MPEG1/2/4、VCD/SVCD/DVD、DivX、XVid、ASF、WMV、RM 在内的几乎所有的视频文件格式，自身支持 VCD/SVCD/DVD 烧录，支持 AVI 到 DVD、AVI 到 VCD、AVI 到 MPEG、AVI 到 MPG、AVI 到 WMV、DVD 到 AVI、及视频到 AVI/WMV/RM 的转换。在 Pentium III 450 以上的平台中，用户能够在 2 个小时内完成 AVI 到 DVD 的编、解码转换，而且它还支持批量转换。由于 AVI、MPEG 格式的影片体积庞大，非常占用硬盘空间，用 WinAVI Video Converter 转换成 RM、WMV 或者 ASF 格式是最好的了，因为同等质量的 RM、WMV 或者 ASF 格式影片相对于 AVI、Mpeg 格式的影片来说要小巧得多。

任务设计

下面介绍一下 WinAVI Video Converter 软件安装以及影片格式转换。

1. WinAVI Video Converter 软件安装

① 安装 WinAVI Video Converter 软件，默认安装在 C:\Program Files\WinAVI Video Converter 目录，单击“下一步”按钮，如图 6-1-1 所示。

② 打开“选择开始菜单文件夹”窗口，在文本框中输入放置程序的快捷方式，或单击“浏览”按钮进行选择，单击“下一步”按钮，如图 6-1-2 所示。

图 6-1-1　选择目标位置

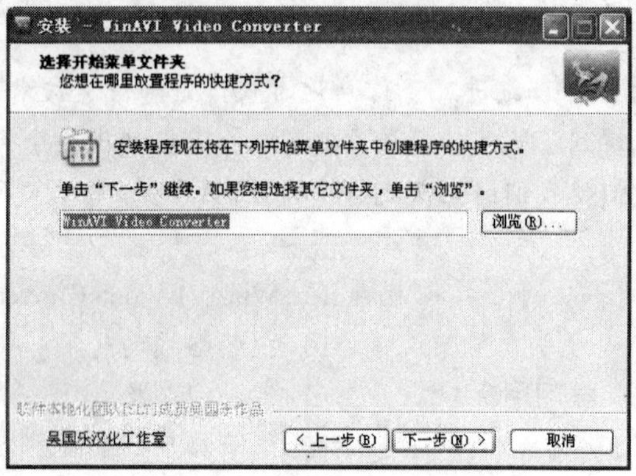

图 6-1-2　选择开始菜单文件夹

③ 打开“选择附加任务”窗口，在“附加快捷方式”中选择“创建桌面快捷方式”复选框，在“安装百度搜霸、桌面传媒、中文上网”中选择“否”单选按钮，单击“下一步”按钮，如图 6-1-3 所示。

④ 打开“准备安装”窗口，确认安装设置，无误后，单击“安装”按钮，如图 6-1-4 所示。

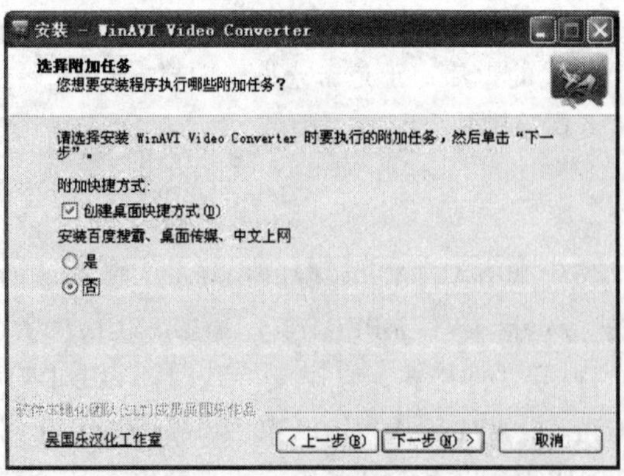

图 6-1-3　选择附加任务

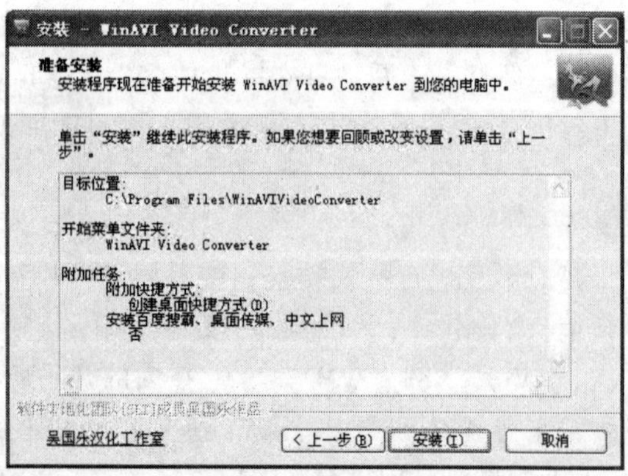

图 6-1-4　准备安装

⑤ 打开“正在安装”窗口，等待安装进度条完成，如图 6-1-5 所示。安装完成后，自动打开安装向导完成窗口，不要选择“安装中文上网客户端”复选框，单击“完成”按钮结束安装，如图 6-1-6 所示。

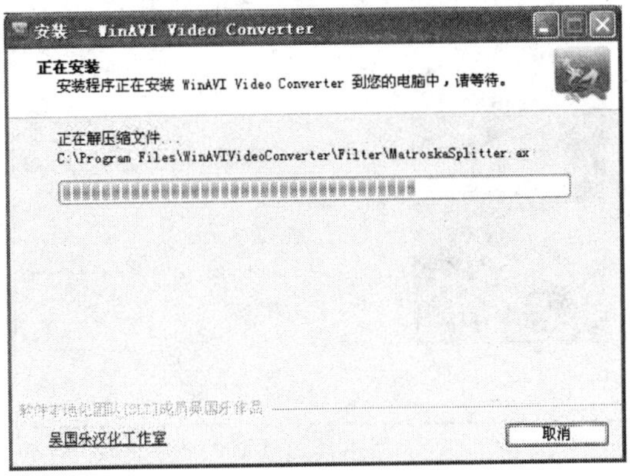

图 6-1-5　正在安装

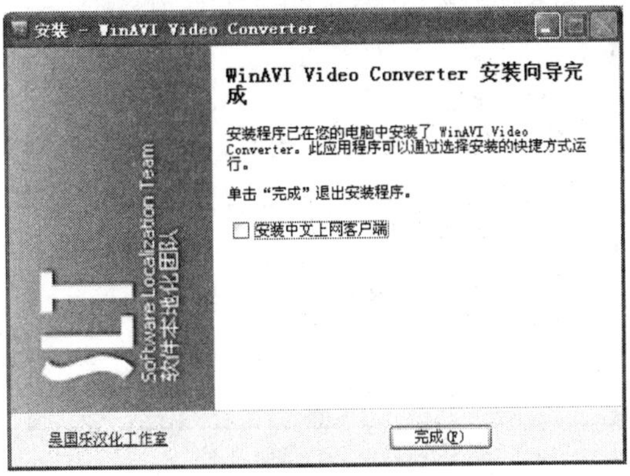

图 6-1-6　安装向导完成

2. 影片格式转换

① 在桌面双击 WinAVI Video Converter 启动图标打开软件，如图 6-1-7 所示。

② 程序界面如图 6-1-8 所示，左上角只有一个“菜单”按钮，右边有六个圆形按钮，分别是：WMV 按钮，即转换媒体文件到 WMV 格式，如 AVI 到 WMV、VOB 到 WMV、MPEG 到 WMV；AVI 按钮，即转换媒体文件到 AVI 格式，如 WMV 到 AVI、VOB 到 AVI、MPEG 到 AVI；DVD 按钮，即转换媒体文件到 DVD/VCD/SVCD/MPEG 格式，如 WMV 到 DVD/VCD/SVCD/MPEG、RM 到 DVD/VCD/SVCD/MPEG、AVI 到 DVD/VCD/SVCD/MPEG；RM 按钮，即转换媒体文件到 RM 格式，如 AVI 到 RM、VOB 到 RM、MPEG 到 RM；“批量媒体文件转换”按钮和“立刻刻录 VCD/SVCD/DVD 光盘”按钮。

③ 单击 WMV 按钮，弹出“选择文件”对话框，在“查找范围”下拉列表框中选择要转换的视频文件的路径，然后选择需要转换的视频文件“艺术系教师影视类作品 2.mpg”，单击“打开”按钮，添加转换文件，如图 6-1-9 所示。

图 6-1-7　启动图标

图 6-1-8　程序界面

④ 弹出“任意到 WMV”对话框，在“将要进行转换的文件列表”列表框中可以看到“F:\艺术系教师影视类作品 2.mpg”，如果需要更换转换文件可以单击“重选”按钮，在“选择输出目录”选项区域中单击“浏览”按钮，选择输出目录，如图 6-1-10 所示。

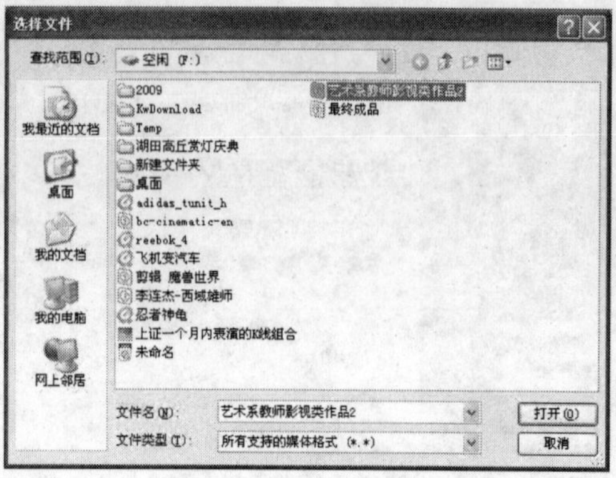

图 6-1-9 选择文件

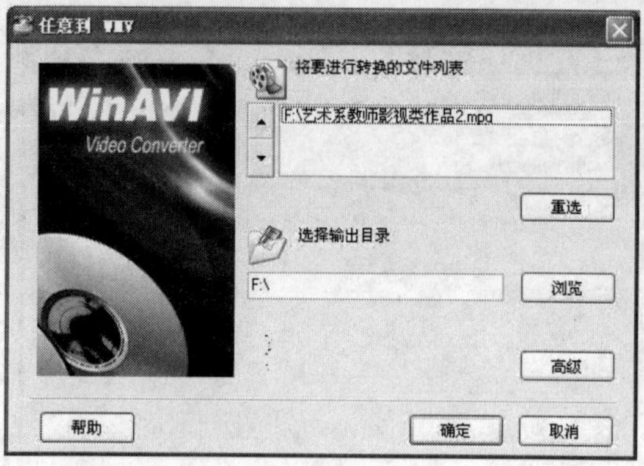

图 6-1-10 “任意到 WMV”对话框

⑤ 单击“高级”按钮弹出“选项”对话框，选择“编码”选项卡；“画面剪辑”选项区域中的选项可以对目标视频文件进行左右上下进行任意剪辑；“调整画面的外观比例”选项区域中的选项可以对目标视频画面进行左右、上下的对称剪辑；“来源外观比例”选项区域中的选项有三个单选按钮“自动”、4:3 和 16:9，为了得到良好的视频质量，建议选择“自动”单选按钮；“源音频索引”选项区域中的选项用于选择不同的音频流，“来源字幕索引”选项区域中的选项用于选择字幕流；此外，“编码”选项卡中还有“平滑画面”和“倒置画面”复选框，如图 6-1-11 所示。

⑥ 选择 WMV 选项卡（见图 6-1-12），在 Encoder 下拉列表框有多种编码质量，可以根据需要选择 DVD 画质或 VCD 画质；“视频采样率”选项区域中有“保持原始大小”复选框和 25、30 帧的选择，为了保证画质，建议使用“保持原始大小”；“画面大小”的尺寸应该根据源文件设置，为了确保画面质量，建议与源文件一致；“输出设置”选项区域中有一个“分割输出文件”大小的设置，可以使输出文件按要求切割视频；“音频采样率”有多种音频选择，如 CD 音质，采样率越高音质越好，为了保证质量建议选择 44100 的采样率；Quality 画质选项，从 0～100 数值越大画面质量越好。

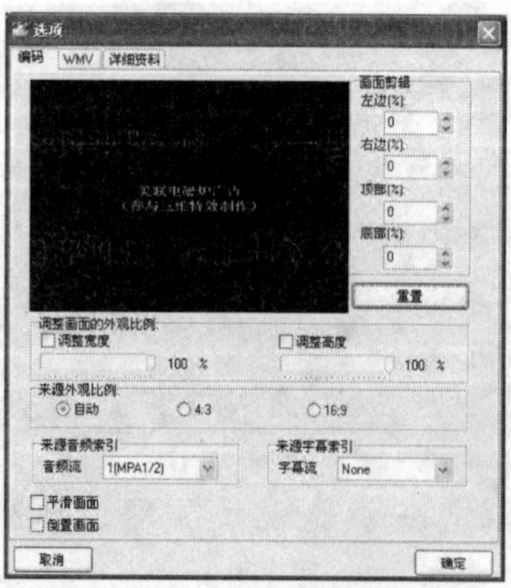

图 6-1-11 “编码”选项卡

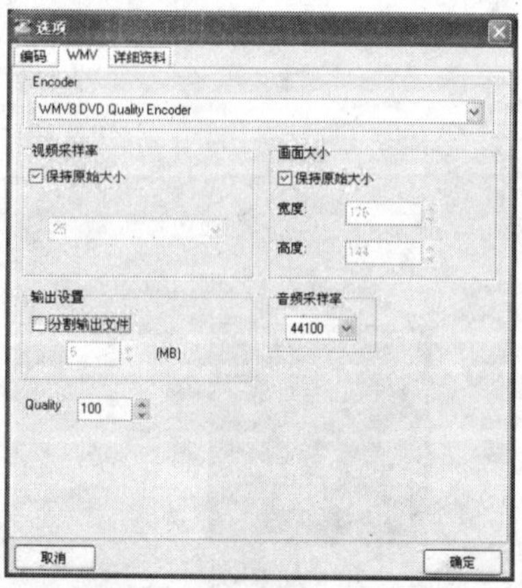

图 6-1-12 WMV 选项卡

⑦ “详细资料”选项卡中显示的是目标视频文件的“文件信息”，如文件大小、播放时间、视频数量、音频数量，“视频信息”如视频流、视频编码、视频宽高度、视频帧率等，“音频流”如音频编码、音频比率、音频声道和音频采样等，如图 6-1-13 所示。

⑧ 单击“确定”按钮，弹出“正在转换”对话框，单击“转换”按钮开始转换。在转换过程中可以单击“暂停”按钮暂停转换，也可以单击“取消”按钮取消转换。如图 6-1-14 所示。

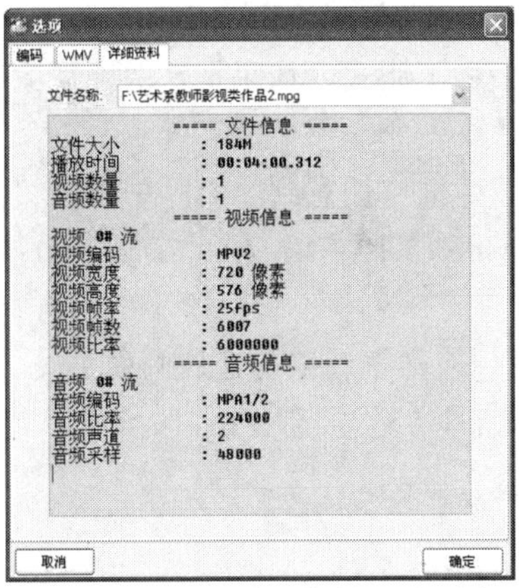

图 6-1-13 “详细资料”选项卡

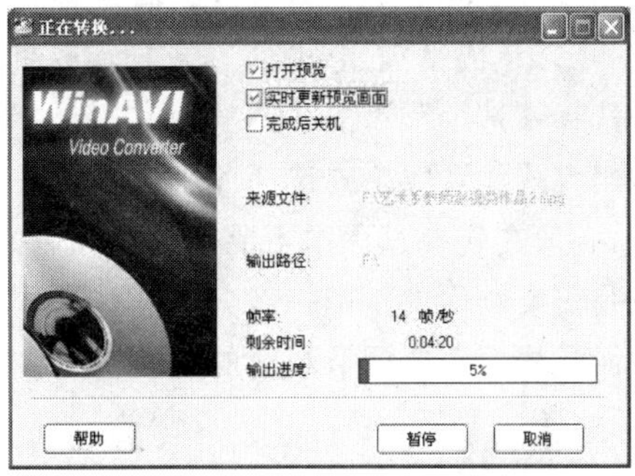

图 6-1-14 正在转换

⑨ 单击“批量转换”按钮，可以批量添加需要转换的视频文件，单击“开始转换”按钮进行批量转换，如图 6-1-15 所示。

⑩ 在批量转换中，在“将要进行转换的文件列表”列表框中可以看到需要转换的多个视频文件，如图 6-1-16 所示。

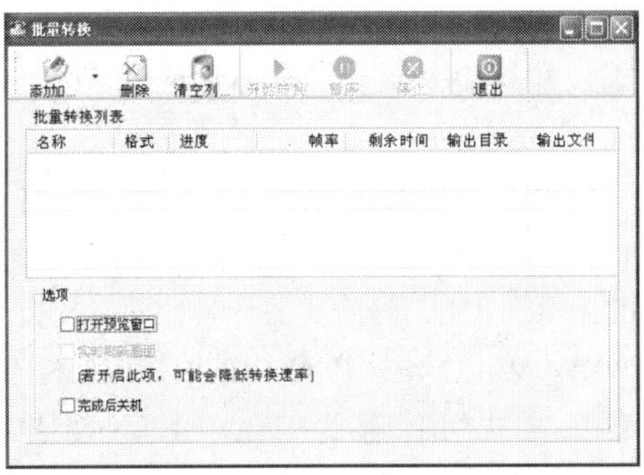

图 6-1-15 批量转换

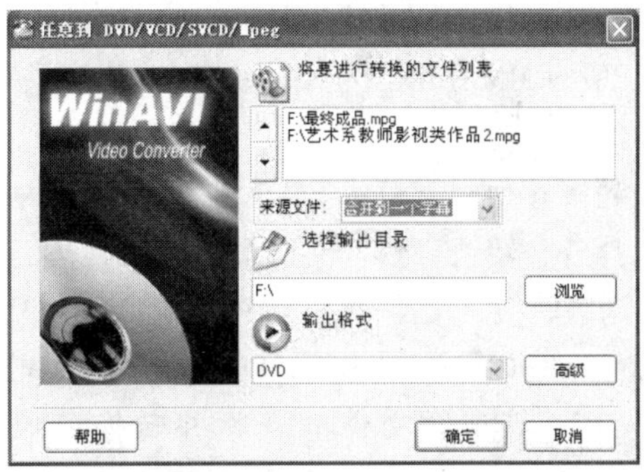

图 6-1-16 “任意到 DVD/VCD/SVCD/Mpeg”对话框

⑪ 单击按钮弹出“刻录光盘”对话框，单击“添加影片”按钮，把需要刻录的影片添加到“刻录影片列表”列表框中，单击“刻录”按钮可以直接对视频进行刻录，如图 6-1-17 所示。

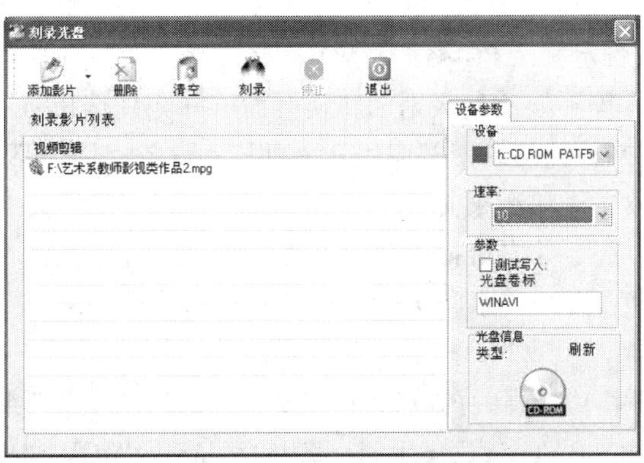

图 6-1-17 刻录光盘

规律总结

① 格式多样的视频媒体之间无法编辑，把格式转换成 AVI 格式有助于下一步编辑，例如，有的视频是 NTFC（30 帧/秒）制式，有的是 PAL（25 帧/秒）制式，如果把这两种视频制式放在一起用视频软件渲染，将会导致有一种制式无法正常播放。

② 在转化成 AVI 格式时，单击按钮，在弹出的对话框“任意到 AVI”中单击“高级”按钮，选择“选项”里的 AVI 选项卡，选择 Intel Indeo video 5.10、Mpeg-4、DivX 5.0 或 Xvid 视频编码方式，音频格式选择 MP3 即可。

③ 一般在转换过程中不要修改视频画面的大小和视频采样率，以免造成画面丢失，当然，如果只是需要画面的其中一部分，则不需要选择“视频采样率”选项区域中“保持原始大小“复选框，而是根据需要调节画面的大小。

知识链接

1. 其他视频转换软件

（1）超级转换秀软件

超级转换秀是梦幻科技品牌的力作。超级转换秀是国内首个集成视频转换、音频转换、CD 抓轨、音视频混合转换、音视频切割/驳接转换、叠加视频水印、叠加滚动字幕/个性文字/图片等于一体的优秀影音转换工具。它内置国际一流的解压技术，转换质量好。同时，它还支持各种 CPU 的 MMX/3D Now!/SSE/SSE2/SSE3 以及最新多核技术等指令系统的全面优化，使其拥有更快速的转换速度。

超级转换秀支持将 CD 音乐直接转换为 WAV/MP3/WMA/OGG 等数字音乐，并支持按用户喜好选择各种转换参数，支持批量转换处理，支持多光驱。

超级转换秀支持 WAV/MP3/OGG/WMA/APE/AAC/M4A/AC3/RMA 等格式的音频，同时支持抓取 AVI/VCD/SVCD/DVD/MPG/ASF/WMV/RM/RMVB/MOV/QT/MP4/MPEG-4/3GP/MKV/TS/MTS/M2TS/MOD/SDP/YUV 等视频文件的音频并转换，以上所有音频格式可保存为 WAV/MP3/OGG/WMA/APE/AAC/M4A 等格式，音频转换均支持用户按自己的喜好来设置相关转换参数，并支持批量转换处理。

超级转换秀支持各主流视频的相互转换，AVI 格式允许选择各种系统音频和视频压缩器，包括 DivX 等 MPEG4 视频压缩器；MPG 格式支持应用于家庭影碟机的 VCD/SVCD/DVD 的 NTSC/PAL 制式的转换或自定义 MPG 格式；WMV 格式允许用户选择各种适应本机观看、各种网络在线观看、PDA 观看等不同质量级别的转换画面，并允许选择自己订制的 WMV 转换参数文件；RM/RMVB 格式支持各种网络带宽应用、手机移动设备应用等不同质量级别视频的导出。视频转换还支持不同视频文件和音频文件的混合合成转换、切割转换、合并转换等。允许为各导出格式选择屏幕缩放方法，并支持批量转换处理，甚至还可以允许在最终视频的具体位置叠加自己半透明的个性文字、图片（水印）或滚动字幕视频效果。

（2）AVI 视频转换器

AVI 视频转换器是一款功能强大的 AVI 视频转换工具，它可以帮助几乎所有流行的视频格式，如 RM、RMVB、VOB、DAT、VCD、DVD、SVCD、ASF、MOV、QT、MPEG、WMV、MP4、

3GP、DivX、XviD、AVI、FLV 等视频文件转换为 MP4、手机或碟机上所支持的 AVI 视频格式。

AVI 视频转换器具有转换简单、快速、高画质等特点，还支持批量添加文件转换。

（3）MP4 视频转换

MP4 视频转换通是一款功能强大的 MP4 视频转换器，它可以帮助几乎所有流行的视频格式，如 RM、RMVB、VOB、DAT、VCD、DVD、SVCD、ASF、MOV、QT、MPEG、WMV、 MP4、3GP、DivX、XviD、AVI 等视频文件转换为 MP4、智能手机、Apple iPod、Sony PSP 等所支持的视频格式。

整个转换过程非常简单、快速，且具有高质量。它支持批量转换，可以处理多个文件。

MP4 视频转换通的典型应用：

- RM、RMVB 转换为 AVI（DivX/XivD/MJpeg）、3GP、MP4。
- DVD（Vob）、SVCD、VCD（dat）转换为 AVI（DivX/XivD/MJpeg）、3GP、MP4。
- MP4、3GP 转换为 AVI（DivX/XivD/MJpeg）、3GP、MP4。
- WMV、ASF 转换为 AVI（DivX/XivD/MJpeg）、3GP、MP4。
- 能在支持 MP4 的 DVD 碟机上播放。
- 能在支持 3GP 的手机上播放。
- 能在 Apple iPod 上播放。
- 能在 Sony PSP 上播放。

2. 常用视频格式

① ASF 是 advanced streaming format 的缩写，即高级流格式，它是为了和现在的 Real Player 竞争而发展出来的一种可以直接在网上观看视频节目的文件压缩格式。由于它使用了 MPEG4 的压缩算法，所以压缩率和图像的质量都很不错。因为 ASF 是以一个可以在网上即时观赏的视频“流”格式存在的，所以它的图像质量比 VCD 差一点，但比同是视频“流”格式的 RAM 格式要好，目前各类软件对 ASF 的支持是最好的。

② AVI 是 audio video interleave 的缩写，即音频视频交错格式。这种视频格式的优点是图像质量好，可以跨多个平台使用；其缺点是体积过于庞大，而且压缩标准不统一。最普遍的现象就是高版本 Windows 媒体播放器播放不了采用早期编码编辑的 AVI 格式视频，而低版本 Windows 媒体播放器又播放不了采用最新编码编辑的 AVI 格式视频。所以在进行一些 AVI 格式的视频播放时，常会出现由于视频编码问题而造成的视频不能播放等一些莫名其妙的问题，如果用户在进行 AVI 格式的视频播放时遇到了这些问题，可以通过下载相应的解码器来解决。AVI 是目前视频文件的主流。这种格式的文件随处可见，如一些游戏、教育软件的片头，多媒体光盘中，都会有不少的 AVI 视频文件。

③ MPEG 是 motion picture experts group 的缩写，即动态图像专家组，它包括 MPEG-1，MPEG-2 和 MPEG-4。MPEG-1 相信是大家接触得最多的了，因为它被广泛应用在 VCD 的制作和一些视频片段下载的网络应用上面，可以说 99%的 VCD 都是用 MPEG-1 格式压缩的（注意：VCD2.0 并不是说明 VCD 是用 MPEG-2 压缩的）。使用 MPEG-1 的压缩算法，可以把一部 120 分钟长的电影（为视频文件）压缩到 1.2 GB 左右大小。MPEG-2 则是应用在 DVD 的制作（压缩）方面，同时在一些 HDTV（高清晰电视广播）和一些高要求视频编辑、处理上面也有相当的应用面。使用 MPEG-2 的压缩算法压缩一部 120 分钟长的电影（为视频文件）可以压缩到 4～8 GB 的大小（MPEG-2 的图像质量是 MPEG-1 无法比拟的）。MPEG-4 是一种新的压缩算法，

使用这种算法的 ASF 格式可以把一部 120 分钟长的电影（为视频文件）压缩到 300M 左右的视频流，可供在网上观看。其他的 DIVX 格式也可以压缩到 600MB 左右，但其图像质量比 ASF 要好很多。

④ DIVX 视频编码技术可以说是一种对 DVD 造成威胁的新生视频压缩格式，它由 Microsoft Mpeg4v3 修改而来，使用 MPEG-4 压缩算法。MPEG-4 压缩一部 DVD 只需要 2 张 CD-ROM，这样就意味着不需要买 DVD 也可以得到和它差不多的视频质量了。而且播放这种编码，对机器的要求也不高，CPU 只要是 300MHZ 以上，配上 64MB 的内存和一个 8MB 显存的显卡就可以流畅地播放了。

⑤ QuickTime（MOV）是 Apple（苹果）公司创立的一种视频格式，在很长的一段时间里，它都是只在苹果公司的 MAC 机上存在，后来才发展到支持 Windows 平台的，但平心而论，它无论是在本地播放还是作为视频流格式在网上传播，都是一种优良的视频编码格式。

⑥ Real Video（RA、RAM）格式由于一开始就是定位在视频流应用方面的，也可以说是视频流技术的始创者。它可以在用 56K Modem 拨号上网的条件，实现不间断地视频播放，当然，其图像质量和 MPEG-2、DIVX 相比要差些。

⑦ RMVB 格式是在流媒体的 RM 影片格式上升级延伸而来。它打破了原先 RM 平均压缩采样的方式，在保证平均压缩比的基础上，设定了一般为平均采样率两倍的最大采样率值。将较高的比特率用于复杂的动态画面（歌舞、飞车、战争等），而在静态画面中则灵活地转为较低的采样率，合理地利用了比特率资源，使 RMVB 在牺牲少部分用户察觉不到的影片质量情况下，最大限度地压缩了影片的大小，最终拥有了近乎完美的、接近于 DVD 品质的视听效果，可谓体积与清晰度“鱼与熊掌兼得”，其发展前景不容小觑。

3. 视频编码

（1）视频编码定义

所谓视频编码方式就是指通过特定的压缩技术，将某个视频格式文件转换成另一种视频格式文件的方式。目前视频流传输中最为重要的编解码标准有国际电联的 H.261、H.263，运动静止图像专家组的 M-JPEG 和国际标准化组织运动图像专家组的 MPEG 系列标准，此外在互联网上被广泛应用的还有 RealNetworks 的 Real Video、微软公司的 WMV，以及 Apple 公司的 QuickTime 等。

（2）视频编码原理

视频图像数据有极强的相关性，也就是说有大量的冗余信息。其中冗余信息可分为空域冗余信息和时域冗余信息，压缩技术就是将数据中的冗余信息去掉（去除数据之间的相关性）。压缩技术包含帧内图像数据压缩技术、帧间图像数据压缩技术和熵编码压缩技术。

① 去时域冗余信息：使用帧间编码技术可去除时域冗余信息。它包括以下三部分：

- 运动补偿：是通过先前的局部图像来预测、补偿当前的局部图像，它是减少帧序列冗余信息的有效方法。
- 运动表示：不同区域的图像需要使用不同的运动矢量来描述运动信息。运动矢量通过熵编码进行压缩。
- 运动估计：是从视频序列中抽取运动信息的一整套技术，通用的压缩标准都使用基于块的运动估计和运动补偿。

② 去空域冗余信息：主要使用帧间编码技术和熵编码技术。

- 变换编码：帧内图像和预测差分信号都有很高的空域冗余信息。变换编码将空域信号变换到另一正交矢量空间，使其相关性下降，数据冗余度减小。
- 量化编码：经过变换编码后，产生一批变换系数，对这些系数进行量化，使编码器的输出达到一定的位率。这一过程导致精度的降低。
- 熵编码：是无损编码。它对变换、量化后得到的系数和运动信息，进行进一步的压缩。

任务 2　电子相册的制作

问题情境

小颖拍了好些艺术照，希望能把她这些艺术照做成一个视频文件，刻录成 DVD 光碟，寄给远方的家人。您是否也有很多电子相片，保存在自己的计算机中，希望能给自己的亲朋好友观看，但是却因为对方没有计算机、或者因为相片太过杂乱而无法做到，感到非常遗憾。现在，可以用下面的方式把自己的相片有机的组合起来，制作成一个非常动感精彩的影片，刻录成光碟寄给远方的亲人了。

问题分析

因为照片本身是静态图片，如何才能让这些静态图片动起来，有效地组织和调动人们的情绪呢？这就要求我们必须使静态的画面动起来，加入背景音乐、字幕等元素，丰满人物影像。

① 挑选照片的原则：贵精不贵多。本任务中使用的照片素材是一位青春女孩的写真照片，形态各异，但是背景都是同一个树林，衣服也是同一套，因此需要精心挑选与众不同的、清纯可人的、能够体现出主题“留住青春”的照片，如图 6-2-1 所示。注意：如果最终需要制成 VCD/DVD 光盘在电视中播放，最好事先用 photoshop 等图像软件按照 4:3 或者 16:9 的比例调整照片宽高，以适应相应的电视机屏幕。

图 6-2-1　人物素材

② 制作时善于利用影片向导和编辑器两种操作模式各自的优点。利用影片向导能够很方便地插入照片，并且可以套用现成的模板，会声会影 9 自带的模板有精美的片头、片尾和覆叠素材，非常适合初学者使用。为了使静态的照片能够“动起来”，需要用到摇动和缩放的效果，这样，就需要把每张照片的区间加长为 6 秒。为了得到最好的效果，进入编辑器模式中对素材进行调整，对相应的素材应用摇动和缩放效果，添加视频滤镜、字幕和背景音乐。本任务套用了主题模板为相册中的“秋日之旅”。

③ 把制作好的项目输出为 DVD 视频文件或者直接刻成光盘。

任务设计

下面以制作“让相机留住我的青春”电子相册为例，操作步骤如下：

1. 添加素材

① 打开会声会影 9，如图 6-2-2 所示。单击“影片向导”文件链接，进入影片向导模式，如图 6-2-3 所示，单击“插入图像”按钮。

图 6-2-2　会声会影程序界面

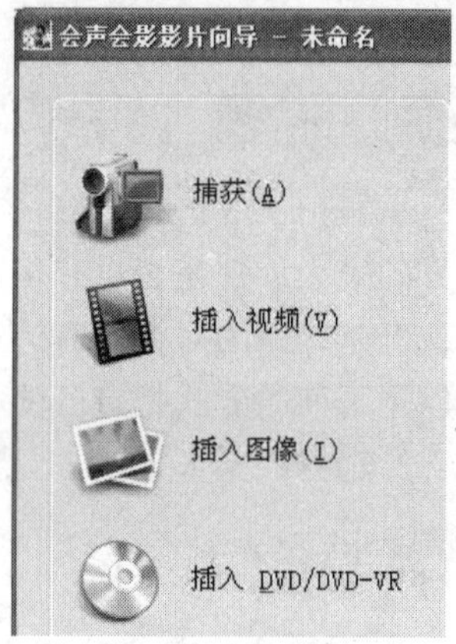

图 6-2-3　影片向导

② 在弹出的对话框中选择事先准备好的照片素材并插入，如图 6-2-4 所示。按住【Shift】键，在素材列表框中选择所有照片（也可按住【Ctrl+A】组合键全选所有素材），单击“对媒体素材列表中的素材排序”按钮，使素材按照时间或者文件名的方式排列。如果有方向不正确的照片，选中该张照片，单击“逆时针旋转 90°”按钮或“顺时针旋转 90°”按钮，按照逆时针旋或者顺时针旋转 90° 的方向，调整到正确方向，如图 6-2-5 所示。

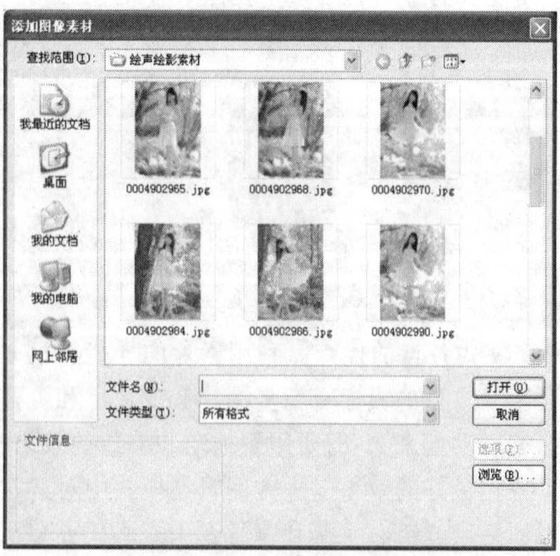

图 6-2-4　添加图像素材对话框

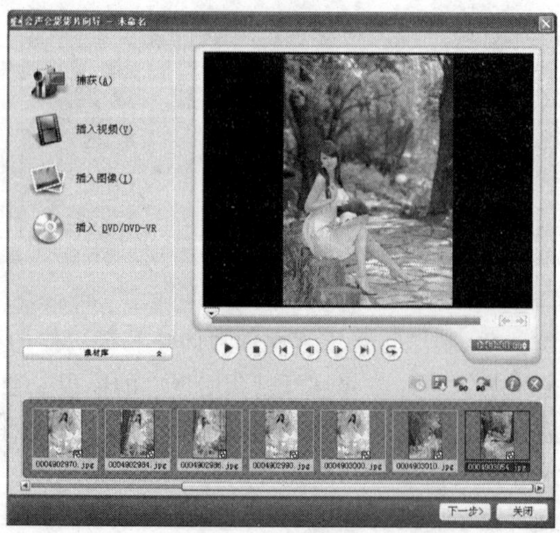

图 6-2-5　素材栏

③ 选中素材，单击“显示素材属性”按钮，可以显示素材的属性，有“常规”选项卡（见图 6-2-6）和 JPEG 选项卡（见图 6-2-7）。如果觉得某张照片不合适，选中该张照片，单击“从媒体素材列表中删除所选的素材”按钮即可将其删除。

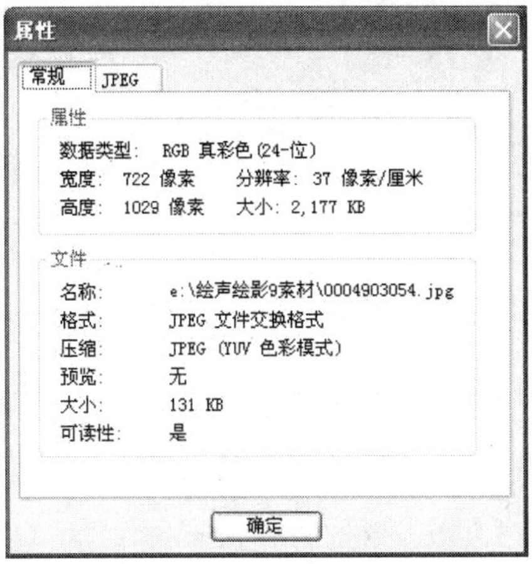

图 6-2-6 素材常规属性

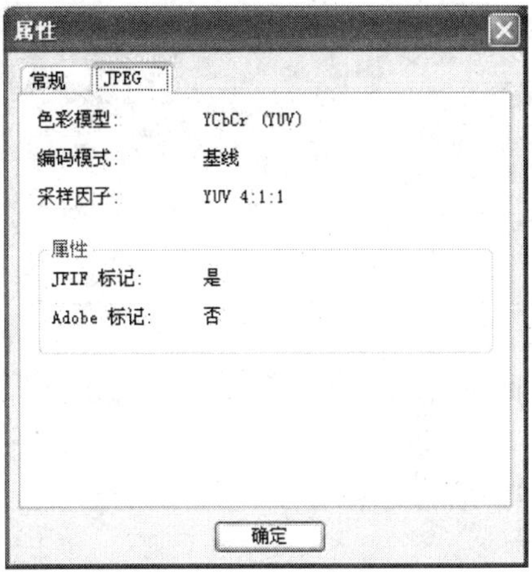

图 6-2-7 素材 JPEG 属性

2. 设置时间区间

按住【Ctrl+A】组合键全选素材列表框中的照片素材，右击，在弹出菜单中选择“区间”命令，在弹出的对话框中输入 0:0:6:0，单击“确定”按钮，如图 6-2-8 所示。这是把每张照片素材的时间区间设置为 6 秒，为以后对素材进行摇动与缩放效果提供时间保证。返回会声会影影片向导窗口，单击“下一步”按钮，如图 6-2-9 所示。

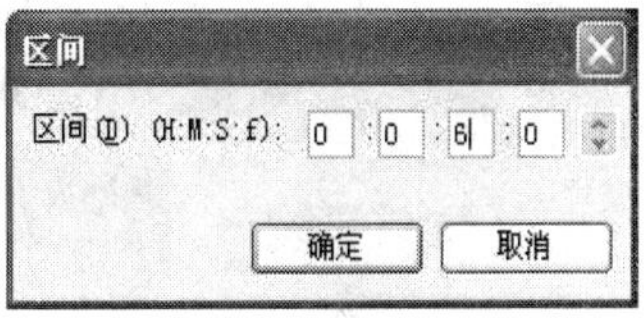

图 6-2-8 时间区间设置框

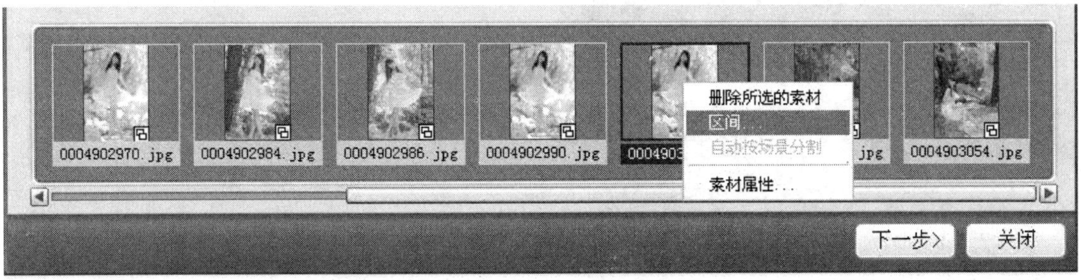

图 6-2-9 设置图像停留时间

3. 应用模板

在主题模板列表中选择“相册”主题，然后单击“秋日之旅”的模板缩略图应用此模板，如图 6-2-10 所示。单击“区间”后的“设置影片的区间”按钮，弹出区间设置对话框（见图 6-2-11），这里默认选择“智能摇动和缩放”复选框。在“区间”选项区域中有“调到图像区间大小”、“适合背景音乐的速度和区间”和“适合背景音乐的速度”三个单选按钮，可以根据需要进行选择。

图 6-2-10　主题模板选项框

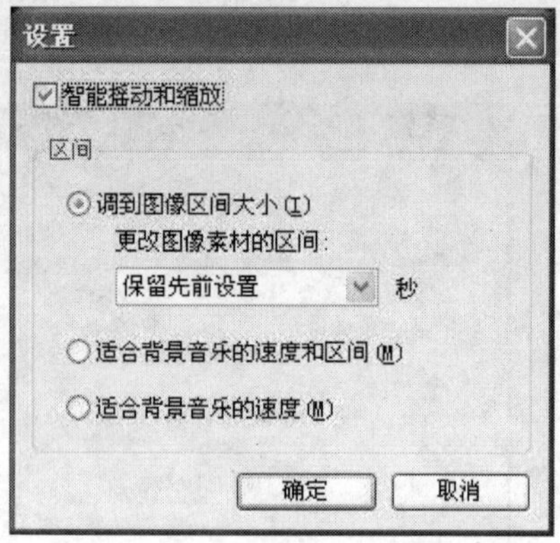

图 6-2-11　区间设置对话框

4. 添加文字

把滑块拖到“蓝色”位置，在主题下拉列表框中出现文字，如图 6-2-12 所示。在影片框中双击文字，可以修改文字内容。选择文字，单击“文字属性”按钮，弹出“文字属性”对话框，如图 6-2-13 所示，在此对话框中可以设置文字的字体、字号、色彩、删除动画、垂直文字、阴影的色彩和透明度等属性。

图 6-2-12　飞梭选择字幕

图 6-2-13　文字属性对话框

5. 设置背景音乐

取消选择“背景音乐”复选框，删除背景音乐，不使用模板提供的音乐，单击“下一步”按钮。如图 6-2-14 所示。

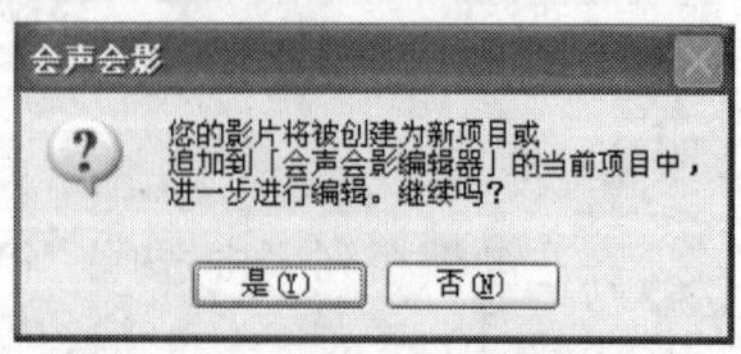

图 6-2-14　背景音乐对话框

6. 视频创建和编辑

这时有三个选择“创建视频文件”、“创建光盘”和“在「会声会影编辑器」中编辑”，这里单击“在「会声会影编辑器」中编辑”文字链接，弹出提示对话框，如图 6-2-15 所示，单击“是”按钮，将影片项目转到编辑器中进行编辑。

7. 保存影片项目

按【Ctrl+S】组合键保存影片项目，名称为“让相机留住我的青春 2.VSP”，如图 6-2-16 所示。

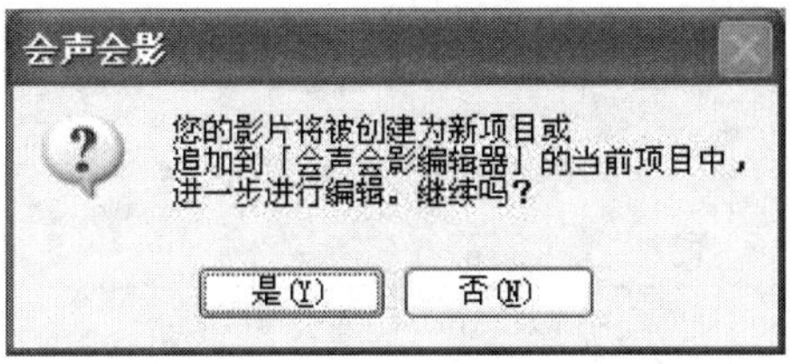

图 6-2-15　是否编辑对话框

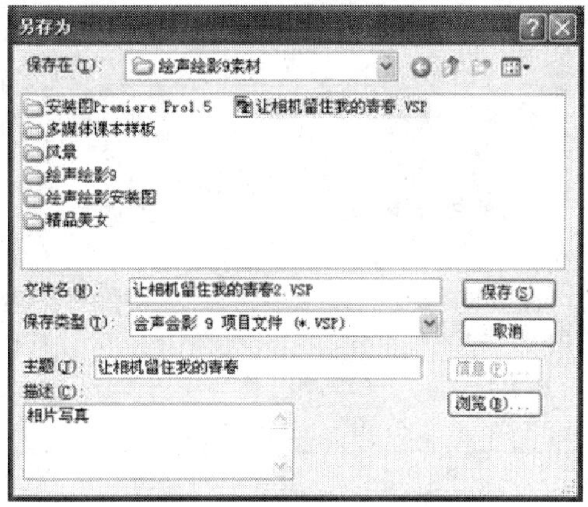

图 6-2-16　保存项目

8. 设置照片的摇动和缩放效果

在会声会影 9 编辑器的时间轴视频轨道中单击照片图像素材，在图像选项面板上选择“摇动和缩放”单选按钮摇动和缩放，单击右侧的“自定义摇动和缩放”按钮自定义，在弹出的对话框中设置照片的摇动和缩放效果。

① 设置开始画面。选择“开始”选项卡，在“原图”窗口拖动红色十字标记设置开始画面的焦点，拖动四周黄色的点设置开始画面的范围（也可以在“缩放率”微调框中设置相应的数值，这里设置为 300%），如图 6-2-17 所示。在“暂停”微调框中输入 30，设置开始画面暂停时间比例，设置暂停时间是为了看清楚停留的画面，如图 6-2-18 所示。

图 6-2-17　焦点

图 6-2-18　设置开始画面

② 设置中间画面。选择“当中”选项卡，选择选项卡右侧的“启用中间帧”复选框，启用中间帧。设置“缩放率”为 255%，“暂停”为 30%（这些数据可由用户根据实际情况自行设定），在“原图”区域中拖动红色十字标记设置中间画面的焦点，如图 6-2-19 所示。

③ 设置结束画面。选择“结束”选项卡，设置“缩放率”为 195%，“暂停”为 30%，并在“原图”区域中拖动红色十字标记设置结束画面的焦点，如图 6-2-20 所示。

图 6-2-19　设置中间画面

图 6-2-20　设置结束画面

④ 设置完成后，单击“播放”按钮查看效果。如果不满意，可以重复步骤①～③，直到满意为止，单击“确定”按钮结束本照片的摇动和缩放设置。其余照片素材也按照相同的方法进行设置。

9. 为照片素材添加滤镜效果

添加合适的滤镜能够使原本生硬的影片变得鲜活起来。

① 在素材库下拉列表框中选择“视频滤镜”选项，将“雨点”滤镜缩略图拖放到第一张照片素材上，如图 6-2-21 所示。

图 6-2-21　“雨点”视频滤镜

② 在选项面板预设中选择一个预设，单击“自定义滤镜”按钮，打开“自定义视频滤镜属性”的设置框，选择第 1 关键帧，在“简单”选项卡中进行设置。“效果控制”选项区域中的“密度”设为 392，“长度”设为 17，“宽度”设为 9，“变化”设为 50；“颗粒属性”选项区域中的“主体”设为 54，“阻光度”设为 64，“背景模糊”设为 15，如图 6-2-22 所示。

③ 选择“高级”选项卡，设置“速度”为 100，“风向”为 270（向下），“湍流”为 0，“变化”为 0，如图 6-2-23 所示。

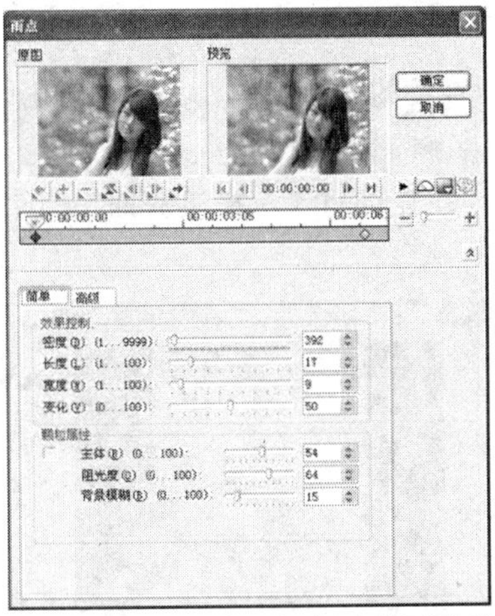

图 6-2-22　“雨点”视频滤镜开始帧“简单”选项卡

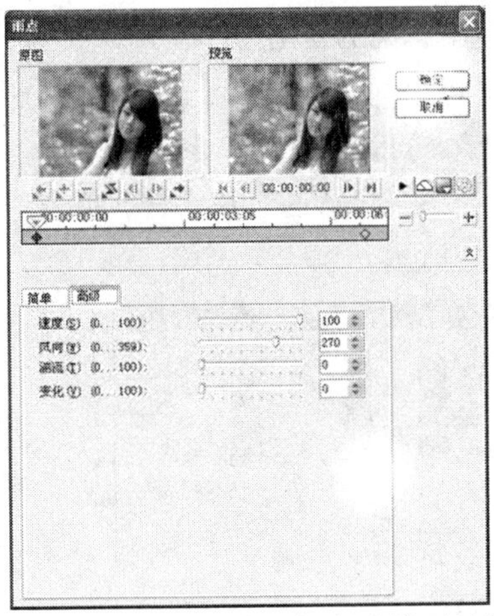

图 6-2-23　“雨点”视频滤镜开始帧“高级”选项卡

④ 选择最后关键帧，在“简单”选项卡中进行设置。“效果控制”选项区域中的“密度”设为 470，“长度”设为 30，“宽度”设为 9，“变化”设为 50，“颗粒属性”选项区域中的“主体”设为 54，“阻光度”设为 63，“背景模糊”设为 15，如图 6-2-24 所示。

⑤ 选择“高级”选项卡，设置“速度”为 100，“风向”为 250（模拟有微风效果），“湍流”为 0，“变化”为 0，如图 6-2-25 所示。

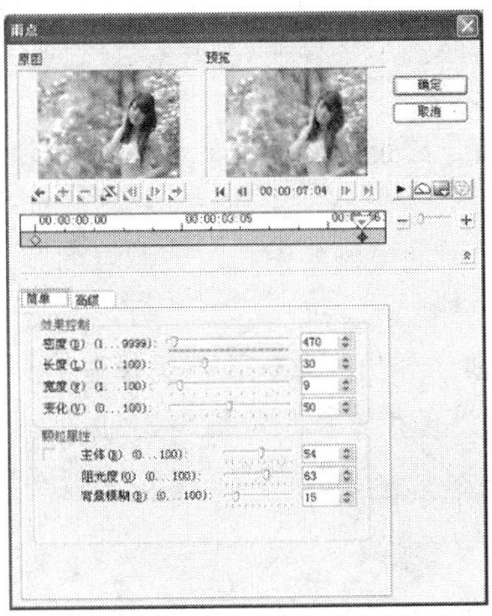

图 6-2-24　“雨点”视频滤镜结束帧“简单”选项卡

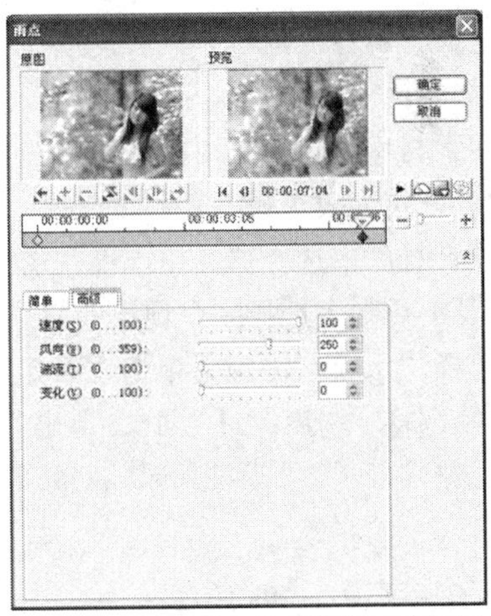

图 6-2-25　“雨点”视频滤镜结束帧“高级”选项卡

⑥ 设置完成后，单击“播放”按钮 ▶ 播放，可以预览效果。如果不满意，重新设置参数，直到满意为止。

⑦ 选择关键帧，在“简单”选项卡中进行设置。“效果控制”选项区域中的“密度”设为 1000，“长度”设为 4，“宽度”设为 50，“变化”设为 50；“颗粒属性”选项区域中的“主体”设为 17，“阻光度”设为 77，“背景模糊”设为 15，如图 6-2-26 所示。设置完成后可以得到下雪的效果。

10. 多个滤镜的使用

我们还可以同时使用多个滤镜，使照片素材达到奇特的效果。例如，同时使用“水流”和“镜像”滤镜，可以实现水中倒影的效果。

① 选择一张合适的照片素材，单击“将图像顺时针旋转 90°”按钮两次，使照片倒置，如图 6-2-27 所示。

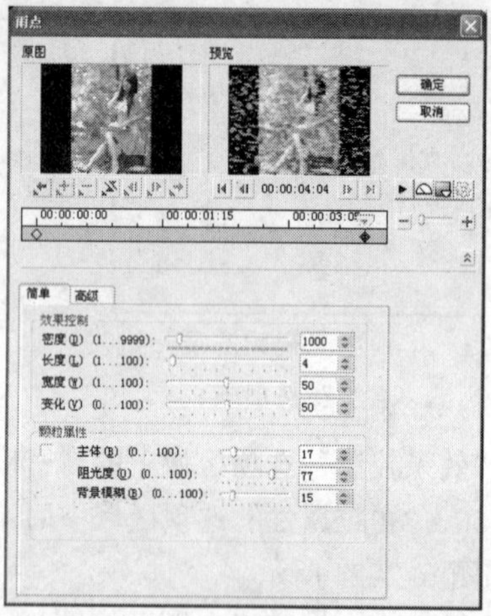

图 6-2-26 利用“雨点”视频滤镜参数设置为雪效果

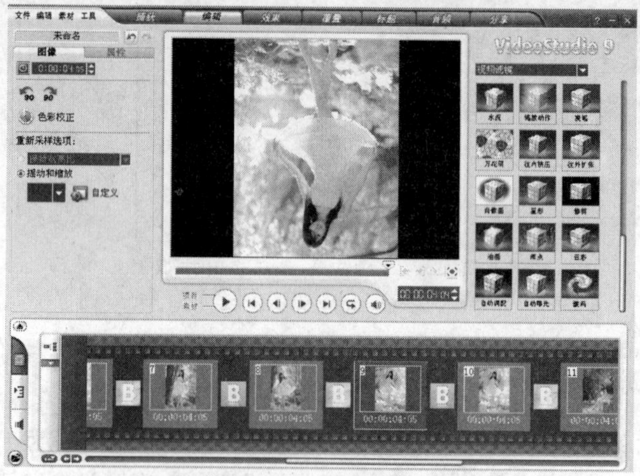

图 6-2-27 倒置照片

② 选择“属性”选项卡，取消选择“替换上一个滤镜”复选框，如图 6-2-28 所示，这样才能够叠加滤镜。

③ 在素材库中选择“视频滤镜”选项，将“水流”滤镜缩略图拖放到倒置的照片素材上，在滤镜预设下拉列表选择一个预设效果。

④ 在素材库中选择“视频滤镜”选项，将“镜像”滤镜缩略图拖放到倒置的照片素材上，在滤镜预设下拉列表选择一个预设效果。

⑤ 选择“水流”滤镜，单击“自定义滤镜”按钮，弹出“水流”滤镜设置对话框。选择最后关键帧，将“程度”设为 15，单击“播放”按钮查看效果，如图 6-2-29 所示。

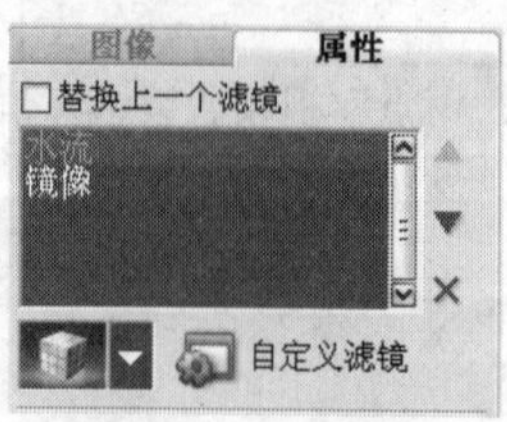

图 6-2-28 滤镜属性

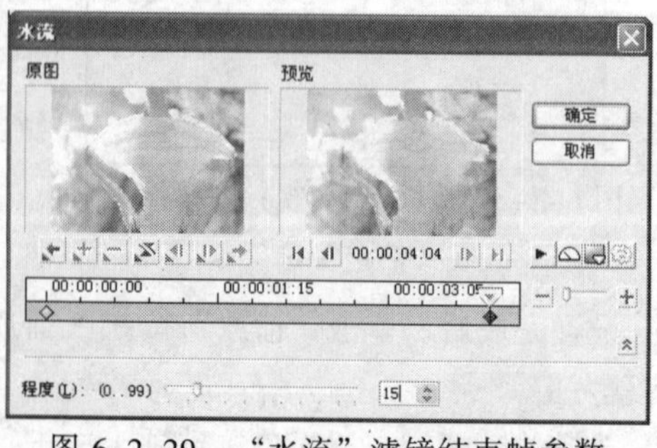

图 6-2-29 “水流”滤镜结束帧参数

⑥ 选择“镜像”滤镜，单击“自定义滤镜”按钮，弹出“镜像”滤镜设置对话框。选择最后关键帧，将“程度”设为 15，单击“播放”按钮查看效果，如图 6-2-30 所示。

⑦ 设置好后在时间轴选择这张倒置的照片素材，单击“播放修整后的素材”按钮，观看两个滤镜叠加后的效果。如果不满意，则重新设置参数，直到满意为止。

⑧ 视频滤镜并不是用得越多越好，在关键素材中恰当地使用滤镜有画龙点睛的效果，但是使用过度则会令观众产生审美疲劳，而且使编辑者增加很大的工作量。因此，建议适度使用即可，没有必要每个素材都使用。

⑨ 除了使用视频滤镜给素材添加特效外，还可以在主视频轨道的覆叠轨上添加素材。在“时间轴视图”模式下，单击按钮，激活复叠轨，在素材库中选择合适的素材拖进覆叠轨，如图 6-2-31 所示。

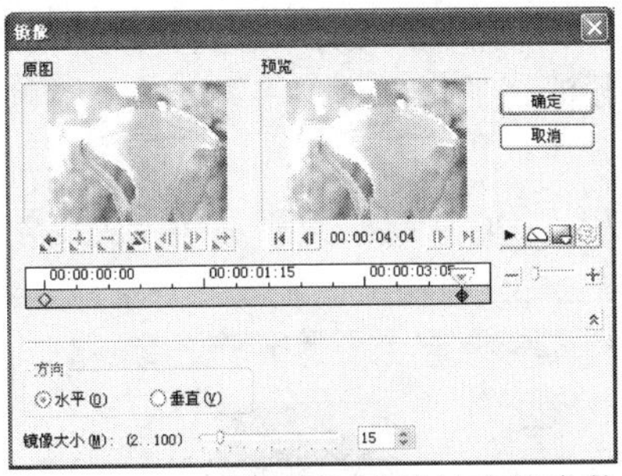

图 6-2-30 “镜像”滤镜结束帧参数

图 6-2-31 覆叠轨素材

11. 素材变形

在时间轴中选择一张照片素材，选择“属性”选项卡，选择“素材变形”复选框，在视频窗口出现八个黄色方块和四个绿色手柄。我们可以通过调节四个角的绿色手柄对素材进进行调节，以达到一种透视的效果，如图 6-2-32 所示。

12. 为覆叠素材添加摇动和缩放效果

在时间轴的覆叠轨中选择需要设置的照片素材，在“编辑”选项卡中选择“应用摇动和缩放”复选框，在“应用摇动和缩放”预设下拉列表选择一个预设效果。单击右侧的自定义按钮，在弹出的对话框中设置照片的摇动和缩放效果。

13. 覆叠轨素材变形

在时间轴的覆叠轨中选择一张照片素材，选择“属性”选项卡，在视频窗口出现八个黄色方块和四个绿色方块。我们可以通过调节四个角的绿色手柄对素材进行调节，使覆叠素材变形，刚好覆盖视频素材轨素材画面相对应的图片，以达到与背景相符的一种透视的效果，如图 6-2-33 所示。

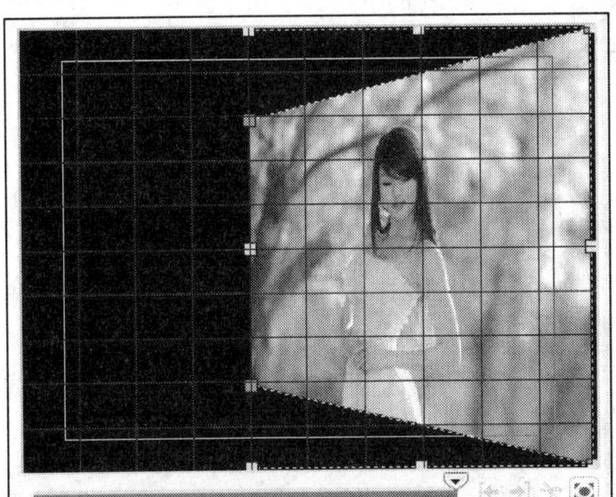

图 6-2-32 时间轴素材变形

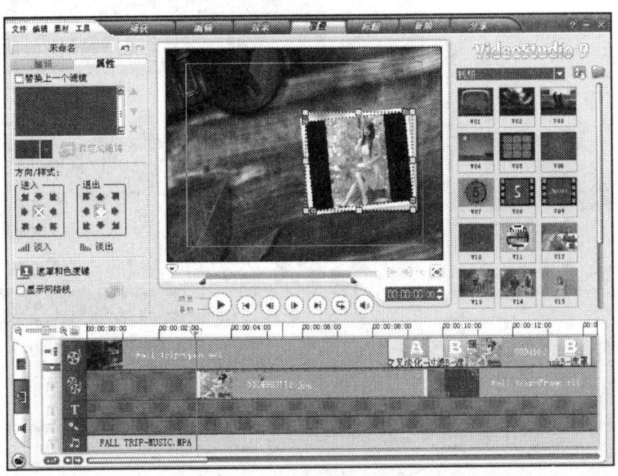

图 6-2-33 覆叠轨素材变形

14. 给覆叠素材添加视频滤镜

创作思路：给覆叠轨上第 1 张照片素材添加“修剪”视频滤镜，模拟照相机快门瞬间开关的拍照效果。

① 在覆叠轨上选择第 1 张照片素材，在“编辑”选项卡中修改时间区间为 5 秒，并将其拖到“图片”素材库中备用。将刚刚拖到图片素材库中的素材拖到覆叠轨上，重复拖动两次。在覆叠轨上选择第 2 张素材，将它的时间区间修改为 10 毫秒，并取消选择“应用摇动和缩放”复选框。

② 在素材库中选择“视频滤镜”选项，将“修剪”滤镜缩略图拖放到第 2 张覆叠素材上。在“属性”选项卡中单击自定义滤镜按钮，弹出“修剪”视频滤镜的属性框。将第 1 个关键帧的“宽度”和“高度”设为 100，如图 6-2-34 所示。

③ 将时间线上的滑块拖动到中间位置，单击按钮，在时间线中间添加一个关键帧，并设置这个关键帧的“宽度”为 100，“高度”为 0，如图 6-2-35 所示。

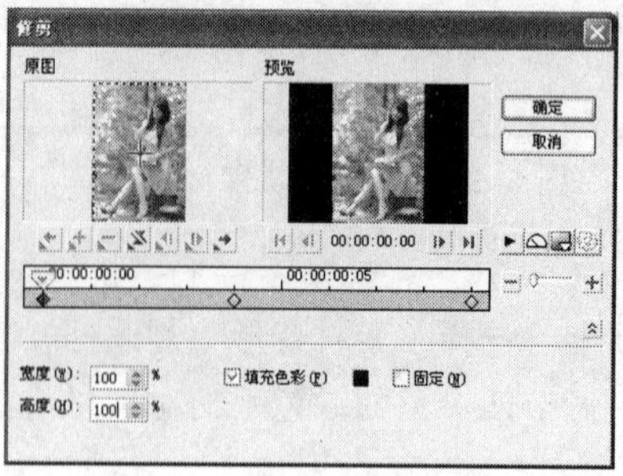

图 6-2-34 “修剪”滤镜开始帧参数

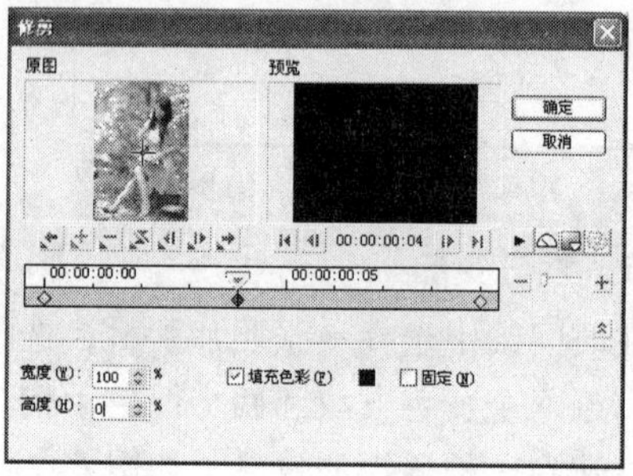

图 6-2-35 “修剪”滤镜中间帧参数

④ 选择最后一个关键帧，并将“宽度”和“高度”设置为 100，单击按钮查看效果，然后单击“确定”按钮完成设置。

15. 添加字幕

① 将时间轴当前时间滑块定位到合适位置，打开“标题”素材库，选择“节日愉快”缩略图拖动到标题轨。在预览窗中单击显示出标题框，修改为“小雨中漫步”，时间区间设置为 3 秒，如图 6-2-36 所示。习惯上字幕一般在画面出现片刻后出现，并在画面结束前消失。

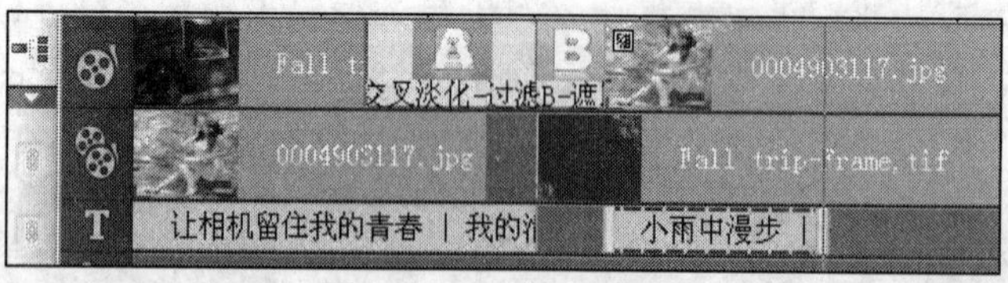

图 6-2-36 添加字幕

② 选择“动画”选项卡，选择“应用动画”复选框，并在“类型”中选择“缩放”效果。弹出“缩放动画”对话框，参照图 6-2-37 进行参数设置，“单位”为行，“缩放起始”值为 3.0，“缩放终止”值为 1.0。

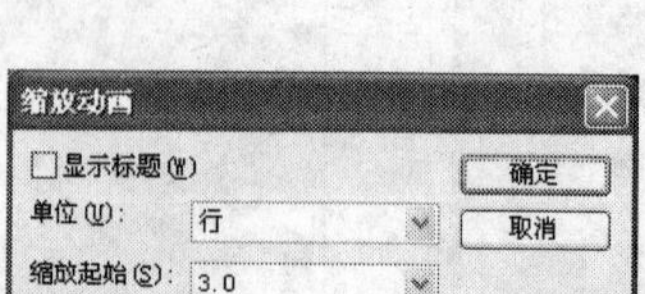

图 6-2-37 字幕缩放动画设置框

16. 添加音频

① 单击“音频”按钮，定位时间轴当前时间标记中的滑块到需要添加音频的开始位置。单击“加载音频”按钮，弹出“打开音频文件”对话框。在查找范围中选择音频所在文件夹，找到“竹笛 – 梦里水乡.mp3”文件，单击“打开”按钮，把音频文件添加到“音频”素材库中，如图 6-2-38 所示。在音频素材库中选择这个文件，并将其拖到“音乐轨”中。

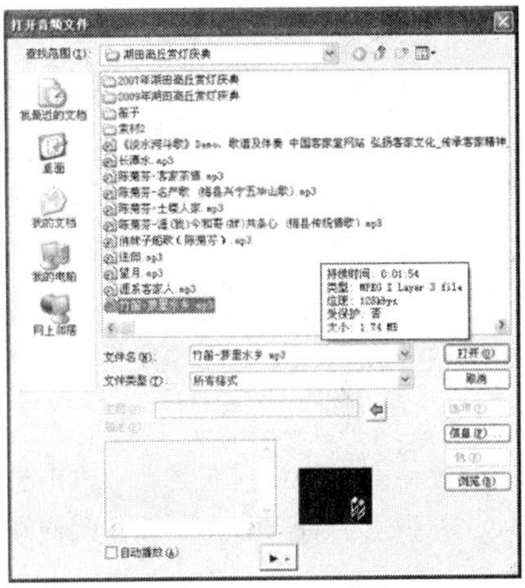

图 6-2-38　打开音频文件选择框

② 拖动黄色手柄，或者单击“开始标记”按钮，标记开始点；单击“结束标记”按钮标记结束点。然后单击“播放修整后的素材”按钮播放音频，检查音频是否精确定位，如果标记点不合适，单击“上一帧/下一帧”按钮往前或者往后移动数帧，再单击“开始/结束标记”按钮标记音频的开始和结束点，直到精确定位，并使音频长度与视频长度相适应。

③ 如果有旁白音频，应该将其拖放到“声音轨”中，按照第②步骤使音频、视频和字幕精确定位。

④ 按住【Ctrl+S】组合键保存项目。

17. 分享视频

① 在创建视频或者光盘前，先单击“项目回放”按钮预览影片，查看影片是否有错或者需要修改的地方。

② 单击“分享”按钮打开菜单，如图 6-2-39 所示。单击“创建视频文件”文字链接，在弹出菜单中选择 PAL DVD 4:3 选项，在弹出对话框中设置输出路径和文件名，单击“保存”按钮将影片渲染成 PAL DVD 4:3 视频文件，也可直接创建光盘。如图 6-2-40 所示。

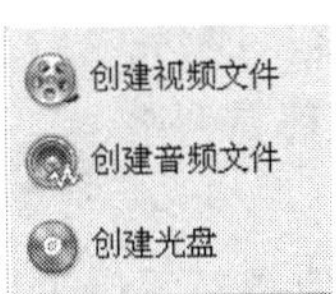

图 6-2-39　“创建”菜单

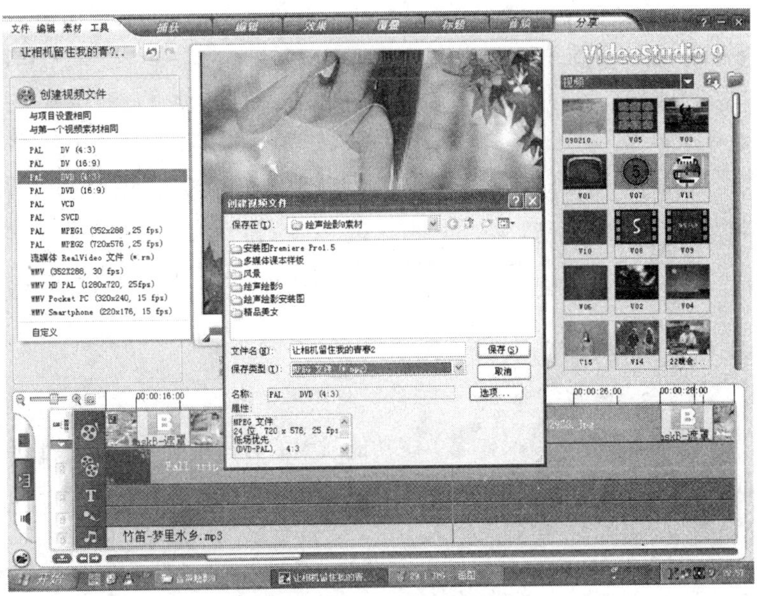

图 6-2-40　创建视频文件

规律总结

1. 捕获卡的要求

从模拟来源捕获视频时，请确保模拟捕获卡能支持 RGB 或 YUV 捕获。

2. 启动画面

如果要为视频项目使用宽银幕格式，需单击 16:9 按钮。

3. DV 转 DVD 向导

① 如果要捕获并刻录一小时的 DV 磁带，在进入下一步前，需要选取所有场景并确保有 20GB 的可用硬盘空间。整个过程将需要大约 5 小时才能完成。

② 在用最大速度扫描 DV 磁带时，每次扫描此磁带所检测到的场景可能不同。检测到的场景取决于所用 DV 摄像机的类型。

4. 捕获

要检查 MPEG 捕获设置，单击选项面板中的“选项”按钮，并选择视频和音频捕获属性设置选项，在弹出的对话框中，选择“捕获”选项卡。要查看更多 MPEG 设置，需选择“高级”选项卡。

5. 效果

在将“相册翻转”转场效果应用到素材之前，请确保系统已经更新了最新的显示卡驱动程序。

6. 音频

在将某些 VST 音频外挂插件应用到音频素材时，可能会使素材静音。这会发生在多线程的应用程序中，如会声会影。请联系此 VST 外挂插件的供应商，来检查此问题。

7. 分享

① 创建 MPEG 视频文件或 DVD/VCD/SVCD 标准的 MPEG 文件。

单击“创建视频文件”按钮并从弹出的菜单中选择一个影片模板，或选择“与项目设置相同”或“与第一个视频素材相同”选项，按照项目设置或视频轨上第 1 个素材的属性来生成 MPEG 文件。

或单击“创建视频文件”按钮并选择“自定义”选项。从“保存类型”下拉列表框中选择“MPEG 文件”选项，然后单击“选项”按钮，为此视频文件指定属性。

② 在“导出”中的“影片屏幕保护”仅支持 WMV 文件格式。

知识链接

1. 会声会影简介

会声会影是一款操作简单、功能强大的 DV、HDV 影片剪辑软件。它不仅具有完全符合家庭或个人所需的影片剪辑功能，甚至可以挑战专业级的影片剪辑软件。无论是剪辑新手、高手，会声会影能助您完整纪录生活大小事，发挥创意无限感动。

创新的影片制作向导模式，只要三个步骤就可快速做出 DV 影片，即使是新手也可以在短时间内体验影片剪辑乐趣。同时，操作简单、功能强大的会声会影编辑模式，从捕获、剪接、转场、特效、覆叠、字幕、配乐到刻录，全方位剪辑出好莱坞级的家庭电影。

其成批转换功能与捕获格式完整支持，让剪辑影片更快、更有效率。画面特写镜头与对象创意覆叠，可做出新奇百变的创意效果。配乐大师与杜比 AC3 支持，让影片配乐更精准、更立体。酷炫的 128 组影片转场、37 组视频滤镜、76 种标题动画等丰富效果，让影片精彩有趣。

结婚回忆、宝贝成长、旅游记录、个人日记、生日派对、毕业典礼等美好时刻，都可轻轻松松通过会声会影剪辑出精彩创意的家庭影片，与亲朋好友一同欢乐分享。

2. 会声会影神奇特效——视频滤镜

在制作视频影片时，如果能给影片加上一些特效，会给人很强的视觉冲击，带来很好的欣赏效果。如果给影片加上框之类的东西，会给人朦胧的感觉，让人耳目一新。例如，使用会声会影的“肖像画”滤镜就能轻松地实现朦胧的效果。

（1）什么是视频滤镜

它是利用数字技术处理图像，以获得类似电影或电视节目中出现的特殊效果。视频滤镜可以将特殊的效果添加到视频中，用以改变素材的样式或外观。例如，可以改善素材的色彩平衡，为素材添加动态的光照效果，使素材呈现出绘画效果等。添加视频滤镜后，滤镜效果会应用到素材的每一帧。通过调整滤镜属性，可以控制起始帧到结束帧之间的滤镜强度、效果和速度。

当然，在会声会影中还可以采用多个视频滤镜应用到一个视频素材。只需选取另一个视频滤镜，然后将它应用到目标素材。所应用的视频滤镜将出现在故事板步骤的第 2 页。若要调整视频滤镜，只要选取它，然后选择“选项”，列表左边也有向上和向下的箭头按钮，可使用这些按钮来安排视频滤镜应用到视频素材上的顺序。

（2）添加视频滤镜的方法

使用会声会影制作视频滤镜的方法很简单，只需按下面的步骤制作即可。

① 运行会声会影，新建一个项目，保存为“特效演示”。往视频轨拖进需要处理的视频或者图片文件，如图 6-2-41 所示。选择需要添加滤镜的视频或者图片，单击“编辑”按钮进入“编辑”步骤，在故事板上单击选中要添加滤镜效果的视频，然后单击选项面板右侧的“视频滤镜”按钮，切换到第 2 个选项页，如图 6-2-42。

图 6-2-41　创建项目“特效演示”

图 6-2-42　视频滤镜

② 这时在右侧的素材库中显示多种滤镜，首先在可用的滤镜中选取要应用的视频滤镜类型，在素材库中单击，选中需要使用的视频滤镜“油画”，预览窗口显示当前所选滤镜的效果，按住鼠标将其拖到故事板的视频片断上，这时在选项面板上显示当前素材所添加的视频滤镜，同时在素材库中显示视频滤镜略图，如图 6-2-43 所示。

③ 预览效果。在选项面板的预设略图中选择一种预设略图，然后单击“播放素材”按钮，可以查看在样本中应用的效果。

④ 调整参数。如果对预设的滤镜不满意，还可以进行调整。单击“自定义滤镜”按钮，弹出设置对话框，在此进行适当调整即可，如图 6-2-44 所示。

图 6-2-43 “油画”视频滤镜

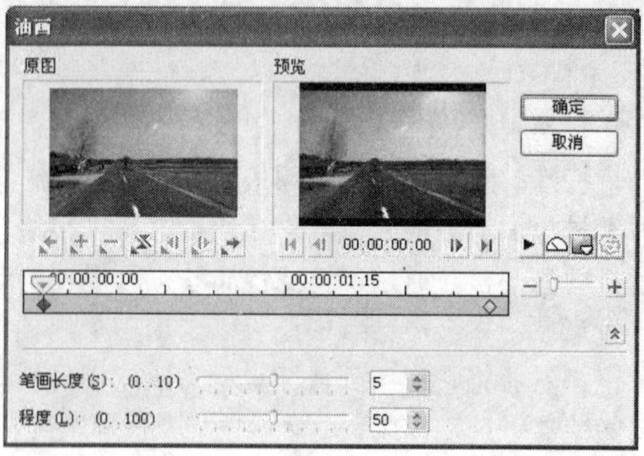

如图 6-2-44 “油画”视频滤镜设置

a. 在“原图”区域中可以看到素材的特性。如果要看原图的效果，可以单击“播放”按钮；在“预览”区域中可以播放已在素材上应用效果的预览，拖动窗口下方的滑动条可以浏览确定的帧。

b. 调整笔画长度。笔画长度值越小，图像越细腻，制作的影像越柔和；相反，制作出的影像锐利。

c. 调整程度。这表示制作油画程度，其值越小，油画程序越低；若其值为 0，则是没有添加油画效果一样。

在这一步调整时要注意，因高级选项只能针对视频素材的起始帧和结束帧进行调整，因此只有将预览滑块移动到第一帧和最后一帧的位置才可以设置参数。

④ 应用。调整结束后单击“确定”按钮返回会声会影主界面，这时软件会自动将该滤镜效果应用到视频中。当应用完视频滤镜之后，应用滤镜的素材左边将出现一个小图标，这有助于知道哪些素材已应用过视频滤镜，如图 6-2-45 所示。如果要从素材中删除视频滤镜，只要移到选项面板的第二页，然后选取想要删除的视频滤镜，并单击“删除视频滤镜”按钮即可。

图 6-2-45 时间轴视频轨道上的视频滤镜

（3）用关键帧设置多个滤镜

会声会影允许用多种方式自定义视频滤镜，其中方法之一是在素材上添加关键帧。关键帧是素材上的某些帧，在这些帧上可以为视频滤镜指定不同的属性或行为方式。可以灵活地决定视频滤镜在素材任何位置上的外观。操作步骤如下：

① 将视频滤镜从素材库中拖放到时间轴的视频素材上，在将视频滤镜拖放到素材上后，“选项面板”将自动切换到“视频滤镜”选项卡。

② 单击按钮，将弹出此视频滤镜对应的对话框。在“原图”区域，拖动飞梭栏或使用箭头按钮，可以转到目标帧，来修改视频滤镜的属性。单击“添加关键帧”按钮可以将此帧设置为素材中的关键帧，接着就可以为此特定的帧调整视频滤镜的设置。

提示：时间轴控制栏上将显示一个菱形的标记，表明此帧是素材中的一个关键帧。

③ 还可以添加和删除关键帧。可以用时间轴控件编辑或转到素材中的关键帧。要删除关键帧，单击“删除关键帧”按钮；要翻转时间轴中关键帧的顺序，可以单击“翻转”按钮，这样视频序列将从终止关键帧开始，到起始关键帧结束；要移动到后续的关键帧，单击“下一个关键帧”按钮即可；要移动到当前所选关键帧的上一个关键帧，单击“上一个关键帧”按钮即可，如图 6-2-46 所示。

最后，单击此对话框中的“播放”按钮，可以预览所做的修改。认为完成后单击“确定”按钮即可。

（4）常用滤镜简介

会声会影为用户提供了 45 种滤镜，下面简单地介绍几种比较常用的几种滤镜的用途、应用效果及使用方法。

① “肖像画”滤镜。

在视频上覆叠一个指定形状的遮罩，并且可以将柔化效果应用到遮罩中，如图 6-2-47 所示。

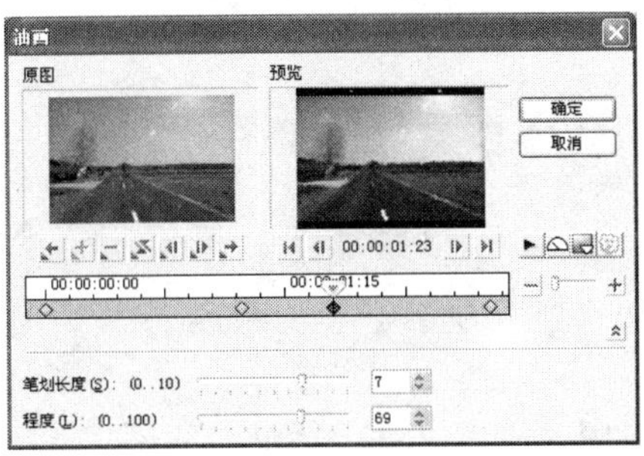

图 6-2-46 “油画”滤镜中添加关键帧

图 6-2-47 “肖像画”滤镜效果

在选项中可以进行以下一些设置：

a. 镂空罩色彩：显示帧的当前色彩，可以指定遮罩的颜色，单击色彩方块以改变它。

b. 形状：可以指定遮罩的形状，这里提供了椭圆形、圆形、正方形以及矩形四种形状。

c. 柔和度：指定帧的大小以及如何混合到图片中去。

② “风”视频滤镜。

给予素材一种被风吹的效果，如图 6-2-48 所示。

图 6-2-48 “风”滤镜效果

在自定义滤镜选项中可以进行以下设置：

a. 方向：可以选定风的来源，从左向右或从右向左刮。

b. 模式：可以通过水平移动较亮的像素选择是应用微风效果还是应用强风效果。在微风中，风尾逐渐消失；在强风中，风尾消失更加明显。

c. 程度：指定风尾的长度，值越高产生的效果更长。

③ “雨点”视频滤镜。

给予素材一种下雨的效果，调节参数可以做成下雪的效果，如图 6-2-49～图 6-2-51 所示。

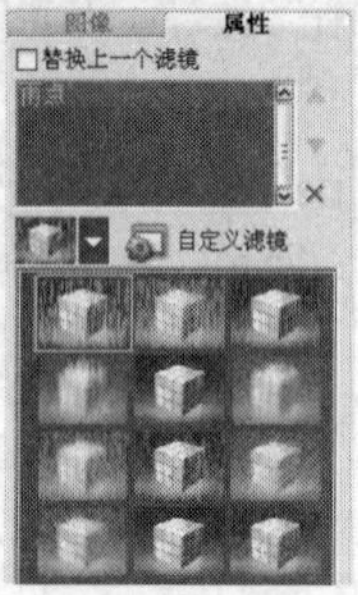

图 6-2-49 “雨点”视频滤镜设置

图 6-2-50 “雨点”视频滤镜原图

图 6-2-51 “雨点”视频滤镜效果

在自定义滤镜选项中可以进行以下设置：

- 密度：可以选定雨点的稠密。
- 长度：选定雨滴的长度。
- 宽度：选定雨滴的宽度。
- 变化：指雨滴落下时的形态变化，变化不同的场景，防止单调的画面。
- 主体：颗粒主体的大小。
- 阻光度：雨点的透明度。
- 背景模糊：可以调节背景模糊程度，雨大的时候背景比较模糊。
- 速度：雨滴下落的速度，可以调节为小雨、大雨或是暴雨。
- 风向：雨滴下落的方向，可以表现是否有风的情景。
- 流：调节雨点的不规则运动，表现风向的变动。

④ “光线”滤镜。

在视频中添加静止或移动的彩色光线，如图 6-2-52 和图 6-2-53 所示。

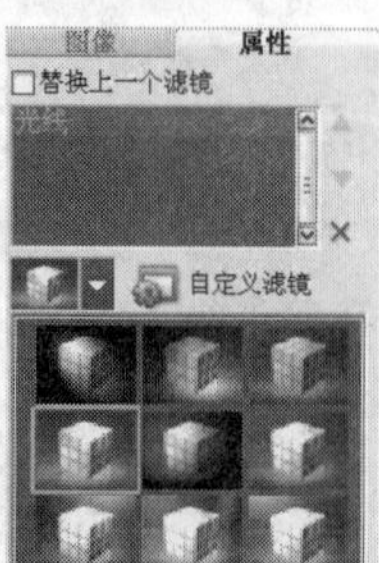

图 6-2-52 “光线”滤镜设置

图 6-2-53 “光线”滤镜效果

在自定义滤镜选项中可以进行以下设置：

- 添加：单击此处的“+”按钮可以在素材上添加一条光线，最多能添加 10 条光线。如果需要减少光，可以单击“-”按钮删除。
- 光线色彩：显示当前光线颜色，单击色彩方块以改变颜色。
- 外部色彩：显示背景光线的颜色，单击色彩方块以改变颜色。
- 距离：指定光线距离素材多远，有最远、远、正常、靠近、最近五个选项。
- 曝光：可以确定选择素材曝光的时间。
- 固定：选择设定作用在整个素材上的效果程度。
- 高度：指定光线的垂直角度。
- 倾斜：指定光线的水平角度。
- 发散：指定被光线染色区域的大小。

⑤ “云彩”视频滤镜。

在视频中添加流动的云彩，用于天空、远景等场景，可以使场景更加生动，给人物、物件添加“云彩”滤镜，可以使视频中的人或物充满神秘色彩，如图 6-2-54 和图 6-2-55 所示。

图 6-2-54 “云彩”视频滤镜原图

图 6-2-55 “云彩”视频滤镜效果

⑥ “缩放动作”视频滤镜。

将素材中的像素向中心焦点偏移，创建缩放移动的效果，如图 6-2-56 和图 6-2-57 所示。

图 6-2-56 “缩放动作”视频滤镜原图

图 6-2-57 “缩放动作”视频滤镜效果

在自定义滤镜选项中可以进行以下设置：

- 模式：选择动作的来源，可以是“相机”和“光线”模式；
- 速度：设置移动的速度，速度越大引起模糊的效果更明显。

⑦ “修剪”视频滤镜。

通过在画面上指定修剪区域，使画面显示出来。若选取“调到帧大小”选项，保留的区域将调成整个窗口的大小；若选取“填充色彩”选项，裁掉的区域（不要的部分）将填入单色。如图 6-2-58 和图 6-2-59 所示。

图 6-2-58 “修剪”视频滤镜原图

图 6-2-59 “修剪”视频滤镜效果

在自定义滤镜选项中可以进行以下设置：

- 宽度：指定选定区域的宽度相对于原始宽度的比例。
- 高度：指定选定区域的高度相对于原始高度的比例。
- 填充色彩：以单色填满不要的区域，单击色彩方块可改变当前的色彩。
- 固定：选择此选项可固定修剪区域的中点。

⑧ “光芒”滤镜。

将星状的具有透过三棱镜照射效果的光芒放置在素材上，如图 6-2-60 所示。

图 6-2-60 “光芒”滤镜效果

在自定义滤镜选项中可以进行以下设置：

- 分支：可以指定星光线的条数。
- 角度：可以指定光线的旋转角度。
- 固定：可以设定均等作用于整个素材上的效果程度。
- 半径：用它可以来指定光环的内部大小。
- 长度：指定光线的长度。
- 宽度：指定在基准上的光线厚度。
- 阻光度：指定当作用在素材上时有多少可视效果。

除了上面介绍的八种滤镜外，会声会影还提供了平均、色调和饱和度、涟漪、模糊、反转、锐化、亮度和对比度、万花筒、炭笔、色彩平衡、镜像、色彩偏移、单色、水流、彩色笔、马赛克、水彩、油画、漩涡、挤压、浮雕以及扩张等 30 多种滤镜，它们可以创造出不同的滤镜效果。

3. 使用会声会影轻松实现“画中画”

DV 后期的编辑十分重要，尤其是一些特殊效果的使用，一定会使作品增色不少。最近在一些电视台的现场直播类节目中，经常会在电视画面中开辟一个小窗口，播放一些现场街头采访拍摄的电视画面，形式新颖、极具吸引力。这种画面效果就是下面要介绍的“画中画”。“画中画”效果制作起来并不难，不需要专业的视频编辑软件，一般用户只要用会声会影视频编辑软件就可以轻松实现。

① 运行会声会影 9，单击“新建项目”按钮，设置好工作文件夹的位置，选取需要的模板，如 PAL VCD，单击“确定”按钮，进入故事板界面。

② 单击界面最上端的“故事板”下三角按钮，选择“视频”选项，再单击界面左下角的“切换到时间轴模式”按钮，如图 6-2-61 所示。

③ 单击视频轨，将背景视频拖入视频轨，调整到合适的位置，如图 6-2-62 所示。

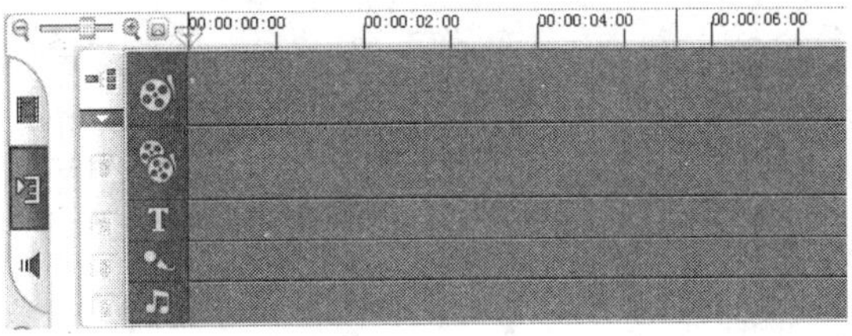

图 6-2-61　时间轴模式

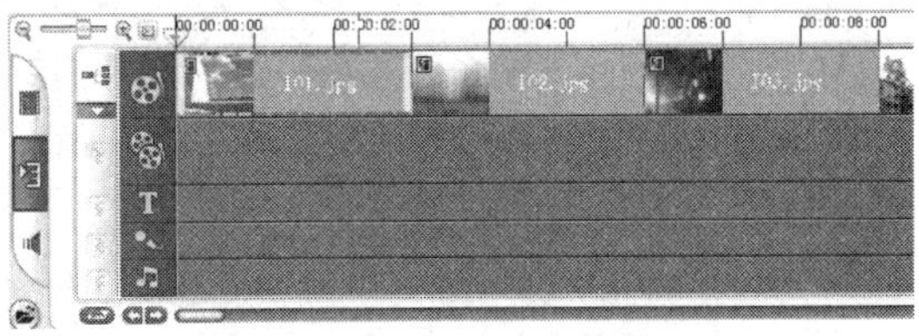

图 6-2-62　向视频轨添加素材

④ 单击覆叠轨，将需要做成小画面的视频拖入覆叠轨，并将其调整到合适的位置，如图 6-2-63 所示。

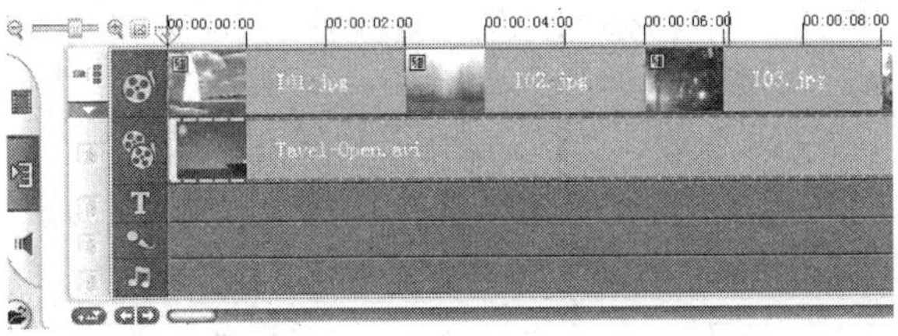

图 6-2-63　向覆叠轨上添加素材

⑤ 选择界面左上方选项控制面板的“属性”选项卡，属性选项卡有“替换上一个滤镜”、“方向/样式”、“遮罩和色度键”、“显示网格线”4 个功能选项，“方向/样式”选项包含了“进入”、“退出”、“淡入”、“淡出”4 个设置，如图 6-2-64 所示。下面对这四个关键点作详细说明。

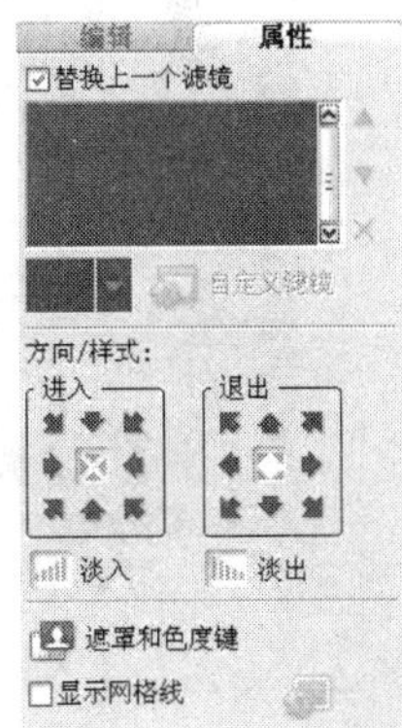

图 6-2-64　画中画“属性”选项卡

a. 设置“方向/样式”。运动类型实际上是指“画中画”视频的位置相对于背景视频画面来讲是静止的还是运动的。单击“方向/样式”下面的“进入”、“退出”箭头，各有 9 种运动方式，分为从左向右、从右向左、从上向下、从下向上、静止，每一种又各分为从屏幕外开始到屏幕内结束、从屏幕外开始到屏幕外结束、屏幕内开始到屏幕外结束。样式可以设置“淡入”、“淡出”，用户可以根据需要，灵活选择。如果需要使覆叠轨素材画面相对位置固定，在“方向/样式”选项区域中方向选择进入、退出中间的“静止”按钮，样式则不要选择“淡入”、“淡出”按钮，这样画面的相对位置就是静止的。一般来讲，“画中画”的相对位置还是选择静止较好。

可以任意调整“画中画”在背景视频画面上的位置。最好不要放置在正中央，以免喧宾夺主。

调整“画中画”画面的大小。可以拖动 8 个黄色的手柄调节“画中画”的大小，“画中画”比例一般不宜大于整个画面的 50%，如图 6-2-65 所示。

b. 设置“遮罩和色度键”。在“属性”选项卡中，选择“应用复叠选项”复选框，可以选择“色度键”类型，用“相似度”吸管吸取主画面颜色，使复叠影片背景半透明，如图 6-2-66 所示。

图 6-2-65 黄色手柄调整“画中画”画面的大小

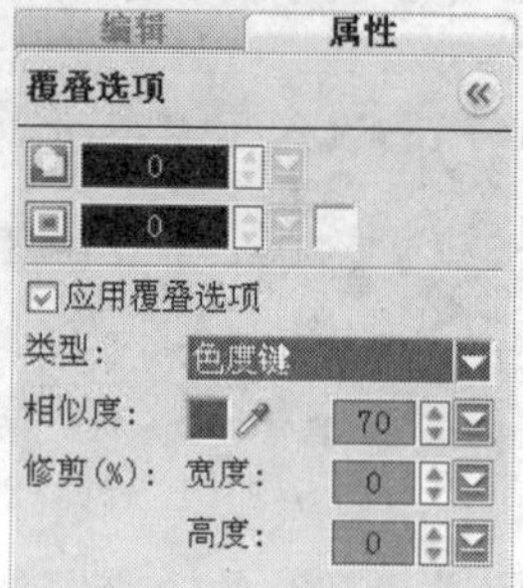

图 6-2-66 “遮罩和色度键”属性

至此，完成了“画中画”的各项设置。如图 6-2-67 所示，为说明问题，本例将覆叠轨的动画效果设为“退出静止”、“停靠在底部居右”。单击“遮罩和色度键”按钮打开“覆叠选项”的“属性”选项卡，将“透明度”设为 50、“边框”设为 0，选择“应用覆叠选项”复选框，类型为“色度键”，“相似度”设为 70，然后用滴管工具在视频轨的素材中选择与覆叠轨相近的颜色，直到覆叠轨素材基本融入视频轨素材中。单击预览窗口下最左边的“播放修整后的素材”按钮，计算机经过一番处理、渲染后如图 6-2-68 所示，这样就可以看到“画中画”的效果了。

图 6-2-67 画中画背景

图 6-2-68 画中画背景半透明

4. 会声会影的驱动程序

① QuickTime 6.52：这是来自 Apple 的视频格式，用于创建和回放 MOV 和 QT 等文件格式的影片。应该安装 QuickTime 6.52 或以上版本，才能够在会声会影中使用“自动音乐”功能（如 SmartSound QuickTracks&reg）。

② SmartSound Quicktracks：这是来自 SmartSound&reg 的外挂插件，已被集成在会声会影中。它提供了一个高品质的声音库，可以将它们作为背景音乐添加到影片项目中。

③ RealPlayer 10.5：这是来自 Real Networks 的较新的播放器，用于播放来自 Internet 的 Real Video 和 Real Audio 文件。建议安装该驱动程序。

④ Intel Indeo 5.2：这是 QuickTime 用于创建和播放 AVI 文件的编码解码器，应该安装 Intel Indeo 5.2 或以上版本，才能够在“会声会影影片向导”中使用样式模板。

⑤ Acrobat Reader 5.0：这是 Adobe 的 Acrobat Reader 较新的版本，用于查看会声会影的

电子手册。建议安装该驱动程序。

⑥ Microsoft DirectX：是来自 Microsoft 的驱动程序，可以改进视频文件的回放性能。在安装会声会影时，它会被自动安装。

⑦ Microsoft Windows Media Format：来自 Microsoft 的驱动程序集，允许创建 WMV 和其他流媒体文件。在安装会声会影时，它们会被自动安装。

⑧ Macromedia Flash Player 9：此软件播放器允许播放 Flash 动画文件（SWF）。会声会影附带有大量的 Flash 动画文件，可以将它们用在视频中。

5. 注意事项

① 在单色的背景素材上渲染文字标题时，该文字可能变得模糊。这是由特定的压缩类型造成的。要获得较好的效果，可尝试使用 Video1、RLE、或“不压缩”选项。

② “视频贺卡”功能不支持 QuickTime 文件。

③ 如果想在其他机器上分享或播放视频，应确保使用一个通用的编码解码器，如 Cinepak、Indeo 或 MPEG。如果使用硬件的编码解码器，如 MJPEG，可能不能在其他机器上查看该视频，除非该机器上有相同的捕获卡。

④ 在播放 QuickTime 文件时可能遇到过一些问题。例如，回放不流畅，或者在播放后单击“停止”按钮不能切换到“开始”按钮。遇到这些情况时，可将 QuickTime 视频设置切换到安全模式。通过单击控制面板中的 QuickTime 图标来实现该操作。

⑤ 某些摄像机（特别是一些 Panasonic 型号）有一个小问题，即不能从计算机上录制影片。如果遇到这样的问题，可以设置在传送视频到摄像机之前，使会声会影暂停一会儿。在主程序文件夹（在 All Users.WINNT）中找到 msdevctl.ini 文件，将该文件在“记事本”中打开，然后修改下列语句（1 秒=1000）：

```
[MainSec]
RecordDelay=1000
```

⑥ Hitachi DVD 摄像机支持的帧大小包括：

- 352×480（NTSC）
- 704×480（NTSC）
- 352×576（PAL）
- 704×576（PAL）

⑦ 在 Windows Me 中，MicroMV 和基于 BT878 捕获卡之间的冲突。此冲突在同时使用 Sony MicroMV 和 BT878 捕获卡驱动程序时发生。后者驱动程序的捕获功能将失败。

⑧ 要在捕获或刻录光盘时，避免出现硬盘空间不足的问题，请确保指定用做捕获和刻录的工作文件夹有足够的剩余空间。可以在视频编辑器的“参数选择”和 DV 转 DVD 向导的“高级设置”对话框中检查此选项。

⑨ 在 DV 转 DVD 向导中，如果在计算机中安装了多个刻录机，或默认的驱动器不是刻录机，那么应在“高级设置”对话框中指定要使用的刻录机。

6. 动画原理

现代医学证明，人类具有视觉暂留的特性，就是说人的眼睛看到一幅画或一个物体后，在 1/24 秒内不会消失。利用这一原理，在一幅画还没消失前播放下一幅画，就会给人造成流畅的视觉变化效果。只要将一系列相关的图像以 1/24 秒的速度播放就可以得到动态的影像。

本 章 练 习

1. 试将 VCD、DVD、MPG 格式的影片转换为 RMVB、WMV 和 AFS 格式。

2. 用会声会影制作一个有声电子相册，并刻录成光盘。

3. 找一些照片或者视频片断练习视频滤镜的用法。

【知识要点】“视频滤镜”有 45 种不同的视频滤镜供选用。首先往视频轨拖进需要处理的视频或者图片文件。然后选择需要添加滤镜的视频或者图片，选择“编辑”选项卡进入“编辑”步骤。在故事板上单击选中要添加滤镜效果的视频，然后单击选项面板右上的“视频滤镜”按钮，在素材库中显示多种滤镜，在可用的滤镜中选取要应用的视频滤镜类型。在素材库中单击，选中需要使用的视频滤镜“气泡”、“雨点”，预览窗口显示当前所选滤镜的效果。按住鼠标将其拖到故事板的视频片断上，这时在选项面板上显示当前素材所添加的视频滤镜，同时在素材库中显示视频滤镜略图。参数制作效果如图 6-3-1 和图 6-3-2 所示。

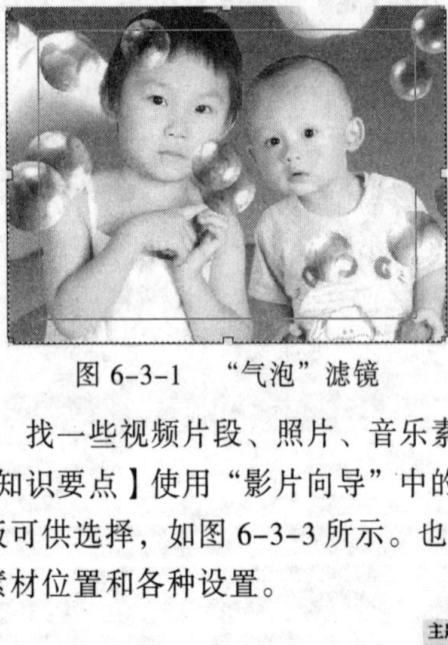

图 6-3-1 “气泡”滤镜

图 6-3-2 “雨点”滤镜

4. 找一些视频片段、照片、音乐素材，用会声会影制作一个短片，并刻录成光碟。

【知识要点】使用“影片向导”中的“主题模板”，有“家庭影片”13 个模板和“相册”8 个模板可供选择，如图 6-3-3 所示。也可以使用“新建项目”方式制作短片，根据个人的喜好调节素材位置和各种设置。

图 6-3-3 主题模板

第 7 章

流媒体应用

互联网的迅猛发展和普及为流媒体发展提供了强大的市场动力，流媒体正变得日益流行。流媒体技术广泛用于多媒体新闻发布、在线直播、网络广告、电子商务、视频点播、远程教育、远程医疗、网络电台、实时视频会议等互联网信息服务的方方面面。流媒体技术的应用将为网络信息交流带来革命性的变化，对人们的工作和生活产生深远的影响。

学习目标	
	☑ 视频会议系统的网络拓扑结构 ☑ 系统硬件需求 ☑ 视频服务器和视频编码器的安装设置 ☑ SMIL 文件编写 ☑ IIS 设置和网站编写
	☑ SQL 数据库的简单应用 ☑ 流媒体基本概念 ☑ 流媒体格式和传输协议 ☑ Windows Media 编码器的用法 ☑ 美萍 VOD 服务器的安装和设置

任务 1　利用流媒体搭建视频会议系统

问题情境

某公司总部设在广州天河区，共有三个办事处，分别设在花都、番禺、从化。因为总公司每个月初需要开例会，每次办事处都要派专人专车赶往广州市区，很不方便。现迫切需求一种能够利用现有的技术条件和软硬件设备（或者在较少的投入下改造）实现远程可视会议系统。此公司有自己的 Web 服务器，每个分公司都使用 2M 宽带上网，内部使用 100M 局域网。

问题分析

1. 怎样使用现有技术在添加少量硬件条件下就能够实现视频实时传输

需要进行视频实时传输，就要对视频进行处理，把它制成流媒体，这就需要用到编码器对实时视频进行编码。这样处理过的视频文件对带宽需求灵活，要求也不高，这个公司的网络条件完全可以实现。

2. 采用哪家公司的技术

有成熟的流媒体技术的公司有三家：微软公司、RealNetwork 公司和苹果公司。如果采用微软公司的技术，服务器需要安装 Windows 2000 Server 或者 Windows 2003 Server 版本；而

RealNetwork 公司和苹果公司没有这个要求。考虑到 RealNetwork 公司比苹果公司的技术更常用，这里采用 RealNetwork 公司的技术。

3. 这个系统的网络拓扑结构是怎样的

本系统由会议服务器（流媒体服务器）、Web 服务器、数据库和客户端组成。客户端通过访问 Web 服务器连接会议服务器（流媒体服务器），数据库对客户进行身份认证，容许有权限的用户访问会议服务器（流媒体服务器），如图 7-1-1 所示。

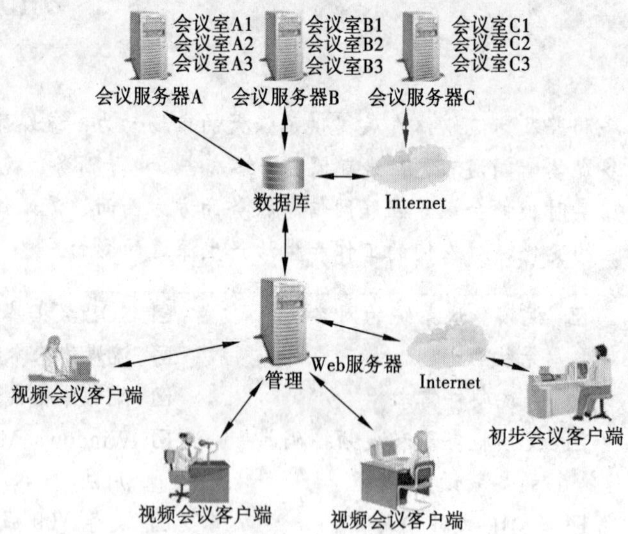

图 7-1-1 网络视频会议系统拓扑结构图

4. 系统需求

网络视频会议系统分为多媒体流服务器、最终用户端软件、会议组播服务、Web 服务。

网络视频会议系统的会议中心服务模块需要一个静态 IP 地址，如需要支持 Internet，则需要 Internet 合法地址。其对网络要求较低，一般可以和一个网络视频会议系统的多媒体流服务器模块合装在一台服务器上。条件允许的话，为管理方便，也可以单独使用一台服务器。

网络视频会议系统的多媒体流服务器模块可以分布在许多网络结点上，相互进行实时视频、音频的交换和转播。其智能流技术保证使网络上的流数量和带宽降到最低。多媒体流服务器负担所有流的转发，所以对服务器的内存要求较高，建议配备 1GB 以上的内存。多媒体流服务器对网络带宽要求也较高，得益于视频压缩技术的发展，其性能会自动提高。通常一个桌面流大约 60Kbps，一个会议室流大约 200Kbps，一个声音流约 8Kbps 或 16Kbps（8Kbps=1KBps）。

5. 客户端要求

网络视频会议系统纯软件思想的解决方案使得无须安装复杂专用的设备，仅需一块普通视频捕获卡，甚至只要一个摄像头，甚至干脆什么也没有，就用笔记本计算机自带的麦克风和喇叭，就可以开始视频会议了。真正做到了只要有计算机，就可以随时开始视频会议计算机的效果。

6. 系统要求

① 服务器端需求如表 7-1-1 所示。

表 7-1-1　服务器端软/硬件要求

	最 低 配 置	推 荐 配 置
CPU	Pentium III 800	Pentium 4 2.4GHz
硬盘	1GB 硬盘空间	10GB 硬盘空间
内存	256MB 或更高	1GB 或更高
操作系统	Windows 2000 Server	Windows 2000 Server/Windows 2003 Server
Web 服务组件	IIS 5.0	IIS 5.0 或更高

② 客户端需求如表 7-1-2 所示。

表 7-1-2　客户端软/硬件要求

	最 低 配 置	推 荐 配 置
CPU	Pentium III 800	Pentium 4 2.4GHz
硬盘	150MB 硬盘空间	10GB 硬盘空间
内存	128MB	256MB
操作系统	Windows 2000/XP	Windows 2000/XP
多媒体设备	视频设备、声卡、麦克风	视频设备、声卡、麦克风

一个完整的流媒体解决方案应是相关软/硬件的完美集成，它大致包括下面几个方面的内容：内容采集、视音频捕获和压缩编码、内容编辑、内容存储和播放、应用服务器内容管理发布及用户管理等。

任务设计

下面首先需要在服务器上安装 RealNetworks 公司的 Helix Server 10 软件，这个是网络视频会议系统的核心部分，会议直播流需要这个服务器的支持。

1. 服务器端的安装

① 在服务器上双击 Helix Server 10 安装文件，弹出安装界面，如图 7-1-2 所示。

② 单击“下一步”按钮，进入下一界面，选择授权文件，如图 7-1-3 所示。单击“浏览”按钮，选择授权文件。

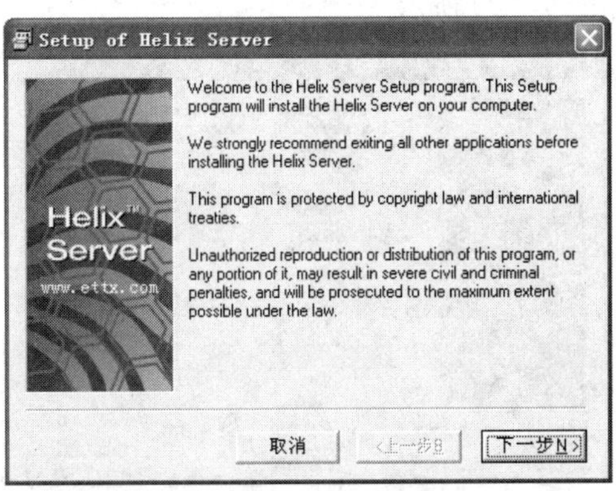

图 7-1-2　Helix Server 10 安装界面

图 7-1-3　选择授权文件

③ 单击“下一步”按钮，进入用户协议界面，如图 7-1-4 所示。单击“继续”按钮，进入路径选择界面，可以根据需要选择安装路径，默认路径是 C:\Program Files\Real\Helix Server，如图 7-1-5 所示。

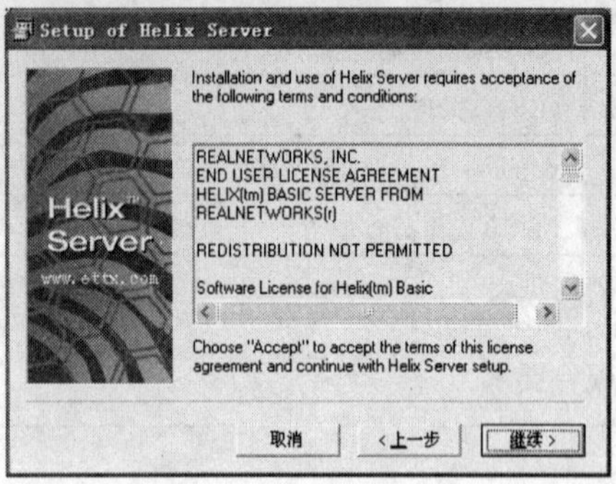

图 7-1-4 用户协议

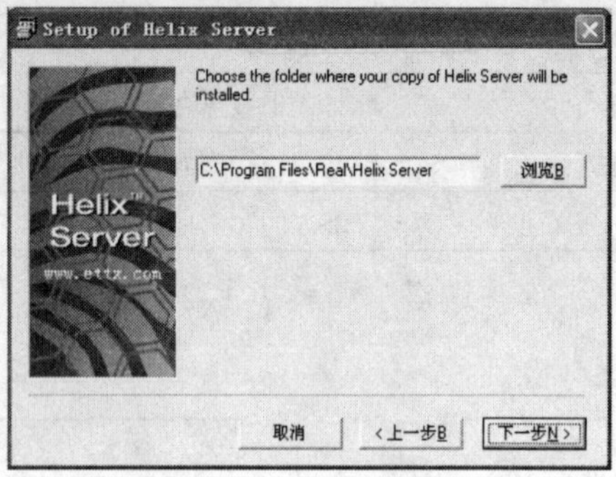

图 7-1-5 选择安装路径

④ 单击“下一步”按钮，进入设置管理账号和密码的界面。本例管理账号为 admin，密码为 123456，如图 7-1-6 所示。单击“下一步”按钮，进入设置 PNM 端口的界面，默认为 7070，如图 7-1-7 所示。

图 7-1-6 设置管理账号和密码

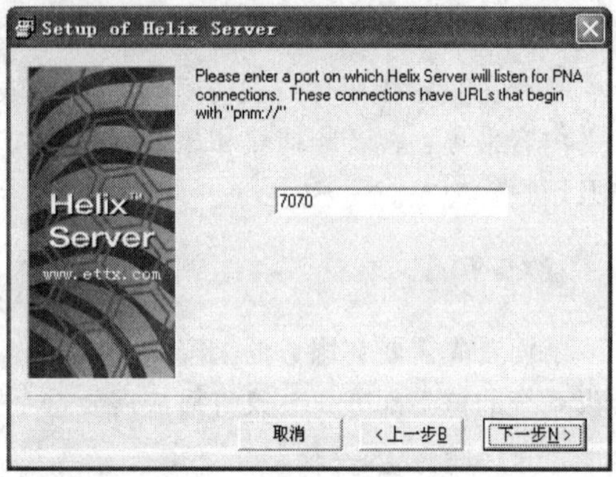

图 7-1-7 设置 PNM 端口

⑤ 单击“下一步”按钮，进入设置 RTSP 端口的界面，默认为 554，如图 7-1-8 所示。单击“下一步”按钮，进入设置 HTTP 端口的界面，默认为 80，为了避免和 WWW 服务冲突，需要把端口号修改成其他端口，这里修改为 8080，如图 7-1-9 所示。

图 7-1-8 设置 RTSP 端口

图 7-1-9 设置 HTTP 端口

⑥ 单击“下一步”按钮进入新界面，设置 MMS 端口，默认为 1755，如图 7-1-10 所示。单击“下一步”按钮进入新界面，设置远程管理端口，这个端口在安装时随机产生，为了能够实现远程管理，务必牢记，也可以修改为闲置的其他端口，以利于记忆，如图 7-1-11 所示。

图 7-1-10　设置 MMS 端口

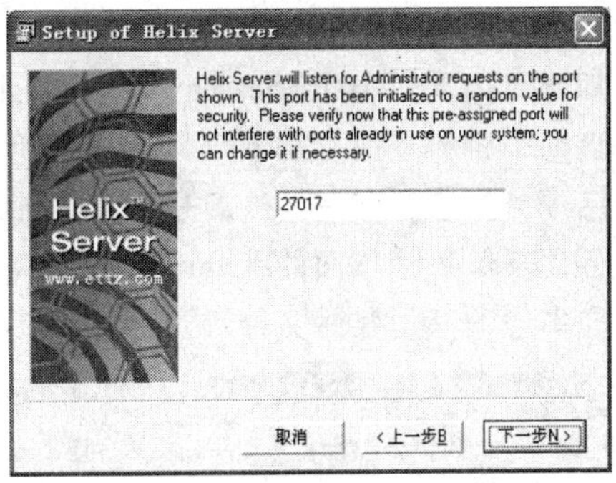

图 7-1-11　设置远程管理端口

⑦ 单击“下一步”按钮进入新界面，选择 Install Helix Server as an NT service 复选框，使服务作为 NT 服务随计算机启动而自动启动，如图 7-1-12 所示。单击“下一步”按钮，在新打开的界面上可以看到以上所有设置的详细内容，确认无误后单击“完成”按钮完成安装，如图 7-1-13 所示。

图 7-1-12　服务作为 NT 服务

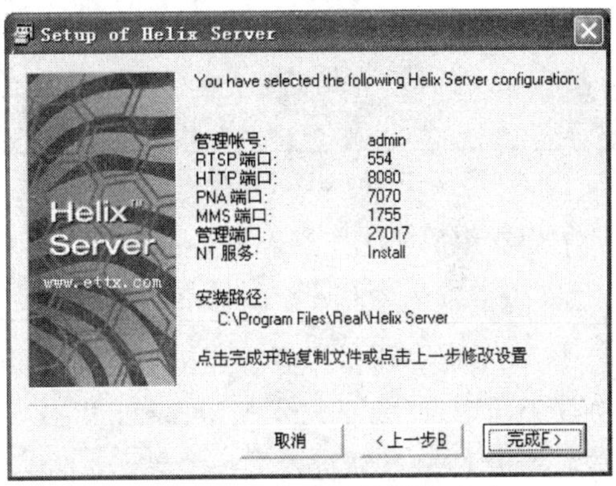

图 7-1-13　所有设置的详细内容

2. 服务器端的设置

① 双击桌面上的图标，然后双击桌面上的图标弹出用户登录对话框，输入“用户名”admin、“密码”123456，如图 7-1-14 所示。单击“确定”按钮，登录服务器设置界面，如图 7-1-15 所示。

图 7-1-14　用户登录对话框

图 7-1-15　服务器设置界

② 打开 IP 绑定设置界面，当服务器被安装在一个拥有多于一个 IP 地址的系统上时，用户需要指定服务器所使用的 IP 地址。下面列表框中所定义的 IP 地址将被保留，仅供给服务器使用。如果想保留系统中所有 IP 地址供服务器使用，应在地址列表框中加入 IP 地址 0.0.0.0，同时删除其他 IP 地址，如图 7-1-16 所示。

加载点出现在 Helix Server 的每一个连接中。它是一个到文件实际存放位置的访问指向。下面的页面中将显示所有加载点以及它们所对应的实际存放路径。每一个加载点都由斜线作为开始和结束的标志，唯一例外的是作为根加载点的时候，仅用一个“/”表示。根加载点对应的是在服务器安装目录下面的 Content 子目录。用户也可以根据自己的需要更改根加载点的位置，以指向本地的其他媒体文件目录，如图 7-1-17 所示。

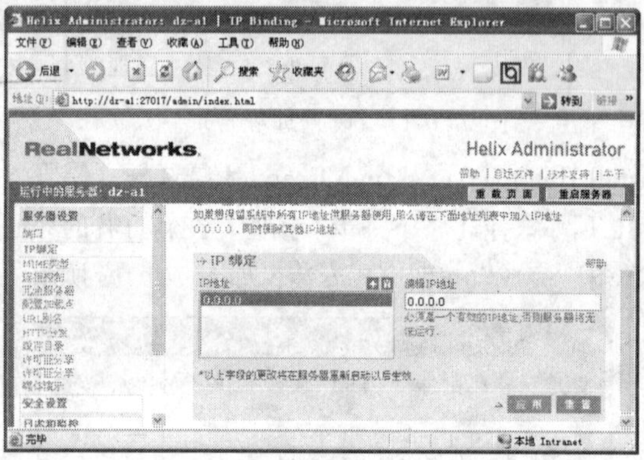

图 7-1-16 IP 绑定设置

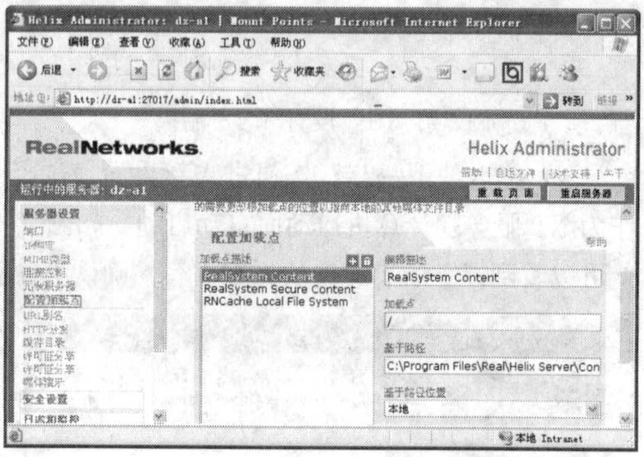

图 7-1-17 加载点设置

下面在编码机上安装和设置编码器。

3. 编码器的安装

① 在编码专用机或者客户机上双击 Helix Producer Plus 9 安装程序，弹出安装界面。在用户协议界面中选择 I accept the terms in the license agreement 单选按钮同意以上协议，如图 7-1-18 所示。单击 Next 按钮进入下一个界面，输入名称、授权码等信息，如图 7-1-19 所示。

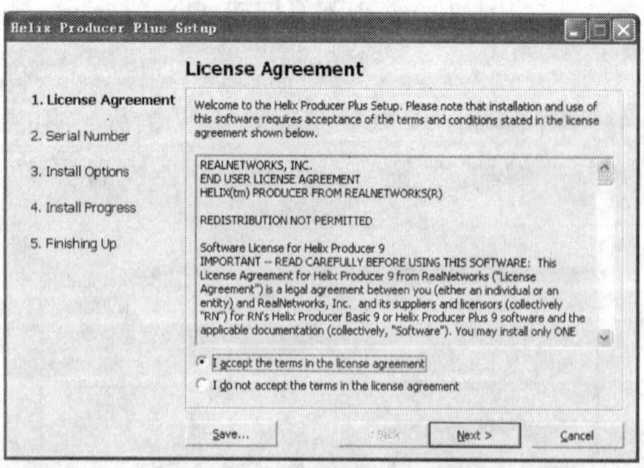

图 7-1-18 用户协议

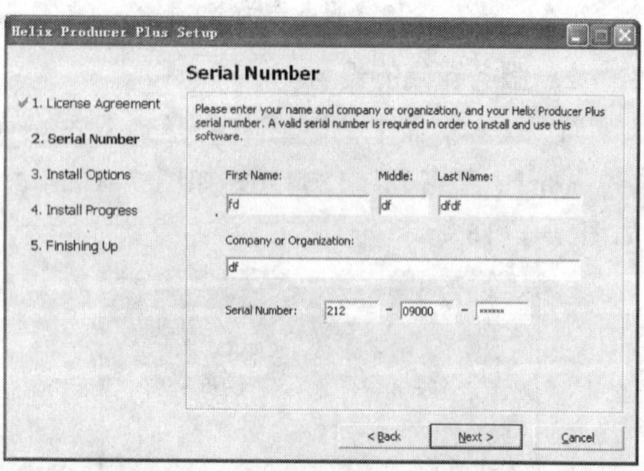

图 7-1-19 输入名称、授权码等信息

② 单击 Next 按钮，在新打开的界面中，设置安装路径和桌面快捷方式图标等，这里的安装路径是 C:\Program Files\Real\Helix Producer Plus，如图 7-1-20 所示。单击 Install 按钮，进入正在安装界面，如图 7-1-21 所示。

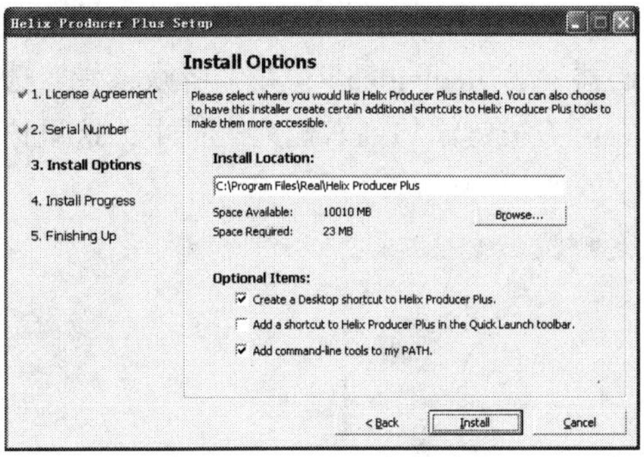

图 7-1-20　设置安装路径

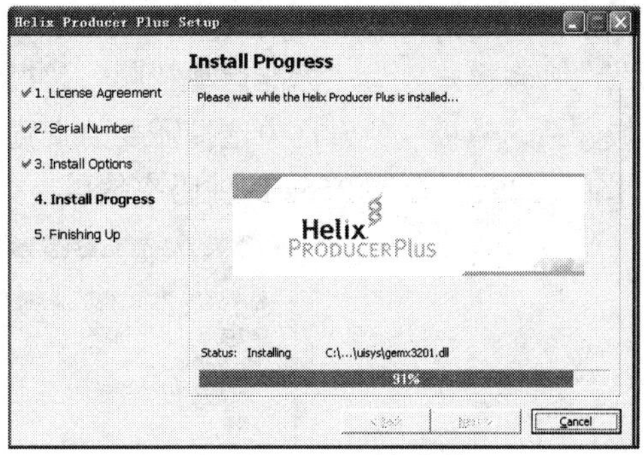

图 7-1-21　正在安装

③ 安装完成后单击 Next 按钮进入下一个界面，选择 launch Helix Producer Plus 复选框，安装完成后自动启动 Helix Producer Plus 9，如图 7-1-22 所示。也可以双击桌面图标启动 Helix Producer Plus 9。

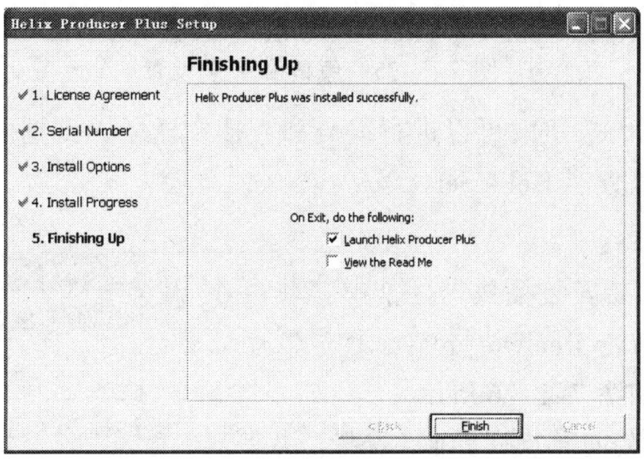

图 7-1-22　安装完成后自动启动

4. 编码器的设置

① 选中“装置”下的视频和音频硬件设备，单击按钮打开服务器目的地设置界面设置，如图 7-1-23 所示。这里设置“目的名称”为 meeting、“流名称”为 m1.rm、“广播方法”为“推进，基于账户登录 (Helix Server)”、Server address 为 192.168.30.244、“端口/端口范围”为 8080、“传送”为 TCP、“用户名”为 admin、“密码”为 123456，如图 7-1-24 所示。单击“确定”按钮，返回主界面。

图 7-1-23　Helix Producer Plus 9 主界面

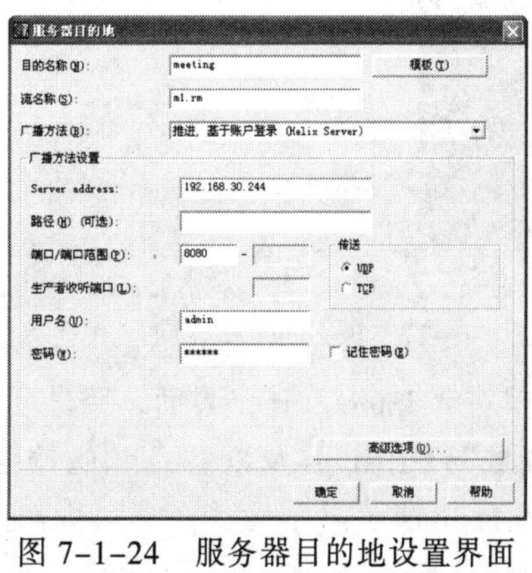

图 7-1-24　服务器目的地设置界面

② 单击 听众(A) 按钮打开编码和听众设置，在“编码设置”选项区域中，选择音频模式“音乐”，“视频模式”为“标准运动视频”，“视频编解码器”为 Realvideo 9；在“听众选择”选项区域，从“模板”列表框中选择需要的带宽，单击右箭头按钮添加到右侧列表框中，这里选择了 16k、28k、56k 和 256k 四种码率编码，如图 7-1-25 所示。

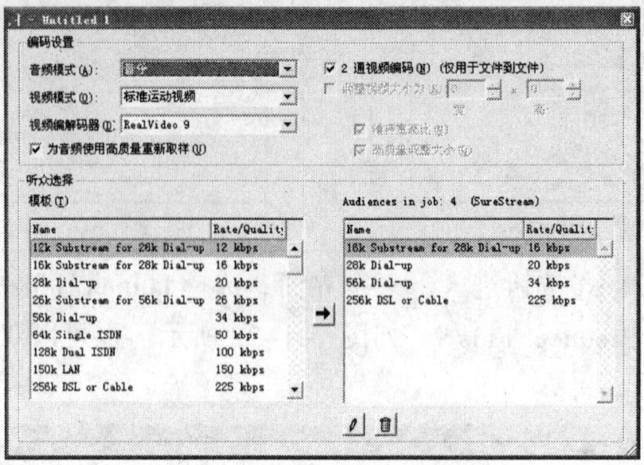

图 7-1-25　编码和听众设置

③ 设置好后单击编码按钮就可以进行编码和直播发送了，到这一步编码器把现场视频音频通过编码压缩发送给服务器 Helix Server。

5. 安装客户端播放器

① 客户端计算机需要安装播放器才能够接收由服务端发送的广播流，双击 RealOne player 播放器安装程序开始准备安装，如图 7-1-26 所示。

图 7-1-26　正在准备安装 RealOne player

② 弹出 RealOne 安装向导欢迎界面，选择“快速安装”单选按钮，如图 7-1-27 所示。单击“下一步”按钮，进入“许可协议”界面，单击“接受”按钮同意协议，如图 7-1-28 所示。

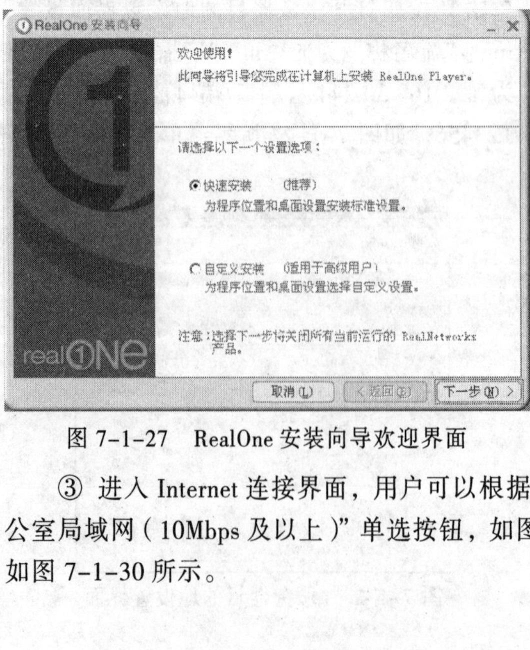

图 7-1-27　RealOne 安装向导欢迎界面

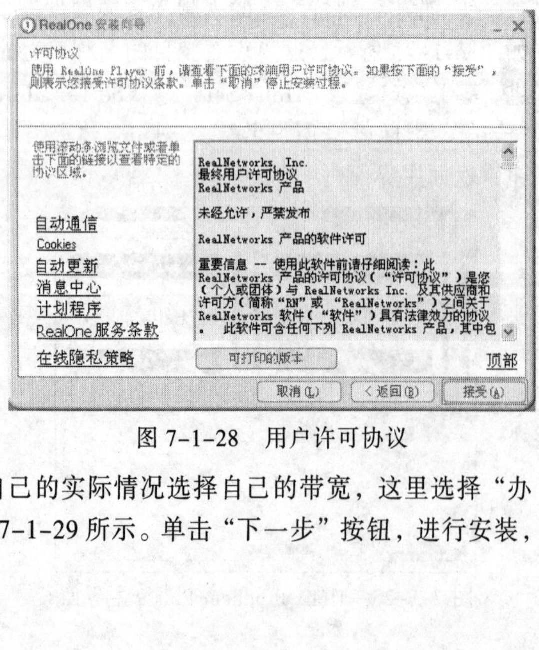

图 7-1-28　用户许可协议

③ 进入 Internet 连接界面，用户可以根据自己的实际情况选择自己的带宽，这里选择“办公室局域网（10Mbps 及以上）”单选按钮，如图 7-1-29 所示。单击“下一步”按钮，进行安装，如图 7-1-30 所示。

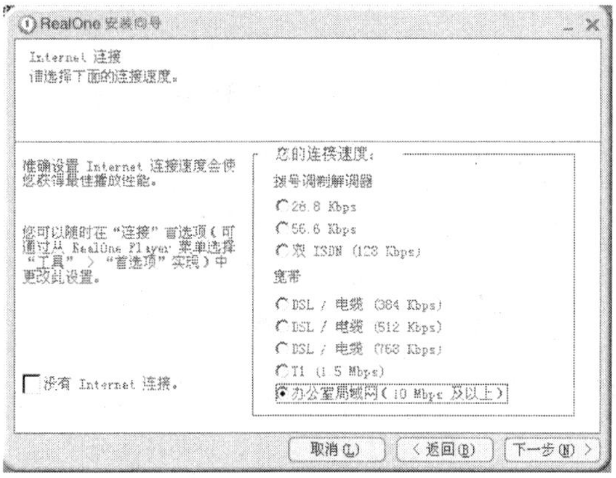

图 7-1-29　Internet 连接设置

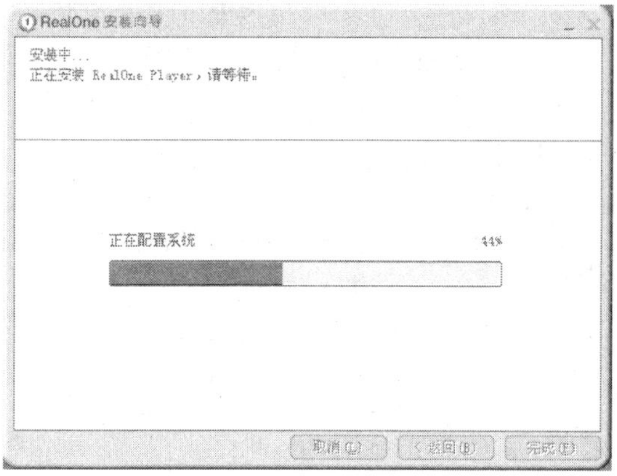

图 7-1-30　安装进度

④ 安装完成后，进入“默认媒体播放器”界面，用户可以选择将 RealOne player 作为默认播放器，默认播放 MP3、CD、DVD、MPEG 和 AVI 视频、其他媒体（MIDI、Liquid 等），如图 7-1-31 所示。单击“完成”按钮完成安装，这时可以打开 RealOne player 播放器，如图 7-1-32 所示。

图 7-1-31　默认媒体播放器设置

图 7-1-32　RealOne player 用户界面

到此为止，服务端、编码器和客户端安装设置完毕，理论上可以实现流媒体的网上直播。但是，每个客户端都只能接收一路视频音频节目（会议直播）。那么怎么才能实现多路同步接收呢？这就需要用到 SMIL 分屏编程了。

6. SMIL 分屏编程

由上面的内容可知，没有特别的手段，每个客户端只能接收一路视频音频内容，那么就需要编写一个文件，使 RealOne player 能够同时接收多路视频音频节目，这就是 SMIL 文件。Real Networks 公司提供了 SMIL 文件用于分割播放器的屏幕。打开记事本，按照如下格式编写代码，并保存为以.smil 为扩展名的文件，本例文件名为 meeting1.smil。

```
<smil xmlns="http://www.w3.org/2001/SMIL20/Language"
xmlns:rn="http://features.real.com/2001/SMIL20/Extensions">
  <head>
     <meta name="title" content="视频会议"/>
     <meta name="author" content="yishui"/>
     <meta name="copyright" content="yishui"/>
```

```
    <layout>  //定义播放区
      <root-layout width="820" height="520" backgroundColor="black"/>
                                                      <!--定义根播放区-->

      <region id="video_region" width="650" height="520" fit="meet"/>
                                                      <!--定义主播放区-->
        <region id="vod1" top="0" right="0" width="150" height="150"
        fit="meet">
        </region>                                     <!--定义第一分会场播放区-->
        <region id="vod2" top="140" right="0" width="150" height="150"
        fit="meet">
        </region>                                     <!--定义第二分会场播放区-->
        <region id=" vod 3" top="280" right="0" width="150" height="150"
        fit="meet">
        </region>                                     <!--定义第三分会场播放区-->
    </layout>
  </head>
  <body>
    <par>                                             <!--平行播放-->
      <video src="rtsp://192.168.30.244/broadcast/m1.rm" region="video_
      region" fill="remove">
      </video>                                        <!--主会场视频流-->
      <video src="rtsp://192.168.45.24/broadcast/m2.rm" id="rn_logo1" region
      ="vod1" fill="remove">
       </video>                                       <!--第一分会场视频流-->
       <video src="rtsp://192.168.35.44/broadcast/m3.rm" id="rn_logo2"
       region="vod2" fill="remove">
       </video>                                       <!--第二分会场视频流-->
       <video src="rtsp://192.168.56.115/broadcast/m4.rm" id="rn_logo3"
       region="vod3" fill="remove">
       </video>                                       <!--第三分会场视频流-->
    </par>
  </body>
</smil>
```

注　意

① “<!--　　-->”里面的是文字注释。

② <layout>…</layout>这两个符号之间的内容把屏幕分成 5 个区域：“主播放区”video_region、“分播放区 1”vod1、“分播放区 2”vod2、“分播放区 3”vod3。

③ src="rtsp://192.168.30.244/broadcast/m1.rm"表示视频链接，这个链接就是流媒体服务器传输的视频直播内容；region="video_region"表示视频在播放区域 video_region 中播放；fill="remove"表示播放完后移除视频。

④ rtsp://192.168.30.244/broadcast/m1.rm 表明使用 RTSP 协议。其中，IP 地址是安装了 Helix Server 服务器软件的 IP 地址；broadcast 是 Helix Server 服务器的直播播放区；m1.rm 是编码器编的流名称。

运行所有的编码器，对直播内容进行编码，并在客户端双击 meeting1.smil 文件，即可打开一个四分屏的播放界面，如图 7-1-33 所示。

图 7-1-33　四分屏视频界面

7. IIS 设置

有了分屏文件，就可以实现网络视频会议的全部功能了。但是因为在互联网上，WWW 服务运用广泛，使用方便，因此，还需要为网络视频会议系统建设一个简易 ASP 网站。在建设网站之前，首先要设置好 IIS。

① 在 Web 服务器上安装好 IIS，打开控制面板，双击“管理工具”图标，双击工具，打开“Internet 信息”服务窗口，创建一个虚拟目录，如图 7-1-34 和图 7-1-35 所示。

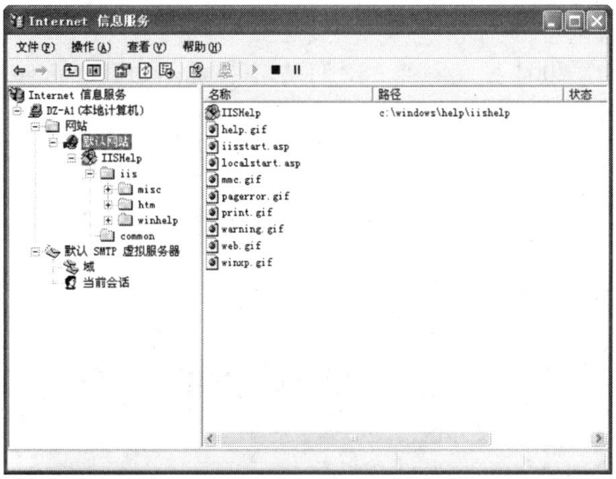

图 7-1-34　Internet 信息服务界面

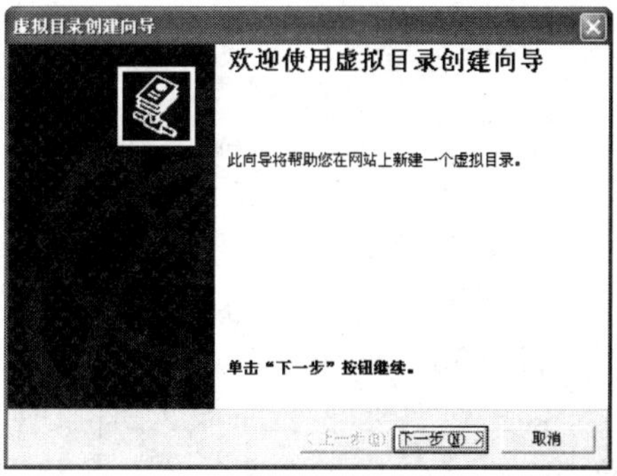

图 7-1-35　虚拟目录的创建

② 单击“下一步”按钮，打开“虚拟目录别名”界面，这里设置为“别名”为 meeting，如图 7-1-36 所示。单击“下一步”按钮，进入“网站内容目录”界面，假设网站将放在 D:\realmeeting 目录下，因此，“目录”设置为 D:\realmeeting，如图 7-1-37 所示。

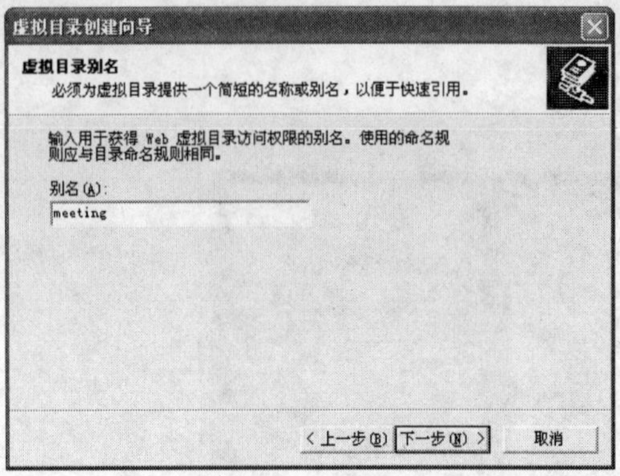

图 7-1-36　创建虚拟目录的别名

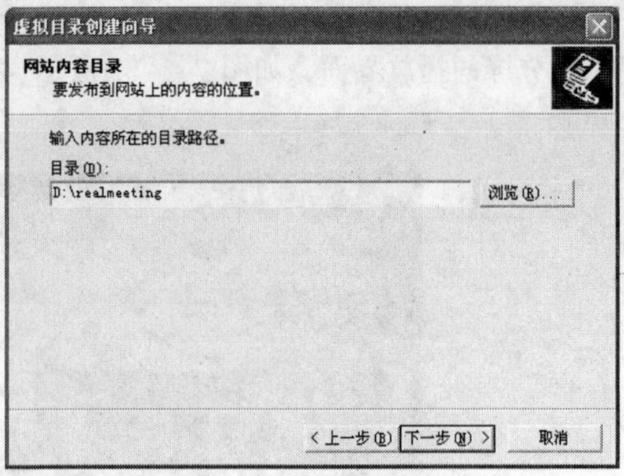

图 7-1-37　创建目录

③ 单击“下一步”按钮，打开“访问权限”界面，选择“读取”和“运行脚本(如 ASP)”复选框，如图 7-1-38 所示。单击“下一步”按钮，完成 IIS 的设置，如图 7-1-39 所示。

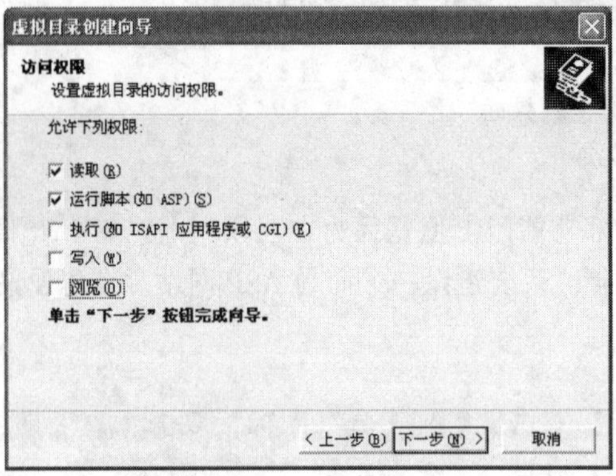

图 7-1-38　设置访问权限

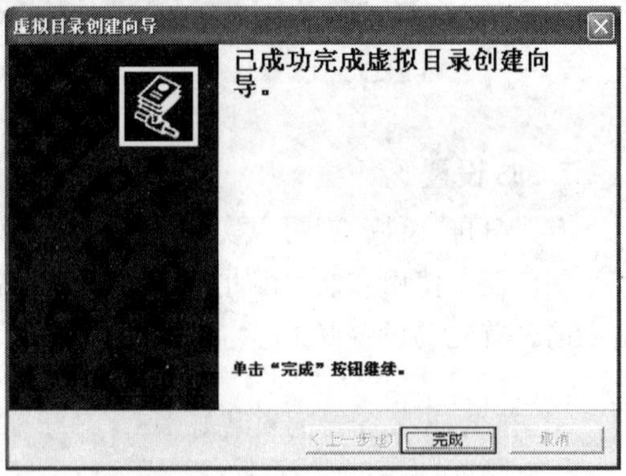

图 7-1-39　完成 IIS 的设置

8. 网站建设

现在可以使用 Macromedia Dreamweaver MX 2004 建设一个 ASP 网站，首页命名为 index.asp，其代码如下：

```
<%
  Session.Abandon()
  Response.Redirect("default.asp")
%>
```

本页的主要功能是跳转到网站登录界面 default.asp 页面。

在浏览器中打开网站登录界面文件 default.asp，如图 7-1-40 所示。

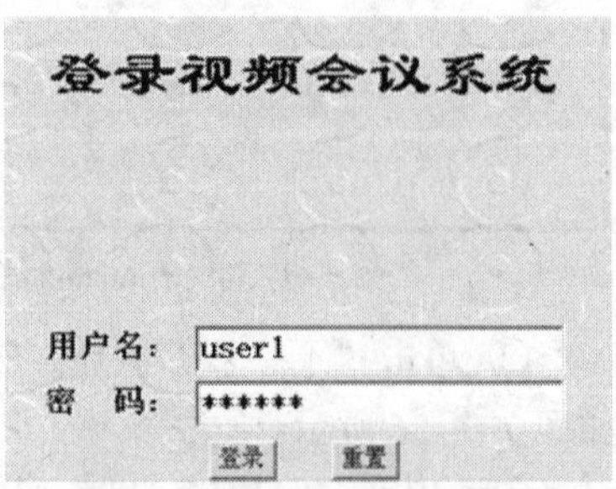

图 7-1-40　网站登录界面

Login 文件夹下的 CheckLG.asp 文件是一个链接数据库的检查文件，通过对比数据库的用户名和密码检测登录用户是否合法。其代码如下：

```
<%@LANGUAGE="VBSCRIPT"%>
<%if request.Form("ok")="登录" then
   name=trim(request.form("username"))
   password=trim(request.form("password"))
   if ((len(name)<>0)and(len("password")<>0)) then
```

```
  set Conn=server.CreateObject("adodb.connection")
  Conn.Open "Provider=SQLOLEDB;Server=(local);Database=meetingdata;UID=
  sa;PWD="
  sl="select * from user_name where username='"&name&"'and password='"&pass
  word&"'"
  set rec=server.CreateObject("adodb.recordset")
  rec.open sl,conn,3,3
  if rec.eof then
    session("check")=0
    response.write"输入的用户名或者密码不正确！系统识别不是合法用户，请离开！"
  else
    session("check")=1
    response.write"已经通过检查！可以进入视频会议系统！"
    response.redirect "../main.asp"
  end if
else
    response.write"用户名或密码为空！请输入的用户名和密码！"
    response.redirect"../login.asp"
end if
elseif request.form("ok")="登录" then
  response.redirect "main.asp"
end if%>
```

通过了检查之后，合法用户进入主界面，主界面文件为 main.asp，如图 7-1-41 所示。

注 意

① "Conn.Open "Provider=SQLOLEDB;Server=(local); …" 表示数据库驱动连接对象是 SQLOLEDB。

② "Database=meetingdata" 表示数据库名称为 meetingdata。

③ "UID=sa;PWD=" 表示用户 ID 为 SQL 数据库默认 IDsa，密码为空。

网站已经设计好了，但还需要把网站和 SQL 数据库链接好，才能够正常使用。

9. 数据库设置

① 在 Web 服务器上安装好 SQL 数据库软件，并运行服务管理器，打开企业管理器，如图 7-1-42 所示。新建一个连接 C20401。

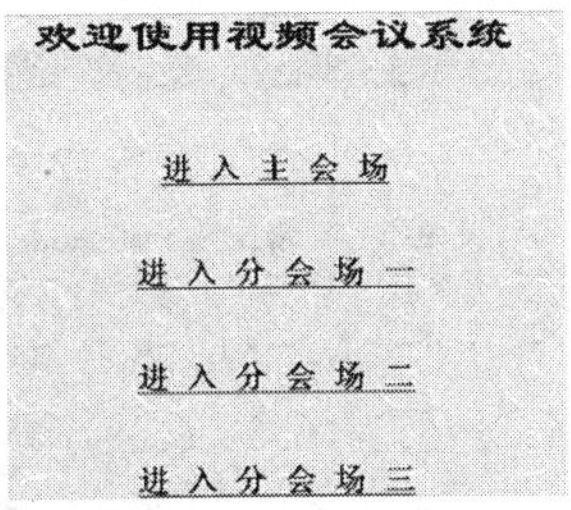

图 7-1-41　网站主界面

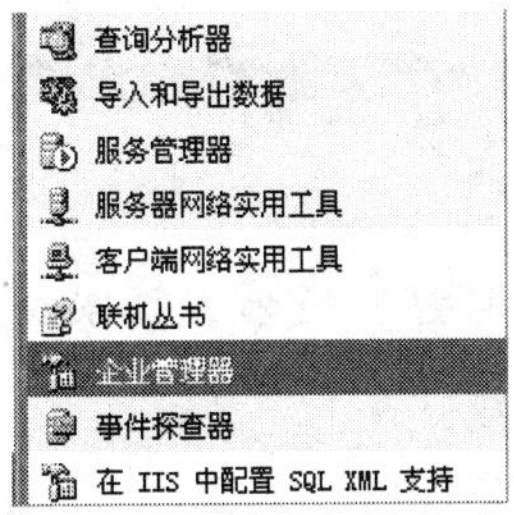

图 7-1-42　打开 SQL 数据库的企业管理器

② 选中数据库右击，在弹出的快捷菜单中选择"新建数据库"命令，打开数据库属性对话框，在"名称"文本框中输入 meetingdata，如图 7-1-43 所示。单击"确定"按钮创建一个名为 meetingdata 的数据库，如图 7-1-44 所示。

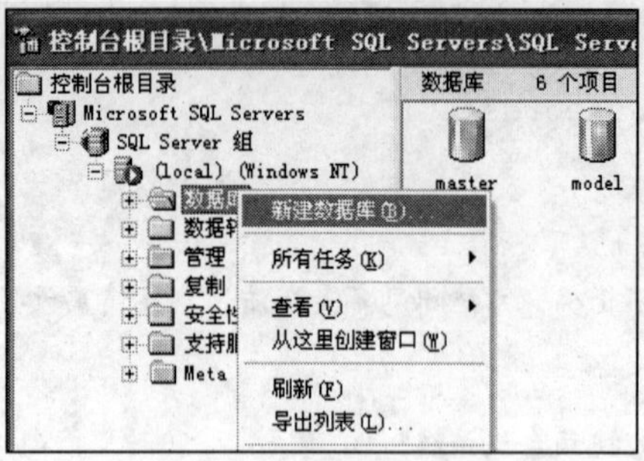

图 7-1-43　新建数据库

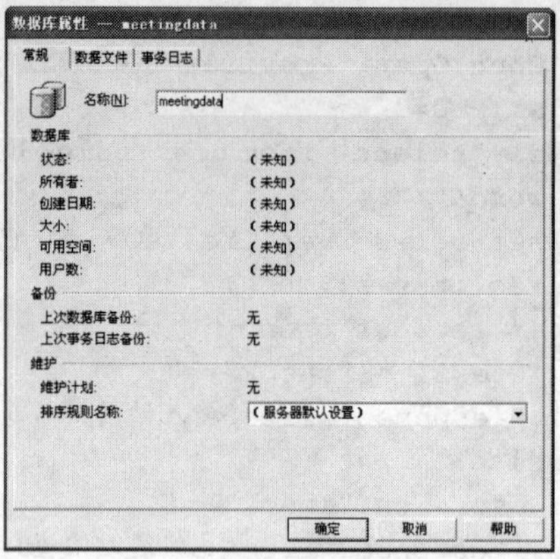

图 7-1-44　数据库属性

③ 选择 meetingdata 数据库文件，右击打开设计表，新建一个名为 user_name 的表。设计“列名”为 username、“数据类型”为 char、“长度”为 10、选择“允许空”；设计“列名”为 password、“数据类型”为 char、“长度”为 10、选择“允许空”，如图 7-1-45 所示。打开表 user_name，在 username 字段输入三个用户名 user1、user2、user3，在 password 字段输入三个密码 123456、654321、888888，如图 7-1-46 所示。关闭 SQL 数据库的企业管理器。

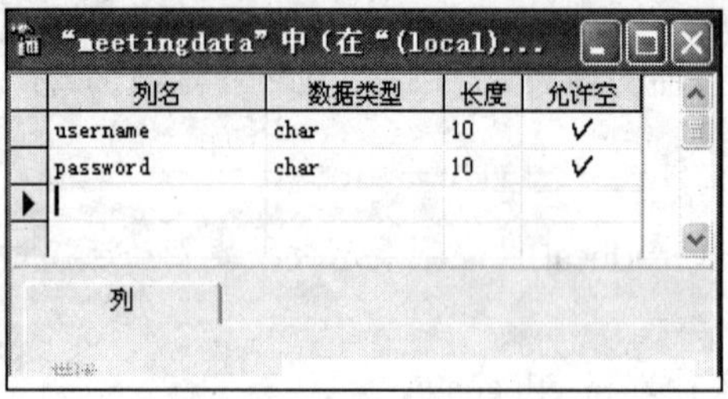

图 7-1-45　设计表

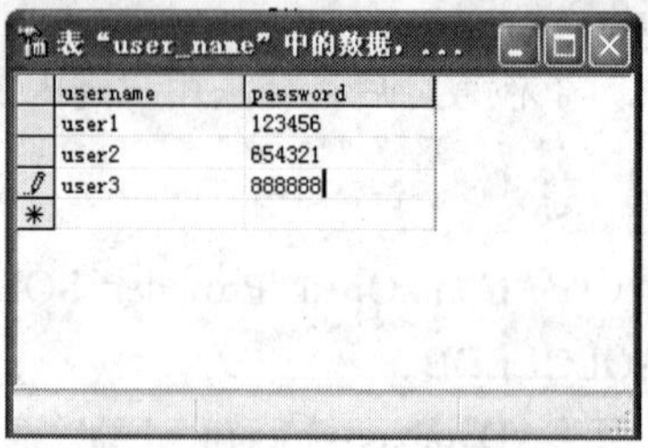

图 7-1-46　输入表的数据

10. 测试

将网站文件复制到 D:\realmeeting\目录下，现在网站就可以运行了。任意客户端浏览器地址栏中输入网站地址“http://192.168.30.244/meeting/”即可打开网络视频会议系统网站。在登录界面中输入用户名 user1，密码 123456，如图 7-1-47 所示。这样就可以登录会议系统网站主界面了，如图 7-1-48 所示，单击不同的链接就可以进入不同的会议室了，如图 7-1-49 所示。

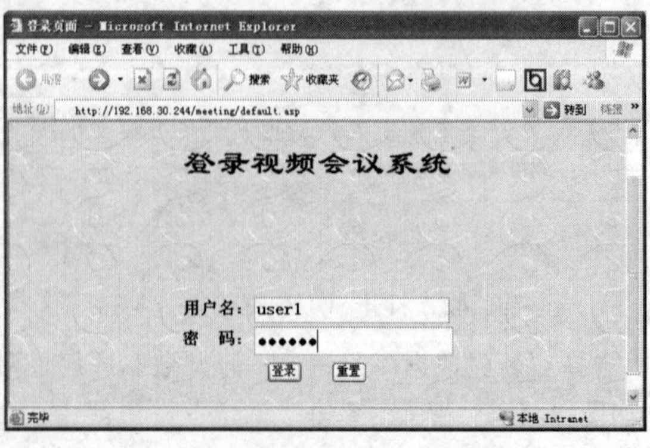

图 7-1-47　用户登录界面（default.asp）

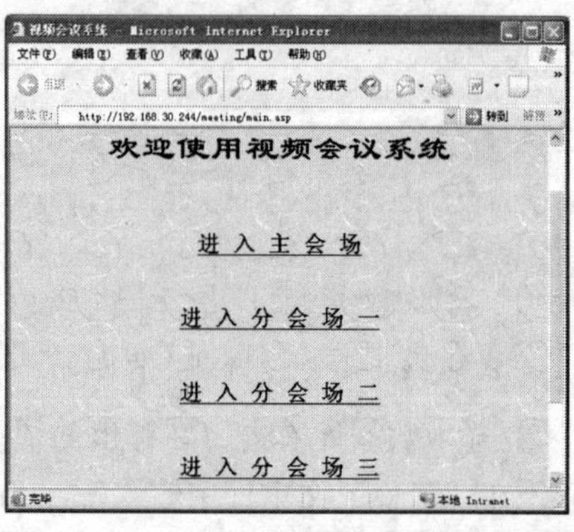

图 7-1-48　会议系统网站主界面（main.asp）

图 7-1-49　会议系统主界面

规律总结

① 需要安装设置好流媒体服务器，为整个系统提供流式服务。

② 要对会场的编码器进行设置，对现场会议情况进行视频编码，可以选择多种码率，如 56Kbps、128Kbps 和 256Kbps。

③ 需要编写 SMIL 文件，使四个流视频能够在同一个播放器同时播放。

④ 需要编写一个简易网站，使这个会议系统界面友好，方便使用。

知识链接

1. 流媒体简介

虽然对于“流媒体”（streaming media）这个名词有点陌生，但随着宽频时代的来临，“流音乐”、“流影片”越来越常被引用，可是到底“流”这个字是新创的字眼，很难一眼看穿字面上的意义。但是如果换成 “线上音乐”、“线上影片”，大家可能就恍然大悟了。

其实“流”正是解释这些音乐在线上传输的通道现象，由于运用了流通道，线上音乐、线上影片才有可能实现在生活之中，因为如此的重要呢，所以在网络界，“流媒体”很自然地成为线上影音的另一个代名词。

流媒体简单来说就是应用流技术在网络上传输的多媒体文件，而流技术就是把连续的影像和声音信息经过压缩处理后放上网站服务器。用户一边下载一边观看、收听，而不需要等整个文件都下载到自己计算机后才可以观看的网络传输技术。

流式通道就是在使用者端的计算机上创造一个缓冲区，于播放前预先下载一段资料作为缓冲，于网路实际连线速度小于播放所耗用资料的速度时，播放程式就会取用这一小段缓冲区内的资料，避免播放的中断，也使得播放品质得以维持。

2. 流式传输的基础

在网络上传输音/视频等多媒体信息，目前主要有下载和流式传输两种方案。A/V 文件一般都较大，所以需要的存储容量也较大；同时由于网络带宽的限制，下载常要花数分钟甚至数小时，所以这种处理方法延迟也很大。流式传输时，声音、影像或动画等时基媒体由音视频服务器向用户计算机的连续、实时传送，用户不必等到整个文件全部下载完毕，而只需经过几秒或十几秒的启动延时即可进行观看。当声音等时基媒体在客户机上播放时，文件的剩余部分将在后台从服务器内继续下载。流式不仅使启动延时成十倍、百倍地缩短，而且不需要太大的缓存容量。流式传输避免了用户必须等待整个文件全部从 Internet 上下载才能观看的缺点。

流式传输定义很广泛，现在主要对通过网络传送媒体（如视频、音频）的技术的总称。其特定含义为通过 Internet 将影视节目传送到 PC。实现流式传输有两种方法：实时流式传输（realtime streaming）和顺序流式传输（progressive streaming）。一般说来，如视频为实时广播，或使用流式传输媒体服务器，或应用如 RTSP 的实时协议，即为实时流式传输。如使用 HTTP 服务器，文件即通过顺序流发送。采用哪种传输方法依据需求而定。当然，流式文件也支持在播放前完全下载到硬盘。

（1）顺序流式传输

顺序流式传输是顺序下载，在下载文件的同时用户可观看在线媒体，在给定时刻，用户只能观看已下载的那部分，而不能跳到还未下载的部分，顺序流式传输不像实时流式传输在传输期间根据用户连接的速度做调整。由于标准的 HTTP 服务器可发送这种形式的文件，也不需要其他特殊协议，它经常被称为 HTTP 流式传输。顺序流式传输比较适合高质量的短片段，如片头、片尾和广告。由于该文件在播放前观看的部分是无损下载的，这种方法保证电影播放的最终质量。这意味着用户在观看前，必须经历延迟，对较慢的连接尤其如此。对通过调制解调器发布短片段，顺序流式传输显得很实用，它允许用比调制解调器更高的数据速率创建视频片段。尽管有延迟，但可以发布较高质量的视频片段。顺序流式文件是放在标准 HTTP 或 FTP 服务器上，易于管理，基本与防火墙无关。顺序流式传输不适合长片段和有随机访问要求的视频，如讲座、演说与演示。它也不支持现场广播，严格说来，它是一种点播技术。

（2）实时流式传输

实时流式传输指保证媒体信号带宽与网络连接匹配，使媒体可被实时观看到。实时流与 HTTP 流式传输不同，它需要专用的流媒体服务器与传输协议。实时流式传输总是实时传送，特别适合现场事件，也支持随机访问，用户可快进或后退以观看前面或后面的内容。理论上，实时流一经播放就可不停止，但实际上，可能发生周期暂停。实时流式传输必须匹配连接带宽，这意味着在以调制解调器速度连接时图像质量较差。而且，由于出错丢失的信息被忽略掉，网络拥挤或出现问题时，视频质量很差。如欲保证视频质量，顺序流式传输也许更好。实时流式传输需要特定服务器，如 QuickTime Streaming Server、RealServer 与 Windows Media Server。这些服务器允许对媒体发送进行更多级别的控制，因而系统设置、管理比标准 HTTP 服务器更复杂。实时流式传输还需要特殊网络协议，如 RTSP（realtime streaming protocol）或 MMS（microsoft media server）。这些协议在有防火墙时有时会出现问题，导致用户不能看到一些地点的实时内容。

3. 流媒体技术原理

流式传输的实现需要缓存。因为 Internet 以包传输为基础进行断续的异步传输，对一个实时 A/V 源或存储的 A/V 文件，在传输中它们要被分解为许多包，由于网络是动态变化的，各个包选择的路由可能不尽相同，故到达客户端的时间延迟也就不等，甚至先发的数据包有可能后到。为此，使用缓存系统来弥补延迟和抖动的影响，并保证数据包的顺序正确，从而使媒体数据能连续输出，而不会因为网络暂时拥塞使播放出现停顿。通常，高速缓存所需容量并不大，因为高速缓存使用环形链表结构来存储数据：通过丢弃已经播放的内容，流可以重新利用空出的高速缓存空间来缓存后续尚未播放的内容。流式传输的实现需要合适的传输协议。由于 TCP 需要较多的开销，故不太适合传输实时数据。在流式传输的实现方案中，一般采用 HTTP/TCP 来传输控制信息，而用 RTP/UDP 来传输实时声音数据。流式传输的过程一般是这样的：用户选择某一流媒体服务后，Web 浏览器与 Web 服务器之间使用 HTTP/TCP 交换控制信息，以便把需要传输的实时数据从原始信息中检索出来；然后客户机上的 Web 浏览器启动 A/V Helper 程序，使用 HTTP 从 Web 服务器检索相关参数对 Helper 程序初始化。这些参数可能包括目录信息、A/V 数据的编码类型或与 A/V 检索相关的服务器地址。

A/V Helper 程序及 A/V 服务器运行实时流控制协议（RTSP），以交换 A/V 传输所需的控制信息。与 CD 播放机或 VCR 所提供的功能相似，RTSP 提供了操纵播放、快进、快返、暂停及录制等命令的方法。A/V 服务器使用 RTP/UDP 协议将 A/V 数据传输给 A/V 客户程序（一般可认为客户程序等同于 Helper 程序），一旦 A/V 数据抵达客户端，A/V 客户程序即可播放输出。

需要说明的是，在流式传输中，使用 RTP/UDP 和 RTSP/TCP 两种不同的通信协议与 A/V 服务器建立联系，是为了能够把服务器的输出重定向到一个不同于运行 A/V Helper 程序所在客户机的目的地址。实现流式传输一般都需要专用服务器和播放器。

4. 常用流媒体格式

一般分为声音流、视频流、文本流、图像流、动画流等。

（1）RA（实时声音）

RA 格式是 RealNetworks 公司所开发的一种新型流式音频 Real Audio 文件格式。客户端通过 Real Player 播放器进行播放。

（2）RM（实时视频或音频的实时媒体）

RealNetworks 公司所制定的音频视频压缩规范称为 RealMedia，用户可以使用 RealPlayer 或 RealOnePlayer 对符合 RealMedia 技术规范的网络音频/视频资源进行实况转播并且 RealMedia 可以根据不同的网络传输速率制定出不同的压缩比率，从而实现在低速率的网络上进行影像数据实时传送和播放。这种格式的另一个特点是用户使用 RealPlayer 或 RealOnePlayer 播放器可以在不下载音频/视频内容的条件下实现在线播放。另外，RM 作为目前主流网络视频格式，还可以通过其 RealServer 服务器将其他格式的视频转换成 RM 视频并由 RealServer 服务器负责对外发布和播放。RM 和 ASF 格式可以说各有千秋，通常 RM 视频更柔和一些，而 ASF 视频则相对清晰一些。

RM 格式一开始就定位在视频流应用方面，也可以说是视频流技术的始创者。它可以在用 56K Modem 拨号上网的条件下实现不间断的视频播放，当然，其图像质量和 MPEG2，DIVX 等相比有一定差距，毕竟要实现在网上传输不间断的视频是需要很大带宽的。

RM 格式是 Real Networks 公司对多媒体世界的一大贡献，也是对于在线影视推广的贡献。它的诞生，也使得流文件为更多人所知。这类文件可以实现即时播放，即先从服务器上下载一部分视频文件，形成视频流缓冲区后实时播放，同时继续下载，为接下来的播放做好准备。这种“边传边播”的方法避免了用户必须等待整个文件从 Internet 上全部下载完毕才能观看的缺点，因而特别适合在线观看影视。RM 主要用于在低速率的网上实时传输视频的压缩格式，它同样具有小体积而又比较清晰的特点。RM 文件的大小完全取决于制作时选择的压缩率，这也是为什么有时播放需 1 小时的影像只有 200MB，而有的却有 500MB 之多。

（3）RT：Real Text 的缩写，即实时文本文件。它不是单独使用的，而是用来配合视频、音频或者图像演示的。RT 的控制功能很丰富，包括确定文字演示的时间链，设置语言和字体控制窗口外观等方面。它可以制作出各种字幕效果。

（4）RP：Real Pix 的缩写，即实时图像文件，它是用于制作图像演示的文件。通过文本编辑软件制作的 RP 文件实现了多个图像的演示效果。除了时长、颜色等基本设置外，RP 还可以实现淡入、淡出、推拉、切换等效果。

（5）SMIL

SMIL 是同步多媒体集成语言（synchronized multimedia integration language）的缩写，它是由万维网协会（World Wide Web Consortium）组织规定的多媒体操纵语言。最新的 SMIL 版本是 2001 年 8 月推出的 SMIL 2.0 版本（参与制定该标准的公司很多，有 Compaq、Gateway、IBM、Microsoft、RealNetworks、Oratrix 等）。SMIL 与网页上用的 HTML（超文本传输语言）的语法格式非常相似。后者主要针对普通的网络媒体文件进行操纵（文字、图片、声音、动画、视频的机械堆砌），而前者则操纵多媒体片断（对多媒体片断的有机的、智能的组合）。

（6）SWF

SWF 是 Macromedia 公司（现已被 Adobe 公司收购）的动画设计软件 Flash 的专用格式，是一种支持矢量和点阵图形的动画文件格式。具有缩放不失真、文件体积小等特点。它采用了流媒体技术，可以一边下载一边播放，目前被广泛应用于网页设计、动画制作等领域，SWF 文件通常也被称为 Flash 文件。SWF 是 shock wave flash 的缩写，正如 rm=real media，mp3=MPEG Layer 3 wma=Windows Media Audio 一样。

（7）RPM：HTML 的插件文件，使客户端不安装 Realplayer 也可以收看和收听 rm/ram 格式的视频/音频流。

（8）RAM

流媒体的元文件，是包含 RA、RM、SMIL 文件地址（URL 地址）的文本文件。详见表 7-1-3。

表 7-1-3　三家公司使用的流媒体文件格式及相关信息

公　司	文件扩展名	服务器软件	客户端软件
微软公司	ASF 高级流格式	Windows Media Server	Windows Media Player
	WMV		
	WMA		
Real Networks 公司	RM	Helix Server	RealOne Player
	RA		
	RP		
	RT		
苹果公司	MOV	QuickTime Streaming Server	QuickTime Player
	QT		

5. 流媒体的传输协议

（1）超文本传输协议（hypertext transfer protocol，HTTP）

它是互联网上应用最为广泛的一种网络协议，所有的 WWW 文件都必须遵守这个标准。设计 HTTP 最初的目的是为了提供一种发布和接收 HTML 页面的方法。

HTTP 的发展是万维网协会（World Wide Web Consortium）和因特网工作小组（Internet Engineering Task Force）合作的结果，（他们）最终发布了一系列的 RFC，其中最著名的就是 RFC 2616。RFC 2616 定义了一个今天普遍使用的 HTTP 协议版本——HTTP 1.1。

HTTP 是一个客户端和服务器端请求和应答的标准（TCP）。客户端是终端用户，服务器端是网站。通过使用 Web 浏览器、网络爬虫或者其他工具，客户端发起一个到服务器上指定端口（默认端口为 80）的 HTTP 请求，这个客户端称为用户代理（user agent）。应答的服务器上存储着（一些）资源，如 HTML 文件和图像，这个应答服务器称为源服务器（origin server）。在用户代理和源服务器中间可能存在多个中间层，如代理、网关，或者隧道（tunnels）。尽管 TCP/IP 是互联网上最流行的应用，HTTP 并没有规定必须使用它和（基于）它支持的层。事实上，HTTP 可以在任何其他互联网协议上，或者在其他网络上实现。HTTP 只假定（其下层协议提供）可靠的传输，任何能够提供这种保证的协议都可以被其使用。

通常，由 HTTP 客户端发起一个请求，建立一个到服务器指定端口（默认是 80 端口）的 TCP 连接。HTTP 服务器则在那个端口监听客户端发送过来的请求。一旦收到请求，服务器（向客户端）发回一个状态行，如“HTTP/1.1 200 OK”，和（响应的）消息，消息的消息体可能是请求的文件、错误消息，或者其他一些信息。

HTTP 使用 TCP 而不是 UDP 的原因在于，打开一个一个网页必须传送很多数据，而 TCP 协议提供传输控制，按顺序组织数据，和错误纠正。通过 HTTP 或者 HTTP 请求的资源由统一资源定位器（uniform resource identifiers）（或者，更准确一些，URLs）来标识。

（2）实时传输协议（real-time transport protocol，RTP）

它是由 IETF 开发的一种为交互式语音、视频、仿真数据等实时多媒体应用传输而设计的传输层协议，其目的是提供时间信息和实现流同步，为多媒体应用提供端到端提交服务。国际电信联盟 ITU（International Telecommunications Union）的视频会议标准 H.323 采用了 RTP。

实时传输协议 RTP（real-time transport protocol）和实时控制协议 RTCP（real-time control protocol）：RTP 负责传送带有实时信息的数据包，RTCP 是 RTP 的控制部分。RTP 不能保证定时提交或 QoS 保证的机制，在网络服务质量较低时，丢包现象将会频繁发生。RTCP 是和 RTP 配合使用的协议，用于拥塞控制和流控制，负责管理传输质量和在当前应用进程之间交换的控制信息，提供有关正在进行会话中的各参加者的信息。若使用 RTCP，则每个参加者周期性地向其他参加者发送本地信息，这些信息作为 RTP 包中的可选项，RTCP 不必非得使用 RTP 进行通信。

RTP 可以在面向连接或无连接的下层协议上工作，通常和 UDP 一起使用，RTP 数据包的头部和数据就包含在 UDP 包中，利用 UDP 的高效性来保证实时通信，但 RTP 也可以在 ATM、ST-Ⅱ、TCP 等其他协议之上工作。RTP 数据包的头部含有时间戳和顺序号，支持接收端重建接收数据的时序关系，以便正确回放媒体流。RTP 数据包的头部格式如表 7-1-4 所示。

表 7-1-4 RTP 数据包的头部信息

版本	数据区标志	X	CSRC 数量	重要事件	负载类型	顺序号
时间戳						
同步源标识 SSRC						

RTP 主要实现一种端到端的多媒体同步控制机制，既不需要事先建立连接，也不需要中间结点为其保留资源。在网络带宽充足的情况下，RTP 具有一定的带宽调控能力，保证端到端的多媒体流同步，在网络带宽不足时，RTP 的带宽调控能力将受到一定程度的限制。RTP 本身既不保证服务质量 QoS，也不保证可靠传输，不过在 RTP 的分组头中提供了与媒体实时传输紧密相关的时间戳、顺序号、负载类型标识和源标识等。RTP 工作时，从上层接收多媒体信息流，装配成 RTP 数据包，传送给下层协议。下层协议提供 RTP 与 RTCP 的分流，会话时将使用两个端口，一个给 RTP，一个给 RTCP，如使用 UDP 传送时，RTP 使用一个偶数号端口，而 RTCP 使用其后的奇数号端口。时间戳反映了 RTP 数据报文中的第一个字节数据的采样时间，接收端根据收到数据报文的时间戳对数据进行重建，时间戳也用于流间的同步，如音频流和视频流的同步。顺序号用于数据传送的遗失检测和帧序重构，接收端可通过检测到的分组顺序号判断是否有分组丢失，并可重新恢复发送时的分组顺序。负载类型标识则表明了 RTP 报文中数据负荷的编码格式，如 ASF、MPEG2、PCM、LPC 等。源标识用于指示接收数据的来源，为接收方提供了一种区分不同源的方法，在音频会议中，利用该功能可以知道谁在发言。在 RTP 会话期间，各参与者周期性地传送 RTCP 包，RTCP 包中含有已发送的数据包的数量、丢失的数据包数量等统计资料，因此，服务器可以利用这些信息动态地改变传输速率，甚至改变有效负载类型。RTP 和 RTCP 配合使用，它们能以有效的反馈和最小的开销使传输效率最佳化，因而特别适合传送网上的实时数据。

（3）微软媒体服务器协议（microsoft media server protocol，MMSP）

为控制实时流媒体数据传输的应用层协议，是微软公司定义的用来访问并流式接收 Windows Media 服务器中 ASF 文件（advanced streaming format）的协议，MMS 广泛用于 Microsoft Media 的流媒体服务器。

MMS 协议是连接 Windows Media 单播服务的默认协议，如果客户端在 Windows Media Player 中输入一个 URL 地址以连接流媒体文件，而不是通过超链接访问媒体内容时，则必须使用 MMS 协议。连接到多播的客户端不使用协议，它们在流媒体内容经过多播 IP 地址传送时接收数据，不需协议连接。

在 MMS 协议中，根据连接对象的不同，又分为 MMSU 和 MMST。其中 MMSU 是 MMS 和 UDP 的结合，MMST 是 MMS 和 TCP 的结合。MMSU 可以让客户端通过 UDP 接受流信息，这种机制很适合于音频，因为它仅负责发送包，而不考虑连接的质量。因此用户可以较少程度上受延迟或暂停的影响，如果时间允许，可以请求重新发送丢失的包。MMST 支持客户端通过 TCP 接受流信息，TCP 形成一个可靠的流，如果包丢失了，将会停止流，重新发送丢失的包，在这种情况下，使用 MMST 的用户要忍受更长时间的延迟和暂停。

典型的 MMS 会话使用 TCP 连接发送和接受媒体控制命令，使用 UDP 或 TCP 连接分流数据。当使用 MMS 协议连接到发布点时可以激发 MMS 协议"协议翻转"机制。所谓"协议翻转"，就是客户端首先试图通过 UDP 接受流，如果 UDP 不工作，流将自动的转换到 TCP 传输，如果

TCP也不工作，客户端将试图通过HTTP接受流，“协议翻转”机制确保了最佳的连接。

Windows Media服务的核心是ASF。ASF是一种数据格式，音频、视频、图像以及控制命令脚本等多媒体信息以网络数据包的形式传输，实现流式多媒体内容发布。ASF支持任意的压缩/解压缩编码方式，并可以使用任何一种底层网络传输协议，具有很大的灵活性。ASF数据流中的包必须顺序传送，这主要是为了实现数据分流，只有ASF兼容服务器如Windows Media服务器可以通过一次传输一个ASF包避免分帧，它完全封装在因特网或其他网络协议包中。如果客户端和服务器不用计算出ASF数据包何时开始、何时结束，它们就可以支持ASF中的错误更正、流回放和比特率优化。HTTP服务器没有这个功能，因为它不能识别ASF包的有效位。此外，在Web服务器中不支持Windows Media的一些功能，如快速转发或者倒转ASF数据流等。

（4）实时流协议（real-time streaming protocol，RTSP）

它是由RealNetworks公司、Netscape公司、Columbia大学等共同研发的，1998年被批准成为Internet标准。RTSP是一个应用层协议，它必须以底层的RTP、RSVP等协议为依托，才能够在Internet上提供完整的流媒体传输服务，在数据选择传送通道和传送机制上都遵循底层的RTP或TCP。它的主要任务是为单点传送和多点传送流媒体提供很高的播放性能，同时也能够兼容不同厂商的服务端和客户端的应用程序。

使用RTSP时，客户机和服务器都可以发出请求，即RTSP可以是双向的。作为一个应用层协议，该协议目的在于控制多个数据发送连接，RTSP提供了一个可供扩展的框架，使得实时流媒体数据的受控和点播变得可能，为选择发送通道（如UDP、多播UDP或TCP）提供途径。RTSP可以对流媒体提供诸如播放、暂停、快进等操作，操作的资源对象可以是直播流也可以是存储片段。RTSP除了定义具体的控制消息、操作方法、状态码外，还描述了与RTP间的交互操作。总的说来，RTSP是一个流媒体表示协议，主要用来控制具有实时特性的数据发送，但它本身并不传输数据，而是必须依赖于下层传输协议所提供的某些服务。

虽然RTSP服务器同样也使用标识符来区别每一连接会话（session），但RTSP连接并没有被绑定到传输层连接（如TCP等）。也就是说，在整个RTSP连接期间，RTSP用户可打开或者关闭多个对RTSP服务器的可靠传输连接以发出RTSP请求。此外，RTSP连接也可以基于面向无连接的传输协议（如UDP等）。RTSP负责在服务器和客户机之间创建并控制连续媒体流，它支持以下操作：

① 从媒体服务器取回媒体流。RTSP允许用户通过HTTP或者其他方法向媒体服务器提交一个表示描述（presentation description）。所谓表示，是指流媒体服务器提供给客户机的一个或者多个媒体流的集合，而表示描述则包含了一个表示中各个媒体流的相关信息，如数据编码/解码算法、语言、网络地址、端口号、内容及其他相关参数。

② 邀请一个媒体服务器加入会话。媒体服务器可以被邀请参加正在进行的会议，或者在表示中回放媒体，或者在表示中录制全部媒体或其子集，因此非常适合于分布式教学。

③ 添加媒体。即向一个已经存在的表示中添加新的媒体流，通知用户新加入的可利用媒体流，这对现场讲座来讲显得尤其有用。与HTTP/1.1类似，RTSP请求也可以交由代理、通道或者缓存来进行处理。

RTSP在制定时较多地参考了超文本传输协议HTTP/1.1，甚至许多描述与HTTP/1.1完全相同。RTSP之所以特意使用与HTTP/1.1类似的语法和操作，在很大程度上是为了兼容现有的Web基础结构。正因如此，HTTP/1.1的扩展机制大都可以直接引入到RTSP中。虽然RTSP的设计在语法和操作上与 HTTP 十分相似，但 RTSP 与 HTTP 也有不同之处。首先，HTTP 是无状态协议；而 RTSP 则是有状态的，因为 RTSP 服务器必须记录客户的状态以保证客户请求与媒体流的相关性。其次，HTTP 是个不对称协议，客户机只能发送请求，服务器只能回应请求；而 RTSP 是对称的，客户机和服务器都可以发送和回应请求，在 RTSP 中，所有的操作都是通过服务器和客户端的消息应答来完成的，至于数据的传输则是低层协议的工作。

6. 流媒体播放方式

（1）单播

在客户端与媒体服务器之间需要建立一个单独的数据通道，从一台服务器送出的每个数据包只能传送给一个客户机，这种传送方式称为单播。每个用户必须分别对媒体服务器发送单独的查询，而媒体服务器必须向每个用户发送所申请的数据包拷贝。这种巨大冗余首先造成服务器沉重的负担，响应需要很长时间，甚至停止播放；管理人员也被迫购买硬件和带宽来保证一定的服务质量。

（2）组播

IP 组播技术构建一种具有组播能力的网络，允许路由器一次将数据包复制到多个通道上。采用组播方式，单台服务器能够对几十万台客户机同时发送连续数据流而无延时。媒体服务器只需要发送一个信息包，而不是多个；所有发出请求的客户端共享同一信息包。信息可以发送到任意地址的客户机，减少网络上传输的信息包的总量。网络利用效率大大提高，成本大大下降。

（3）点播与广播

点播连接是客户端与服务器之间的主动的连接。在点播连接中，用户通过选择内容项目来初始化客户端连接。用户可以开始、停止、后退、快进或暂停流。点播连接提供了对流的最大控制，但这种方式由于每个客户端各自连接服务器，却会迅速用完网络带宽。

广播指的是用户被动接收流媒体。在广播过程中，客户端接收流，但不能控制流。例如，用户不能暂停、快进或后退该流。广播方式中数据包的单独一个拷贝将发送给网络上的所有用户。

7. 流媒体系统应用领域

（1）电子政务建设

随着信息技术的迅猛发展和政府职能的转变，政府内部电子办公已全面向“电子政府”或数字化办公转移。相对于传统的会议方式而言，视频会议系统的建立与扩充将从根本上改变传统的交流方式，行政会议、党务会议、业务会议、决策会议都变成可以随机安排的，既节约了时间又减少了费用，缩短了决策的时间与周期，提高了机关工作效率。同时，会议数据协作功能使纸质文件变为电子文档，而且分发方便从而提高会议的质量，符合无纸化办公的理想。

（2）企业集团

作为一个企业集团公司来讲，它的办事处一般都分散在全国各地，那么当集团总部和各个办事处分公司要召开会议的时候，就成了令人头疼的问题。网络视频会议系统可以从几个方面为企业集团提供方便，不需要集中就可以召开分布不同地区的重要股东、董事会议，加速公司重要战略的决策；各部门随时召开内部会议，提高工作效率，减少差旅费用；集团各分支机构的业务培训课程；集团全体会议和远程职工联谊活动等。

（3）远程教育

已经建设完成教育科研宽带网及各地市教育城域网络“校校通”工程是远程多媒体教育良好基础。在此网络基础下，视频会议系统可以实现远距离会议、办公和教学、教科研工作，同时可以充分利用该网络平台实现远程教育工作。充分发挥教育系统优质资源共享，提高管理工作效率，迅速提升教育系统运用现代信息化手段进行教育行政管理和教学、教科研工作水平。

（4）证券行业

证券公司分支机构多并散布在全国各地，平时的工作交流主要以电话为主，每年出差会议的次数多而且及时性不够。从另一个方面来说，各分公司及下属营业网点都已经安装了宽带。视频会议系统可以与流媒体广播系统、远程同步股评讲解系统、可视化客户服务等系统集成，将丰富的多媒体信息通过网络传播给全系统范围内的营业部，既可以分享即时的资讯，集中咨询服务资源，又可以通过互动的方式加强沟通效果，还可以使企业缩短不必要的差旅时间并节省大笔费用。

（5）金融保险业

银行和保险公司多分支机构，同时网络条件良好。采用视频会议系统、流媒体广播系统，可以分享即时的资讯，同时又可以通过互动的方式，加强沟通效果，极大地提高工作效率、减少运营成本的系统。

（6）医疗卫生

视频会议系统可以通过 MCU（多点控制单元）实现多家医院的专家同时对一例病例进行远程会诊。系统具备完善的远程控制功能，可以进行数据、PACS 图片传输和显示。

（7）电信运营

电信公司或 ISP 服务提供商可以利用自己空闲的网络和服务器资源建设大规模视频会议系统，为中小企业提供价廉方便的视频会议租用服务。作为未来信息网络的主流，视频会议租用前景光明，将成为极具价值的电信增值服务。

任务 2　利用流媒体服务器搭建视频点播站

问题情境

某学校有一台 FTP 服务器，有许多电影、音乐和视频教学影片放在这个服务器上供全校师生们下载。为了节约校园网带宽，网管对 FTP 服务器的下载速度做了限制。在使用过程中，师生们反映说下载速度太慢，下载完后再看太花时间，而且不知道哪个视频适合自己观看，往往下载完后才发现这个视频不是自己喜欢的，下载到本地要占用太多的硬盘空间，看完后又不得不删除，师生们希望能够不需要下载到本地就能够在线观看视频的系统，以减少空间和时间的浪费。

此学校的校园网带宽为 100M，拥有 Web 服务器、FTP 服务器。

问题分析

1. 实现在线观看视频

① 要实现在线观看视频，需要对各种不同格式的视频进行处理。这就需要用到编码器对各种视频文件进行重新编码，把它制成流媒体，使它们适合在线观看。

② 要实现视频在线观看，需要有流媒体服务器的支持。

③ 要使视频在线观看方便用户访问，需要制作一个网站，使用户不需要记住的网址，例如，rtsp://流媒体服务器 IP:端口号/影片路径/影片名称.rmvb。

2. 增加硬件设施

需要增加一台性能较高的服务器，具体要求查表 7-1-1。

3. 选择合适的点播系统服务器

应该选择美萍 VOD 视频点播系统还是选择 RealNetworks 公司的 Helix server 软件加点播网站方式呢？

美萍 VOD 点播系统是一套功能强大、使用简单的 VOD 点播系统。它内置高效服务器引擎，采用多线程，多并发流处理技术，客户端支持 Web 界面点播或者应用程序界面点播两种界面。支持目前所有流行的媒体格式，是网吧、学校机房、图书馆等场所理想的视频、音频点播系统。

RealNetworks 公司的 Helix server 软件加点播网站方式需要安装 Helix server 服务器软件，设置好“跟加载点”，参考第 7 章任务 1 的服务端安装和设置部分，并且需要有比较好的网站设计功底。考虑到美萍 VOD 点播系统比 Helix server 的使用更加简单、便捷，这里采用美萍 VOD 点播系统公司的技术。

任务设计

把需要在线播放的视频文件如 AVI、MPEG、VOD 等格式用 Helix Producer Plus 或者 WMEncoder 软件重新编码为 RMVB、RM、ASF、WMV 等流格式视频文件。

使用 Helix Producer Plus 编码参考第 7 章任务 1 编码器安装和设置部分，下面来安装 WMEncoder 软件。

图 7-2-1　WindowsMedia 编码器安装

1. Windows Media Encode 编码器的安装

① 双击 WMEncode.exe 安装文件，进入 Windows Media Encode 编码器安装向导界面（见图 7-2-1）。单击“下一步”按钮，进入“许可协议”界面，选择“我接受许可协议中的条款”单选按钮，如图 7-2-2 所示。

② 单击“下一步”按钮，进入“安装文件夹”界面，这里默认目录为 C:\Program Files\Windows Media Conponents\Encode\，如图 7-2-3 所示。单击“下一步”按钮，进入“准备安装”界面，单击“安装”按钮进行安装，如图 7-2-4 所示。

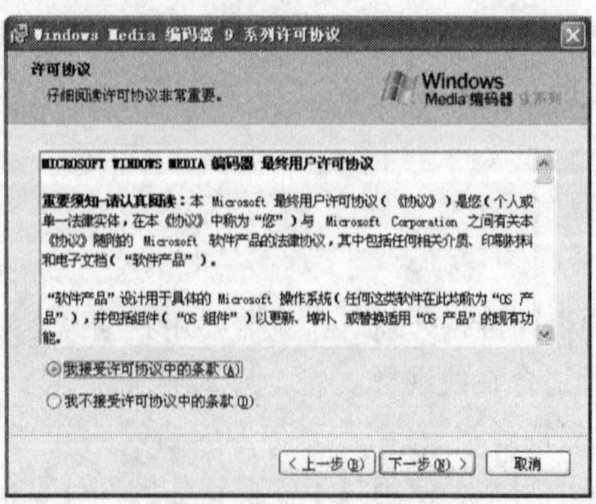

图 7-2-2　许可协议

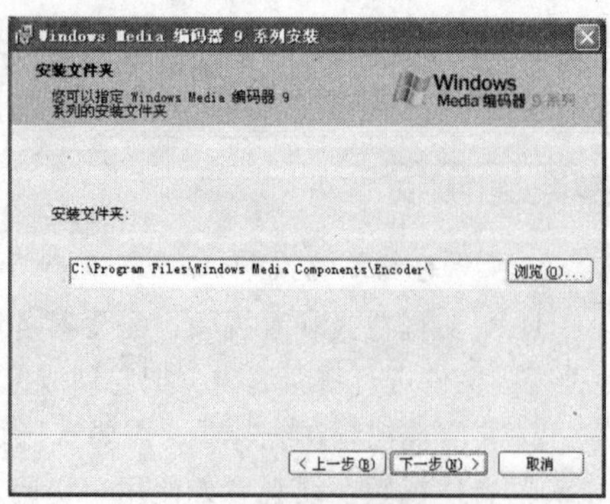

图 7-2-3　安装路径选择

③ 单击“完成”按钮，完成安装，如图 7-2-5 所示。

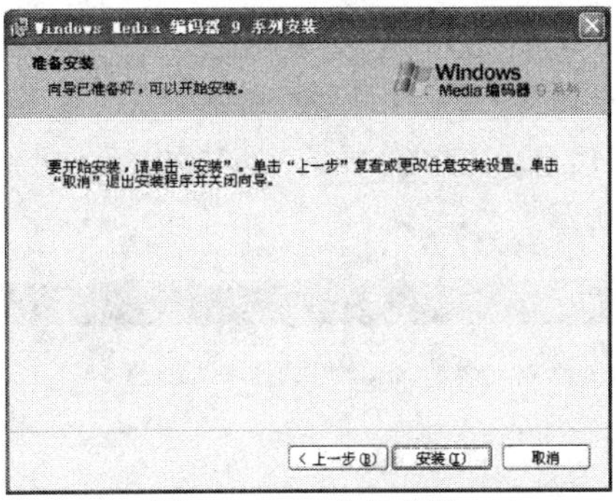

图 7-2-4　准备安装

图 7-2-5　安装完成

2. 用 Windows Media Encode 编码器重新编码视频文件

① 单击“开始”菜单，在“所有程序”中找到，单击它运行 Windows Media Encode 编码器。在弹出的“新建会话”对话框中选择“向导”选项卡，选择“转换文件”图标，如图 7-2-6 所示。单击“确定”按钮，弹出“文件选择”对话框，如图 7-2-7 所示。

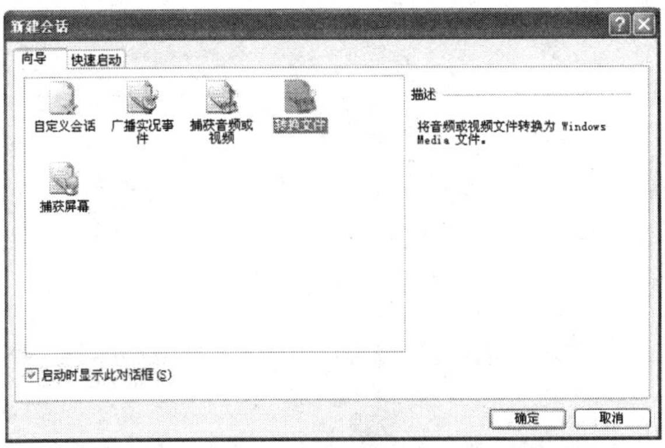

图 7-2-6　新建会话

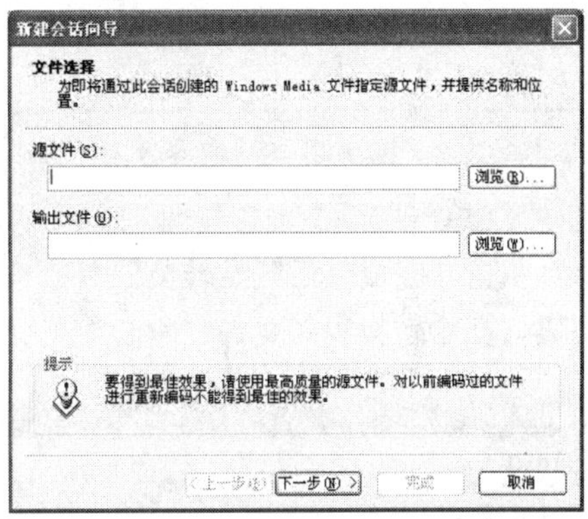

图 7-2-7　新建会话向导文件选择

② 单击“源文件”后面的“浏览”按钮，弹出“浏览源文件”对话框。在“查找范围”下拉列表中找到“电影”文件夹，选择“魔力玩具盒_虫洞效应 DVD.avi”电影文件，如图 7-2-8 所示。单击“打开”按钮，这时，“源文件”下的文本框中出现“魔力玩具盒_虫洞效应 DVD.avi”文件的路径，而在“输出文件”下的文本框中出现“魔力玩具盒_虫洞效应 DVD-1.wmv”的路径，如图 7-2-9 所示。

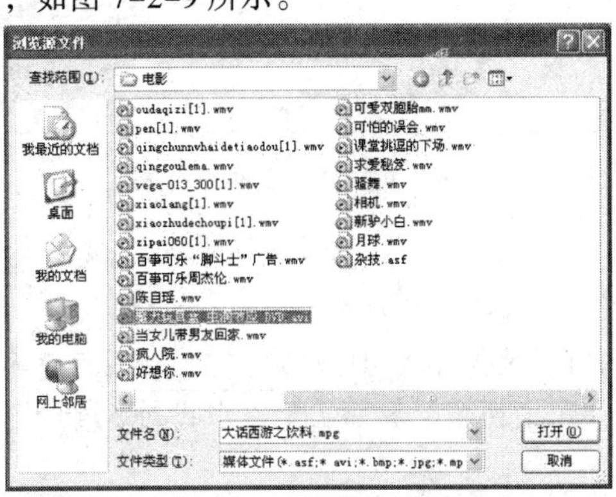

图 7-2-8　浏览源文件

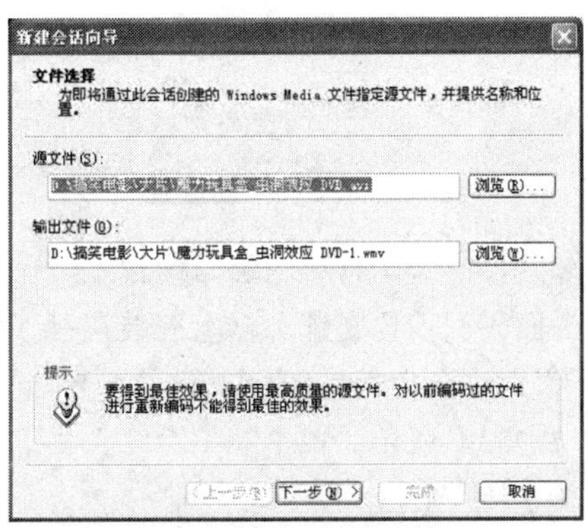

图 7-2-9　文件选择

③ 单击“下一步”按钮，弹出“内容分发”对话框，在“要如何分发内容”列表框中选择“Windows Media 服务器（流式服务）”选项，如图 7-2-10 所示。单击“下一步”按钮，弹出“显示信息”对话框，在“标题”文本框中填写影片名称“魔力玩具盒_虫洞效应”，“作者”文本框中填写作者名字，在“版权”文本框中填写版权信息，在“分级”文本框中填入分级信息，在“描述”文本框中输入影片信息，如图 7-2-11 所示。

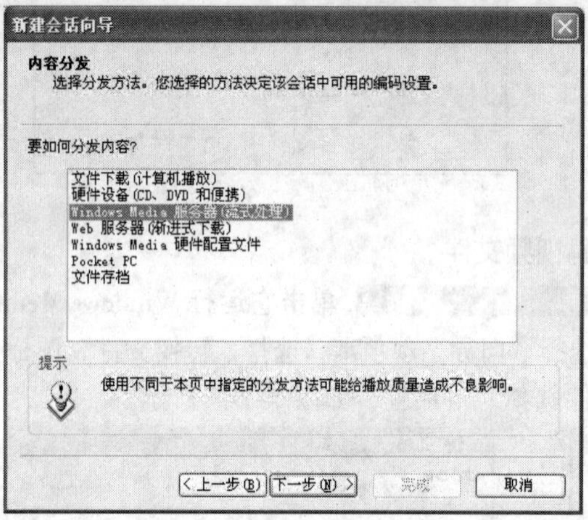

图 7-2-10　内容分发

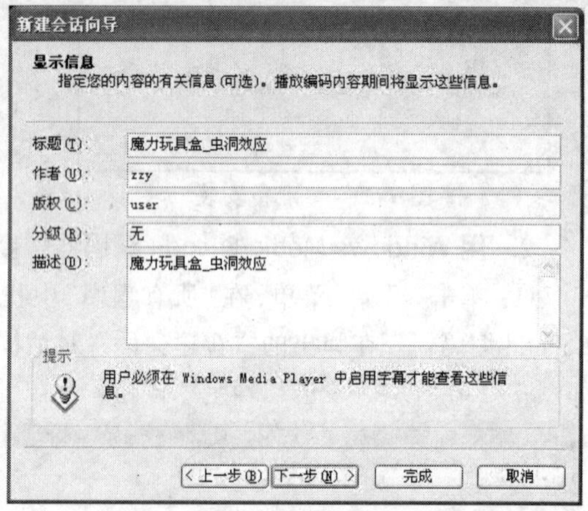

图 7-2-11　显示信息

④ 单击“下一步”按钮，进入“设置检查”界面，这里可以看到上面所设置的信息，选择“单击‘完成’后开始转换”复选框，如图 7-2-12 所示。核对无误后，单击“完成”按钮，编码器开始转换视频文件，耐心等待，直到完全转换完毕，如图 7-2-13 所示。

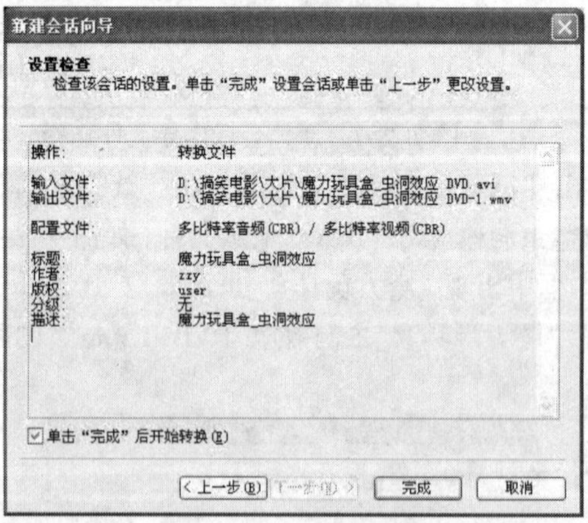

图 7-2-12　设置检查

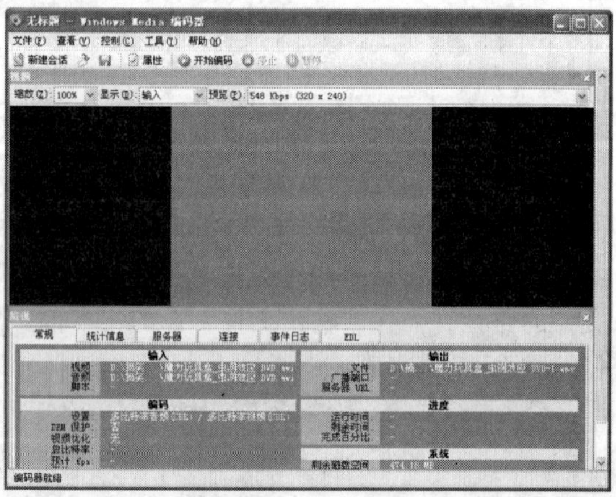

图 7-2-13　文件转换

3. 美萍 VOD 点播系统的安装

下面我们需要在服务器上安装美萍 VOD 点播系统。

① 双击“美萍 VOD 点播系统 8.4.exe”文件，打开装美萍 VOD 视频点播系安装向导统，如图 7-2-14 所示。单击“下一步”按钮，进入“许可证协议”界面，单击“我同意”按钮，如图 7-2-15 所示。

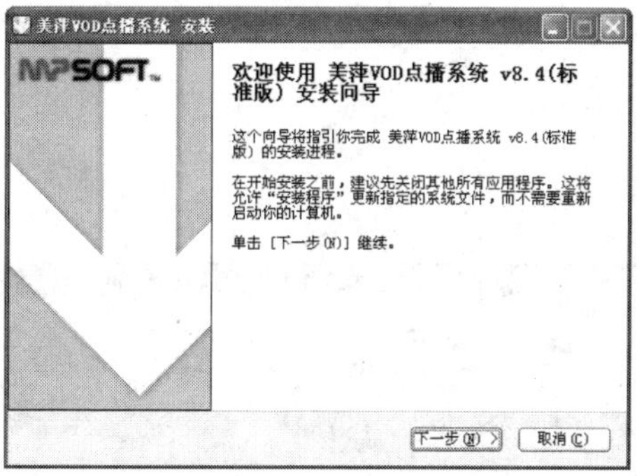

图 7-2-14 安装美萍 VOD8.4

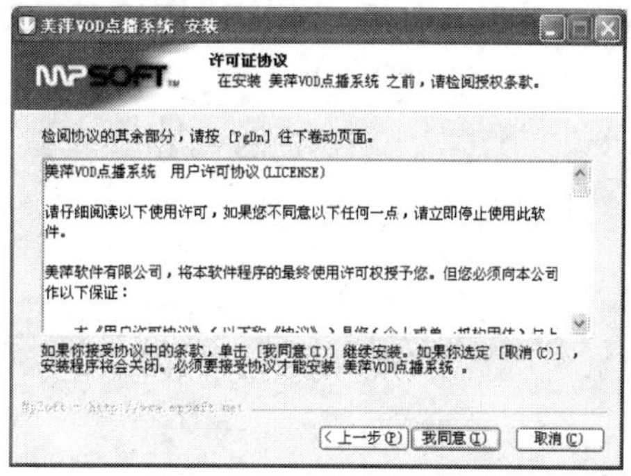

图 7-2-15 许可证协议

② 单击“下一步”按钮进入“选定组件”界面，在“选定安装类型”下拉列表框中选择“完全”选项，在其下面的列表框中选择安装“主程序”和“开始菜单与桌面快捷方式”复选框，如图 7-2-16 所示。单击“下一步”按钮，默认目标文件夹为 C:\Program Files\MpSoft\VOD（见图 7-2-17），也可以单击“浏览”按钮自定义安装路径，如 D:\VOD。

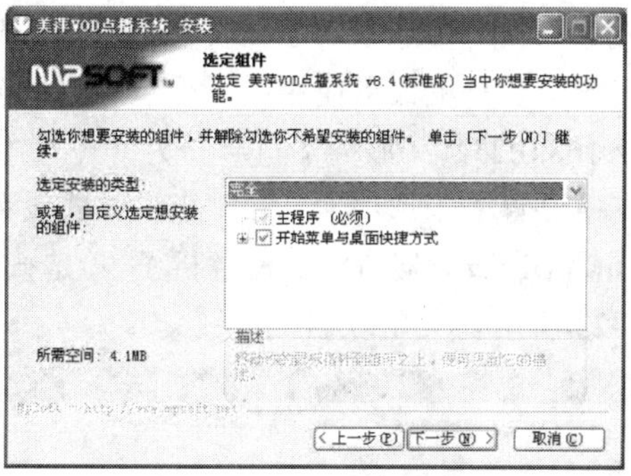

图 7-2-16 选定组件

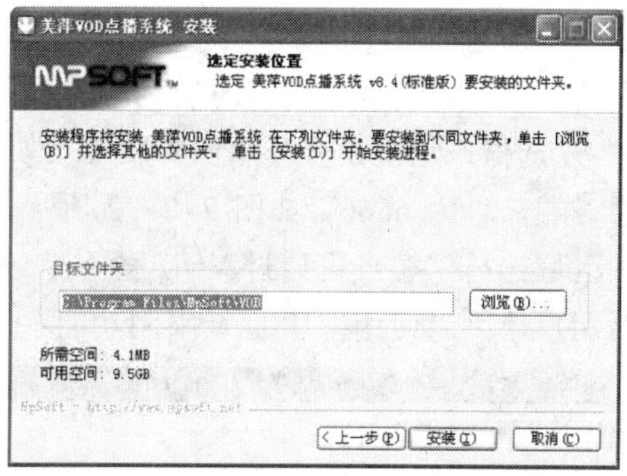

图 7-2-17 选定安装位置

③ 单击“安装”按钮开始安装程序，如图 7-2-18 所示。稍等一会，程序安装完成（见图 7-2-19），单击“完成”按钮，关闭安装向导。

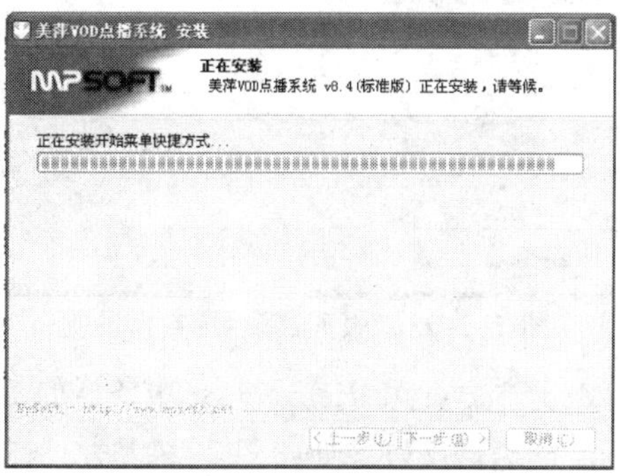

图 7-2-18 正在安装

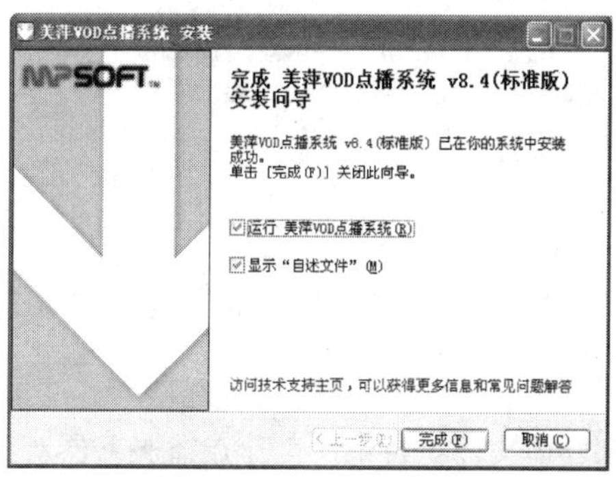

图 7-2-19 完成安装

4. 美萍 VOD 点播系统的设置

① 运行美萍 VOD 点播系统，打开软件界面，有“系统设置”、“项目编辑”和“软件帮助”三个菜单，以及七个按钮“启动服务”、“停止服务”、“系统设置”、“留言管理”、“连接信息”、“退出系统”和“向上一级”，如图 7-2-20 所示。

软件分左右两栏，左边是大纲模式目录，右边是图标模式目录，如图 7-2-21 所示。

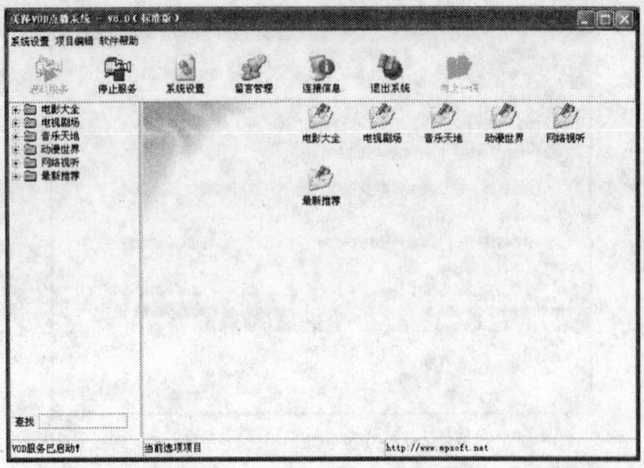

图 7-2-20　美萍 VOD 点播系统软件界面

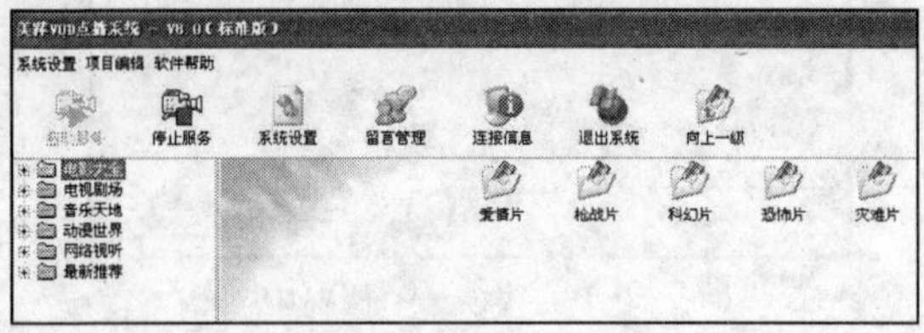

图 7-2-21　美萍 VOD 点播系统软件界面

② 单击“系统设置”按钮，弹出“系统设置”对话框，其中有“服务器设置”、“客户机设置”和“播放软件选择”三个选项卡。选择“服务器设置”选项卡，选择“系统设置”子选项卡，在“密码设置”选项区域中输入要设置的密码，启动的时候需要用到；在“服务器设置”选项区域中选择“Windows 启动时 VOD 点播系统自动运行”、“显示所有媒体文件，包括已经被合并的文件”和“启动时同时启动应用程序客户端服务（客户机如果使用应用程序界面请选中它）”复选框；这里设置“本服务器 IP 地址”为 192.168.0.234，“服务端口号”为 80，软件默认服务端口号为 6666，如图 7-2-22 所示。选择“点播设置”子选项卡，在“点播方式设置”选项区域选择“客户机通过 VOD 服务器点播节目（由 VOD 服务器自己做流解析）”单选按钮，注册用户还可以使用“IP 地址限制功能”，如图 7-2-23 所示。

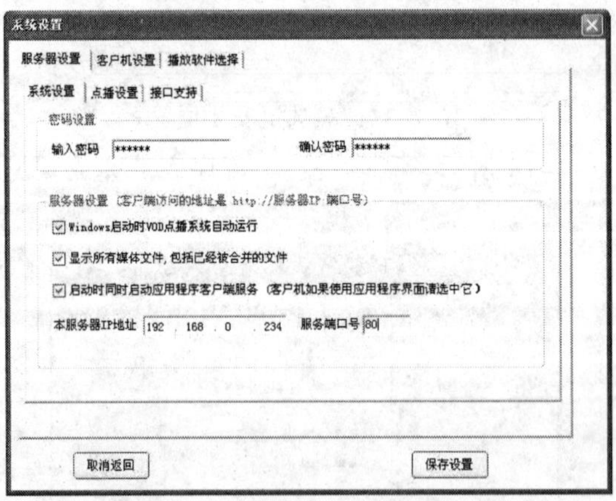

图 7-2-22　服务器设置-系统设置

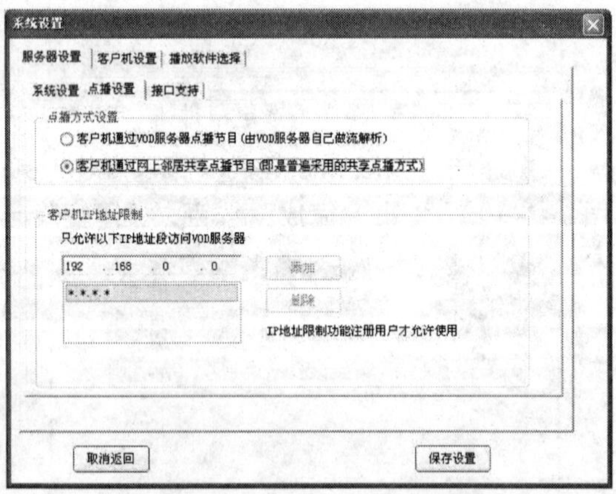

图 7-2-23　服务器设置-点播设置

③ 选择“接口支持”子选项卡，这里可以设置 MediaServer 和 HelixServer 服务器的 IP 地址和媒体文件主目录，美萍点播服务器对这两个服务器都提供支持，如图 7-2-24 所示。

④ 选择“客户机设置”选项卡，在“界面设置”子选项卡中可以对客户端的界面进入设置，如图 7-2-25 所示。

⑤ 选择“系统公告”子选项卡，可以在这里编辑系统公告，打开客户端就可以看到这些公告内容，而且公告文字支持 HTML 语法，如图 7-2-26 所示。

⑥ 选择“播放软件选择”选项卡，可以添加新的影片格式，还可以选择客户机默认的播放器，如图 7-2-27 所示。

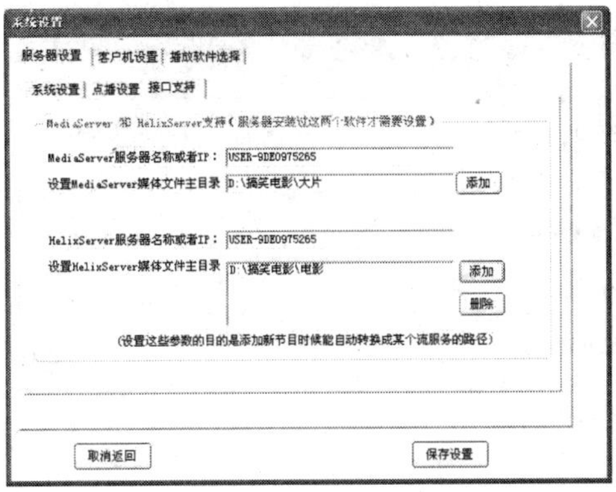

图 7-2-24　服务器设置-接口设置

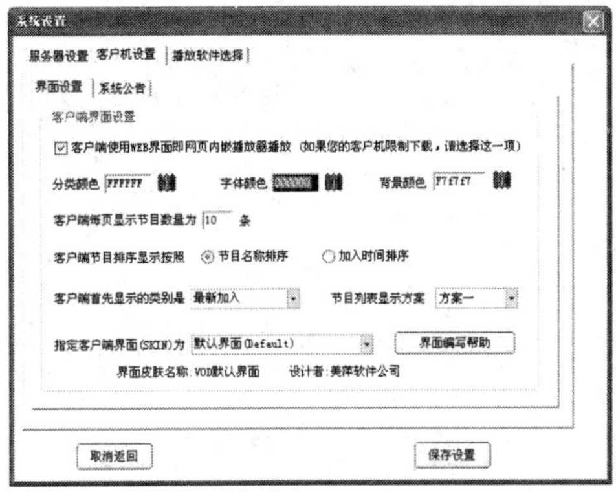

图 7-2-25　客户机设置-界面设置

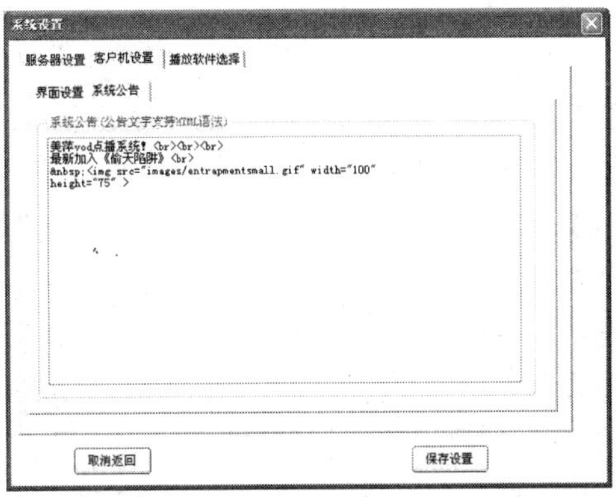

图 7-2-26　客户机设置-系统公告

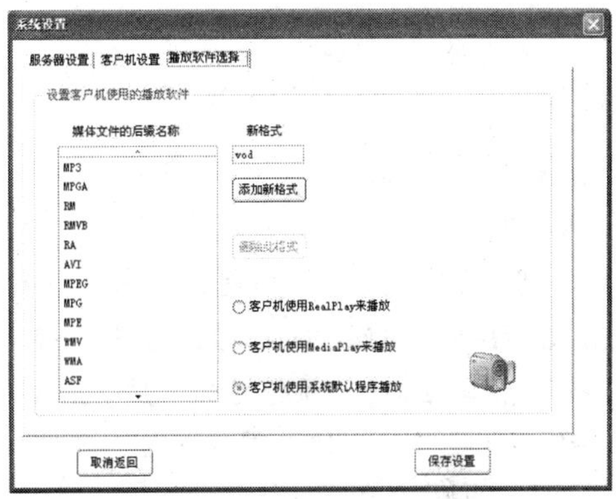

图 7-2-27　播放软件选择

⑦ 单击“留言管理”按钮，打开“留言管理”模块，这里可以查看来自客户端的留言，可以删除单条留言，也可以删除全部留言，方便客户端报错，如图 7-2-28 所示。单击“连接信息”按钮，打开“连接信息”管理模块，在这里可以查看客户端正在播放什么影片等信息，如图 7-2-29 所示。

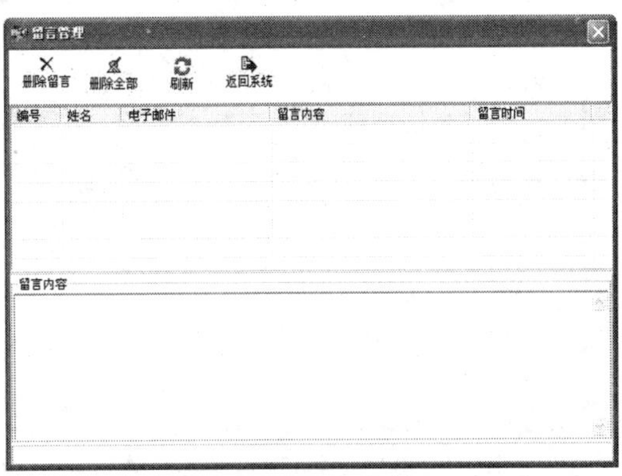

图 7-2-28　留言管理

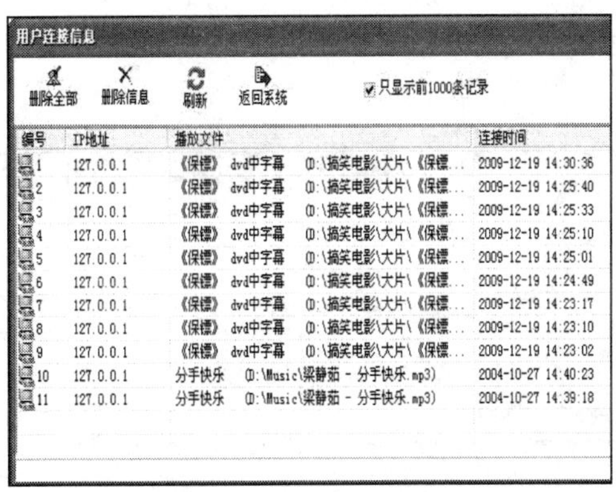

图 7-2-29　用户连接信息

⑧ 选择“项目编辑 | 新增类别”命令（见图 7-2-30），新增不同的影片类别。例如，新增“教学视频”类别，选择“项目编辑 | 项目添加”命令，打开“项目添加”设置对话框，如图 7-2-31 所示。

图 7-2-30 “项目编辑”菜单

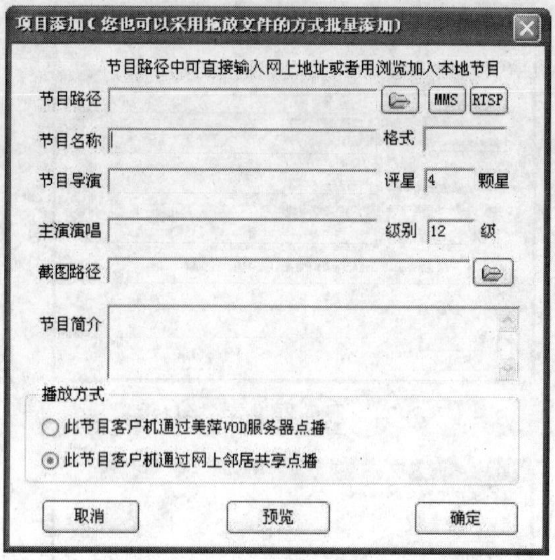

图 7-2-31 “项目添加”对话框

⑨ 单击“节目路径”文本框后的“文件夹”、MMS、RTSP 按钮可以分别添加不同类型的影片。其中“文件夹”按钮是添加本地影片，MMS 按钮添加 WMV 格式的影片，而 RTSP 按钮添加 RMVB 格式的影片。例如，添加一个“《鬼讯号 2：白光》DVD 中字幕（从鬼门关被救回的男子—美国 2007 最新超恐怖大片）.rmvb”影片，选中后单击“打开”按钮，如图 7-2-32 所示。在“项目添加”对话框中添加“格式”、“节目导演”、“评星”、“主演演唱”、“级别”、“截图路径”、“节目简介”内容，“播放方式”建议选择“此节目客户机通过美萍 VOD 服务器点播”，如图 7-2-33 所示。

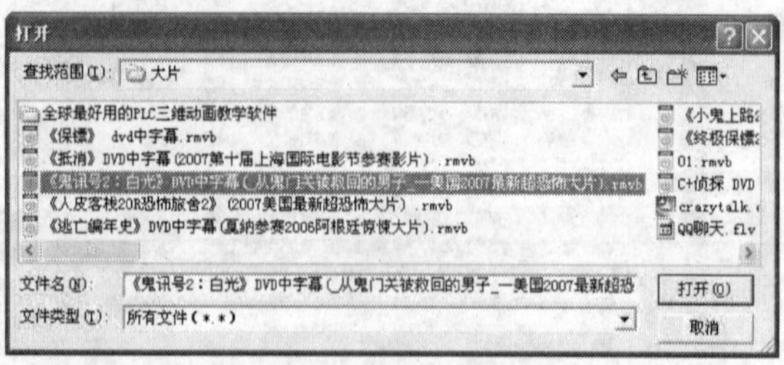

图 7-2-32 选择影片

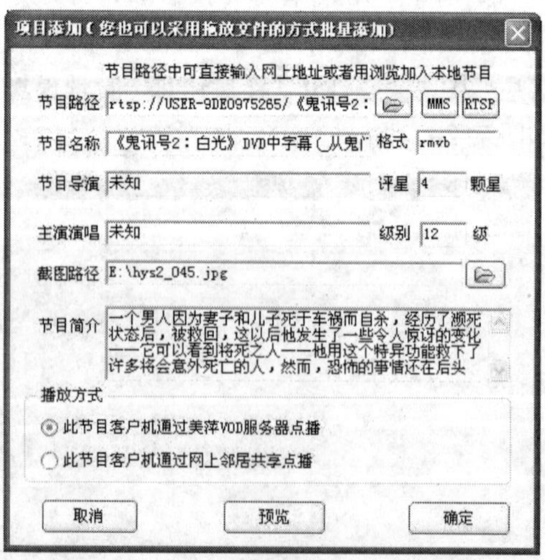

图 7-2-33 填写项目添加模块内容

⑩ 至此，一个影片就添加完毕。在客户机上安装好 MediaPlay 或者 RealPlay 播放器，在 IE 浏览器上输入美萍点播服务器的 IP 地址 http://192.168.0.234，按【Enter】键，打开一个电影网站，上面有刚刚添加的影片连接，单击这个连接就可以看电影了，如图 7-2-34 所示。

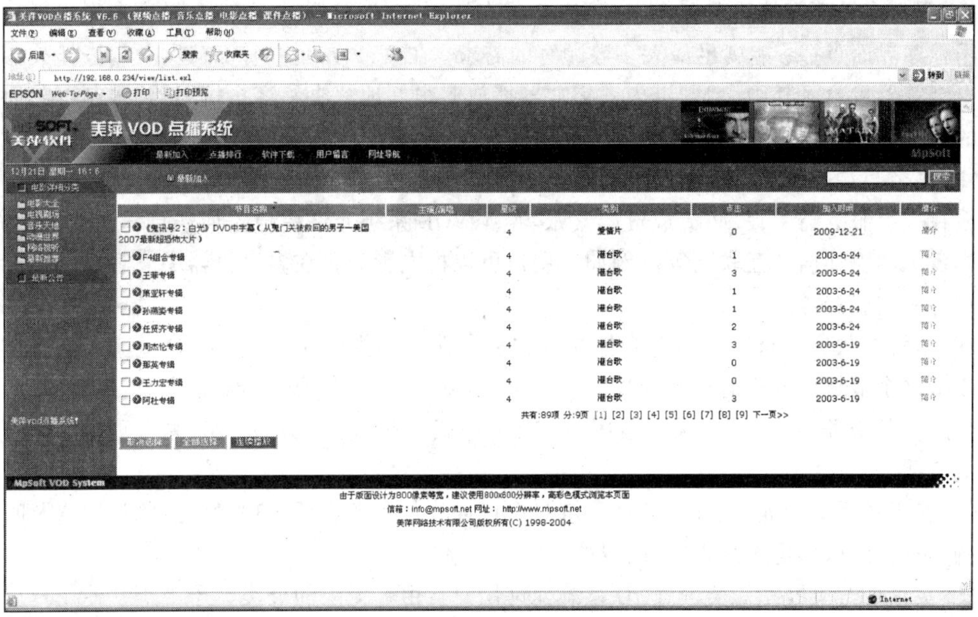

图 7-2-34　电影网站

规律总结

① 首先需要安装好流媒体编码器，把非流媒体文件转换成流媒体文件，可以根据需要选择多种码率，如 56Kbps、128Kbps 和 256Kbps。

② 其次要安装和设置好美萍 VOD 服务器，让系统有一个流媒体服务器的支持。

③ 客户端需要安装 Windows Media Player 或者 RealPlayer 播放器，根据影片的不同格式安装不同的播放器，当然也可以安装万能播放器，如暴风影音。

④ 最好把 Windows 自带的防火墙关闭，以防阻止美萍 VOD 服务的网络连接。

⑤ 需要在 IIS 中把默认网站的 80 端口改为其他端口，以防端口冲突。

知识链接

1. 美萍 VOD 点播系统

美萍 VOD（video on demand）点播系统是一套功能强大、使用简单的 VOD 点播系统。其内置高效服务器引擎，采用多线程、多并发流处理技术，客户端支持 Web 界面点播或者应用程序界面点播两种界面。支持目前所有流行的媒体格式，是网吧，学校机房，图书馆等场所理想的视频/音频点播系统。

其功能特点如下：

① 造价低。使用普通 PC 服务器充当视频点播服务器，美萍 VOD 系统以纯软件方式实现视频流的实时进行处理，大大节约了 VOD 视频点播系统中最大的一笔投资。

② 客户端免维护。在采用 Web 模式时，客户端使用 IE 浏览器即可实现点播，无需安装其他任何软件，无须做任何设置，做到了客户端的免维护。即使采用应用程序模式，也只需要运行一个单独的 EXE 文件，节目数据以及系统配置都从服务器端读取，无须配置维护。

③ 客户多界面支持。美萍 VOD 系统除了支持用 IE 浏览器进行 Web 界面点播之外，还支持应用程序界面点播，能满足最大多数顾客的需求。在 Web 界面中有支持网页内嵌播放器播放和弹出浏览器播放。其中，“网页内嵌播放器播放”很好地解决了客户机 IE 要限制下载而不能播放的问题。

④ 多节目源支持，分布式储存。因为视频，音频文件的体积都比较大。如果媒体文件都必须放在一个服务器中，势必造成资源紧张。美萍 VOD 系统允许用户添加来自任何地方的资源，包括光盘，网上邻居，互联网等。例如，用户可以把电影分布在多台机器中。客户端通过服务器统一使用这些资源。

⑤ 多种播放方式选择。由于媒体文件的多样性，某些文件可能不适合做流媒体点播，这时可以把这个节目设置成通过网上邻居共享点播。这样，一方面做到对这个节目的最好支持，同时也降低了服务器的负载，灵活运用并结合分布式储存功能，美萍 VOD 系统理论上无限多的并发流点播。

⑥ 完善的反馈功能。美萍 VOD 系统具有点播计数和客户留言功能。这能让用户及时了解客户的需求，争取到更多的忠实顾客群。

⑦ 灵活的分类技术。美萍 VOD 系统允许用户自由、无限的分类，子类等，使用户更好的管理媒体节目。

⑧ 高清晰度播放。美萍 VOD 支持业界最先进的 MPEG4 标准，同时完全兼容 MPEG1、MPEG2 等标准的视频文件，可在系统资源占用极小的情况下实现 DVD 级的播放效果，真正实现高清晰度播放。

⑨ 适用面广。美萍 VOD 以极高的性能价格比，可广泛应用于网吧、学校、图书馆、智能小区、宾馆、酒店等领域。

⑩ 安装简单。美萍 VOD 系统内置采用了自有知识产权的 MRTS 服务器引擎，用户无须配置 IIS、Real Server、Media Play Server，甚至可无须共享任何目录，只需要安装完成启动美萍 VOD 系统即可。客户机器无需做任何设置，直接在浏览器中输入服务器的 IP 即可开始点播。

⑪ 多种媒体格式支持。美萍 VOD 系统理论上支持所有媒体格式支持，只要客户机安装了相应的解释程序，用户可以自由地用它做视频服务器、音乐服务器、课件服务器等。

⑫ 客户端自定义界面支持。虽然已经提供了一个非常完善的客户端界面，但用户仍然可以通过诸多的网页编辑工具来修改客户端界面，制作出具有个性化的界面来。

2. 远古视频点播系统

采用高效的 VConnect 服务内核，所有格式流媒体广域网拖拽时延在 100ms 以内；采用 HTTP 可穿透任何防火墙，跨任何路由；采用完善的防盗链机制，充分保障节目源的安全；采用双重安全认证（Web 认证和内核认证），剔除非法点播的可能；支持完善的用户和节目的权限设置，全部远程化的专业模块管理（多达十几个模块），是一款专门为行业用户定制的广域网 VOD 系统。

3. AVServer 流媒体服务器

一款非常优秀的流媒体服务器程序，它支持 RM、RAM、ASF、WMV、MP3 等各种主流的流媒体文件，支持局域网、城域网、广域网等各类网络，支持二次开发。具有超低的服务器资源需求，智能化的流量控制，多方位的及时监控能力以及强大的防下载、防盗链机制，具有方便而完善的文件管理、用户管理、IP 地址管理等管理功能。是网吧、学校、小区、网站构建音频/视频点播系统的理想选择。

本 章 练 习

1. 什么是流媒体？流媒体有什么特点？
2. 使用流媒体有什么好处？流媒体常用的协议有哪些？
3. 流媒体通常用在什么地方，请举例说明。
4. 试编一个 SMIL 文件，使 RealOne Play 播放器能够同时播放四个影片文件。

【知识要点】首先用<layout> </layout> 定义播放区，然后用<root-layout />定义根播放区，再用<region id="**" />定义四个影片的播放区。这四个影片播放区是在根播放区里面的，其中“**”是影片播放区代码，可以随意设定，如<region id="r1" />；用 top="0" right="0" 定义播放区的位置；用 width="150" height="150"定义播放区的大小；用<par></par>定义四个影片平行播放，所谓“平行播放”就是同时播放这四个影片；最后用<video src="rtsp://影片服务器 IP 地址/broadcast/影片名称.rm" region="r1" fill="remove"></video> 链接影片。效果如图 7-3-1 所示。

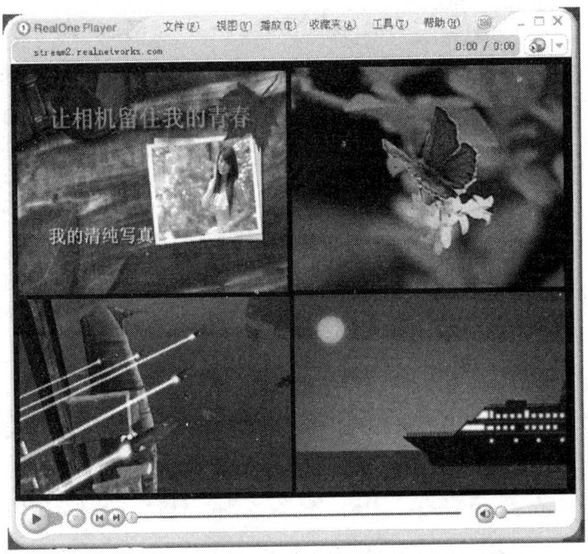

图 7-3-1　标准四分屏同时播放四个影片

5. 试用 Windows Media Server 服务器做一个点播站。
6. 使用远古视频点播系统或者 AVServer 流媒体服务器软件做一个个人视频点播站。

第 8 章

多媒体课件制作

Authorware 7.0 是开发多媒体课件的最佳软件系统，是一种基于流程线结构与图标的多媒体设计平台。它具有较强的多媒体集成能力和丰富的用户接口，使得用户能够很方便地和多媒体系统进行交互，它使用户远离了冗长的代码，使非专业程序员进行多媒体软件开发成为现实。

学习目标	☑ 了解 Authorware 7.0 知识点及其应用 ☑ 熟悉显示图标、交互图标、框架与导航图标等图标的功能及运用多媒体课件的动画效果，学习变量与函数在多媒体课件制作中的应用，能熟练运用这些图标制作多媒体课件、产品广告、电子相册、点歌台等多媒体作品。	☑ 掌握多媒体课件制作的基本流程和一些常用技巧 ☑ 提高分析问题、解决问题的实际操作能力，加强创新能力的培养

任务 1　“揠苗助长”——演示型课件

问题情境

一天，我带八岁的儿子逛街，突然小家伙立在铺面前不动并向上张望，我顺着他的目光望去，只见铺面前一块显示屏正不断地变换着一张张可爱的画面，于是我对儿子说，这“动画”好看吗？他晃动着脑袋说：“很有趣”。我说：“妈妈回去给你讲‘揠苗助长’的寓言故事，顺便给你做一个与这个一样的动画。”

问题分析

1. 什么是多媒体课件

多媒体课件是运用多媒体（图、文、音、视、动）手段的计算机辅助课堂教学软件。

2. 多媒体课件的分类

① 按教学功能分类：演示型、讲解型、浏览型、练习型、查阅型。

② 按教学形式分类：随堂演示型、完整课件型。

3. 完整多媒体课件结构（见图 8-1-1）

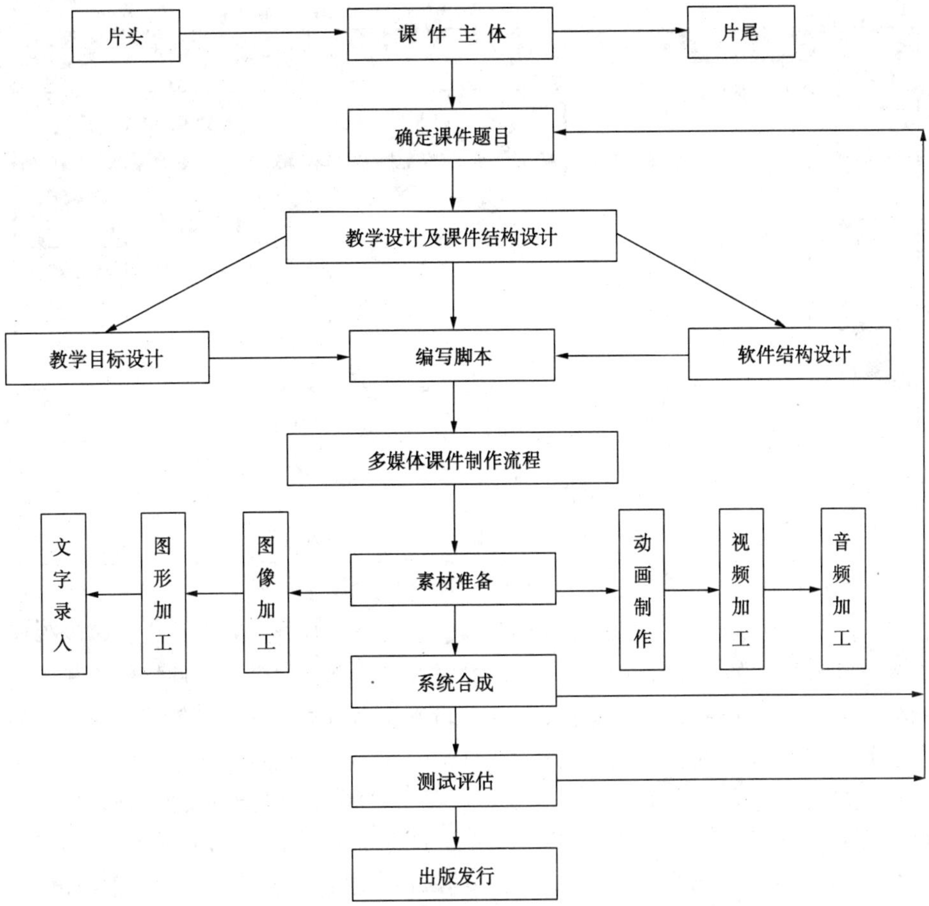

图 8-1-1　完整多媒体课件结构图

4. 多媒体课件的开发平台

国际流行软件：Authorware、Flash、Director、ToolBook 等。

国内软件：洪图、方正奥思、课件大师。

5. Authorware 工作界面介绍

Authorware 与其他的 Windows 应用程序一样，有其图形化的应用程序窗口，如标题栏、菜单栏、常用工具栏、工作区等。但除了一些共有的界面工具区域外，Authoeware 7.0 还有其特有的一些区域结构，如图标栏、程序设计窗口等，如图 8-1-2 所示。

下面简单介绍一下各区域结构中工具的功能与用法。

（1）菜单栏

菜单栏中共有 11 个菜单，单击某一个菜单就会弹出一个附属于该菜单的级联菜单。再选择级联菜单中某个菜单命令，会完成相应的某一个操作。单击菜单之外的任何地方或按【Esc】键，则可以关闭已打开的菜单。

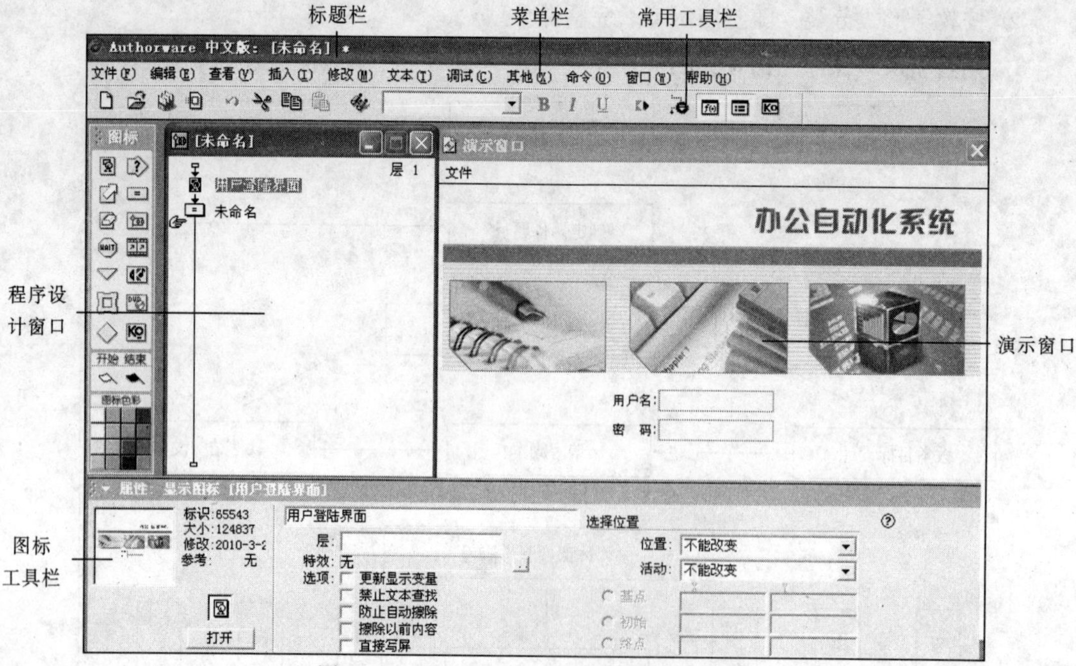

图 8-1-2　Authorware7.0 的用户操作界面

"文件"菜单：为 Authorware 程序文件的新建、打开、保存、打印、发送等操作而设立的选项。另外，还有插入外部文件、页面设置、参数选择、邮件发送、文件打包等其他选项。

"编辑"菜单：为 Authorware 程序文件的编辑操作而设立。除了编辑菜单所共有的一些功能如复制、粘贴、剪切之外，还有选择图标、打开图标、增加显示、粘贴指针等命令。

"查看"菜单：包含显示当前图标、菜单栏、工具栏浮动工具盒等功能的选项。

"插入"菜单：用于插入图像和 OLE 对象等。如插入 Flash、Gif 动画就在此处实现。

"修改"菜单：用于修改图标、图像和文件的属性，群组及改变前景和背景的设置等。

"文本"菜单：提供丰富的文字处理功能，用于设定文字的字体、大小、颜色、风格等。

"调试"菜单：提供用于调试程序的相关命令。

"其他"菜单：用于库的链接及查找显示图标中文本的拼写错误等。

"命令"菜单：提供了 Authorware 网站链接、RTF 编辑器和查找 Xtras 等内容。

"窗口"菜单：用于打开展示窗口、库窗口、计算窗口、变量窗口、函数窗口及知识对象窗口等命令。

"帮助"菜单：从中可获得更多有关 Authorware 的帮助信息。

（2）常用工具栏

常用工具栏在菜单栏的下边，有 17 个快捷工具按钮和一个下拉列表组成，其中每个按钮实质上是菜单栏中的某一个命令，由于使用频率较高，被放在常用工具栏中，熟练使用常用工具栏中的按钮，可以提高工作效率。

（3）图标工具箱

图标工具箱是 Authorware 的标准配置，它由 14 个功能图标组成。所有的 Authorware 文件都是由这些图标组成的。

任务设计

我们要完成的任务是“揠苗助长”——演示型课件制作。其目的是要求设计者初步了解 Authorware 7.0 的工作环境、文件的基本操作方法，掌握显示图标、等待图标、擦除图标、群组图标等的使用方法，熟悉多媒体课件制作的程序设计方法，了解程序的调试和运行。

具体操作过程如下：

1. 新建一个 Authorware 7.0 文件

启动 Authorware 7.0 软件，出现图 8-1-3 所示的“新建”对话框。单击“取消”或“不选”按钮，进入 Authorware 7.0 的工作环境；单击“保存”按钮，在弹出的“保存文件为”的对话框（见图 8-1-4）中选择文件保存的位置，在“文件名”后面的文本框中输入文件名为“揠苗助长——演示型课件”，单击“保存”按钮。

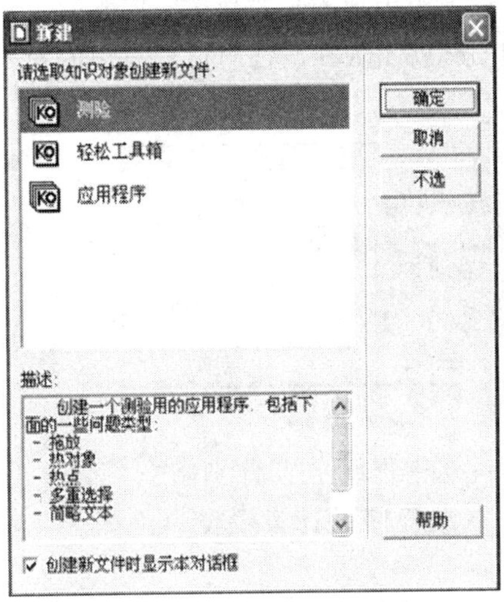

图 8-1-3　“新建”对话框

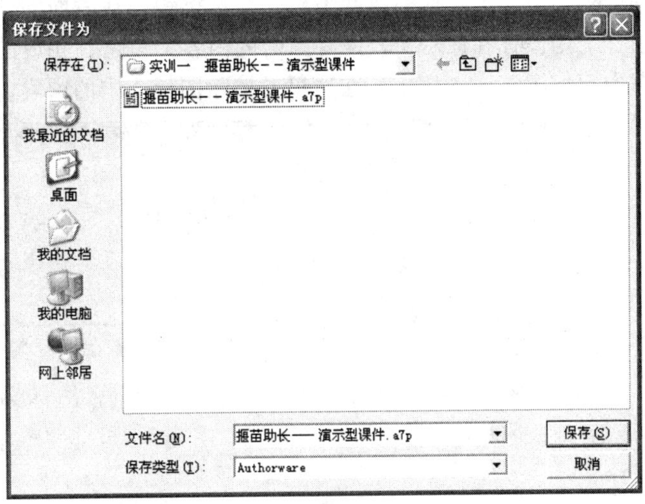

图 8-1-4　“保存文件为”对话框

2. 设置文件的属性

在操作区下方的“文件属性”窗口中“回放”选项卡中，取消选择“显示标题栏”和“显示菜单栏”复选框，选择“屏幕居中”复选项，其他选项保持默认设置。

3. 设置“揠苗助长”群组图标

① 拖动一个“群组”图标到流程线上并将它命名为“揠苗助长”。

② 双击“揠苗助长”群组图标，在它的流程线上拖动一个显示图标，命名为“图 1”。双击图 1，在演示窗口中单击“导入”快捷工具按钮，打开文件对话框，选择图片 1 所在文件夹，选中“图 1”，单击“导入”按钮。拖动图片 8 个矩形小方框可改变图片的大小，在拖动图片时会弹出一个图片大小将被改变的警告对话框，询问是否改变图片的大小，单击“确定”按钮，将图 1 调整到相应的大小和位置。

③ 单击“工具”箱中的“文本”工具，在“图 1”演示窗口中输入文本“寓言故事、揠苗助长”。选择“文本 | 字体”命令，选择合适的字体，选择“文本 | 大小 | 其他”命令，选择适当的字号，设置好文本的颜色，用工具箱中的“移动”工具将其拖动至适当位置。

④ 在“图 1”显示图标上右击，在弹出的属性对话框中单击“特效”后面的展开按钮，

打开“特效方式”对话框，如图 8-1-5 所示，在“分类”列表框中选择“内部”选项，在“特效”列表框中选择“水平百叶窗”选项，在“周期”文本框中输入 2，表示显示效果持续 2 秒，单击“确定”按钮。

⑤ 拖动一个“等待”图标到该层流程线上，为了方便使用控制程序运行节奏，只选择“事件”后面“单击鼠标”和“按任意键”复选框，表示单击鼠标或按下键盘上的任意键，程序会继续向下运行。

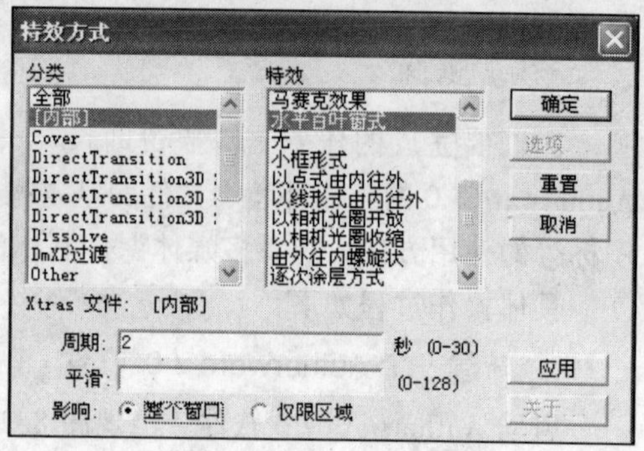

图 8-1-5 特效方式

⑥ 从图标栏拖动一个擦除图标到该层流程线上，选择“防止重叠部分消失”复选框，选择“列”下面的“被擦除的图标”单选按钮，在后面的列表框中出现的是要被擦除内容的对应图标。用鼠标在演示窗口中要擦除的内容上单击，相应的图标就出现在属性对话框右边的列表框中，如图 8-1-6 所示，在这里要擦除图标 1 中的内容。

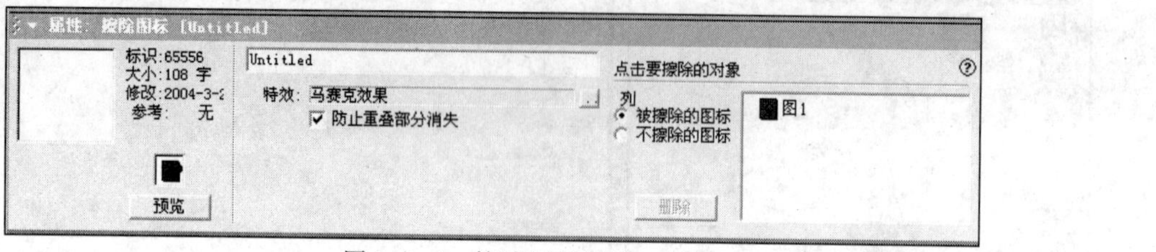

图 8-1-6 擦除图标属性

⑦ 从图标栏拖动四个群组图标和一个计算图标到一级流程线上，分别将它们命名为“干活”、“想法”、“高兴”、“结果”，“退出”。至此，整个一级程序设计设置窗口如图 8-1-7 所示。

⑧ 用同样的方法设置其中的“干活”、“想法”、“高兴”、“结果”四个二级程序中的内容。根据自己的爱好选择不同的特效方式。二级程序设计窗口如图 8-1-8 所示。

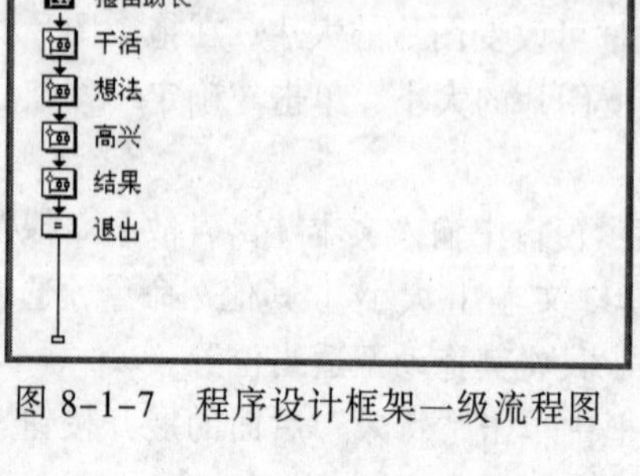

图 8-1-7 程序设计框架一级流程图

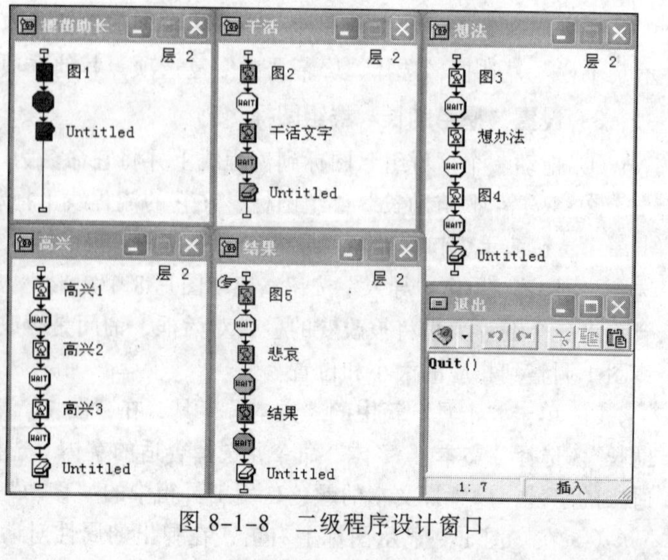

图 8-1-8 二级程序设计窗口

4. 设置“退出”计算图标

从图标栏拖一个“计算”图标到一级流程线上，命名为“退出”。双击计算图标，将其打开，将输入法调整到英文半角状态，在文本输入框窗口中输入“Quit()”。单击“计算”图标窗口右上角的关闭按钮，弹出一个提示是否保存函数的警告对话框，单击“是”按钮保存。

到此为止，已经完成整个程序的设置，运行程序，观看效果，按【Ctrl+S】组合键，保存文件。

规律总结

1. 显示图标

显示图标是 Authorware 中最重要、最基本的图标。显示图标用以接受用户输入的文字，绘制的图形以及导入的外部文本图形图像，并在播放过程中将这些对象显示在演示窗口中。创建显示图标用户只需将图标面板上的显示图标拖至程序流程线上的适当位置即可。

2. 擦除图标与等待图标

擦除图标与等待图标是比较简单的两个图标，但其作用却是不容忽视的。对 Authorware 整体作品来说，它们起着连接与控制各显示对象间相互显示关系的重要作用。

① 等待图标用于按照需要暂停程序运行，以便用户能够看清程序的演示效果，直到用户干预事件发生后，程序再继续运行下去。

② 擦除图标常用于在程序运行时画面的切换过程中，其主要作用是清除演示窗口显示的文字、图形或其他媒体元素。所以，在其进行擦除时再配合使用擦除过渡特效，会使原本生硬的擦除过程变得丰富多彩，妙趣横生。

3. 群组图标

群组图标与作品流程窗口是逐一对应的，只要双击群组图标就可以打开流程窗口，并且在窗口的右上角显示出当前群组图标所在的层数。群组图标允许相互嵌套，这样就便于创建多级的流程结构。群组图标可以添加在流程线上的任何位置，也可以附着在交互图标、决策图标或框架图标上。在实现交互操作时，群组图标大量地出现在交互图标的右侧分支中。

为了动态地调整群组图标中所包含的图标，Authorware 提供了“群组”和“取消群组”菜单命令。前者用于将多个图标组合到群组图标内；后者用于拆分群组图标，使其中的图标独立地显示在流程线上。

知识链接

1. 显示图标

显示图标是 Authorware 所有图标中最基本的图标，被称为 Authorware 的“灵魂”，它的主要功能是用来制作多媒体的文本、图形或者加载静态图像，还可以用来显示变量、函数值的即时变化。

显示图标的创建很简单，移动鼠标指针到图标工具箱中的显示图标上单击，拖动显示图标到流程线上，然后释放鼠标即可。双击该显示图标，即可打开该显示图标的属性对话框。

设置显示图标的属性如图 8-1-9 所示。

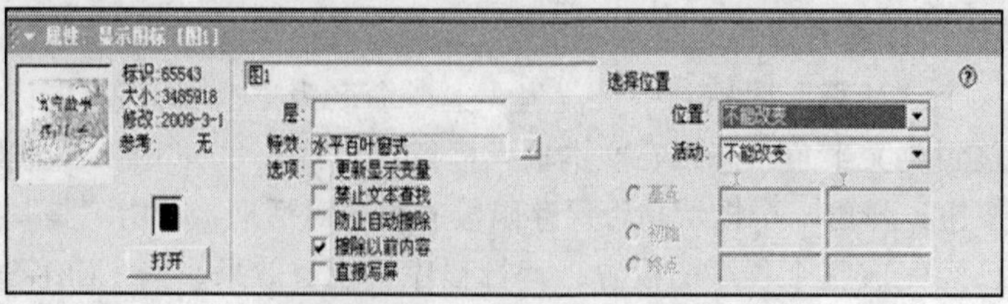

图 8-1-9　设置显示图标属性

（1）基本信息

它是关于图标的基本信息,包括软件赋予的标识，显示图标的大小，最后修改的时间和是否使用函数等内容。

（2）显示设置

它是一些比较重要的关于图标内容的显示设置，包括“最上部的文本框”、“层”、“特效”、“选项”。

（3）版面布局

它包括“位置”和“活动”，根据这两者组合的不同，显示图标内对象的移动有多种选择。

2. 擦除图标

① 擦除图标可以擦除任何已经显示在屏幕上的图标，无论使用显示图标、交互图标、页面框架或者是数字电影图标显示的显示对象，都可以使用擦除图标把它从屏幕上抹去。

但需注意的是，当用户使用擦除图标时来擦除一个设计图标时，它会将该图标中所有内容都擦除。例如，在一个显示图标中有三个图形对象：一个三角形，一个圆，一个正方形。使用擦除图标时，它会将该图标中所有的这三个对象一次性地全部擦除。

② 擦除图标的属性设置。

将擦除图标拖放入程序流程线上，或单击流程线上的擦除图标，均可打开擦除图标的属性对话框，如图 8-1-10 所示。

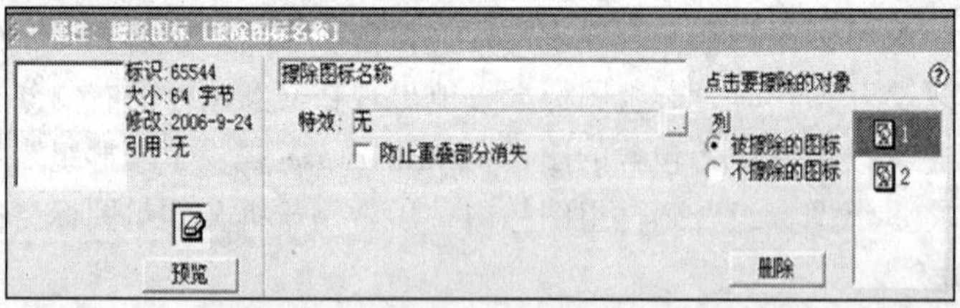

图 8-1-10　擦除图标属性对话框

“预览”按钮：可预览被擦除的对象。

名称文本框：显示擦除图标的名称。

特效：单击右侧的“...”按钮，弹出擦除过渡效果选择对话框，如图 8-1-11 所示。

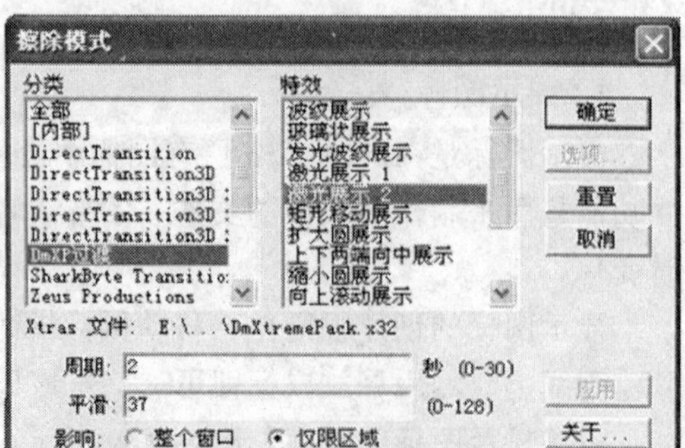

图 8-1-11　“擦除模式”对话框

分类：Authorware 提供了丰富的过渡方式类型，为了方便用户挑选，又将这些方式按照其屏幕效果进行了分类，该列表中列出了所有的过渡种类。

特效：当在“分类”中选择了合适的过渡种类后，该列表框中就会显示出本过渡种类中所包含的所有的特效。

Xtras 文件：显示了所选择的过渡方式特效所使用的文件名称，及该文件所在目录，供用户参考。

周期：用于设置该过渡特效所持续的时间，其取值范围为 0～30 秒。

平滑：用于设置该过渡特效的平滑程度，其取值范围为 0～128。需要注意的是，数字越小，其平滑程度越好；数字越大，其过渡特效越粗糙。

影响：通过这个选项来设置该擦除特效的应用范围，是“整个窗口”还是“仅限区域”。选择“整个窗口”将影响到整个屏幕；选择“仅限区域”将只影响擦除对象本身。

“选项”按钮：在 Authorware 提供的过渡特效中，有些特效有“选项”，而有些则没有。对于有该“选项”的特效，单击它，将弹出修改特效对话框，如图 8-1-11 所示（注意：特效不同，该对话框也不同）。Authorware 虽然提供了丰富的过渡特效，但同时也允许用户使用其他软件制作特效文件。如果用户使用了这些外部引入的特效文件，可以单击此按钮来修改该文件的各项设置。

“重置”按钮：如果不小心将某个过渡特效的设置搞乱，则单击此按钮，会将各选项恢复为系统的默认值。

“应用”按钮：在演示窗口打开的情况下，该按钮就相当于“预览”按钮，用于查看特效设置效果。

“关于”按钮：可以查看该过渡特效的开发者情况。

防止重叠部分消失：Authorware 将在完全擦除前面的内容后才显示后面的内容，若不选，则在擦除的同时显示后面的内容。

“被擦除的图标”单选按钮：选择该按钮，则其右侧文本框中显示的就是要被擦除的图标内容。

“不擦除的图标”单选按钮：选择该按钮，则其右侧文本框中显示的就是不被擦除的图标内容，即除这些内容外，其他内容将全部被擦除。使用此选项时需慎重。

3. 等待图标

暂停在交互式多媒体程序设计中有着特殊的作用。利用演示时的停顿，不仅可以显示画面的展示速度、聚集人的注意力，同时也提供了一种编程调试的辅助手段，等待图标就实现了此暂停功能。

将等待图标拖放入程序流程线上，或单击流程线上的等待图标，均可打开等待图标的属性对话框，如图 8-1-12 所示。

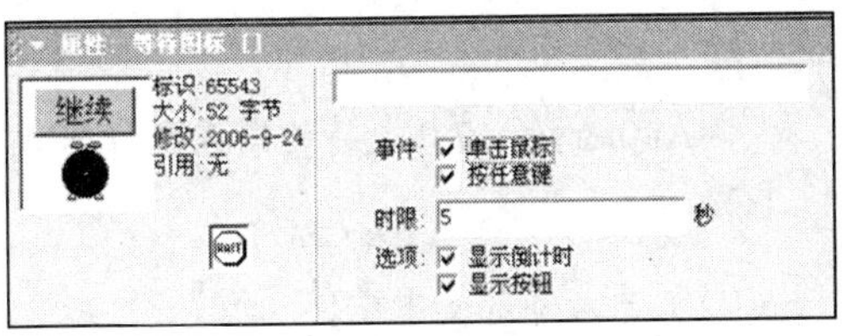

图 8-1-12　等待图标属性对话框

事件：用来设置程序继续运行的触发事件，即等到什么事件发生才继续运行程序。选择“单击鼠标”复选框，即用户干预方式为鼠标单击；选择“按任意键”复选框，即用户干预方式为按下键盘上的任意键，但需要注意的是，任意键指除了【Ctrl】、【Shift】、【Alt】键以外的所有键。若同时选中了这两个选项，则两个触发事件均有效。

时限：用以输入一个表示定时的常数或表达式，其值以秒为单位。一旦定时时间到，程序会自动解除等待，继续向下运行。

选项：用于设置可选条件。

显示倒计时：若设定了时限，则该复选框是可用的。此时，若选择了该复选框，则程序暂停时会在展示窗口左下角显示一个模拟的时钟动画，表示程序等待的剩余时间。用户可直接在作品运行状态下将时钟动画移至屏幕任意位置。

显示按钮：若选择此复选框，则程序暂停时，将在演示窗口的左上角显示一个“继续”按钮，单击此按钮，将解除等待，程序继续运行。

当然，若不选择此复选框，也就不会出现“继续”按钮了。那么，如何改变“继续”按钮的位置呢？能不能像移动“小时钟”那样，在运行时，当出现按钮时，用鼠标移动它？答案是不能。因为，当用鼠标按在按钮上时，就选择了单击操作，等待也就被解除。移动方法是：当程序运行到等待画面时，按【Ctrl+P】组合键暂停程序选择，单击选中按钮，然后用鼠标拖动按钮到合适位置，再按【Ctrl+P】组合键恢复程序的选择。

4. 群组图标

群组图标是一种非常实用的工具，它能够将流程线上的图标变成可管理的几个模块，使得程序的流程更加清晰，这与高级程序语言中子程序或过程的作用非常相似。一方面有效地提高了编程的进程；另一方面还可以保证在一层流程线上不出现大量的图标，以至于在流程线窗口内无法显示出全部的图标。

在具体的使用过程中，通常将逻辑关联的一组图标放在一个群组图标内，这样可以使设计者更加容易了解作品中的所有图标是如何相互影响、相互作用的。同时，也有利于发现作品设计中存在的问题，查找问题的根源。

将群组图标拖入程序流程线，或使用【Ctrl+G】组合键将某些图标组合过后，会打开群组图标属性对话框，如图 8-1-13 所示。

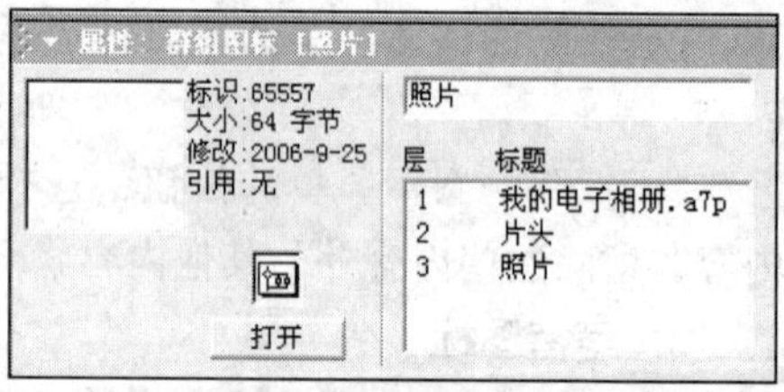

图 8-1-13　群组图标属性对话框

打开：单击该按钮，将打开该群组图标的流程窗口。

名称文本框：显示该群组图标的名称。若在此修改名称，则群组图标名称亦发生改变。

层标题：显示当前群组图标所在的位置，即路径。

5. 外部对象的导入

（1）导入图像

单击常用工具栏中的“导入”按钮，弹出导入文件的对话框，选择要导入的图像文件进行导入。

注 意

Authorware 7.0 支持的图像文件格式有 BMP、TIFF、GIF、JPEG、PSD、PICT、WMF、TGA 等。

（2）导入外部文本文件

单击常用工具栏中的“导入”按钮，弹出导入文件对话框，选择中要导入的文本文件，单击“导入”按钮，弹出“RTF 导入”对话框，如图 8-1-14 所示，单击“确定”按钮。

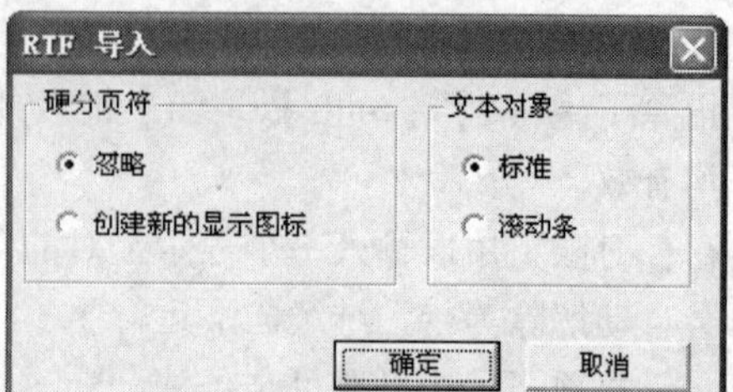

图 8-1-14　RTF 导入对话框

（3）导入 OLE 对象

打开要导入图像的演示窗口，选择“插入 | OLE 对象”命令，弹出“插入对象”对话框，如图 8-1-15 所示，选择“Microsoft Word 文档”选项，单击“确定”按钮。

这时候可以在窗口中编辑文本对象，它的窗口与Word 窗口一样，编辑好了可以单击“关闭”按钮退出 Word 文档的编辑。本实例的“想法”群组图标中图 8-1-16 所示的内容就是按此方法编辑的。

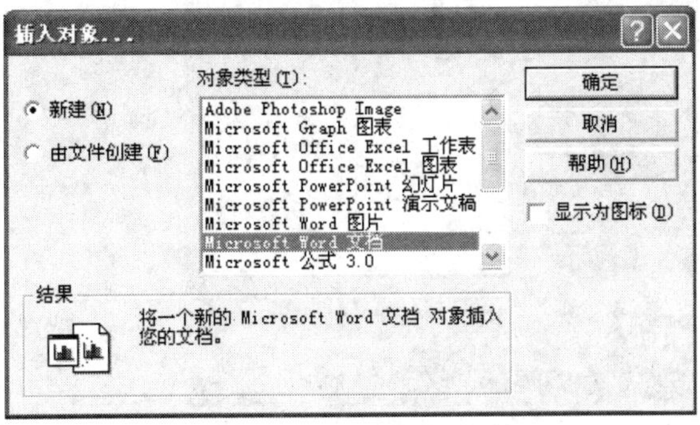

图 8-1-15　插入对象对话框

图 8-1-16　Word 程序编辑图

任务 2　娱 乐 时 光

问题情境

空闲时有的人喜欢听歌，有的人喜欢玩游戏，有的人喜欢看电影，有的人喜欢看小说……为了满足不同人的爱好需要，宣泄人的情感，提高人们的精神生活质量，不妨开发这样一个多媒体作品——“娱乐时光”。

问题分析

“娱乐时光”主要综合运用 Authorware 基础知识，重点使用交互图标进行程序的搭建，设计了丰富、灵活的人机交互方式。用户在背景音乐中，漫步于娱乐时光下，可以放松一天忙碌的心情。程序运行的初始画面如图 8-2-1 所示，单击“Let's　go”文字链接，可进入图 8-2-2 所示的画面。

图 8-2-1　程序运行后的第一个画面

图 8-2-2 单击“Let's go”文字链接后程序运行画面

任务设计

“娱乐时光”具体操作步骤如下：

1. 新建文件

在 Authorware 7.0 中，选择“文件 | 新建 | 文件”命令，新建一个文件，其他属性保持默认设置。选择“文件 | 保存”命令，在弹出的对话框中输入文件名“娱乐时光”，单击“保存”按钮保存程序。

2. 设置片头及主界面

① 拖动“计算”图标到流程线上，将其命名为“定义窗口大小”，双击它在其窗口内输入语句“ResizeWindow(800,600)”，设置演示窗口的尺寸。

② 选择“修改 | 文件 | 属性”命令，打开文件属性对话框，设置文件属性如图 8-2-3 所示。

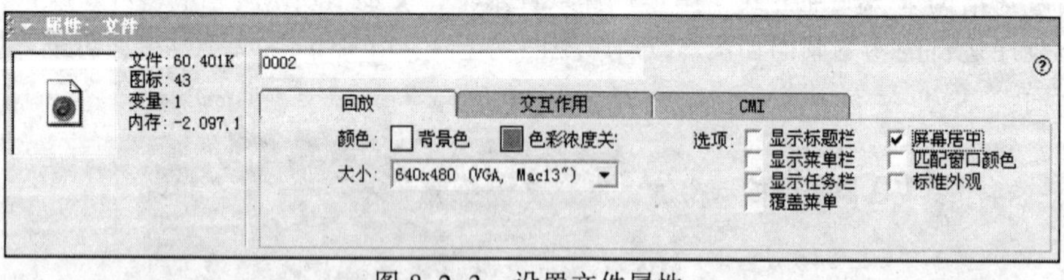

图 8-2-3 设置文件属性

③ 拖动一个“声音”图标到“计算”图标的下面并命名为“背景音乐”，双击“背景音乐”图标，在“属性：声音图标”对话框中，单击“导入”按钮，导入素材中的“背景音乐.wav”声音文件，设置声音文件属性如图 8-2-4 所示。

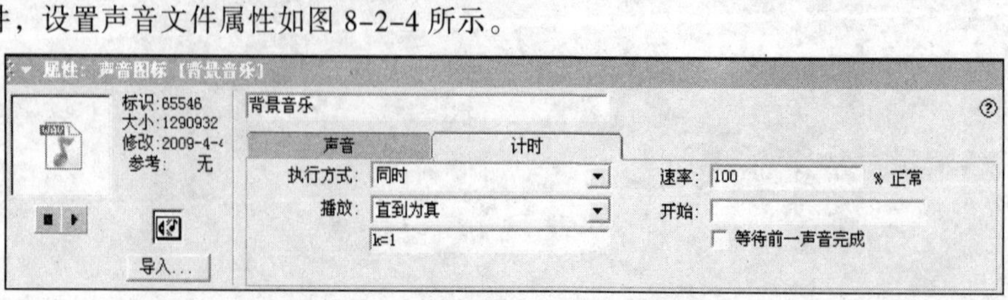

图 8-2-4 设置“声音”图标属性

④ 拖动一个“显示”图标并将其命名为“片头”，在它的演示窗口中选择“插入｜图像”命令，打开“属性：图像”对话框。单击左下方的“导入”按钮，在弹出的“导入哪个文件”对话框中选择要导入的图像文件，单击“导入”按钮，调整它的大小和位置。

⑤ 拖动一个“显示”图标到“片头”下面并将其命名为“进入”，在它的演示窗口中，利用文本工具输入文字“Let’s　go”，复制文字，调整好它们的大小、颜色和位置。

⑥ 从图标栏中拖动一个交互图标到“进入”下面，并将其命名为“热区域”，在其右下方拖动一个群组图标，设置交互类型为“热区域”，设置响应分支为“退出交互”，调整区域的大小与位置使它刚好覆盖“Let’s　go”文字，如图 8-2-5 所示。

图 8-2-5　设置热区域文字

⑦ 拖动一个“擦除”图标在热区域下方，设置特效为“以关门方式”，被擦除的图标是“进入”和“片头”两个显示图标。

⑧ 拖动一个“显示”图标并将其命名为“主界面”，在它的演示窗口中选择“插入｜图像”命令，打开“属性：图像”对话框。单击左下方的“导入”按钮，在弹出的“导入哪个文件”对话框中选择要导入的主界面图像文件，单击“导入”按钮，调整它的大小和位置。

⑨ 拖拽一个“计算”图标到“主界面”下方并命名为“停止音乐”，双击它，在其窗口内输入“k:=1”。

⑩ 设置“片头”显示图标的特效为“水平百叶窗式”，“进入”显示图标的特效为“以相机光圈收缩”，“主界面”显示图标的特效为“垂直百叶窗式”。

3. 设置基本交互

① 拖动一个“交互”图标到“停止音乐”下方并命名为“娱乐时空”，拖动一个“群组”图标到交互图标的右下方，在弹出的“交互类型”对话框中，选择默认的“按钮”方式，单击“确定”按钮，并将其命名为“数字电影”。

② 双击“数字电影”交互分支结构的按钮交互类型标志，打开“属性：交互图标”对话框，设置按钮交互类型的属性如图 8-2-6 所示。

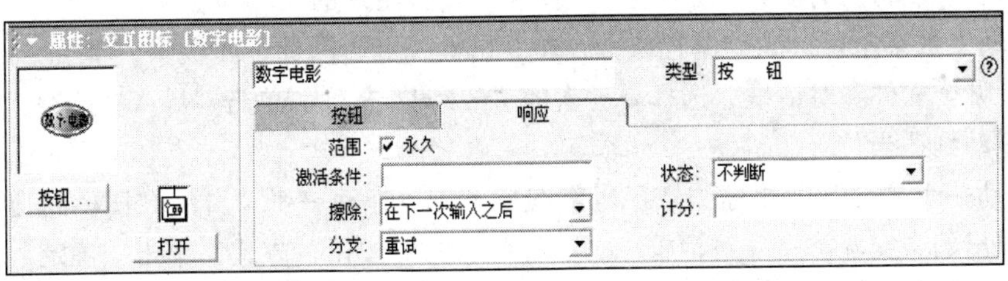

图 8-2-6　“属性：交互图标”对话框

③ 单击对话框中的“按钮”按钮，弹出“按钮”对话框，单击“添加”按钮弹出“按钮编辑”对话框，如图 8-2-7 所示。

④ 单击“图案”右边的“导入”按钮，在其对话框中选择已制作好的图像按钮图片，单击“导入”按钮。

⑤ 单击“确定”按钮，返回到“属性：交互图标”对话框，设置该响应类型的其他选项，如图 8-2-8 所示。

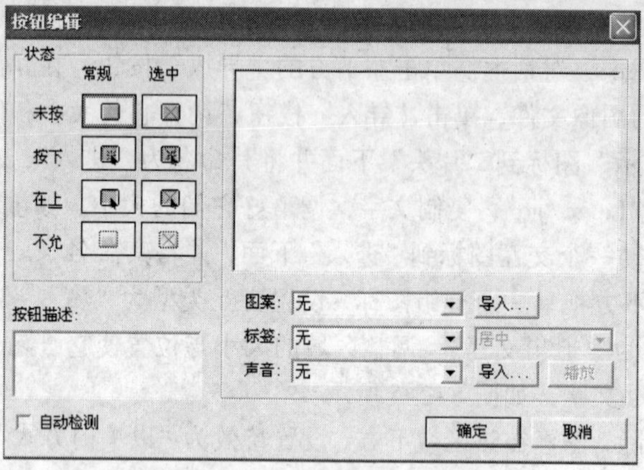

图 8-2-7 “按钮编辑”对话框

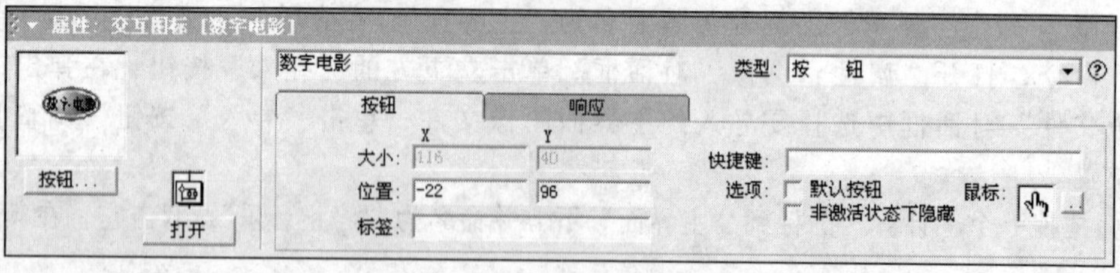

图 8-2-8 设置按钮交互属性

⑥ 再拖动四个“群组”图标到该群组图标的右侧，它们的交互方式与前面的群组图标交互方式相同，也就是都会以按钮的方式出现。

⑦ 将四个群组图标分别命名为“音乐欣赏”、“文学故事”、“轻松一刻”和“退出”。

⑧ 重复步骤①～④设置“音乐欣赏”等四个按钮的形状与属性，调整各个按钮的位置。

4. 设计各交互分支内容

（1）设置“数学电影”群组图标中的内容

① 双击“数字电影”群组图标，在子流程线上放置一个“显示”图标将其命名为“数字电影背景”，在其窗口内插入“数字电影”图片，调整图片的大小与位置。

② 拖动“数字电影”到子流程线上，在“属性：电影图标”面板中，单击“导入”按钮，打开“导入哪个文件”对话框，选择要导入的“22.avi”文件，单击“导入”按钮，然后将刚导入的视频拖动到适当位置。

③ 拖动一个“交互”图标到数字电影图标下方，拖动一个“群组”图标到交互图标的右下方，在弹出的“交互类型”对话框中，选择默认的“按钮”方式，单击“确定”按钮，并将它命名为“返回”。设置按钮的图案和属性，再将它移动到适当位置。

④ 双击“返回”群组图标，拖动一个“计算”图标到“返回”三级流程线上，在其窗口内输入“GoTo(IconID@"主界面")”。

至此，整个程序设计流程及“数字电影”程序设计流程如图 8-2-9 所示。

（2）设置“音乐欣赏”群组图标中的内容

① 双击“音乐欣赏”群组图标，在子流程线上放置一个“显示”图标并将其命名为“音乐背景”，在其窗口内插入“音乐欣赏”图片，调整图片的大小与位置。

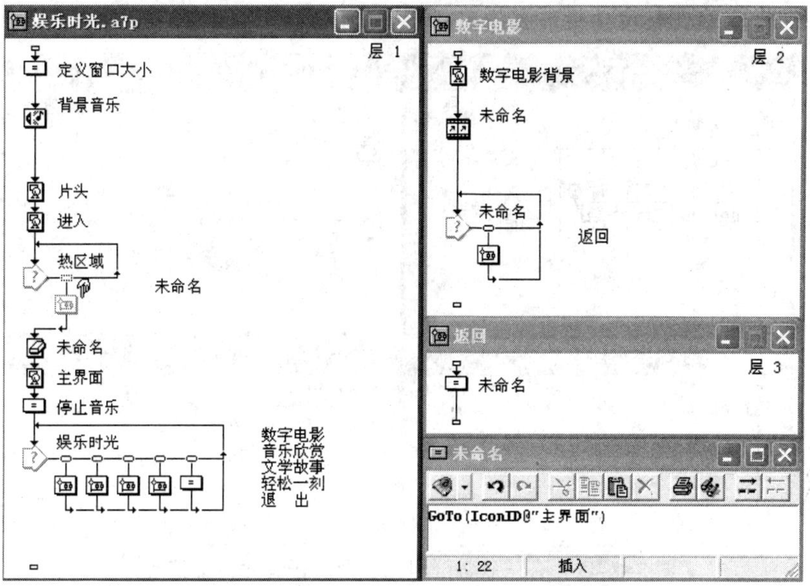

图 8-2-9　主程序设计流程及数字电影设计流程

② 拖动一个“交互”图标到“音乐背景”图标下方并命名为“音乐集”。

③ 拖动一个“群组”图标到“音乐集”交互图标的右下方，在弹出的“交互类型”对话框中，选择默认的“按钮”方式，单击“确定”按钮，并将它命名为“白狐”。

④ 双击“白狐”交互分支结构的按钮交互类型标志，打开“属性：交互图标”对话框，设置按钮交互类型的属性如图 8-2-10 所示。

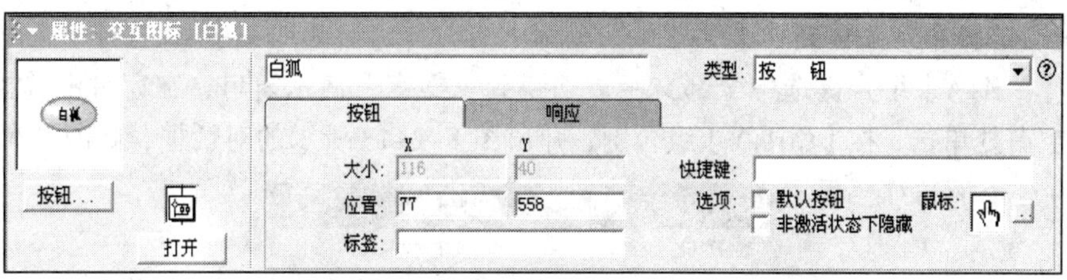

图 8-2-10　设置属性白狐按钮

⑤ 双击“白狐”群组图标，在其三级流程线上拖入一个声音图标，导入声音文件“白狐.mp3”，设置声音图标的属性如图 8-2-11 所示。

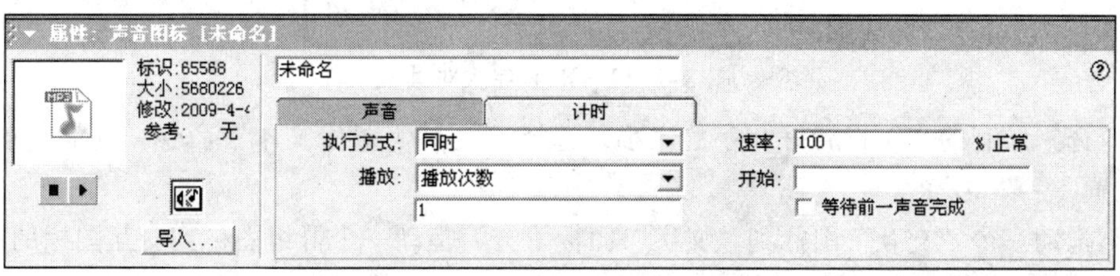

图 8-2-11　设置声音图标属性

⑥ 在声音图标的下方拖入一个“交互”图标，在交互图标的右下方拖入一个“群组”图标，交互类型为“按钮”，按钮名称为“返回”。

⑦ 双击“返回”群组图标，在其流程线上拖入一个“计算”图标，在计算图标的演示窗口内输入“GoTo(IconID@"音乐背景")”。

“音乐欣赏”群组图标程序设计及“白狐”子程序设计如图 8-2-12 所示。

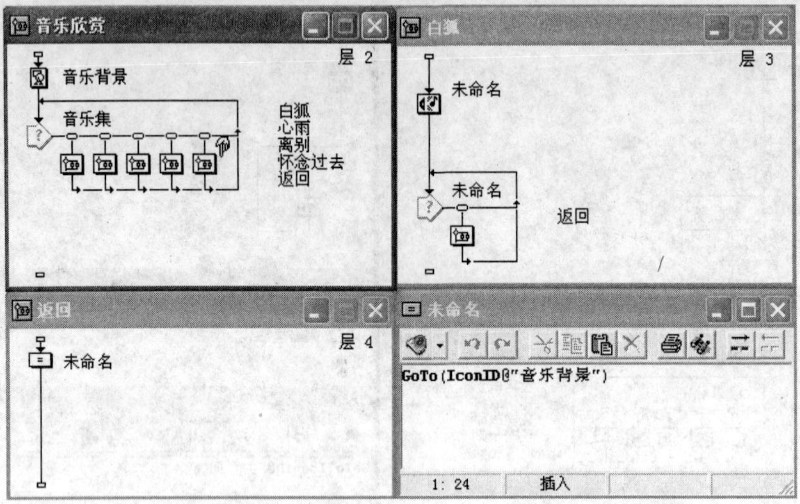

图 8-2-12 音乐欣赏群组图标及其子程序设计流程图

⑧ 重复步骤③～⑦设置“心雨、离别、怀念过去”三个群组图标中的内容。

⑨ 拖动一个群组图标到“怀念过去”的右方，并命名为“返回”，在其流程线上拖入一个计算图标，在计算图标窗口内输入“GoTo(IconID@"主界面")”。

（3）设置“文学故事”群组图标中的内容

① 双击“文学故事”群组图标，在子流程线上放置一个“显示”图标并将其命名为“文学背景”，在其窗口内插入“文学背景”图片，调整图片的大小与位置。

② 拖动“显示”图标到“文学背景”图标下方，并命名为“文字”，打开“文学故事.doc”文件，按【Ctrl+A】组合键选中全部文字。切换到“文字”演示窗口，在窗口中选择“文本”工具，在空白处单击，按【Ctrl+V】组合键，弹出图 8-2-13 所示的对话框，单击“确定”按钮。

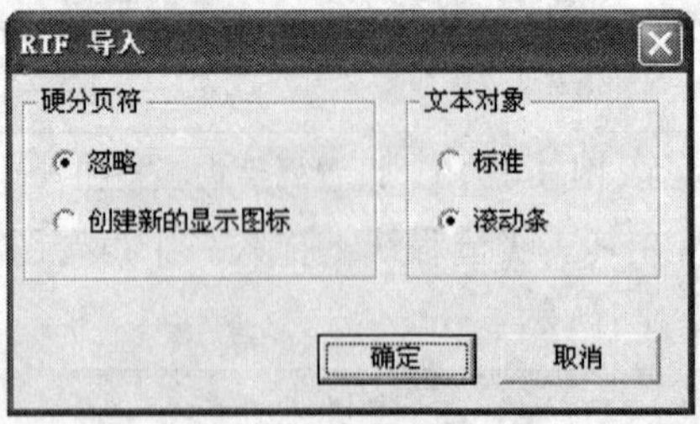

图 8-2-13 RTF 导入对话框

③ 选择所有的文字设置好文字的大小，选择“文本 | 卷帘文本”命令，调整文本框的大小与位置。

④ 拖动一个“交互”图标到“文字”图标下方，拖动一个群组图标到交互图标的右下方，在弹出的交互类型对话框中，选择默认的“按钮”方式，单击“确定”按钮，并将其命名为“返回”。设置按钮的图案和属性，再将它移动到适当位置。

⑤ 双击“返回”群组图标，拖动一个“计算”图标到“返回”三级流程线上，在其窗口内输入“GoTo(IconID@"主界面")”。

至此，“文学故事”程序及子程序设计流程如图 8-2-14 所示。

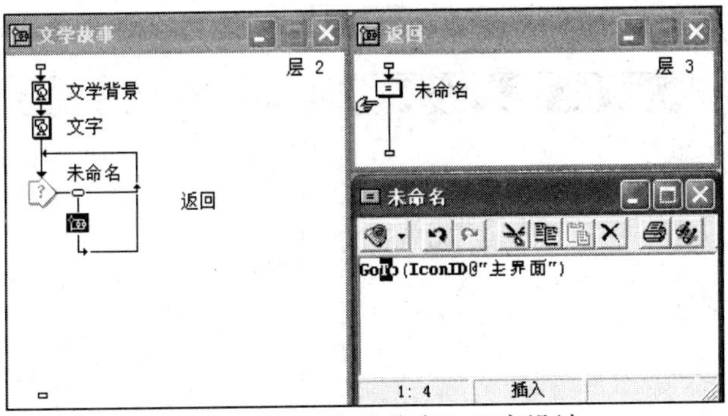

图 8-2-14 “文学故事”程序设计

（4）设置“轻松一刻”群组图标中的内容

① 双击“轻松一刻”群组图标，在子流程线上放置一个“显示”图标，并将其命名为“轻松一刻”，在其窗口内插入“轻松一刻”背景图片，调整图片的大小与位置。

② 拖动“数字电影”图标到子流程线上，在“属性：电影图标”对话框中，单击“导入”按钮，打开“导入哪个文件”对话框，选择要导入的“23.avi”文件，单击“导入”按钮，然后将刚导入的视频拖动到适当位置，设计选择方式为“同时”。

③ 拖动一个“声音”图标在数字电影图标下方，命名为“大乌龟”，导入“大乌龟.mp3”声音文件，设置声音属性如图 8-2-15 所示。

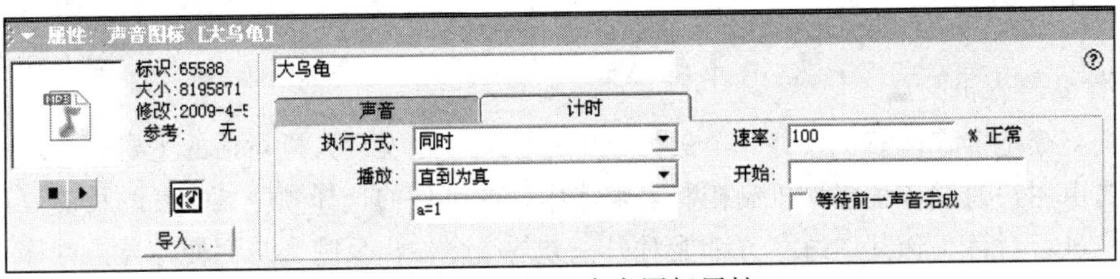

图 8-2-15 设置声音图标属性

④ 拖动一个“等待”图标在“大乌龟”下面，设置属性如图 8-2-16 所示。

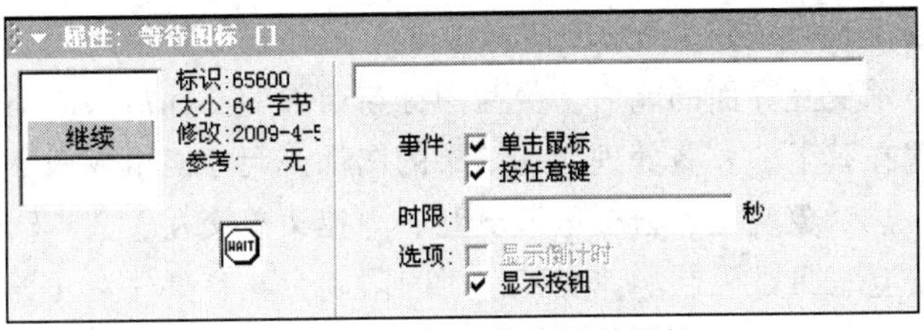

图 8-2-16 设置等待图标属性

⑤ 拖动一个“计算”图标在等待图标的下面，命名为“停止大乌龟”，在其演示窗口中输入“a：=1”。

⑥ 拖动一个“声音”图标在计算图标下方，命名为“美人和怪兽”，导入“美人和怪兽.mp3”声音文件。

⑦ 拖动一个交互图标到“美人和怪兽”图标下方，拖动一个群组图标到交互图标的右下方，在弹出的“交互类型”对话框中，选择默认的“按钮”方式，单击“确定”按钮，并将其命名为“返回”。设置按钮的图案和属性，再将它移动到适当位置。

⑧ 双击“返回”群组图标，拖动一个“计算”图标到“返回”三级流程线上，在其窗口

内输入“GoTo(IconID@"主界面")”。“轻松一刻”程序及其子程序设计流程如图 8-2-17 所示。

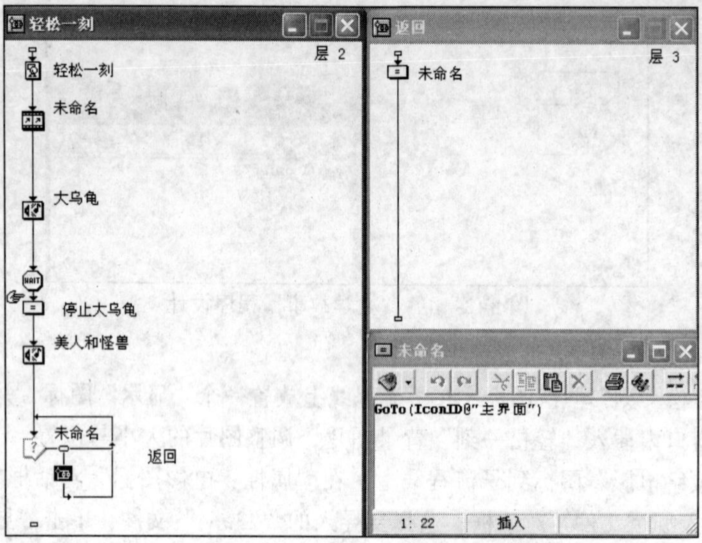

图 8-2-17 “轻松一刻”程序设置

⑨ 双击“退出”计算图标，在其演示窗口内输入 quit()。

规律总结

1. 什么是人机交互

人机交互是多媒体演示软件一个最为重要的性质，是实现人机对话的主要途径之一。人机交互就是由用户通过各种接口机制控制多媒体作品中事件的选择顺序，交互的目的就是让计算机与用户进行对话，让其中每一方都能对另一方的指令做出反映，从而使计算机程序可以在用户控制的情况下顺利选择。

2. Authorware 是交互功能最强大的多媒体开发工具之一

Authorware 的交互性是通过交互图标来实现的，它不仅能够根据用户的响应选择正确的流程分支，而且具有显示交互界面的能力。交互图标与前面的图标最大的不同点就是它不能单独工作，它必须和附着在其上的一些处理交互结果的图标一起才能组成一个完整的交互式结构。它提供了热区交互、热对象交互、目标区域交互、下拉菜单交互、文本输入响应交互、按键响应交互、条件响应交互、重试限制响应交互、时间限制交互和事件交互等 11 种交互类型。

以上交互类型具有以下特点：

① 条件响应不需要用户操作，自动匹配响应。

② 次数限制响应和时间限制响应一般不单独使用，需要配合其他的交互类型共同使用。

只有了解和掌握这些交互方式，才能制作出高水平的多媒体作品。

知识链接

1. 交互图标的功能

当 Authorware 遇到交互图标时，就在屏幕上显示交互图标中所包含的文本和图像，Authorware 就停下来等待用户的响应，用户做出响应后，Authorware 就将该响应沿着交互流程线发送出去，并判断是否与某个目标响应相匹配。如果找到一个匹配项，则程序流程转向该分支并选择相应的结果图标。

2. 交互图标的建立

从图标栏中将“交互”图标拖至流程线上，然后拖动几个需要的程序图标到交互图标的右方，此时将看到这些图标自动排列成流程线，其排列顺序与位置有关。同时这些图标的名称在所有图标的右边依次从上往下排列，对应的图标顺序是从左至右。一个交互流程包括一个交互图标、若干个响应类型标记、同样数目的响应图标和响应分支四个部分，如图 8-2-17 所示。

响应类型符号位于每一路交互分支的上方，如图 8-2-18 所示。在 Authorware 中，可以根据需要选择不同的交互相应类型。拖放一个交互图标到程序流程线上，然后拖动一个图标到图标的右边，此时显示响应类型对话框，如图 8-2-19 所示。

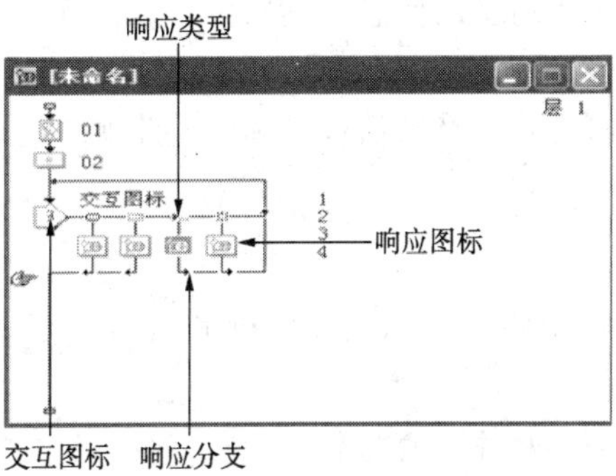

图 8-2-18　交互结构

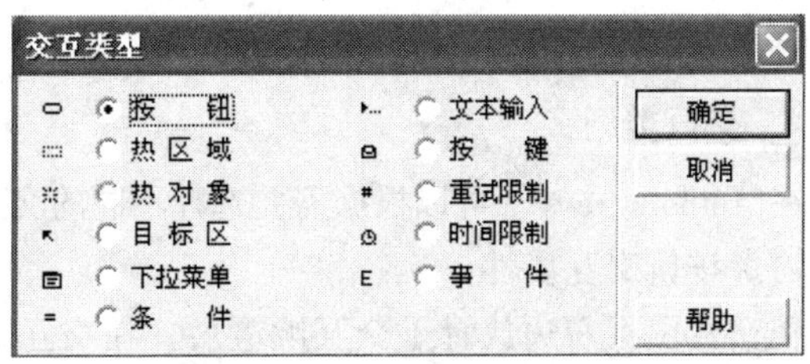

图 8-2-19　响应类型对话框

3. 交互图标的属性

交互图标是整个交互循环的核心，是创建交互结构的起始图标。首先，它可以显示文本和图形，只要程序选择到交互图标或者流程返回到交互图标，Authorware 就会显示交互图标中的内容；其次，它能够根据响应，决定程序的流向；另外，交互图标会使作品暂停等待用户响应；最后，再返回交互图标时，会擦除显示的对象并回到交互的初始状态。交互图标除了具有显示功能外，还具有一些附加功能。如果在交互图标中增加了按钮响应、热区响应、文本输入响应和目标区域响应这四类响应类型，则在编辑交互图标时，与这四种响应类型相对的响应标志会自动出现在展示窗口中，这是由其特定功能决定的。对这四种响应标志可以进行编辑，但要注意的是，对这些对象中能改变位置和大小，而不能使用剪切、复制和粘贴命令。另外，对于灰色选择区域的响应标志，在编辑状态出现的虚线框在运行时是不出现的。

交互图标的属性可以通过交互图标的属性对话框来设置。在该对话框中可以设置各种显示选项，如图 8-2-20 所示。

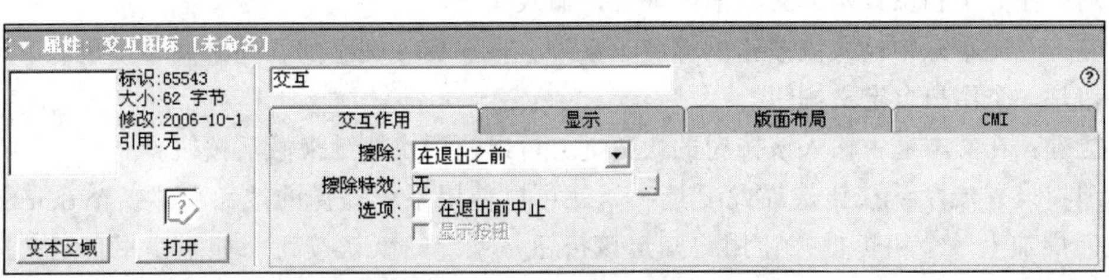

图 8-2-20　交互图标属性对话框

（1）“擦除”下拉列表

可以设置擦除交互图标显示内容的附加。单击其后的下拉列表按钮，可以看到三种删除时机。

① 在下一次输入之后：在进入相应分支显示了结果图标中的内容时，擦除交互图标对象。当重新进入交互流程时，交互显示对象内容会重新显示在展示窗口。

② 在退出之前：当 Authorware 退出交互时，擦除交互显示对象，该项为默认选项。

③ 不擦除：在屏幕上保留交互显示对象，直到使用擦除图标将它擦除。

（2）“擦除特效”文本框

擦除特效用于设置擦除过渡效果，过渡效果的设置与擦除图标的设置相同。

（3）“选项”选项区域

该选项区域中有两个复选框：

① 在退出前中止：在退出前暂停，使用户查看显示的反馈信息。查看后，按任意键或单击鼠标，程序继续进行。

② 显示按钮：如果选择了“在退出前中止”复选框后，将激活该复选框。此项决定在继续运行之前，是否显示一个等待按钮。

4. 交互类型

在 Authorware 中，可以根据需要选择不同的交互相应类型。Authorware 提供了 11 种交互类型。

（1）按钮交互属性

在交互图标右边放置了交互响应后，在交互类型对话框中选择按钮，此交互响应就会被设置成按钮响应。在交互程序中，按钮响应是使用最广泛的交互形式。双击设计窗口交互结构中的按钮标志，就会打开按钮响应属性对话框，如图 8-2-21 所示。

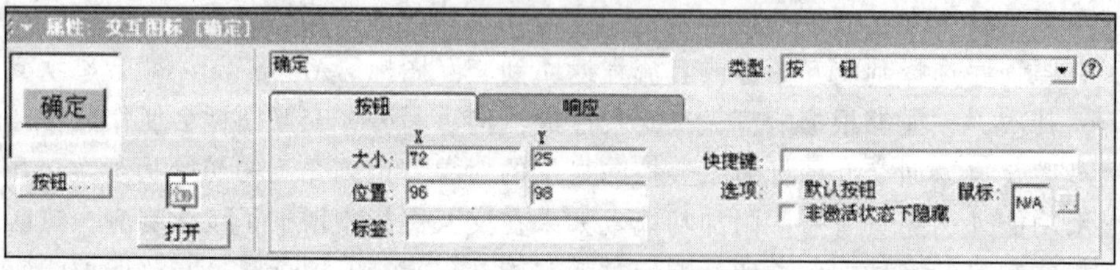

图 8-2-21 交互图标按钮选项卡

① 按钮选项卡。

响应类型：在下拉列表中，可以选择更换响应类型。

大小：用于定义按钮的大小，以像素为单位。

位置：用于定义按钮在屏幕上的位置。定义时使用屏幕坐标系，并且是以按钮的左上点为参照点的。在大小和位置两个文本框中都可以输入变量。

标签：在文本框中输入该按钮的标签，系统会根据标签文字的长短来调整按钮的大小，除非该按钮是一个用户自定义按钮。

快捷键：在文本框中输入该按钮的快捷键，可以使用快捷键来激活按钮。

选项：设置成默认按钮选择此复选项，就可以使用系统提供的按钮形式，Authorware 会在按钮四周加上一个粗黑框，让用户知道该按钮是系统的默认按钮。如果使用自定义按钮，该复选框将变灰，被置为不可用。“非激活状态下隐藏”复选框，选择该复选框后，当一个按钮被置为不可用变成灰色后，系统会将该按钮从屏幕上移去，当该按钮可用以后，系统会重新显示按钮。

② 响应选项卡。

永久：选择该复选框后，在属性面板中定义的响应在整个文件中都保持可用。这样用户在设置文件中的其他交互图标时，不用每一次都重新设置。

激活条件：在文本框中可以输入一个条件，只有当条件被满足时，按钮响应才可用。

擦除：使用擦除中的选项可以决定分支选择完毕后，其显示内容被自动擦除所采用的形式。选择“在下一次输入之后”选项，Authorware 在选择完分支内容后，并不擦除显示内容，直到用户发出另一个响应。选择“在下一次输入之前”选项，Authorware 在选择完分支内容后，就将内容擦除，然后显示交互图标的显示内容，等待用户下一个响应。选择“在退出时”选项，Authorware 将不擦除任何显示内容，即使进入其他分支，先前分支的显示内容依然保持在屏幕上。当 Authorware 退出交互图示，在选择流程线上下一个设计图标前，将所有显示对象擦除。选择“不擦除”选项，Authorware 将保持所有的显示对象在屏幕上不动，直到使用一个擦除图标将它们擦除。

状态：为本按钮响应代表的答案设置正确或者错误的属性，以便于 Authorware 对用户的响应做出判断。选择“不判断”时，Authorware 对该响应正确与否不作判断；选择“正确响应”时，Authorware 对将该响应设置为正确的响应；选择“错误响应”时，Authorware 对该响应设置为错误的响应。

分支：使用分支中的选项可以决定在一个分支完成后程序的流向。这个流向直接反映在设置窗口中，用户可以一目了然。选择“重试”时，Authorware 返回交互图标，等待用户下一个响应的输入。选择“继续”时，Authorware 将判断在交互结构图中，该分支右边的其他分支是否与用户本次响应相匹配。如果有，则进入此分支；如果没有，等待用户输入下一个响应。选择“退出交互”时，Authorware 将从交互图标中退出，选择主流程线上下一个设计图标。选择“返回交互”时，如果在前面设置了永久选项，Authorware 在选择完分支内容后，将跳到首次设置交互选项所在的位置。

在使用按钮交互响应后，可以选择自己喜欢的按钮形式，并且设计自定义的按钮。Authorware 为用户提供了丰富的系统按钮形式，可以直接在这些系统按钮中选择合适的形式，也可以在系统按钮的基础上加以修改，甚至可以调用外部图片来设计自定义按钮。

在按钮响应属性对话框中单击“按钮”按钮，打开“按钮”对话框，如图 8-2-22 所示。对话框中显示了各个按钮的形式，以及对该按钮的描述。

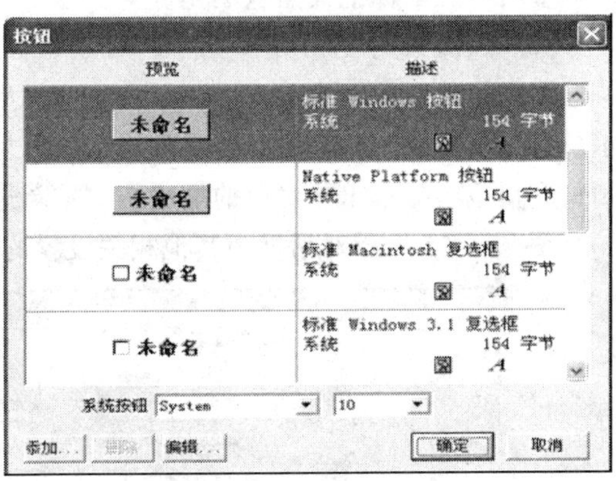

图 8-2-22　“按钮”对话框

③ 编辑按钮。

在 Authorware 文件中使用自定义按钮将使程序看起来更加个性化。在“按钮”对话框中单击“编辑”按钮，就会打开“按钮编辑”对话框，如图 8-2-23 所示。

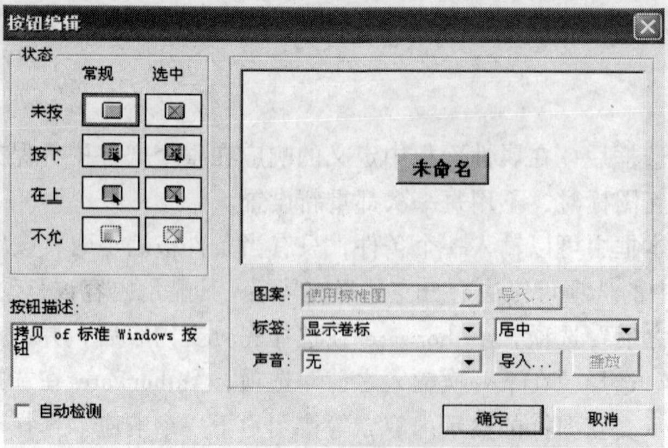

图 8-2-23 按钮编辑对话框

（2）热区域交互属性

热区响应是在程序的运行窗口内划出一块矩形区域，当用户用鼠标单击、双击或鼠标滑过这一区域时，程序将选择事先设计好的程序段。

当在流程线上双击要进行设置的热区响应类型标识符时，将会出现响应属性对话框，如图 8-2-24 所示。

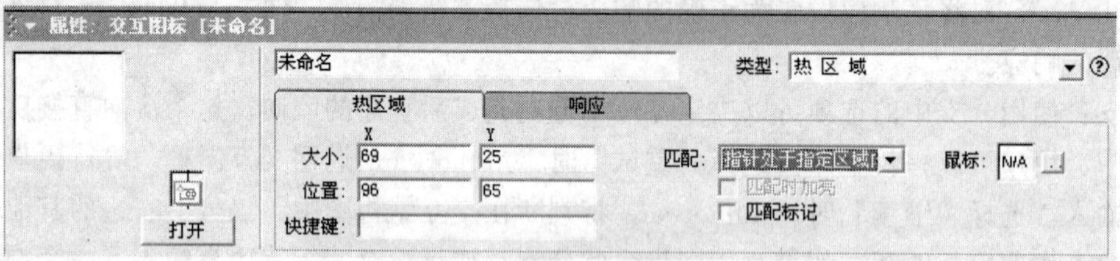

图 8-2-24 设置热区域交互属性

“指针处于指定区域内”匹配选项：当鼠标指针移动到响应区域内，不需要鼠标动作，即可引发匹配动作。

“匹配时加亮”复选框：选择后，当匹配该热区响应时，热区响应高亮显示。

“匹配标记”复选框：选择后，热区响应区域左端中央位置处显示匹配标记，当匹配该热区响应时，匹配标记被黑色填充。

（3）热对象交互

建立了热对象响应分支后，单击响应类型标识符，即可打开“热对象”属性对话框。在演示窗口选择了一个对象作为热对象后，该对象的图标名称就会显示在 Hot Object 栏中，同时在预览窗口也会显示出热对象的缩略图。重新选择热对象后，Hot Object 的名称也将随之改变

图 7-2-25 所示对话框中其他相关设置的含义如下：

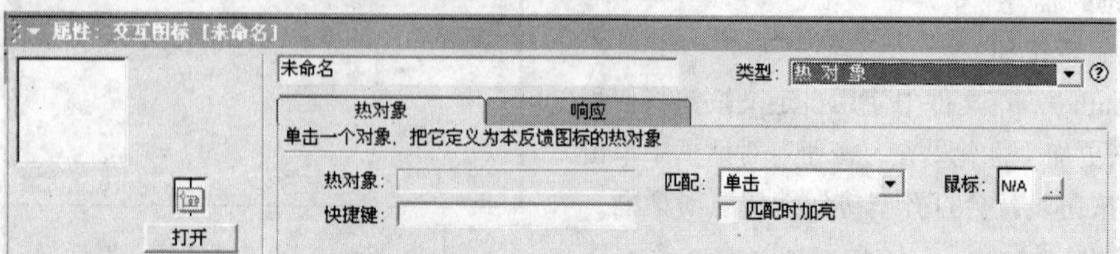

图 8-2-25 设置热对象交互属性

"快捷键"文本框：设置该对象的热键。

"匹配"下拉列表：匹配类型设置，即以何种操作启动对象响应动作。选项与热区响应一样有三种，包括鼠标单击响应、鼠标双击响应和鼠标滑过时响应。

"匹配时加亮"复选框：选择后，当匹配时以高亮显示。

"鼠标"文本框：设置鼠标形状。

注 意

不光是静止的图像可作为热对象，影视动画.swf 动画文件和.gif 动画文件都可以作为热对象，但是，在预览窗口不显示缩略图。

（4）目标区域交互

目标区域响应适合于匹配操作，即将一个对象拖动到指定的位置上。该种响应方式可用于开发很多有趣的实用程序，如拼图游戏、机械零件的装配练习、智力测验程序等。它可以通过对高难度、高危险的环境的模拟，完成既定的教学及训练功能。

Authorware 为每一种响应类型都提供了相应的属性设置对话框，它们之间既有区别，又有联系。作为目标区域响应的属性对话框与其他响应类型的属性对话框相比，"响应"选项卡基本是相同的，它的全部特性都体现在目标区选项卡内，如图 8-2-26 所示。

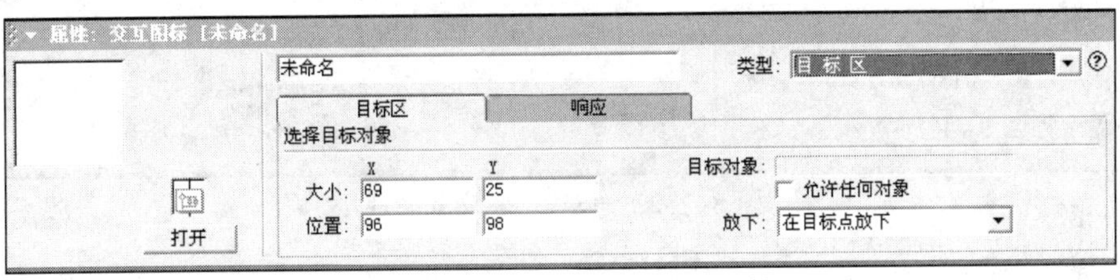

图 8-2-26　设置目标区交互属性

对话框中其他相关设置的含义如下：

"放下"下拉列表：用于控制当用户停止拖动对象并释放鼠标后系统将采取的行动，它包三个选项。选择"在目标点放下"选项时，表示 Authorware 将不采取任何行动，只是把对象保持在当前所在的位置。选择"放回原处"选项时，表示将把对象返回到其原来的位置，它常用于匹配用户不正确的响应操作，此时通常还把返回路径设置为"重试"，这样就可以允许用户把对象从原来的位置处重新进行移动。选择"在中心定位"选项时，表示 Authorware 将把对象放置在目标区域内，它常用于匹配用户正确的响应中，表示本次移动对象的操作是正确的。

在"目标对象"文本框内显示可移动对象的图标名称。选择"允许任何对象"复选框之后，将会匹配任何对象，这就意味着当用户把任何对象拖动到目标区域时，系统都会认为用户的响应与目标区域的响应相匹配。

通常，目标区域响应都是成对出现的：一种响应设置为正确的响应，即用户把移动对象拖动到正确的目标区域，此时对移动对象的操作方式一般为在中心定位；另一种响应设置为错误的响应，即用户没有把移动对象拖动到正确的目标区域，此时对移动对象的操作方式一般为返回。对于错误的响应，由于无法预知用户会把对象移动到屏幕上的何处，因此在实际应用中所采取的策略就是把整个屏幕都作为一个目标区域响应，形成一张"安全网"，使其能够匹配任何对象，并让对象返回到原始位置，并允许用户重新进行尝试。为了实现上述目标，必须把"安全网"放置在交互流程线的最右边。

（5）文本输入交互

通过键盘输入文本并由此发生交互的响应，这是许多应用中所需求的方式，在多媒体课件的开发中也常用到文本输入响应方式，特别是在一些交互性的练习中，文本输入响应发挥了很大的作用。

Authorware 文本输入交互允许在展示窗口中定义一个交互文本区域，用户通过在指定区域中输入期待的文本而产生交互。一个交互图标下挂的所有文本交互均共用同一个文本交互区域。如果希望运行程序时能出现不同的文本交互区域，则需要使用多个交互图标在流程线进行垂直设置。

① 文本输入响应的规则。

所谓的文本输入交互，就是程序允许用户在演示窗口中输入信息，然后程序再根据用户的输入进行判断和处理。选用这种交互响应，则需要提前设定要求输入的文本内容。在程序运行时将弹出一个文本输入框，只有当用户输入的内容和预定的内容一致时才能向下选择。

② 文本输入响应的属性。

单击文本交互类型符号，打开文本交互响应属性对话框，其“文本输入”选项卡如图 8-2-27 所示。

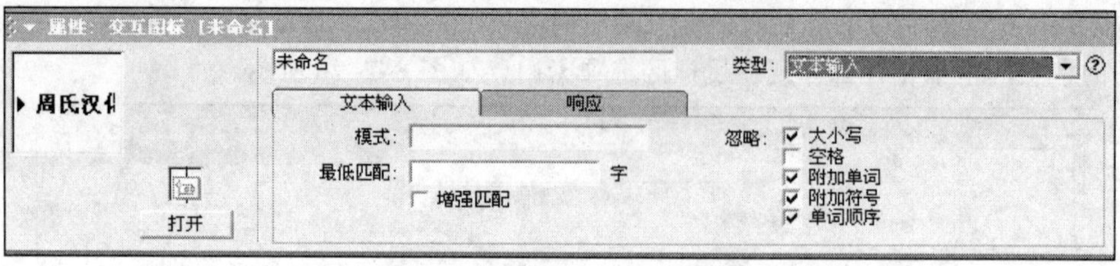

图 8-2-27　设置文本交互属性

关于该选项卡的说明如下：

“模式”文本框：用以设置交互时所需输入的文本对象，也即文本交互分支图标的标题名称。

“最低匹配”文本框：它规定在交互时至少需匹配的单词个数。

“增强匹配”复选框：用以设置增强匹配方式，即用户交互时可以多次尝试匹配不同的文本，当期待文本被全部输入时产生交互。

“忽略”选项区域：规定交互时对于输入的文本可以忽略的内容。选择“大小写”复选框，表示忽略输入大小写；选择“空格”复选框，表示忽略空格，只有在一个单词进行交互的情况下才有意义；选择“附加单词”复选框，表示忽略其他单词；选择“附加符号”复选框，表示忽略其他标点符号；选择“单词顺序”复选框，表示忽略单词顺序。

（6）下拉菜单交互

使用下拉菜单最大的好处就是能够节省屏幕上的空间，它只在屏幕上显示菜单的名称，并且始终处于激活状态。单击菜单名称之后，才会向下拉出其中的菜单项。下拉菜单在 Windows 操作系统及其应用程序中应用非常广泛，Authorware 也提供了强大的支持。

下拉菜单响应属性对话框与其他响应类型的属性对话框相比，主要区别表现在“菜单”选项卡上，如图 8-2-28 所示。

“菜单”文本框显示菜单的名称，即交互图标的名称。“菜单条”文本框显示当前菜单项的名称，在此文本框中输入一些特殊的代码，可以控制菜单中菜单项的显示方式。“快捷键”文本框用于确定一个菜单项的组合键，选择该组合键，也可以选择相应的菜单项命令。为了设置一个组合键，用户可在“快捷键”文本框内输入一个键名，默认情况下该键与【Ctrl】键搭配。例如，如果在此文本框内输入“X”之后，则其组合快捷键为【Ctrl+X】，同时在菜单项中也会显示出该组合快捷键。如果不希望以【Ctrl】功能键作为组合键，则可在快捷键文本框中输入【Alt+X】。

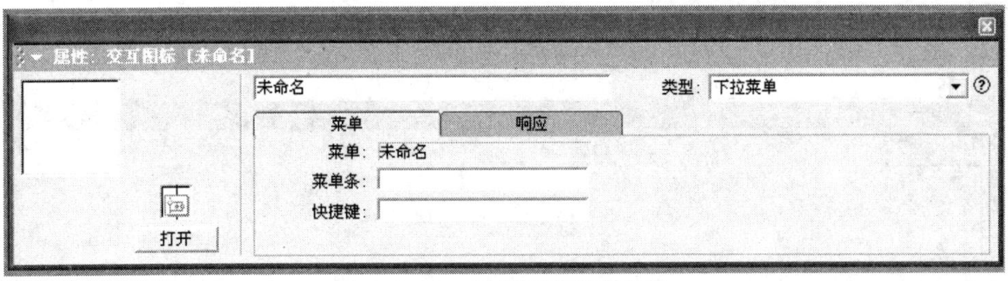

图 8-2-28　设置下接菜单属性

（7）按键交互

使用鼠标进行人机交互，是交互环境下最方便和最快捷的操作方式。但在提供鼠标交互的同时也提供了键盘交互。使用快捷键操作，即使是在窗口环境下，也有着其不可替代的优势。按键交互就是用户通过敲击键盘上的指定键而产生交互，按键交互的属性对话框如图 8-2-29 所示。

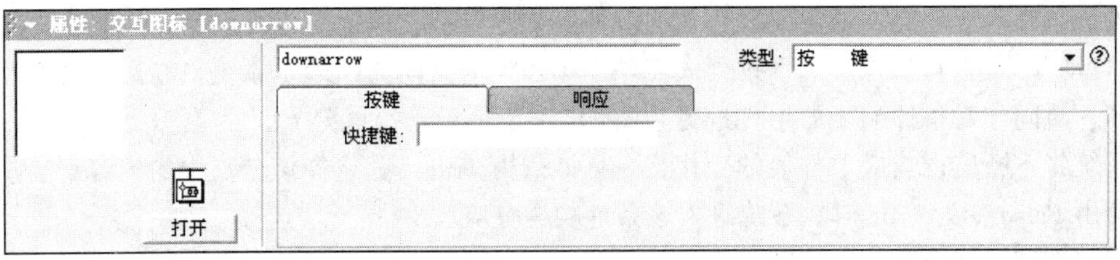

图 8-2-29　设置按键交互属性

“快捷键”文本框：在文本框中输入键名。若想让多个键产生同一个响应可用“｜”隔开。

Authorware 的按键交互严格区分键盘字母键的大小写状态，即大小写字母所代表的意义完全不同；若不希望系统区分大小写，则应使用符号“｜”分隔开大小写字母；若设置为按任意键交互方式，则应以“？”表示。如表 8-2-1 所示。

表 8-2-1　功能键及其功能

功　能　键	对应键名	功　能　键	对应键名
Alt	Alt	Home	Home
退格	Backspace	Insert	Insert
Pause 或 Break	Break	←	LeftArrow
Ctrl	Ctrl 或 Control	PageDown	PageDown
Del	Delete	PageUp	PageUp
↓	DownArrow	→	RightArrow
↑	UpArrow	End	End
Shift	Shift	Tab	Tab
Esc	Esc	回车	Enter 或 Return
F1～F12	F1～F12		

（8）条件交互

条件交互类型与前面介绍的几种响应类型有所不同，条件响应一般不单独使用。条件响应根据程序运行过程中所设置的条件是否得到满足而来匹配响应，这些条件一般是通过函数或表达式来设置的，在运行时以判断其值是真或假来匹配响应。

当在流程线上双击要进行设置的条件响应类型标识符时，将会出现响应属性对话框，如图 8-2-30 所示。

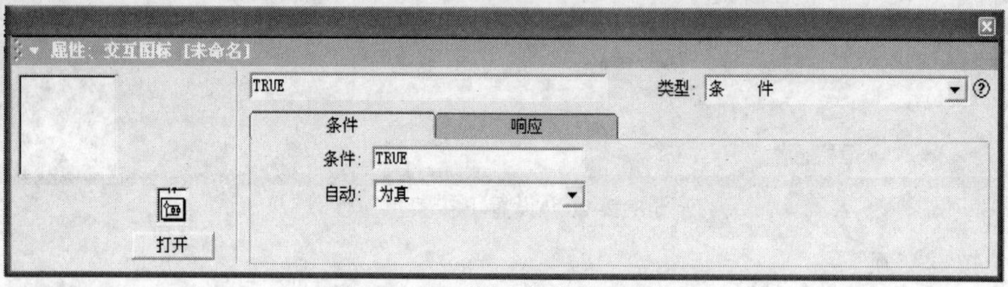

图 8-2-30　设置条件交互属性

“条件”选项卡中各设置项的含义如下：

“条件”文本框：在其中输入一个变量或表达式，当该变量或表达式的值为 True 时，系统将进入该条件响应分支，变量或表达式的值可以是逻辑型，但同时也可以是其他类型。

“自动”（是否自动检查）下拉列表：“关”（当值为关闭时）表示系统只在用户对交互输入响应的一瞬间才对条件响应的条件进行判断，以决定是否选择该分支；“为真”（当值为 True 时）表示系统将不断监视响应条件值的变化，一旦该值为 True，就选择该分支中的内容；当响应条件的值由 False 变为 True 时，系统进入该条件响应分支。

（9）重试限制交互

重试限制（tries limit）交互是通过限制用户交互次数以实现的交互，该方式很少单独使用，通常也是与其他交互类型配合使用，选用了这种交互响应，则可以设定用户进行交互操作的次数。在程序运行时，若用户尝试不成功的次数超过了指定的次数，则程序将退出交互。

（10）时间限制交互

双击交互流程线上的时间限制响应的标识符，将打开时间限制响应的属性对话框，如图 8-2-31 所示。

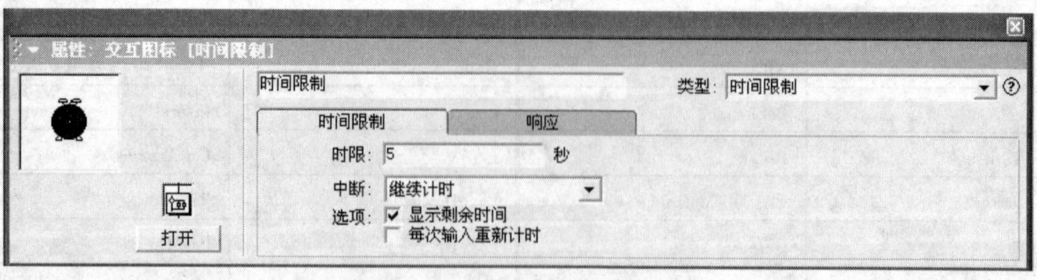

图 8-2-31　设置时间限制属性

“时间限制”选项卡中各设置项的含义如下：

“时限”文本框：用于设置以秒为单位的时间限制值，它可以是数值、变量或表达式。

“选项”选项区域：其中有两个复选框“显示剩余时间”与“每次输入重新计时”。

“中断”下拉列表：有四个选项，设置在时间限制响应交互过程被打断时程序将采取的措施。“继续计时”选项表示不暂停。“暂停，在返回时恢复计时”选项表示暂停计时，选择其他交互，返回后在原计时基础上恢复计时。“暂停，在返回时重新开始计时”选项表示暂停计时，选择其他交互，返回后重新开始计时。即使本次定时结束,任何“永久”属性的交互都可触发该时间限制交互计时重新开始。“暂停，如运行时重新开始计时”选项与“在返回时重新计时”属性类似，其不同点是，若计时过程已经结束，则选择其他属性的交互将无法触发该时间限制交互，计时重新开始。

（11）事件交互

事件交互在目前使用的并不太多，而且它所涉及的知识比较多，这里就不做介绍了。

任务 3　套圈游戏制作

问题情境

动画效果是多媒体课件作品不可缺少的元素。Authorware 具有较强的动画制作功能，提供了过渡、运动、定位、层次四种方式来设计动画，对象的运动可通过移动图标、层次、数字电影图标来实现。下面通过制作套圈游戏来学习移动图标的使用。

问题分析

程序开始运行后，伴随着优美动听的音乐声，在演示窗口的右侧有一个套环圈圈，在中部主体部分有一组方框，每个方框里放置着一种小礼品，操作者只要在文本框中输入两个数字(要注意文字提示)。如果输入的数字满足一定的条件，即第一个数不大于 4 且第二个数不大于 3，圈圈就会自动移到对应的框内礼品上，并有提示信息“恭喜你，套中了欢迎下次再来!”过几秒钟程序自动退出，如果输入的数不满足条件，圈圈套不到礼品，且会出现提示信息“对不起，你没套中，想继续吗？……”程序运行开始如图 8-3-1 所示。

图 8-3-1　程序运行画面

这种“文本”交互实现人机对话的套圈游戏是怎么实现的呢？它要求操作者通过“指向固定区域内的某点”移动类型和“文本”交互实现人机对话的套圈。

任务设计

具体操作步骤如下：

1. 新建文件

建立一个新 Authorware 文件，按【Ctrl+S】组合键，打开“保存文件为”对话框，在“保存在”下拉列表中选择文件夹，在“文件名”后面的文本框中输入“套圈游戏”，单击“保存”按钮。

2. 设置背景

拖动一个“显示”图标至主流程线上，并命名为“背景”。双击 “背景”显示图标，单击工具栏上的“导入”按钮，选择文件夹，选择图片“背景”。单击“导入”按钮，调整它的位置和大小。

3. 导入声音

选中要导入的声音文件，直接按住鼠标键拖至主程序线，将其改名为“音乐”。打开声音图标属性面板，在“计时”选项卡中的“执行方式”下拉列表框中选“同时”选项，其他保持默认设置。

4. 绘制方框，导入礼品等图片

① 从图标栏拖动三个“显示”图标到主流程线上，将它们分别命名为“线框”、“礼品”和“圈圈”。

② 在线框演示窗口中，选择适当的线型、线条颜色，用“矩形”工具绘制一个大的矩形框和直线。调整它们的位置与大小并对齐。单击“选择/移动”工具，使用鼠标在演示窗口中拉出一个矩形框，将所有的直线连同矩形一起选中，选择“修改 | 群组”命令，将它们组成一个群组对象。

③ 单击绘图工具箱中的“文本工具”工具，分别在演示窗口中输入数字和坐标轴符号，设置字体、颜色、字号等内容，并将其调整到对应的位置。

④ 在礼品演示窗口中，单击“导入”工具，打开“导入哪个文件”对话框。将所需图片导入作为礼品，单击“导入”按钮，将它们全部导入到该显示窗口内。单击绘图工具箱中的模式选项，设置“透明方式”为“透明”或“反转”，所有图片的透明方式都发生了改变，最终使礼品的白色底纹消失。再逐个选中图片，缩放它们的大小，调整它们的位置，对齐到各个方框内。

⑤ 用上面的方法打开图片“圈圈”，将它导入到圈圈演示窗口中，调整图片的大小，使其与一个小方框一样大，然后将它拖动到演示窗口的右侧。

5. 设置文本输入交互形式

① 从图标栏拖曳一个“交互”图标到流程线的下方，将其命名为“位置坐标输入”。

双击打开交互图标的演示窗口，单击绘图工具箱中的“文本工具”工具输入文本“请输入两个数字，注意两数字之间用逗号隔开哦!”。单击绘图工具箱的“选择/移动”工具，文本被自动选中，将其拖曳到演示窗口中偏下的位置。设置字体黑体，字号 18，颜色为红色，打开文字的抗锯齿功能和保护原始分行功能，单击工具栏上的“粗体工具”工具，使文本加粗显示。

② 设置交互图标的属性。

从图标栏拖曳一个“群组”图标到交互图标的右下方，弹出“交互类型”对话框，选择“文本输入”单选按钮，单击“确定”按钮，将群组图标名称改为“*”，“*”表示可以接收任何多个字符。单击“文体区域”按钮打开“属性：交互作用文本字段”对话框，按图 8-3-2 所示设置交互文本属性，单击“确定”按钮。

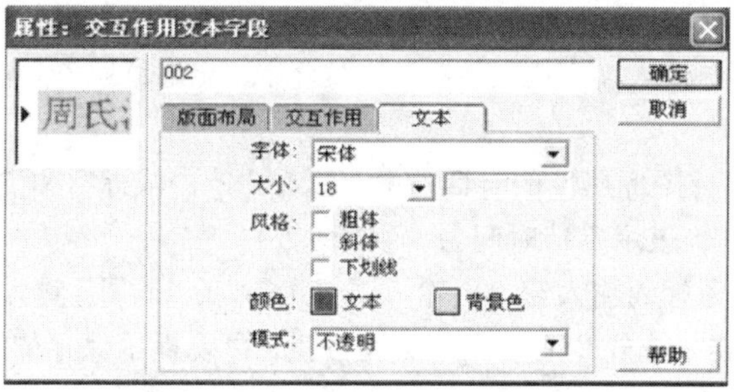

图 8-3-2　交互作用文本属性

③ 双击群组图标，打开二级流程设计窗口，从图标栏拖曳一个计算图标到二级流程线上并命名为“定义变量”，双击它，在其窗口内输入“x:=NumEntry；y:=NumEntry2”，单击“关闭”按钮，单击“是”按钮。

④ 从图标栏拖曳一个“移动”图标到二级流程线上，将其命名为“移动”。再按住【Shift】键的同时双击名称为“礼品”和“圈圈”的显示图标，在演示窗口中同时将它们打开。单击移动图标，在演示窗口的圈圈上单击，把圈圈作为移动对象。在移动图标的属性对话框中，打开“类型”下拉列表，在其中选择“指向固定区域内的某点”移动方式，在“远端范围”后面的下拉列表中选择“到上一终点”，这样就会出现套不中礼品的情况。

⑤ 选择“基点”单选按钮，将花环拖曳到(1,1)对应的方框中，然后在“基点”后面的两个文本框中都输入 1。再选择“终点”单选按钮，将圈圈拖曳到(4,3)对应的方框中，在“终点”后面的两个文本框中分别输入 4 和 3 。可以看到，在演示窗口圈圈的初始位置和终点位置之间出现了一个灰色的方框，方框是以圈圈的中心位置来确定的。选择“目标”单选按钮，在“目标”后面的两个文本框中分别输入 NumEntry 和 NumEntry2。完成移动图标的设置，如图 8-3-3 所示。

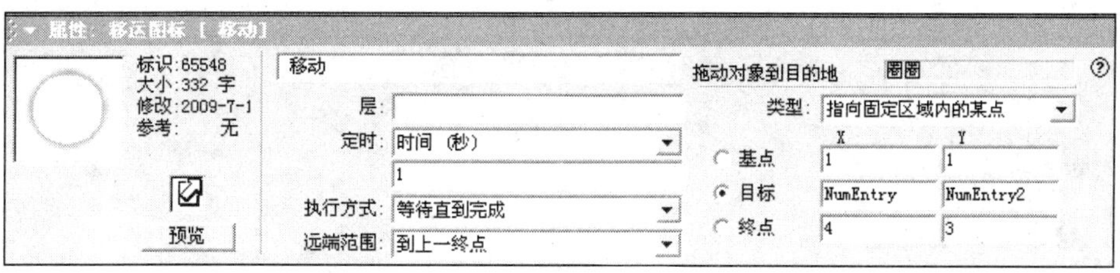

图 8-3-3　设置移动图标属性

⑥ 从图标栏拖曳一个“交互”图标到移动图标下面，并将其命名为“判断”，分别拖曳两个“群组”图标到“判断”的右下方，设置交互类型为条件，设置响应分支为重试。

⑦ 在第一个判断群组图标的“条件”文本框中输入“x<=4&y<=3”，在“自动”下拉列表中选择“为真”。在第二个判断群组图标的“条件”文本框中输入“x>4|y>3”，在“自动”下拉列表中选择“为真”。

⑧ 双击第一个判断群组图标，在其三级流程线上依次拖曳一个名为“套中”的显示图标、等待图标，以及名为“退出”的计算图标。

⑨ 双击第二个判断群组图标，在其三级流程线上依次拖曳一个名为“没中”的显示图标、等待图标，以及名为“返回”的计算图标。

⑩ 在“套中”图标中输入文字“恭喜你，套中了欢迎下次再来！”并设置文字的颜色、大小与位置。

⑪ 在“没中”图标中输入文字“对不起，你没套中，想继续吗？……”并设置文字的颜色、大小与位置。

⑫ 设置等待。在等待图标属性的对话框中，选择“单击鼠标”和“按任意键”复选框，在“时限”文本框中输入 5，表示等待时间为 5 秒。

⑬ 在“退出”计算图标的输入窗口内输入“quit()”，在“返回”输入窗口内输入语句“GoTo (IconID@"圈圈")”，单击输入窗口右上角的关闭按钮，出现提示保存的警告对话框，单击“是”按钮，保存设置。单击工具栏上的“保存”工具，再次保存文件。

到此为止，整个程序就完成了，程序的流程结构如图 8-3-4 所示。

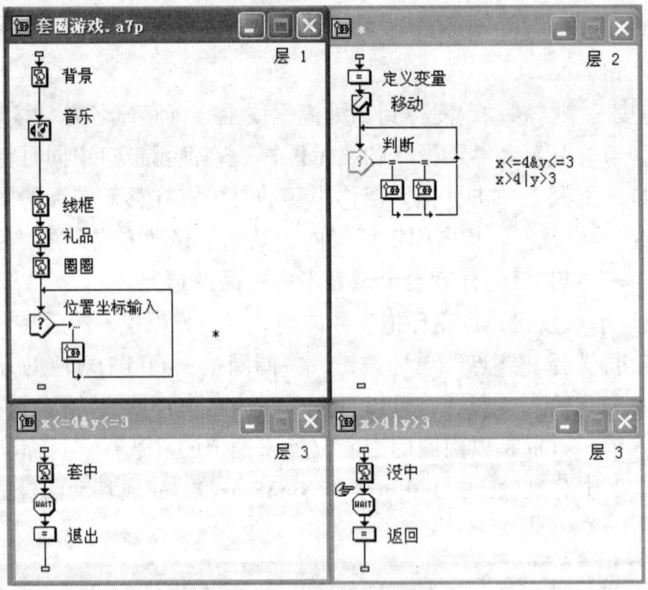

图 8-3-4 程序设置窗口

规律总结

1．移动图标的功能

移动图标能够驱动其他设计图标中的显示对象，但移动图标本身并不会动，也不含有要移动的对象。移动图标只能对一个显示图标或交互图标中的所有显示对象同时进行驱动。

2．移动图标的适用场合及特点

① 移动类型决定了所指定运动对象以何种方式运动及最终停留在何处。在实际应用中，不同的移动类型会有不同的应用场合与实际特点。例如，指向固定点的移动类型，适用于制作定点直线运动；指向固定直线上的某点的移动类型，适宜制作不确定终点的直线运动；指向固定区域内某点的移动类型，这类运动的特点是被指定的图文从初始位置匀速移动到指定区域内的某点，从运动的效果看与前面两种运动类型相似，均为直线运动。

② 使用移动图标时，必须把移动图标放置在有移动对象的图标下面，只有移动图标前面的图标中的内容才能设置成移动对象。一旦对某对象设置了移动方式，则该移动方式将应用于此对象所在的显示图标中的所有对象。如果需要移动单个对象，必须保证此对象所在的图标中没有其他对象。移动对象之间是独立的：移动可以发生在不同时刻，并且移动的类型也能够不相同。

知识链接

1. 移动图标

（1）移动图标作用

移动图标的作用是将移动对象从一个位置移动到另一个位置，这里的移动对象包括文字、图片、数学电影、导入的媒体。

（2）Authorware 7.0 提供的五种类型的移动方式

在多媒体作品中，对象的运动是其他媒体方式所不能替代的。利用 Authorware 本身提供的移动图标就可以让课件动起来，而且利用 Authorware 提供的五种运动类型可以满足大多数用户对多媒体作品的运动要求。

① 指向固定点：若选择该类型，将使移动对象从演示窗口中的当前位置直接移到用户的设定位置。

② 指向固定直线上的某点：若选择该类型，将使移动对象从当前位置移动到一条直线上的某一个位置，对象的最终位置由数值、变量或表达式的值确定。

③ 指向固定区域内的某点：若选择该类型，将使移动对象在一个坐标平面内移动。其起点坐标和终点坐标由数值、变量或表达式的值确定。

④ 指向固定路径上的终点：若选择该类型，将使移动对象沿设计的路径从该路径的起点移动到该路径的终点。其路径可以是直线，也可以是曲线。

⑤ 指向固定路径上的任意点：若选择该类型，将使移动对象沿设计好的路径移动，但最后可以停留在该路径的任意位置。其停留位置由数值、变量或表达式的值确定。

（3）Authorware 中移动图标让对象产生的运动的特点

① 二维空间的平面移动。

② 不改变移动对象的自身形状。

③ 匀速运动。

（4）移动图标属性设置

拖曳一个移动图标到流程线上，默认情况下将打开其属性对话框，如图 8-3-5 所示。

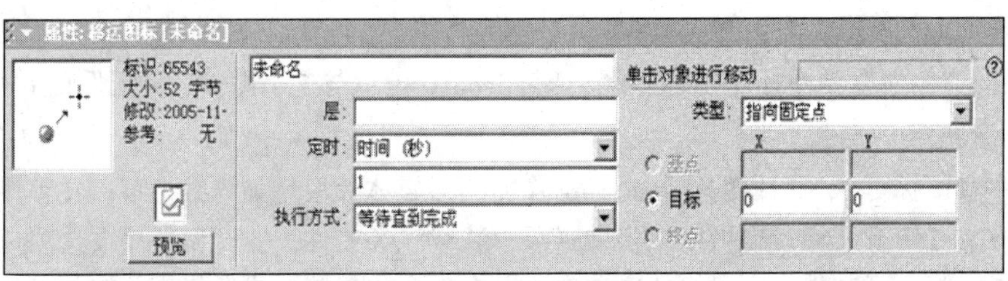

图 8-3-5　移动图标的属性对话框

下面介绍一下移动图标属性对话框中各选项的含义。

① “移动对象标识”预览框：预览移动对象的内容。若没有确定移动对象，则预览框中显示的是移动方式的示意图。

② “层”文本框：移动显示层次与显示图标层次基本一致。层次越高，其越显示在上；若此项为空，层次设为默认值 0；显示相同层次时，先出现的显示在下面。若显示图标设置为“直接写屏”，则其产生的移动会显示在所有显示对象的上面。移动图标中的层次只在移动显示过程中有效，移动结束，则该显示对象的层次重新变为它所在显示图标的层次。

③ “定时”下拉列表框：其中包含“时间”和“速率”两个选项。若选择“时间”选项，则在下方的文本框中输入的数值、变量或表达式表示完成整个移动过程所需要的时间，单位为秒；若选择“速率”选项，则其下方的文本框中的数值、变量或表达式表示移动对象的移动速度，单位为秒/英寸。

④ “执行方式”下拉列表框：该框中包含“等待直到完成”和“同时”两个选项。若选中“等待直到完成”选项，则程序等待移动图标的移动过程完成后，才继续流程线上下一个图标的选择。若选择“同时”选项，则程序将本移动图标的移动过程与下一个图标的运行同时进行。

⑤ “类型”下拉列表框：其中包含“指向固定点”、“指向固定直线上的某点”、“指向固定区域内的某点”、“指向固定路径上的终点”和“指向固定路径上的任意点”五种移动类型，如图 8-3-6 所示。

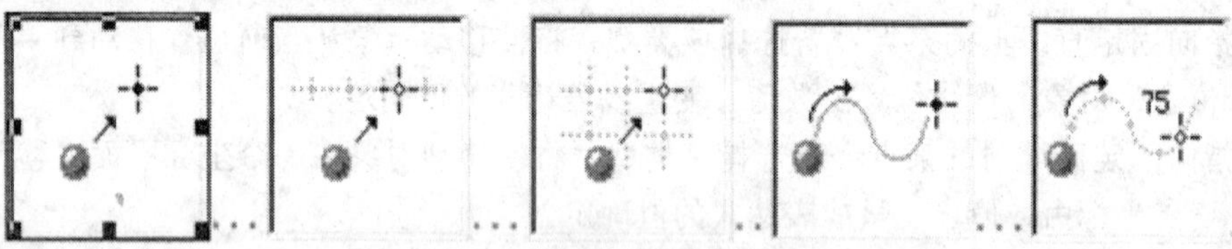

图 8-3-6 移动图标的五种移动类型

⑥ 在 Authorware 移动图标属性对话框中选择不同的移动类型，将出现不同的选项。

- 基点文本框：用于设置移动对象在演示窗口的起点坐标。
- 目标文本框：用于设置移动对象目标位置坐标。
- 终点文本框：用于设置移动对象的终点坐标。

2. NumEntry 与 IconID 的说明

① NumEntry 存放用户在文本中输入的第一个数字。用 NumEntry@“IconTitle”获取该变量在指定交互中的值。NumEntry 1 、NumEntry2 分别存放用户在文本中输入的第二个和第三个数字，NumEntry 从系统变量 EntryText 存放的文本中获取其值。用户响应的前三个数值由系统自动地赋给变量 NumEntry、NumEntry2 和 umEntry3。

② IconID@"圈圈"，其中 IconID 是系统图标变量，IconID@"圈圈"代表这个显示图标的唯一的标识符。“圈圈”是图标名，@表示该变量 IconID 指示与这个图标“圈圈”的有关信息。

3. 声音图标

使用声音图标可以为用户的 Authorware 作品的多媒体片段增加声效。可以在程序流程线上的任意地方放置声音图标，也可以从多种资源中装载声音文件，并可调整播放选项以适应用户的需求。可以将声音文件引入多媒体文件中，以内部形式存储；或者将声音文件以外部形式存储，通过链接功能将它与多媒体文件相链接。

数字声音图标的主要作用是在多媒体应用程序中添加背景音乐和文字解说。其支持的数字声音文件格式有：

- AIFF：Macintosh 平台的声音文件。
- mp3 sound：MPEG LayerIII 声音文件。
- PCM：Pulse-Code Modulation，录音室的 20BIT 格式声音文件。
- SWA：在 Macromedia 导演文件（MP3 文件）中的 Shockwave 声音文件。
- VOX：用 ADPCM 编码的对话声音文件。
- WAVE：标准 Windows 声音文件。

那么如何将声音文件导入到 Authorware 作品中呢？可以通过以下三种方式：

（1）直接将声音文件拖至流程线上

这种方式不需要在流程线上有声音图标。只要将声音文件直接拖至流程线上，Authorware 就会自动产生一个声音图标，该图标已加载了拖入的声音文件，并以此声音文件的名称为声音图标的名称。

（2）将声音文件拖入声音图标

这种方式要求在流程线上事先有声音图标。只要将声音文件直接拖至流程线上的声音图标上即可。若原声音图标中还没有导入声音，则此声音文件就成为此声音图标的声音内容。若此声音图标在这之前就已经有了声音内容，那么拖入的声音文件就会将原声音覆盖掉。

（3）使用声音图标属性对话框中的“导入”按钮

打开声音图标属性对话框，单击“导入”按钮，即可打开“导入文件”对话框，在其中找到要导入的声音文件，单击“打开”按钮即可。

（4）声音图标属性设置

将声音图标拖入程序流程线，或将声音文件直接拖入程序流程线，或单击声音图标，均可弹出声音属性对话框，如图 8-3-7 所示。

① 声音图标左侧面板说明。

- “播放”按钮：试听导入的文件。
- “停止”按钮：停止试听。
- “导入”按钮：单击此按钮，可打开“导入哪个文件”对话框，如图 8-3-8 所示，可从中找到要导入的声音文件，单击“导入”按钮，即可完成导入过程。

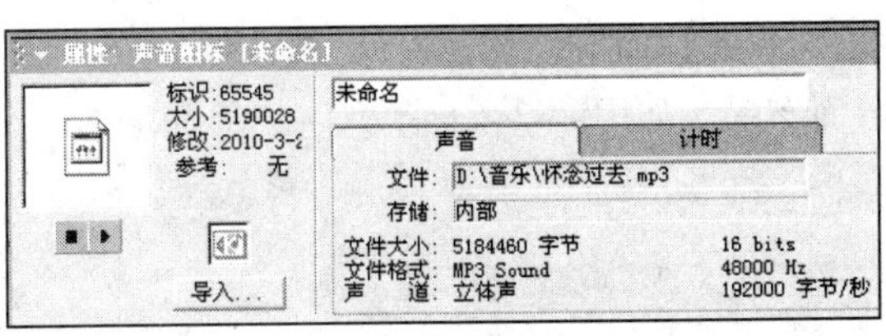

图 8-3-7　声音图标属性对话框

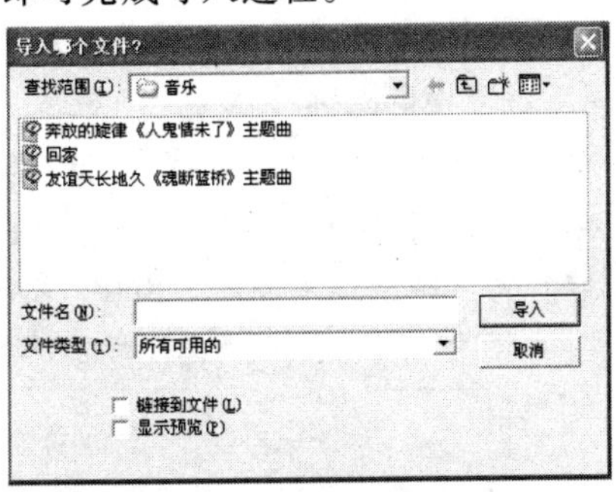

图 8-3-8　导入文件对话框

在这个对话框中，若选择“链接到文件”复选框，则将来导入的文件将作为外部文件链接到 Authorware 作品；否则，作为该作品的内部文件。

“显示预览”复选框对于声音文件来说没有太大用处。

② “声音”选项卡。

“声音”选项卡中显示了已导入声音文件的各种属性。这些属性是灰色的，只能查看不能修改，如图 8-3-9 所示。

③ “计时”选项卡。

“计时”选项卡主要用于设置声音文件的播放参数，通过这个选项卡的设置，可实现对已导入的声音文件的播放进行控制，如图 8-3-10 所示。

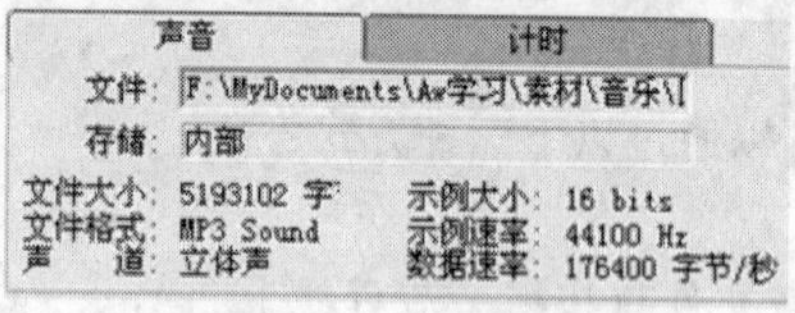

图 8-3-9 声音选项卡

图 8-3-10 计时选项卡

- “执行方式”下拉列表框：设置声音文件如何播放，可以通过其下拉菜单进行选择。
- “等待直到完成”选项：声音播放按照流程线进行。
- “同时”选项：播放声音图标的同时也播放其后面的图标的内容。
- “永久”选项：只要右侧“开始”的条件为真则播放声音图标，同时选择流程线上的后面的图标。
- “速率”选项：调整声音文件的播放速率。大于 100，将加快播放速度；小于 100，将减慢播放速度；等于 100，将以正常速度播放。
- “播放”下拉列表框：设置声音文件播放次数或条件，可通过其下拉菜单进行选择。
- “播放次数”选项：可在下面的文件框中输入数字、变量或表达式，用于控制播放次数。
- “直到为真”选项：可在下面的文本框中输入声音播放结束的条件。当条件为真时，结束声音的播放。
- “开始”文本框：设置声音文件开始播放的条件。该条件将直接决定声音图标是否播放，以及“选择方式/永久”模式下是否重复播放。需要注意的是，只有当条件由假变真时才开始再一次播放声音图标。由真变假或始终为真均不能使“选择方式/永久”模式下的声音图标播放。
- “等待前一声音完成”复选框：当选择方式为“同时”或“永久”时，有可能前面的声音还没有播放完毕就又遇到了此声音图标。此时，若不选此复选框，则该图标的声音将会覆盖前面的声音。若选此复选框，则会等待前面的声音播放完毕后，才开始播放当前的声音文件。

4. 数字电影图标

将“数字电影”图标拖放到流程线上，单击“导入”按钮导入数字电影。通过其属性对话框，用户可查看已导入影像文件的各方面参数，及设置和控制影像文件的播放及显示。该属性对话框共有三个选项卡面板：电影，计时，版面布局。如图 8-3-11 所示。

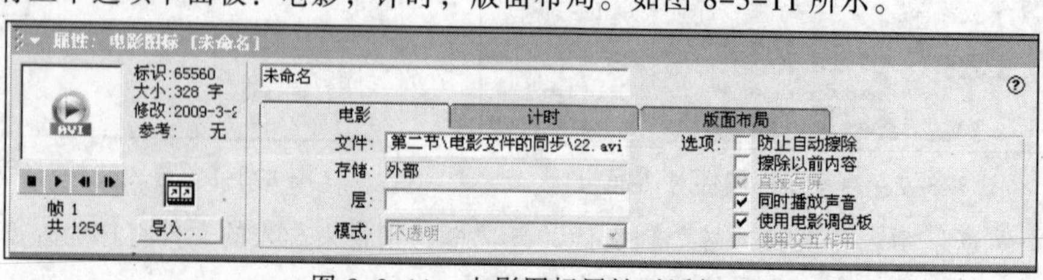

图 8-3-11 电影图标属性对话框

- “播放”按钮：开始播放已导入的影像文件。
- “停止”按钮：停止播放。
- “单步后退”按钮：每单击一次，则向后退一帧，从面板的帧处可看到帧数减了 1。
- “单步前进”按钮：每单击一次，则向前进一帧，从面板的帧处可看到帧数加了 1。
- “导入”按钮：单击此按钮，可打开导入文件对话框，可从中找到要导入的文件，单击“导入”按钮，即可完成导入过程。

5. GIF 动画的导入

GIF 动画文件因其效果丰富、灵活，在网页中得到广泛应用。Authorware 可直接加载 GIF 动画，并允许使用系统函数及变量对其进行控制，简单且高效。在 Authorware 中可直接导入 Gif 动画，其具体操作步骤如下：

① 在流程线上确定导入 GIF 动画的插入点之后，选择“插入 | 媒体 | Animated GIF”命令，弹出“Animated GIF Asset 属性”对话框，如图 8-3-12 所示。

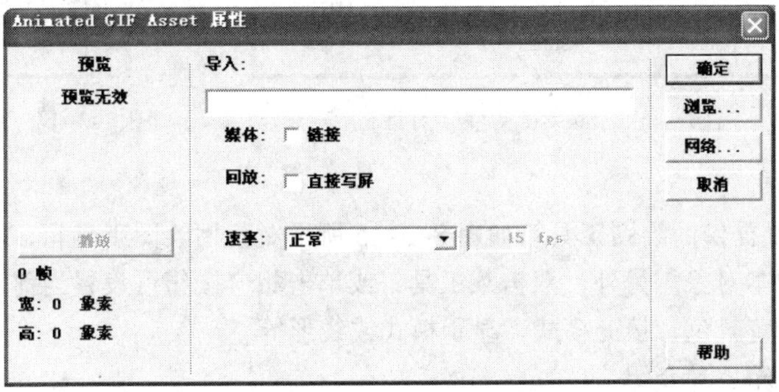

图 8-3-12　“Animated GIF Asset 属性”对话框

- “导入”文本框在其中直接输入或单击“浏览”、“网络”按钮可以加载本地或网络上的 GIF 文件。正确加载后，“导入”文本框中显示其路径及文件名。
- “媒体”选项区域：选择“链接”复选框，文件将作为外部文件链接到作品中；不选择，则文件内嵌进作品，使打包后的文件增大。
- “回放”选项区域：选择“直接写屏”复选框，动画将快速地显示在演示窗口，并显示在所有窗口的最前面。
- “速率”下拉列表框：该下拉列表框用来设置 GIF 动画的播放速度，其中包括以下三个选项。
- “正常”选项：选择该选项，则运行程序时按照 GIF 动画默认的播放速度进行播放。
- “固定”选项：选择该选项，则其右面的文本框将变为可用状态，根据需要在其中输入数值即可设置 GIF 动画的播放速度。
- “锁步”选项：选择该选项，则运行程序时将按照系统整体的播放速度对 GIF 动画进行播放。

② 单击“浏览”按钮，弹出“打开 animated GIF 文件”对话框，在该对话框中选择要导入的 GIF 动画，如图 8-3-13 所示。

③ 单击“打开”按钮，则该 GIF 动画的路径将出现在“Animated GIF Asset 属性”对话框中的“导入”文本框中。

④ 单击“确定”按钮，即可将 GIF 动画导入到 Authorware 中，此时流程线上将自动地添加一个 GIF 动画的图标，如图 8-3-14 所示。

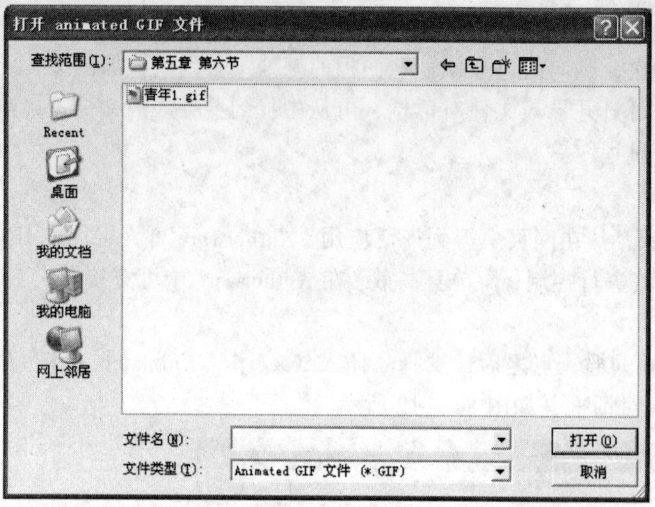

图 8-3-13　“打开 animated Gif 文件”对话框

图 8-3-14　GIF 动画图标

6. 绘图工具箱

Authorware 7.0 提供的绘图工具箱如图 8-3-15 所示。使用绘图工具箱，用户可以绘制出一些简单的图形和文本对象。另外，双击某工具，或单击相应按钮可设置当前对象的某种属性，如对象的前景色与背景色、填充模式、显示模式或线形等。

（1）绘图工具箱工具介绍

- 选择\移动工具：可选择、移动对象。
- 文本工具：建立修改文本对象。
- 任意角度直线工具：绘制任意角度直线。
- 固定角度直线工具：绘制水平或垂直直线，及与水平成 45°的直线。
- 椭圆工具：绘制椭圆或圆（按【Shift】键）。
- 矩形工具：绘制长方形或正方形（按【Shift】键）。
- 圆角矩形工具：绘制圆角长方形或圆角正方形（按【Shift】键）。
- 多边形工具：绘制任意多边形。
- 线型按钮：单击可弹出线型工具箱。
- 色彩按钮：单击可弹出色彩工具箱。
- 模式按钮：单击可弹出模式工具箱。
- 填充按钮：单击可弹出填充工具箱。

图 8-3-15　绘图工具箱

（2）绘图工具箱的基本使用方法

工具箱中工具的基本使用方法是相同的，都是先单击图标，然后在演示窗口拖动或单击，以建立新的图形对象或对已有图形对象进行修改。

单击绘图工具箱右上角的“关闭”按钮 ×，不仅可关闭绘图工具箱，同时还将演示窗口也关闭了。当然，关闭演示窗口的同时也会将绘图工具箱关闭。

任务 4 制作单选题

问题情境

日常生活中，面对网络答题、电视抢答赛等游戏、各种选择题测试系统，我们不得不感叹计算机多媒体与网络给人们生活带来了许多欢乐，同时也给大多计算机爱好者带来挑战。下面来制作一个单项选择题。

问题分析

本任务利用按钮交互来制作单选题，并加入按键交互，通过按键来完成对选择题的解答，判断回答的正确与否并且给出最后总得分。程序运行后的交互界面如图 8-4-1 所示。

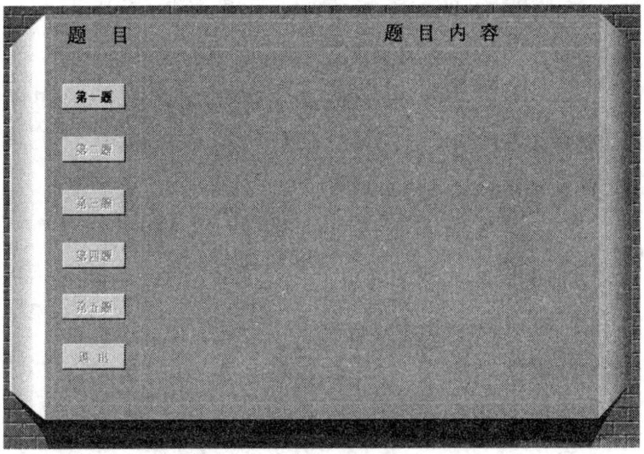

图 8-4-1 程序运行后的交互界面

本例涉及的知识点有以下几个：

① 绘制文本线框，文字的输入。

② 插入图片和 Flash Movie。

③ 按钮交互图标及按键交互图标的简单使用。

④ TotalScore 变量的使用。

任务设计

具体操作步骤如下：

1. 新建文件

新建一个名为“自制选择题.a7p”的 Authorware 文件，并将它保存。

2. 创建“界面”与“答题说明”图标

① 拖曳一个“显示”图标到流程线上，并将其命名为“界面”，导入素材文件夹中的图片，调整它的大小与位置。

② 拖曳一个“显示”图标到界面图标下面，并将其命名为“答题说明”，双击它打开演示窗口。选择“文字”工具，输入“单项选择题（每小题 20 分，共 100 分），注意：请按键盘上字母键进行答题，按键不区分大小写。”设置好它的颜色、大小、位置，每小题只能做一次才能得到准确的总得分。

3. 设置等待图标

拖曳一个等待图标到说明图标下面，在其属性对话框中设置时限为 10 秒，并选择“单击鼠标”和“按任意键”复选框。

4. 设置答题背景和线框

拖曳一显示图标到等待图标下方并改名为“背景”，导入答题的背景图片文件，并绘制线框。

5. 设置“出题”群组图标

① 在背景图标下拖曳一个交互图标，并将其命名为“题目 1”，在交互图标的右下方拖曳一个“群组”图标，并将其命名为“第一题”，设置它的交互类型为按钮，响应分类为退出交互。

② 重复第①步，依次在主流程线上制作题目 2 至题目 5 的交互图标。

③ 在第一题群组图标中拖曳一个显示图标，并将其命名为 t1，在其演示窗口中输入文字，调整好文字的大小和位置。输入文字内容如下：

1. 下列物质在氧气中燃烧，现象描述错误的是（　　）。

A. 硫在氧气中燃烧发出明亮紫色火焰

B. 木炭在氧气中燃烧发出白光，放出大量热

C. 铁丝在氧气中燃烧火星四射，生成黑色固体

D. 红磷在氧气中燃烧产生大量白雾

④ 在 t1 图标下拖曳一个交互图标，并将其命名为“按键交互 1”。

⑤ 在按键交互 1 图标右下方拖曳一个群组图标，并将其命名为 D|d。

⑥ 设置 D|d 交互类型为按键，快捷键为 D|d，响应分支为“退出交互”，状态为“正确响应”，计分文本中输入 20，表示答对了就可得 20 分。

⑦ 双击 D|d 群组图示，在其中拖曳一个显示图标，在显示图标的演示窗口中输入“此题回答正确，你的得分是：{TotalScore}。”

⑧ 拖入一个等待图标，设置时限为 3 秒，并选择“显示倒计时”复选框。

⑨ 复制 D|d 群组图标到 D|d 群组图标的右边，并将其命名为“?”，将状态改为“错误响应”，快捷键改为“?”，显示图标中“回答正确”改为“回答错误”。

⑩ 结合【Shift】键选中第一题至第五题所有的图标，按【Ctrl+G】组合键将第一题至第五题组成群组，组成后的群组图标改名为“出题”。

至此，主程序及“第一题”程序流程图如图 8-4-2 和图 8-4-3 所示。

⑪ 用同样的方法制作第二题～第五题群组图标的内容。二级流程窗口如图 8-4-4 所示。

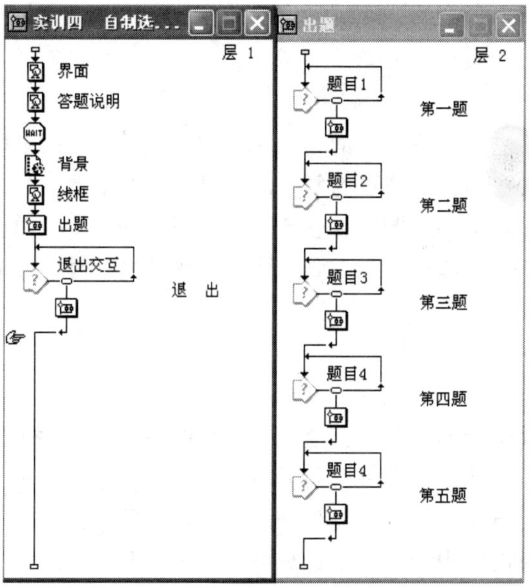

图 8-4-2　主程序设置窗口

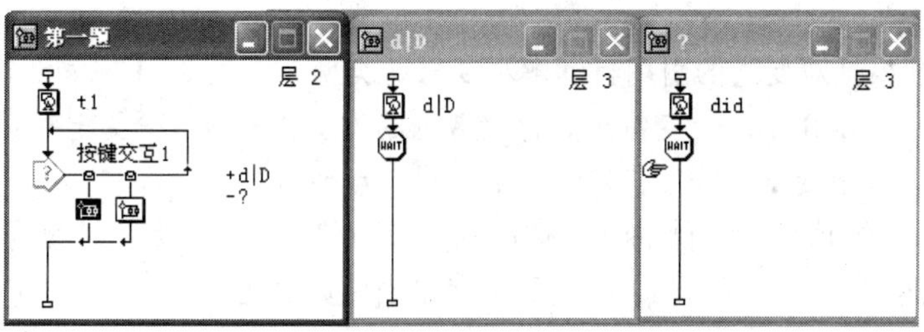

图 8-4-3　第一题程序设计窗口

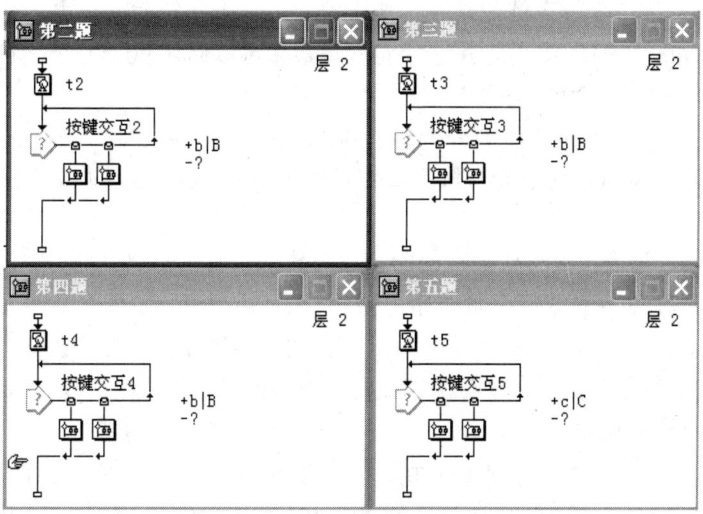

图 8-4-4　二级流程窗口

6. 设置退出群组图标

在退出群组图标中拖入一个“计算”图标，双击“计算”图标，在其内输入 quit()，单击“是”按钮。

规律总结

变量和函数的作用

Authorware 可以使不具备编程能力的人也能制作出比较满意的多媒体课件作品，但是要对多媒体作品进行深层次的控制，实现更为复杂的效果就需要掌握变量、函数等的进一步控制。利用变量和函数对 Authorware 的控制，比在流程线上添加图标要简单得多。在大多数情况下，用户使用变量和函数时不需要编程，只需要在弹出的变量或函数窗口中使用粘贴命令即可。

知识链接

1. 变量与函数

变量是指在应用程序运行的过程中其值发生变化的量，通常是用来存储程序选择过程中所涉及的数据。Authorware 系统的变量分为两类系统变量和自定义变量。函数是实现某些功能的模块，它包括系统函数与自定义函数。变量和函数的使用要借助于计算图标，程序中的表达式和脚本语句是输入在计算图标中的，双击计算图标即可打开计算图标编辑窗口，即可将表达式和脚本语句写在此窗口中，实现对程序的深层次控制。

2. 变量的类型

Authorware 能根据对变量的引用自动解释变量的类型，而且 Authorware 对变量类型的定义也没有特殊的要求。Authorware 变量按其存储数据的类型，一般可分为七种：数值变量、字符变量、逻辑变量、数组变量、符号变量、矩形变量、点变量。

① 数值变量。数值变量存储的是具体的数值。数值可以是整数，正实数或负实数。当对两个变量做算术运算时，Authorware 把这两个变量当做数值变量进行计算，因为只有数值变量才能做算术运算。

② 字符变量。字符变量存储的是字符或字符串。一个字符变量是由一个或若干个字符组成的，如 Snow White、98AD&C 等。一个字符变量最多可以储存 30 000 个字符。字符变量也可以储存中文字符。

③ 逻辑变量。逻辑变量只有 True（真）和 False（假）两种值。当 Authorware 把一个数值变量解释为逻辑变量时，它把 0 当做逻辑变量的 False，而把任何非 0 值都当做逻辑变量的 TRUE。

④ 数组变量。（列表）数组变量存储的是一个数组，如[1,2,3,"a","b","c"]、[#name:"Harry",#age:18,#phone:7562180]等。数组变量要用中括号“[]”括起来。每两个数组元素之间要用逗号“,”隔开。Authorware 中专门有一类函数 List()用来对数组变量进行操作。

⑤ 符号变量。符号变量看起来与字符变量类似，但它是以符号“#”开始的一个字符串，而且它不需要用引号引起来。

⑥ 矩形变量。矩形变量存储的主要是系统函数 Rect()返回的数据。它存储的是一个矩形域的左上角坐标点和右下角坐标点的值。如 MyRect:=Rect(0,0,100,100)，其中 MyRect 是一个矩形变量，它建立一个以点(0,0)为左上角点、(100,100)为右下角点的矩形区域。

⑦ 点变量。点变量存储的一个点的坐标值，它主要用来存储系统函数 Point()返回的数据。利用它可以定位一个点。如 MyPoint:=Point(50,100)，其中 MyPoint 是一个点变量，它反映的“展示窗口”中的点(50,100)。

3. 系统变量

Authorware 提供了 11 类系统变量，这些系统变量不但能够各自完成各自任务，更可以有机结合，协同完成复杂的程序需求。选择“窗口 | 浮动面板”命令，打开“变量”对话框，如图 8-4-5 所示。

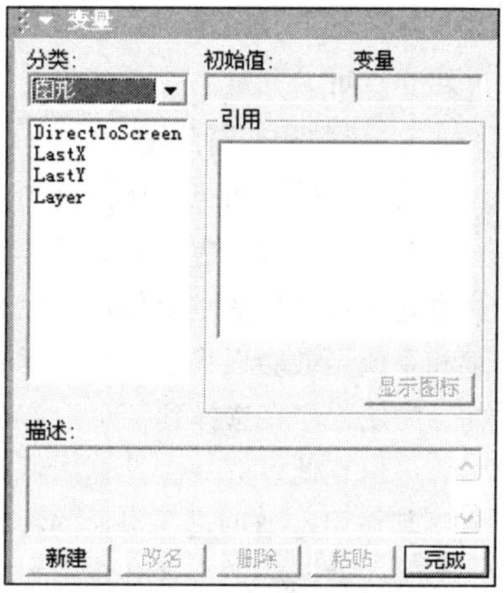

图 8-4-5 “变量”对话框

① “分类”下拉列表：显示 Authorware 提供的 11 类系统变量和用户自定义的变量。

- CMI：跟踪教学管理的一些信息，如 CMIscore 记录课程的数字得分。
- 决策：反应分支结构的一些信息，如 PathCount 存储最近分支结构所有分支数。
- 文件：反应文件操作的信息，如 FileName 用来存放当前文件名称,不包含路径。
- 框架：放映框架结构的一些信息，如 LastSearchString 用来存放在系统函数 FindText()中最后的查找字符串或在“查找字/词”对话框中输入的字符串。
- 常规：放映对当前鼠标、键盘等系统状态信息，如 CursorX、CursorY。
- 图形：图形处理状态信息，如 Layer 用来存放当前屏幕上的层数。
- 图标：跟踪图标中对象的位置和移动信息，如 DisplayWidth 用来存放图像的宽度。
- 交互：反应交互的一些状态和结果，如 AllCorrect-Matched，当用户正确匹配了交互图标的所有响应状态后，该变量为 TRUE。
- 网络：与网络相关的信息，如 NetBrowserName 用来存放当前文件的浏览器名称。
- 时间：反应系统的当前时间、日期与时间相关的信息。
- 视频：放映视频播放的信息，如 DVDState 描述当 DVD 的回放状态。

② “描述”文本框：当选择某一变量后，在该文本框中出现关于该变量的描述，对于系统变量，会详细介绍该变量的用法。

③ “初始值”文本框：如果选择某一变量，在此文本框中将显示该变量的初始值。

④ “变量”文本框：选择某一变量时，在此文本框中将显示该变量的当前值。

⑤ “引用”文本框：选择某一变量时，在此文本框中将显示所有引用该变量的图标名。

⑥ “显示图标”按钮：选择某一变量时，单击该按钮，将回到流程线上的图标。

⑦ “新建”按钮：如果想添加新变量，可以单击该按钮。

⑧ “改名”按钮：对相对选择的变量重新命名，就单击该按钮，只局限于自定义变量。

⑨ “粘贴”按钮：单击该按钮将选择的变量粘贴与设计窗口中光标所在的位置。

⑩ “完成”按钮：单击该按钮，退出该对话框。

4. 自定义变量

自定义变量时由用户定义变量的名称和变量值。自定义变量在创建并赋值后，使用方法和系统变量完全一致。下面介绍自定义变量的创建过程。

（1）先使用后定义

在“计算”图标中输入了自定义的变量，系统会自动检测是否存在该变量，若不存在则弹出“新建变量对话框”，如图 8-4-6 所示。在该对话框中输入变量的信息即可。

（2）先定义后使用

在“分类”下拉表中选择当前的文件名。单击的“新建”按钮可建立自定义变量。

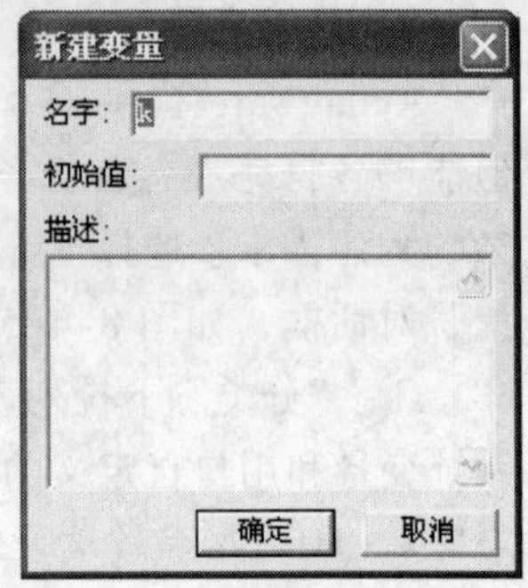

图 8-4-6　新建变量对话框

5. 函数和变量应用

（1）在计算图标中使用

变量、函数、表达式和脚本语句多是写在计算图标窗口中的，这也是计算图标的主要作用。默认状态下，在计算图标中，系统变量和系统函数会以黑色粗体显示，方便用户在编写程序时辨认。例如，为使程序在选择到某个地方时自动退出并返回到 Windows 窗口时，可以在此设置一个计算图标，然后在计算图标中输入 Quit()，这里的 Quit()就是一个系统函数，其作用是结束正在选择的程序返回到 Windows 窗口。

（2）在图标的附加计算窗口中使用。

可以把一个计算窗口附属于一个图标，在 Authorware 运行到该图标时，将运行计算窗口中的内容。例如，对于一个用显示图标显示的对象，为了防止其中的对象移动，可在其附属的计算窗口或一个计算窗口中输入“Moveable@"图标名称":=FALSE”其中西文引号中的“图标名称”要用具体图标的名称来代替。

（3）在属性对话框中使用

在对话框中函数或变量主要用来设置控制条件，如图 8-4-7 所示。当条件成立时，则完成第一个任务；当该条件不成立时，完成另一个任务。例如，要在一个交互作用分支结构中设置条件响应。

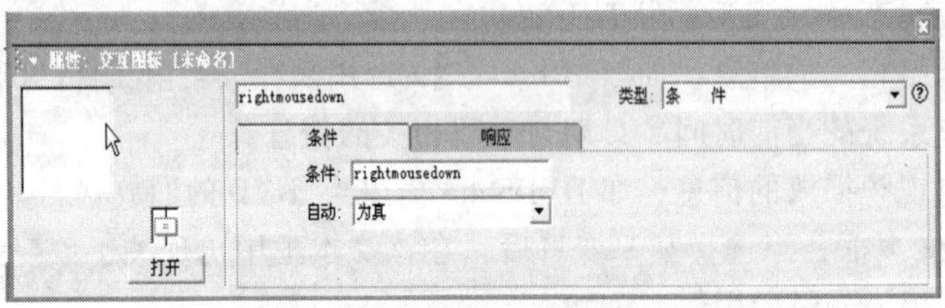

图 8-4-7　条件交互属性设置

（4）在显示文本中使用

有时候，为了使用变量或函数来显示某一类信息，可以把变量或表达式放到大括号“{}”中，然后嵌入到显示文本中，即可以显示变量或表达式的值。例如，为了在屏幕上显示用户最终匹配某一个交互作用的分支结构的正确程度，可以在紧接交互作用分支结构之后放置一个显示图标。在这个例子中，变量 JudgedResponses 用来存储最终用户所输入的所有响应的数目，变量 JudgedInteractions 用于存储一个交互作用分支结构中的交互作用响应总数，而变量 PercentCorrect 用于存储最终用户输入正确交互作用的响应百分比。

任务 5　山水画与建筑画浏览

问题情境

喜欢摄影的老公从外地出差回来，拍了很多照片，要我帮他加工处理一下，以免天长日久照片走样。于是我就找来素材，决定做一个风景画与建筑画的画册。

问题分析

1. 实现功能

① 当画册开始演示时，优美的音乐响起，屏幕显示有一幅山水画图像，画面右边有一组控制按钮。屏幕不但可以显示山水画的图像还可以显示建筑画图像；画册可以上下翻页；能够显示当前图片是第几张和共几张等信息。

② 在显示山水画图像时，单击“转建筑”按钮，即可转到建筑画 6 图像，单击“建筑画”按钮，即可转到建筑画 1 图像。在显示建筑画图像时，单击“转山水”按钮，即可转到显示山水画 6 图像；单击“山水画”按钮，即可转到显示山水画 1 图像；在显示建筑画画面时，“转建筑”按钮被“转山水”按钮取代，“建筑画”按钮无效；在显示山水画画面时，“转山水”按钮被“转建筑”按钮取代，“山水画”按钮无效。

③ 具有查找功能，即输入名称，如“山水画 3”，就可以快速跳转到图片所在页。

④ 在显示第一页图像时，前一页按钮变为不可选状态；在显示最后一页图像时，下一页按钮变为不可选状态。程序运行后的画面如图 8-5-1 所示。

图 8-5-1　程序运行后的画面

2. 涉及的知识点

① 框架图标。

② 导航图标。

③ 页管理。

④ 作品打包与发布。

任务设计

“山水画和建筑画”程序如图 8-5-2 和图 8-5-3 所示。程序设计方法如下：

1. 设置声音图标

按照框架程序的结构，拖入一个声音图标到程序流程线上，并导入音乐文件。

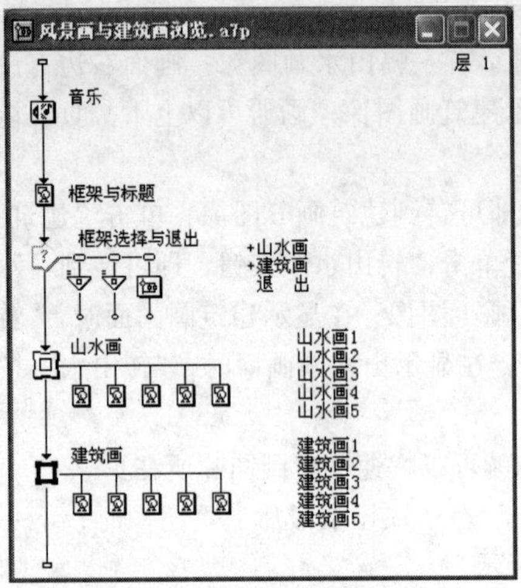

图 8-5-2　主程序设置窗口

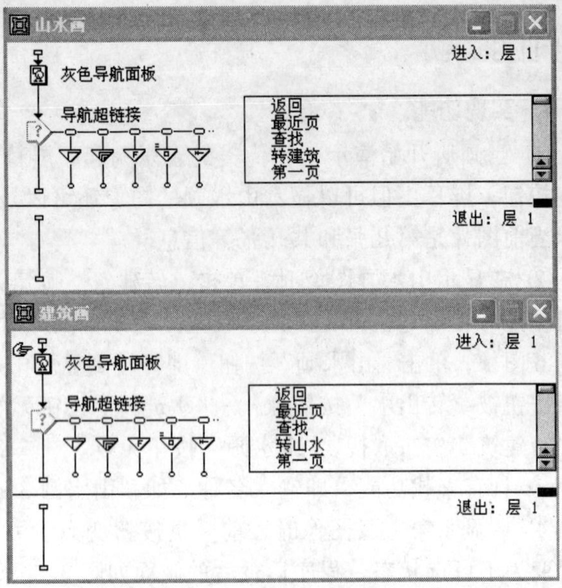

图 8-5-3　框架程序设置窗口

2. 设置框架与标题显示图标

① 用 Photoshop 制作一副背景图片素材。

② 拖入一个名为“框架与标题”显示图标，在其内导入一副相框图像和背景图像文件，调整框架图像与背景图像的大小与位置。

3. 设置框架选择与退出交互图标

① 在框架与标题显示图标的下边创建一个交互图标，命名为“框架选择与退出”。再在其右下方创建一个名称为“山水画”和“建筑画”的导航图标，一个名为“退出”的群组图标，设置为“按钮”交互方式。

② 在退出群组图标内加入一个退出程序计算图标，输入 Quit()语句。

③ 移动以上三个按钮到适当的位置。

4. 设置山水画框架图标

① 在框架选择与退出交互的下边创建一个框架图标，命名为“山水画”。

② 在山水画右下方创建六个显示图标，分别给图标命名为“山水画 1”、“山水画 2”……“山水画 6”，在其演示窗口中分别加载六副山水画图像，并调整它们的大小与位置刚好填充到画框内。

③ 在“山水画 1”演示窗口中输入文字“山水画 1：第{CurrentPageNum}张，共{PageCount}张”，设置文字的大小、颜色，并移动到适当位置。

山水画被定义了页号，目的是为了便于查找。

④ 选中山水画中文字并复制，分别粘贴到其他五幅山水画中，并将页号 1 分别改成 2、3…6。

5. 设置建筑框架图标

在山水画框架图标下面创建一个名字为“建筑画”的框架图标。用同样的方法：在其右下方创建六个显示图标，加载六副建筑画图像，并调整图像的大小与位置刚好填充到画框内，分别给图标命名为“建筑画 1”……“建筑画 6”。在六副建筑画图像中分别输入文字“建筑画 1”……“建筑 6”，并用同样的方法在每幅画中添加文字“建筑画：第{CurrentPageNum}张，共{PageCount}张”。

6. **设置属性与按钮**

① 删除框架内的灰色导航面板，将“返回”等八个控制按钮导入图案，然后再利用鼠标和位置信息将八个按钮移动到合适的位置。

② 单击选中山水画框架图标内的“退出”框架导航图标，将其更名为“转建筑”。单击选中转建筑导航图标，调出它的“属性：导航图标”对话框，利用该对话框，设置导航到建筑画框架图标内的建筑画 6 图标。

③ 单击选中建筑画框架图标内的退出框架导航图标，将“退出”框架导航图标更名为转山水，单击选中转山水画导航图标，调出它的“属性：导航图标”对话框，利用该对话框，设置导航到山水画框架内的山水画 6。

④ 单击选中建筑画导航图标，调出它的“属性：导航图标”对话框，利用该对话框，设置导航到水墨画框架图标内的建筑画 1 图标。

⑤ 单击选中山水画导航图标，调出它的“属性：图标面板”对话框，利用该对话框，设置导航到山水画框架图标内的山水画 1 图标。

⑥ 设置每个页图像以不同的特效方式显示，先单击选中显示图标，在显示图标属性面板中，设定某种特效显示方式。

⑦ 设置在显示第一页时，上一页导航按钮无效。

单击上一页导航图标上方的判断图标，调出相应的“属性：判断图标”对话框，在该对话框的“激活条件”文本框中输入“CurrentPageNum>1，如图 8-5-4 所示。CurrentPageNum 是一个系统变量，它存储当前页的号码。

⑧ 设置在显示最后一页时，下一页导航按钮无效。

单击下一页导航图标上方的判断图标，调出相应的“属性；判断图标“对话框，在该对话框的“激活条件”文本框中输入“CurrentPageNum<Pagecount”。Pagecount 也是一系统变量，它存储当前框架结构中最后一页的号码。在这里可以将 pagecount 改为 6 ，因为本实例只有 6 页。

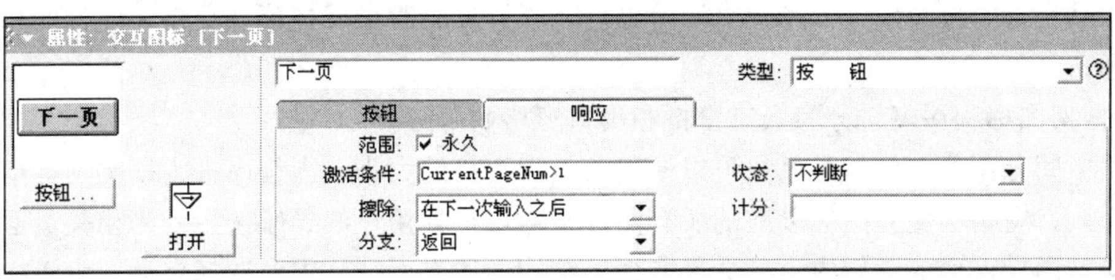

图 8-5-4 “下一页”按钮属性设置

⑨ 选择“修改 | 文件 | 导航设置”命令，调出“导航设置”对话框，如图 8-5-5 所示。在该对话框内各文本框中输入相应的文字标题，单击“确定”按钮，即可修改相对应的对话框。如果选中“当页已选择时关闭”复选框，则单击查找对话框中的跳转至页面按钮后，会转至相应页显示图标的内容，并能自动关闭查找对话框。

⑩ 打开“查找”图标的属性对话框，在快捷键右边的文本框输入 F3，设置查找按钮的快捷键为【F3】；设置“退出”图标的快捷键为【Esc】。

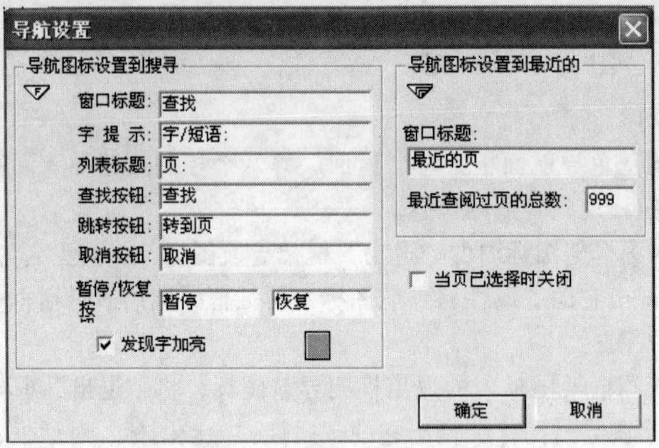

图 8-5-5 “导航设置”对话框

7. 输出并刻录相册

① 选择“文件｜发布｜打包”命令，弹出对话框，选择“For Windows 9x and NT Variants”选项，然后将下面的四个选项全部选中；进入 Authorware 的目录，将 Xtras 文件夹和 Cover.u32 复制到打包文件所在的相册文件夹，这样播放时就不会缺少文件。

② 在该文件夹中创建一个 Autorun.inf 的文件，双击打开，在里面输入：

```
[autorun]
open=xiangce.exe(假设相册文件为 xiangce.exe)
ico=icon.ico(假设光盘图标是 icon.ico)
```

将相册文件夹中的所有文件都刻录在光盘上即大功告成了。现在开始欣赏自己的劳动成果，动听的音乐、翻动的图片，温馨的感觉，让我们沉浸在美好生活的点点滴滴中！

规律总结

1. 框架图标

① 框架图标用于设置进入、退出框架的显示控制及对附属页进行管理，附属页是挂接在框架图标右侧的群组等其他图标。框架图标把附属页按从左到右的顺序排序，最左边的页为第一页，作品运行时按顺序进入第一页。所以，在开发作品时最好把第一页作为课件的目录是理想的选择。

② 框架图标程序窗口分为入口窗格和出口窗格两部分。

拖动中间分割线右侧的黑色块可以调整上、下窗格的大小。当程序进入框架图标运行时，首先选择入口窗格中交互图标以前的所有图标，然后根据用户的导航选择进入相关页面。入口窗格中交互图标前面的图标内容，会影响框架结构中所有下挂分支的选择效果。由于入口窗格中已经包含了八个缺省的导航按钮和一个以导航面板为内容的显示图标，则相关的导航按钮和导航面板会出现在该框架结构所包含的每一页面中。程序设计时，用户可以根据需要自行删除、修改或添加导航控制，也可以在入口窗格中添加其他显示、声音、移动或计算图标，这些修改都将影响框架结构每一下挂分支的选择情况。

③ 当用户通过导航按钮选择退出框架结构时，若出口窗格中没有任何图标，则 Authorware 直接清除选择该框架结构时的所有显示内容，终止每一个永久交互。若出口窗格中添加了一些图标，则 Authorware 会先选择出口窗格流程线的所有图标，然后退出框架结构。

2. 导航图标的作用

导航图标可以使程序跳转到框架结构中的任何一页，即定向链接。类似于 Authorware 中的 Goto()函数，用来控制程序的跳转。它包括最近、附近、任意位置、计算和查找五个选项。

知识链接

1. 页管理

书是由许多页构成的。框架图标下挂的每一个图标都相当于书中的一页，可以通过程序对这些图标进行管理，能像阅读书那样去浏览各图标中的内容。框架图标下挂的每一个图标中，不仅可以创建文字与图像，还可以存放声音、数字电影等。通常将这样的图标称为页，对这些页进行各种翻页的管理称为页管理。这种页管理的翻页操作，可以通过按钮、热对象、热区域等交互方式来完成。页管理的建立主要依靠导航图标和框架图标来完成。

在 Authoware 7.0 中把翻页称为连接，就是页与页的连接。通常由框架图标完成页的组合，形成一本书；用导航图标实现定向连接，即完成翻页

2. 框架图标

框架图标主要用于制作翻页结构。打开框架图标，里面分上、下两个部分。一是 Entry 部分，表示程序一旦进入这个框架图标，就要选择 Entry 部分中的内容；一是 Exit 部分，在通过导航图标退出框架图标的时候，将选择 Exit 部分中的内容。框架图标与控制翻页的设置是由其内部的导航图标决定的。在默认设置下，框架图标中将自动建立一个带有八个永久按钮的交互图标，如图 8-5-6 所示。

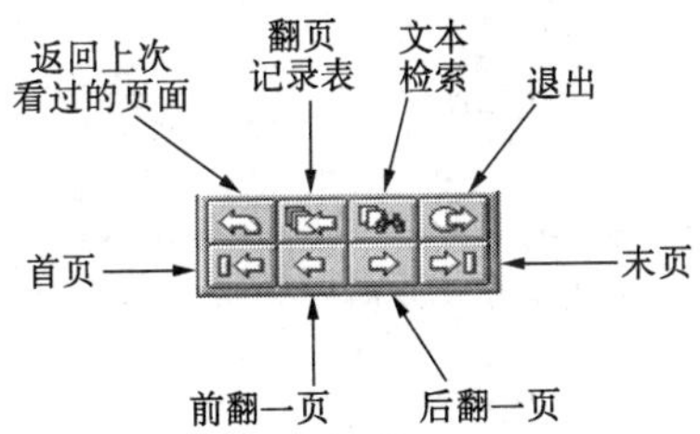

图 8-5-6　导航按钮

在框架图标下，可以用拖到框架图标右下方的方法挂接各种图标。例如，显示图标、动画图标、声音图标、计算图标、群组图标等。每一个挂接在框架图标之下的图标都被称为一个页。框架中的页是从左至右顺序排列的。可以注意到，框架图标的控制由其内部的交互导航选项决定，而与框架图标下挂接的页面内容无关。所以，控制结构可以被制成模块反复使用。框架确定后，在框架内容的所有转移控制由导航图标来实现。导航图标在页面之间进行跳转，也就是常说的超媒体超级链接。通过框架图标与导航图标的相互配合，可以对所跳转的方向和位置作详细的控制，因此比使用 Goto()函数更加方便、高效。

① 最近方式，也就是重新观看刚刚看过的某一页。

如果选择 Go Back 方式，就可以观看上一次看过的页面。如果选择 List Recent Pages 方式，就会显示出一个翻页记录表，可以在这个表中选择一个已经看过的页面的名称，并做相应的转页跳转。

② 附近方式，用于在同一个框架图标内各个页面间进行跳转。

Previous 选项是指当前页的前一页，也就是它左边相邻的页面。如果当前页已经是框架中的第一页，那么 Previous 将会导航到最后一页。Next 选项与 Previous 正好相反，它是向右翻一页。First 选项是翻到第一页；Last 选项是翻到最后一页。Exit Frame Work 是退出当前的框架图标，或者返回调用点。

③ 任意方式，用于跳转到整个程序里任意一个框架图标中的任意一个页面。

这种方式从右表中可以看到当前程序中所有框架图标的名称。在选择某一个框架图标之后，这里就会显示出所选框架图标中的页面名称。由此可以选择所需要的页面，从而完成对目标页的指定。

④ 计算方式。

由于 Authorware 里每一个图标对应一个 ID，通过一个整数值来标识一个确定的图标。很多操作是以图标为单位的，所以通过识别每一个特定图标的 ID，就可以实现对这个图标的特殊操作。

⑤ 查找方式，它的功能是在 Authorware 中进行检索，如图 8-5-7 所示。

先要指定检索的范围，范围可以是整个文件，或者是限于当前框架结构内。检索的内容可以是某一个图标的关键词，也可以是显示图标里所显示的文本内容。使用 Jump to Page 选项，页面跳转后将不再返回。若使用 Call and Return 选项，在从目标页中退出时，将返回到转跳时的调用位置。

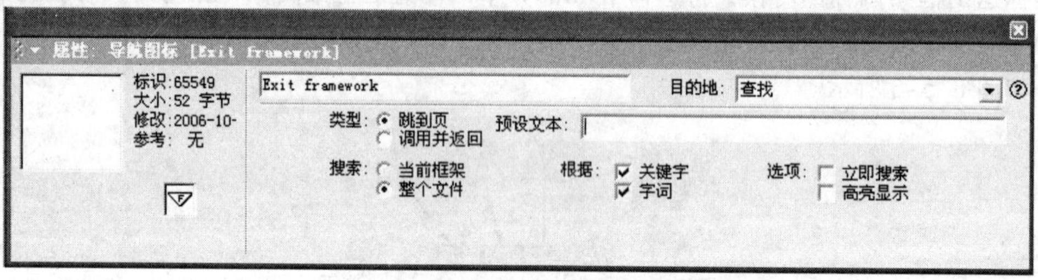

图 8-5-7　导航图标属性设置

3. 导航图标

导航图标的作用是完成程序跳转的定向连接，当程序选择到导航图标时，程序会自动跳转到导航图标连接的目的页。通常，它的使用有两种方式：一是自动定向，即把它放在流程线的任意位置，程序选择到它时，自动跳转到与导航图标连接的目的页；二是用户控制定向，即由用户来控制跳转到连接的目的页。

应注意，导航图标使程序跳转的目的页只能是框架图标下挂的图标。

用户控制的定向又分为两种：一种是在交互图标下创建导航图标，导航图标作为交互结构的响应图标，选择响应后，程序选择它，并跳转到它连接的目的页，山水画和建筑画程序介绍的就是这种定向方式；另一种是利用导航图标将目的页与热字键连接，用户单击热字后，程序跳转到与该热字连接的目的页。

单击选中导航图标，调出它的“属性：导航图标”对话框，选择该对话框内“目的地”下拉列表框的不同选项，可以得到不同的“属性：导航面板”对话框，下面分别进行介绍。

① 选择“目的地”下拉列表框中的“最近”选项后，“属性：导航图标”对话框如图 8-5-8 所示。

图 8-5-8　设置最近页属性

② 选择“目的地”下拉列表框中的“附近”选项后，“属性：导航图标”对话框如图 8-5-9 所示。在其中可以设置同一框架结构内页的跳转和退出本框架结构。

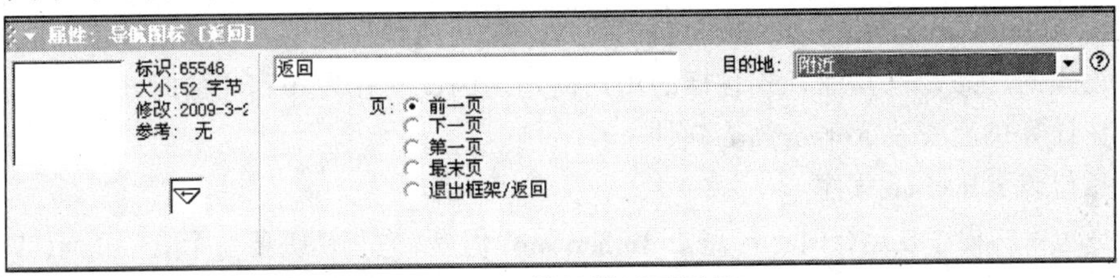

图 8-5-9　设置附近页属性

③ 选择“目的地”下拉列表框中的“任意位置”选项后，“属性：导航图标”对话框如图 8-5-10 所示。

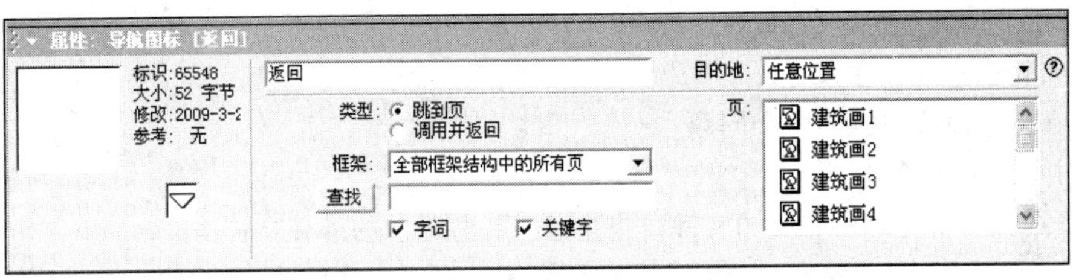

图 8-5-10　设置任意位置属性

④ 选择“目的地”下拉列表框中的“计算”选项后，“属性：导航图标”对话框如图 8-5-11 所示。其中，“图标表达”文本框用来输入表达式，表达式的值是目标页的页标记符，即 ID 标记。例如，IconiID@风景 1，表示连接的目的页名字是风景 1。

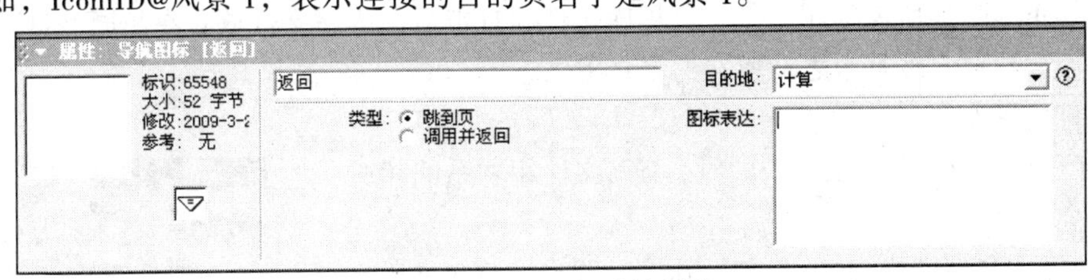

图 8-5-11　设置计算属性

⑤ 选择“查找”选项后，“属性：导航图标”对话框如图 8-5-12 所示。

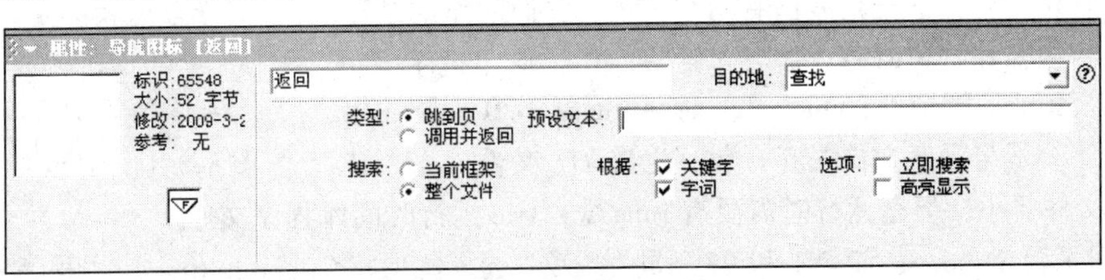

图 8-5-12　设置查找页属性

在不选择“立即搜索”复选框的情况下，运行程序后会弹出一个“查找”对话框，如图 8-5-13 所示。可以在“查找”对话框内“字/短语”文本框中输入要查找的文字或关键字，单击“查找”按钮，即可在“页”列表框中显示出所有输入的文字的图标的名称。单击“转到页”按钮，即可使程序跳转到与查找到的图标所对应的图标页处。

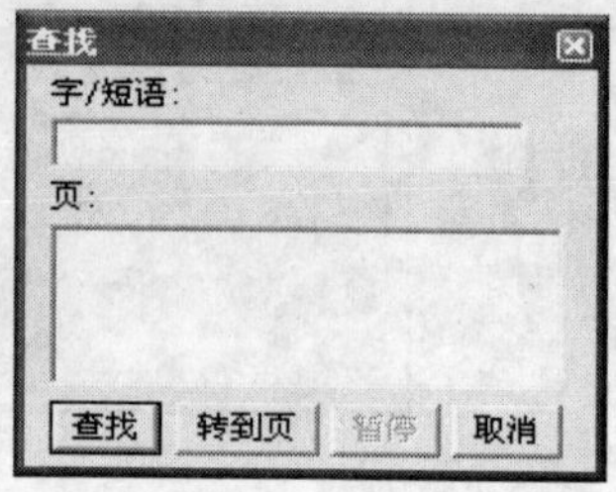

图 8-5-13 “查找”对话框

4. 作品发布

当程序设计全部完成后，就需要对程序进行打包。所谓打包，指的是使程序能够单独运行，而不依赖于 Authorware 软件本身。而打包的目的，则是使程序能够发布。所谓发布，是指使其成为一个正式的产品，供其他各式各样的用户使用。因此，在发布程序的时候，不可能要求所有用户都在计算机上安装 Authorware 软件。

（1）打包与 run-time 程序

虽然打包后的程序在运行时不再需要 Authorware，但是，它仍然需要一个 run-time（Windows 95 以上操作系统的为 runa7w32.exe 程序文件）应用程序的支持才能正确播放。因此打包时，需要包括这个 run-time 应用程序。通常有两种处理方法：一种是将 run-time 应用程序和被打包的程序分开，只对程序进行打包，最后把打包后的程序同 run-time 应用程序一块进行发布；另一种方法是把 run-time 应用程序和被打包程序合在一起打包，生成的文件扩展名为.exe，这样最后只需要发布打包后的程序即可。

（2）在打包前应注意的两个问题

① 对原始程序备份。

② 仔细分析打包时所需要的文件，防止遗漏一些附加的外部文件。

如果在一个 Authorware 程序文件中某些图标是链接到库文件的，则对此程序文件打包之后，在发布时还要提供一个打包过的库文件给用户，保证在运行该程序的文件的机器上都有相应的被打包过的库文件。可以把库文件和程序文件一起进行打包或分开打包，虽然分开打包可以避免库文件被多次重复打包，但程序运行时必须要提供相应的库文件。

如果要正确找到所需的库文件，可把库文件和打包后的程序文件放置在相同的目录下，或者把库文件放置在它被打包之前所在的目录下。

（3）打包操作

① 打开要打包的程序文件，同时，与该文件相联系的相关库文件也会被自动打开。

② 选择“文件 | 发布 | 打包”命令，弹出“打包文件”对话框，如图 8-5-14 所示。各选项的含义如下：

- “打包文件”下拉列表框有两个选项，它们的作用是让用户选择在打包时是否需要包括 run-time 应用程序。

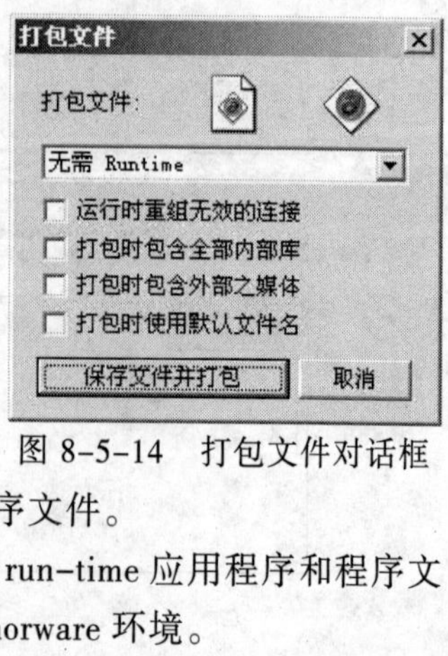

图 8-5-14 打包文件对话框

“无需 Runtime”选项：runa7w32.exe（Authorware.0 选择.A7R 文件的程序）不与程序文件一起打包，生成.a7r 文件。.a7r 文件比.exe 文件要小，但是运行时需要有 runa7w32.exe 运行时间库程序文件。

“应用平台 Windows XP, NT 和 98 不同”选项：选择此项将会把 run-time 应用程序和程序文件一起进行打包，最后产生的选择程序可以独立运行，不依赖 Authorware 环境。

- “运行时重组无效的连接”复选框：断链是指图标标志符发生了变化，通常是在对库文件中的图标进行剪切、复制后又粘贴，对图像进行编辑而产生的。只要图标类型和连接对象不变，则选择该复选框后，还能在运行程序时自动重新连接这些图标，恢复断链（只是程序启动时会延迟几秒钟）。
- “打包时包含全部内部库”复选框：选择此复选框会将所有位于库文件中的、已经链接到程序中的图标作为程序的一部分打到程序包中，这样可以避免分别对每个库文件进行打包。
- “打包时包含外部之媒介”复选框：选择此复选框会使 Authorware 在对程序进行打包时将所有链接到程序中的媒体文件转变成嵌入到程序中的媒体文件，但此选项对数字影像文件无效。也就是说，数字影像文件始终只能以链接的形式存在。这样，在发布程序时，也必须同时提供所有的数字影像文件。
- “打包时使用默认文件名”复选框：选择该复选框后，会用程序文件的主文件名作为打包文件的主文件名，生成.a7r 或.exe 文件，如果是对库文件进行打包，则程序的扩展名为.a7e。如果不选择此复选框，则打包时会弹出一个对话框，由用户输入文件名。
- “保存文件并打包”按钮：选择上述选项后，单击此按钮就开始打包过程了，会出现打包进程窗口。

（4）一键发布

程序在打完包后，就要发布程序，使其成为一个正式的产品。程序发布时所需要的文件有以下几个：

① runa7w32.exe 文件（未把该文件打包到程序文件中）。

② 每种媒体类型所需的 Xtras 插件，包括 Authorware 处理图形或声音格式的文件所需要的 Xtras 插件及处理其他任何一种特定格式文件所需要的 Xtras 插件。

③ 链接到程序中的文件，如声音、数字电影和用 Director 软件制作的动画等。

④ 程序需要的驱动程序文件，如果有数字电影文件，一块发布的文件应有 a7vfw32.xmo（Video for Windows），a7qt32.xmo（Quick Time for Windows），a7mpeg32.xmo（MCI MPEG）和 a7dir32.xmo（Director movies）。

⑤ 字体文件。

⑥ 安装和解压程序，给用户安装用。

⑦ 多媒体片断要使用的外部软件模块，如 Xtras 插件、ActiveX 控件、UCD 和 DLL 动态链接库等。

本 章 练 习

1. 运用显示图标、等待图标、擦除图标等制作井冈山旅游景区介绍，要注意显示图标特效的使用。效果如图 8-6-1 所示。

2. 运用交互图标、声音图标、视频图标等制作一个影视广告片，要求要有片头动画。效果如图 8-6-2 所示。

图 8-6-1　井冈山旅游界区介绍效果图

图 8-6-2　影视广告效果图

3. 运用显示图标、移动图标、声音图标、交互图标等制作个人电子求职简历，要求文字有逐个纷飞动画，每个界面切换有动画效果。效果如图 8-6-3 所示。

图 8-6-3　个人电子求职简历界面

4. 运用显示图标、等待图标、计算图标等制作石英钟，要求秒针、分针随时间变化而转动。效果如图 8-6-4 所示。

图 8-6-4　石英钟效果图

5. 运用框架图标、声音图标、计算图标、判断图标等制作石英钟点歌台，要求歌词与声音同步。效果如图 8-6-5 所示。

图 8-6-5　点歌台效果图

第9章 三维动画

随着三维动画和视频特技在影视制作中的应用日益广泛，由Autodesk公司出品的3ds max 9广泛应用于广告、影视、工业设计、建筑设计、多媒体制作、游戏、辅助教学以及工程可视化等领域，成为当今最流行的三维动画制作软件。

学习目标	☑ 学习运用 3ds max 9 来进行三维动画的建模 ☑ 3ds max 9 插件、镜头特效应用	☑ 3ds max 9 汽车制作 ☑ 3ds max 9 烟火动画制作 ☑ 3ds max 9 影视片头制作

任务1 汽车制作

问题情境

人的日常生活离不开汽车，汽车成为当代人不可缺少的交通工具。好的汽车能为人们节省更多的时间和增添不少的驾驶乐趣。不同的汽车有不同的风格，要挑选最具代表性的经典汽车进行制作。

问题分析

驾驶汽车主要是为了节省时间，因而汽车的速度尤其重要，所以我们可以考虑跑车。还要考虑的就是汽车的性能和质量，选择著名的品牌，因为名牌有着质量的保证。当然还要考虑车子的设计风格和颜色配搭等，要显示出个性的一面。综合上述条件，得出制作对象为兰博基尼的一款经典著名跑车。

任务设计

1. 收集汽车四视图

收集并整理好汽车的四视图，各视图中汽车的大小和比例要一致，如图 9-1-1 所示。

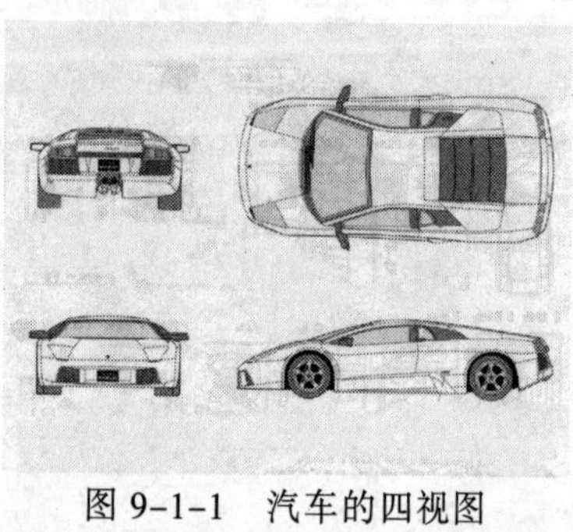

图 9-1-1 汽车的四视图

2. 用 3ds max 9 调整汽车轮廓

① 打开制作软件 3ds max，按照汽车四视图各大小比例

分别创建四个平面。（单击创建面板上的“平面”按钮，然后在任意一个视图窗口按住鼠标左键拉伸即可。）同时分别将四视图以贴图的形式添加到四个材质球上面（按【M】键，弹出“材质编辑器”对话框，单击“漫反射”按钮，然后选择“位图”命令，选择计算机硬盘上准备好的图片）。然后将材质球分别赋予给四个刚才创建的平面（直接把材质球拉到平面上即可），调整各平面的位置如图 9–1–2 所示。

② 切换至顶视图，根据视图中汽车顶部大小创建出一个长方体。对长方体进行透明化处理（按【Alt+x】组合键），并右击长方体选择“转换为可编辑多边形”命令，选择“顶点”选项，结合各视图调整长方体的大小，如图 9–1–3 所示。

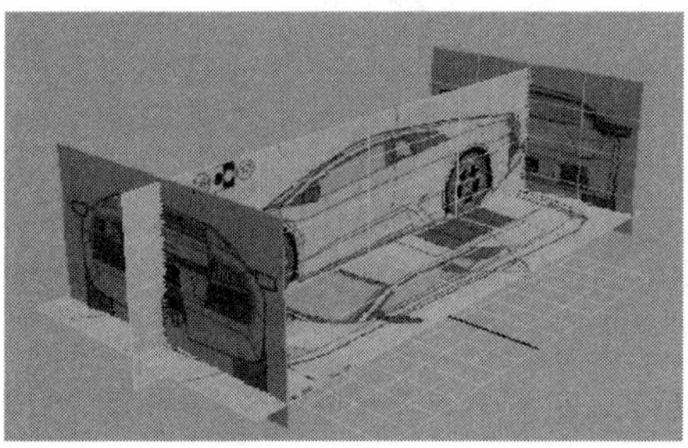

图 9–1–2　材质球分别赋予四个刚创建的平面

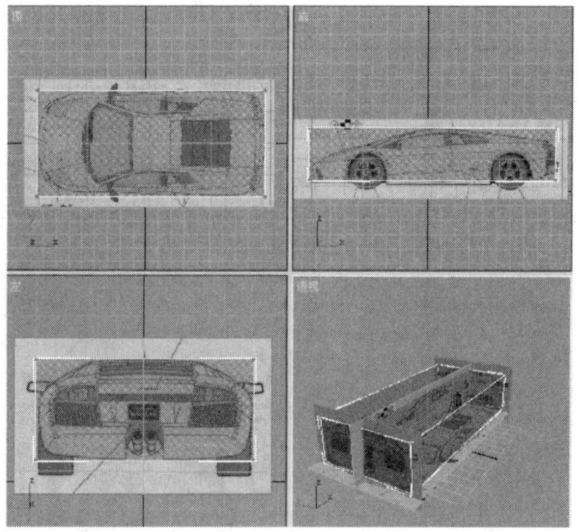

图 9–1–3　对长方体进行透明化处理

③ 选择“边”选项，选择宽的那条边，单击修改面板中的“环形”按钮，再单击“连接”按钮右侧的设置按钮，弹出“连接边”对话框，单击“确定”按钮。可以看出此时的长方体中间已经成功添加了一条线，被平分为两部分，如图 9–1–4 所示。

图 9–1–4　长方体中间加线

④ 由于汽车是左右对称的，如果对整体都进行编辑不但浪费时间而且对称的精度不高，所以没有必要对整辆汽车进行编辑制作。因而切换到顶视图，选择“面”选项，选择长方体的左边，按【Delete】键将其删除。对余下的部分进行“对称”命令操作，具体步骤为：选择长方体余下部分，单击“修改器列表”的下拉按钮，选择“对称”选项。将镜像轴设为 Y 轴，并选择“翻转”复选框。可以看到长方体的另一半再次出来了，但是它会随着另一半的改变而相应地改变，如图 9–1–5 所示。

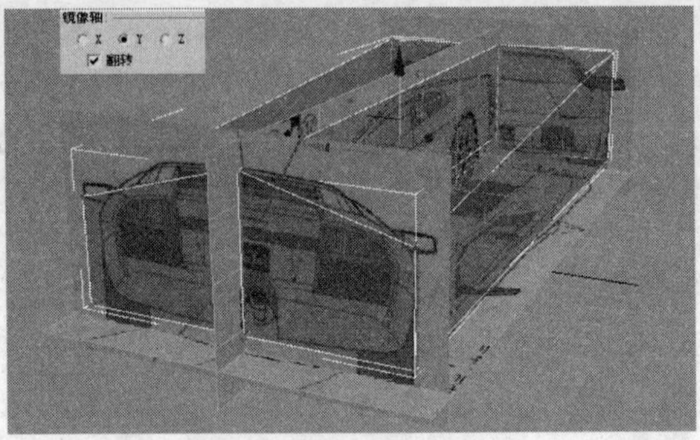

图 9-1-5　对称命令操作

⑤ 接下来对长方体的其中一半进行编辑。切换到汽车的侧视图。按照步骤④的方法给长方体加线，将过于生硬的地方添加上线条和顶点，便于编辑车的轮廓，如图 9-1-6 所示。

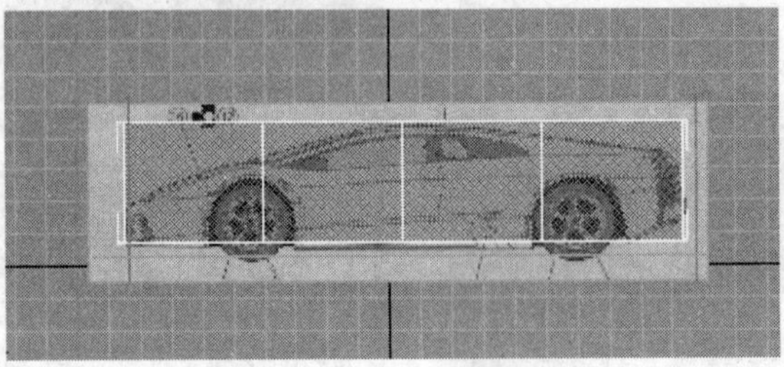

图 9-1-6　长方体加线

⑥ 选择“顶点”选项，根据汽车的轮廓调整长方体的形状，如图 9-1-7 所示。

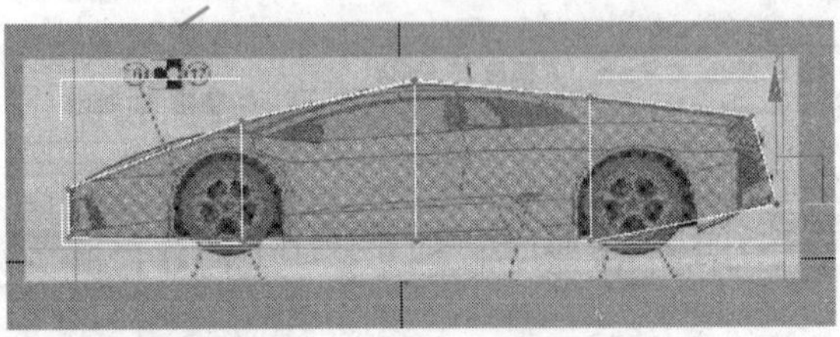

图 9-1-7　调整长方体的形状

⑦ 结合四视图对长方体各个面进行调整，根据汽车的轮廓适当加线，并对顶点进行调整，如图 9-1-8 所示。

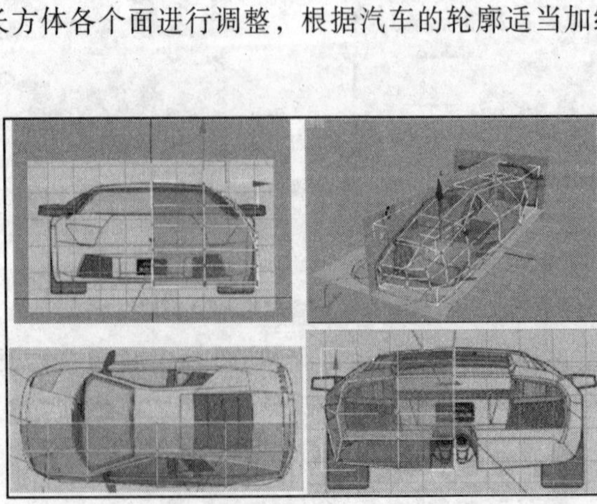

图 9-1-8　加线以及对顶点的调整

⑧ 利用“切割”工具 切割 （快捷键【Alt+C】）对生硬的地方进行切割加线，进一步调整较为细致的部分。同时将多余的“面”删除（选择“面”选项■，选择要删除的面之后，按【Delete】键）。例如，车轮位置的部分，如图 9-1-9 所示。

⑨ 继续在生硬的地方加线，并参照汽车各个视图的轮廓对顶点进行耐心调整，得出模型如图 9-1-10 所示。

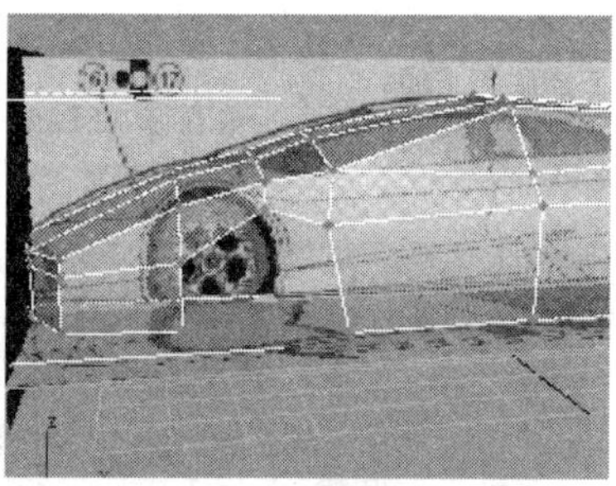
图 9-1-9 删除多余的面

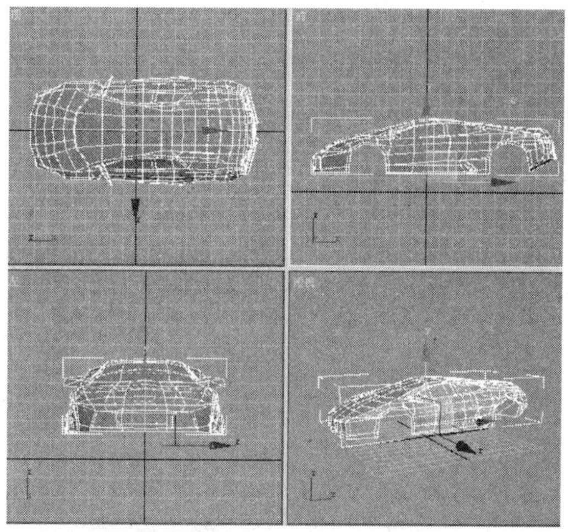
图 9-1-10 加线并调整

3. 汽车各零配件的雕琢

① 对气孔和车后的散热片部分所在的面进行“挤出”命令。操作方法：选择“面”选项，选择要编辑的面，右击并选择“挤出”命令，赋予其负值，单击“确定”按钮让其向下凹陷，如图 9-1-11 所示。

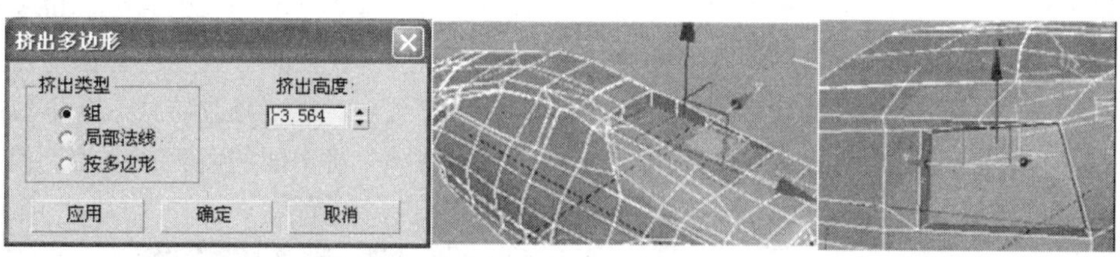

图 9-1-11 挤出多边形

② 制作散热片。创建一个平面，设置其长度分段为 2，宽度分段为 1，右击将其变成可编辑多边形。选择“点”选项。调整好形状之后，按住【Shift】键拖拉复制出三个，调整各个散热片的位置，如图 9-1-12 所示。

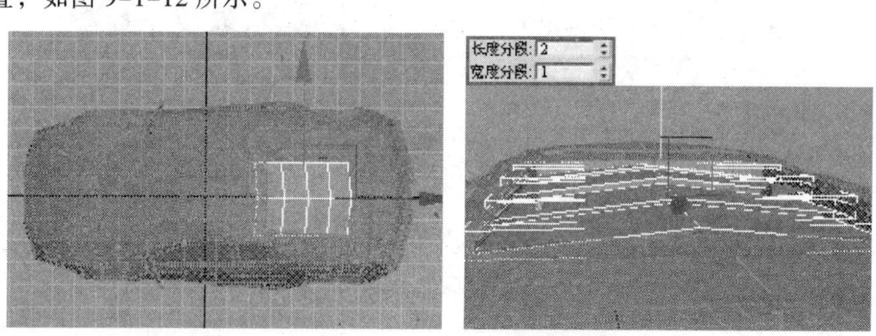

图 9-1-12 制作散热片

③ 制作车轮。切换到车的侧视图，在车的前轮位置创建一个圆柱体（在创建面板单击 圆柱体 按钮，然后在视图窗口拖拉即可），调整大小与车图片一致。右击圆柱体，从弹出的快捷菜单中选择“转换为可编辑多边形”命令 转换为: V-Ray properties 转换为可编辑网格 转换为可编辑多边形。选择“面”选项■，选中圆柱体的一个底面，单击“插入”按钮 插入 ，调至适当的“插入量”。然后将面压下一定的深度，制作低模轮框。创建一个圆环，调整其参数跟外轮胎形状相符。将轮框与外轮胎组合即可得到低模车轮。选中组合好的车轮，按住【Shift】键拖拉复制一个放置于同一侧的后轮位置。而另外一侧的轮子则可以通过“镜像”工具进行复制，如图 9–1–13 所示。

④ 制作车的标志。按照步骤②的方法把标志图片以贴图的形式赋予一个材质球，并将材质球拖到新创建的平面上。切换至顶视图，选择创建面板的“线”选项，勾勒出标志的外边框，并闭合线接口，如图 9–1–14 所示。

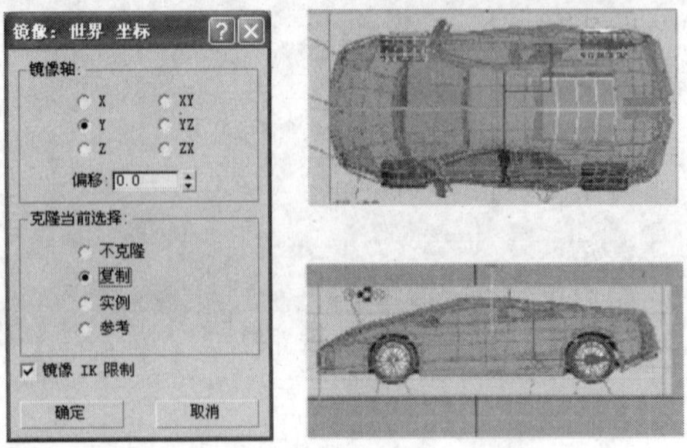

图 9–1–13　镜像

图 9–1–14　勾勒出标志的外边框

⑤ 选中刚刚创建的线，在“修改器列表”的下拉按钮 修改器列表 下选中“挤出”修改命令，调整“挤出量”，可以看到刚才的线已经变成一个有一定厚度的多边形了。将其变成可编辑多边形，选择“面”选项，选中顶部的整个面，单击“插入”按钮，使其有一定的边框厚度，然后往下拉压至适当深度，并将附有标志贴图的材质球拉到该面上。在“修改器列表”下拉按钮下选择“UVW 贴图”选项，调整贴图的位置。选择“点”选项，将中间的点稍往上拉，使其更有立体感。将制作好的标志放置汽车头的适当位置，如图 9–1–15 所示。

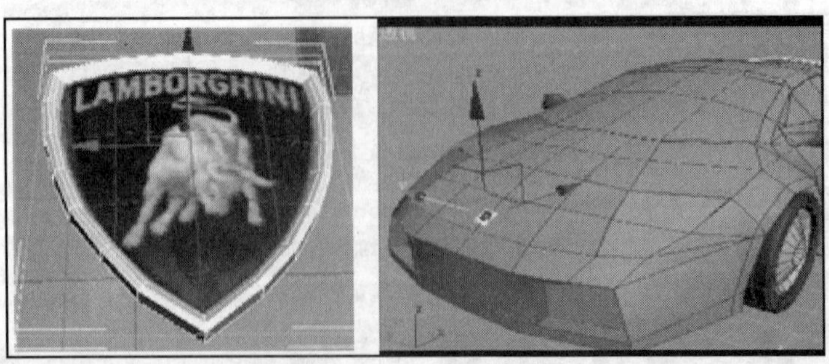

图 9–1–15　调整贴图

⑥ 车子的总体轮廓已经出来了，还有细节部分的做法基本与上述步骤相似，这里就不逐一介绍了。经过细心而耐心的进一步细化布线，并且经过圆滑调整之后，便可得到车模，如图 9–1–16 所示。

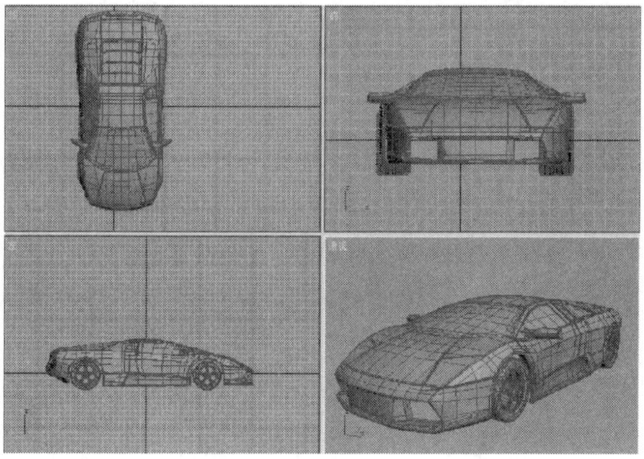

图 9-1-16 圆滑调整之后得到高模

⑦ 参照实物调配车模各部分的材质，为车模加上材质，使它显得更加真实，如图 9-1-17 所示。

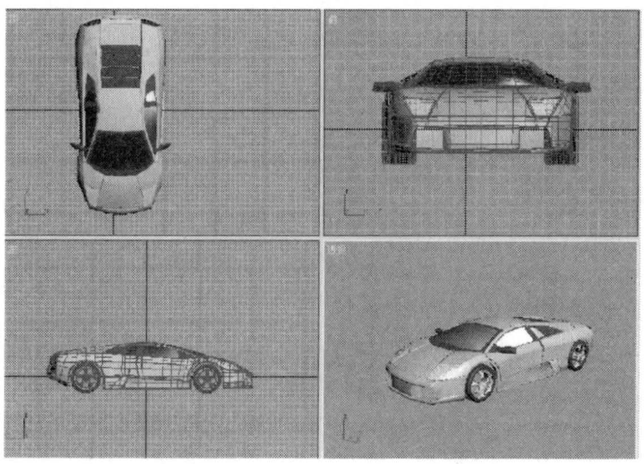

图 9-1-17 为车模加上材质

4. 汽车最终效果

最后，加上灯光和一些背景装饰，如图 9-1-18 所示。

图 9-1-18 最终效果

规律总结

① 能否收集整理好模型的四视图直接影响建模的速度与质量。因此，要想建立一个精度高的模型，必须要有一个前提，就是要有可靠的实物四视图。值得一提的是，在制作过程中要有定时保存的习惯，这样可以减少意外情况发生时对文件的“破坏”。

② 设计风格的定位。在设计之前应该要先了解人们的审美观、心理喜好、年龄阶段等信息，只有这样才能在设计时少走弯路。

③ 学会利用“转换为可编辑多边形”命令（选中要转换的物体，右击），使物体变为可编辑的状态。这样就便于对物体的修改编辑。主要是通过“点”、“线”、“面”的拉伸调整来确定模型的轮廓的。

④ 要经常结合各个视图综合对模型进行调整，使模型各个方位得到协调统一，如果只针对一个视图进行操作是无法正确调整到位的。

知识链接

1. 创建修改对象

（1）熟识创建面板

在创建面板下，分别单击、按钮，可以分别进入几何体创建面板、图形创建面板如图 9-1-19 所示。

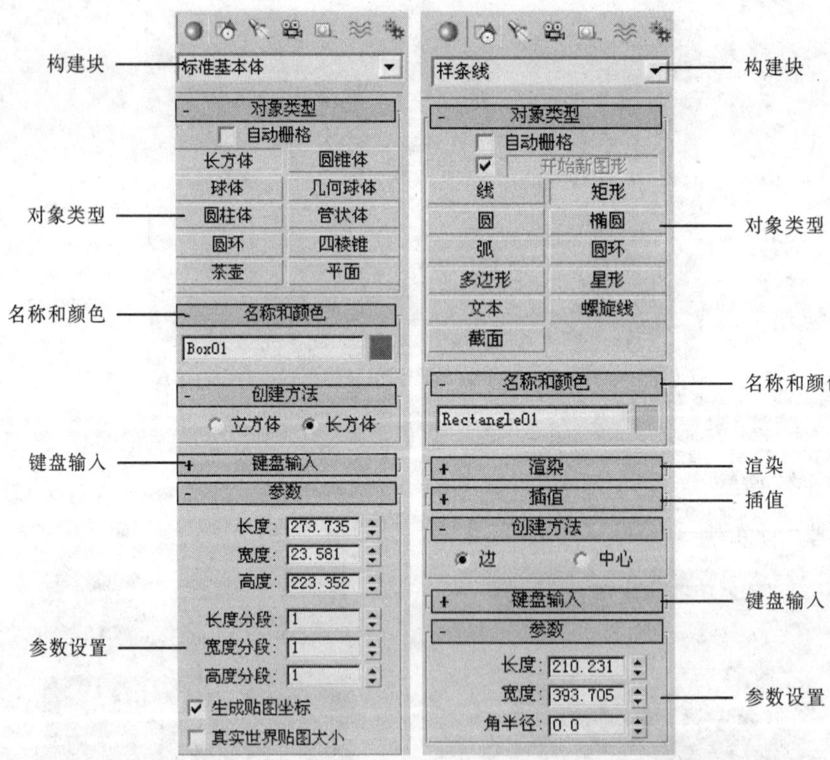

图 9-1-19　几何体、图形创建面板

这两个面板基本上由构建块、对象类别卷展栏、名称和颜色卷展栏、键盘输入卷展栏、参数卷展栏组成（图形创建面板中还有渲染卷展栏和插值卷展栏）。

（2）基本构建块

单击标准基本体构建块，展开其下拉列表，如图 9-1-20 所示。

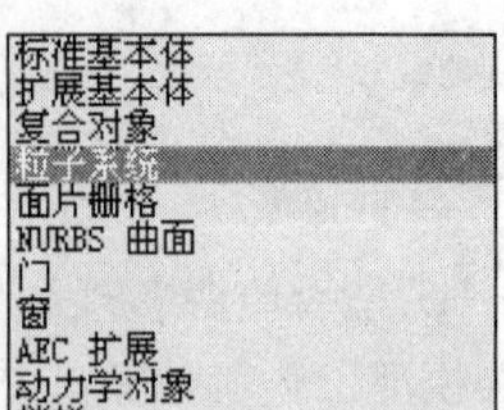

图 9-1-20　标准基本体构建块

（3）修改对象

选择场景中的对象，单击按钮，进入修改面板。修改面板的顶端将显示选定对象的名称，对象的创建参数出现在修改面板的卷展栏下（位于修改器堆栈的下面），可以运用这些卷展栏更改对象的参数。

（4）创建对象的一般流程

- 选择对象类别。
- 选择对象类型、创建方法。
- 创建对象。
- 命名对象（可选）和更改对象的显示颜色（可选）。
- 修改对象参数。

2. 标准几何体

在创建面板下，单击按钮，进入几何体创建面板，在默认的标准基本体（标准几何体）构建块下，共提供了图9-1-21所示的10种标准几何体创建命令。

3. 扩展几何体

扩展几何体是3ds max复杂几何体的集合。可以通过单击扩展基本体构建块，并在其下拉列表中选择Extended Primitives（扩展几何体）选项，切换到它的创建对象类型下，如图9-1-22。

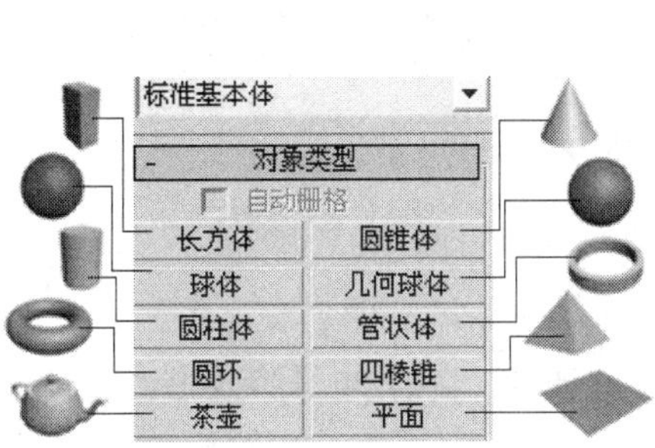

图9-1-21　标准基本体类型

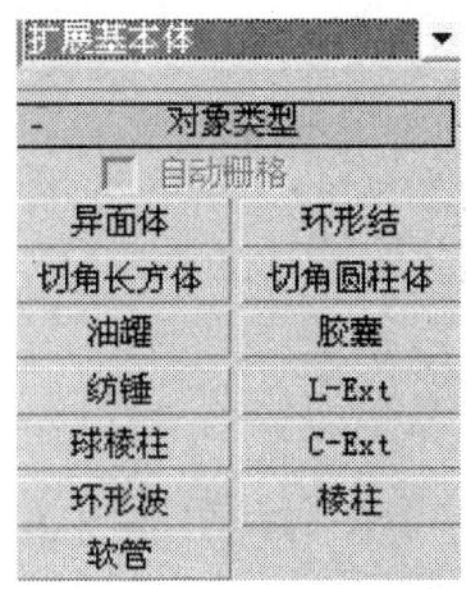

图9-1-22　扩展基本体类型

4. 可编辑网格/多边形物体

编辑网格允许像操纵普通对象那样在三种子对象层级上进行编辑，它提供由三角面组成的网格对象的操纵控制：顶点、边和面。编辑多边形修改器提供用于选定对象的不同子对象层级的编辑工具：顶点、边、边界、多边形和元素。

“选择”卷展栏：将对象转换为网格/多边形物体后，修改面板最上端显示的是“选择”卷展栏，如图9-1-23所示。

图9-1-24所示是“编辑几何体”卷展栏下共用的命令，即在网格/多边形物体的对象层级或其他子对象层级都可以使用的命令。

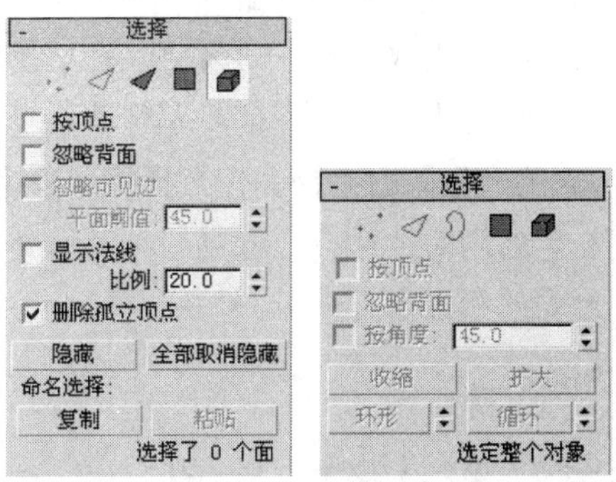

图9-1-23　网格（左）/多边形（右）物体的“选择”卷展栏

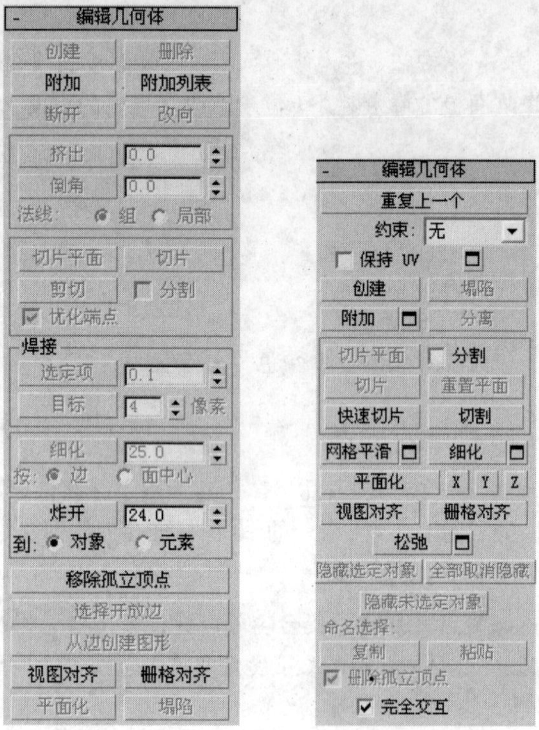

图 9-1-24　网格（左）/多边形（右）物体的几何体卷展栏

任务 2　烟火动画制作

问题情境

火不单单在人们日常生活中占重要地位，它也常出现在电影特效中，人们使用计算机也能“燃烧”起壮丽的火焰。

问题分析

1. 应该如何把火生动的在 3ds max 里面展现呢

在 3ds max 制作软件里面自带一个制造火效果的功能，但是制作出来的效果往往不尽如人意。那么要想做出效果较好的火动画就只能要依靠 3ds max 强大的火效果插件 FumeFX10 了。该插件可以做出十分生动形象的火效果。

2. 火的产生同时会带有什么样的现象呢

火产生的同时往往会带有黑烟，黑烟可以更加衬托出火动画的效果。所以，烟是制作火效果必不可少的元素。

任务设计

现在来介绍一个简单火动画的制作。任何动画都离不开模型，模型是必备的前提，首先要准备的最基本模型有一个煮水的锅、干木材、石头、地面。

1. 煮水的锅

① 首先来制作一个煮水的锅。制作方法：单击“创建面板几何体 | 标准基本体 标准基本体 | 茶壶 茶壶 ”按钮，在“茶壶”的参数栏下，取消选择“壶把”、“壶嘴”和“壶盖”复选框，只保留茶壶的“壶体”部分，然后在视图窗口中拖动鼠标，即可创建一个锅形的模型，如图 9-2-1 所示。

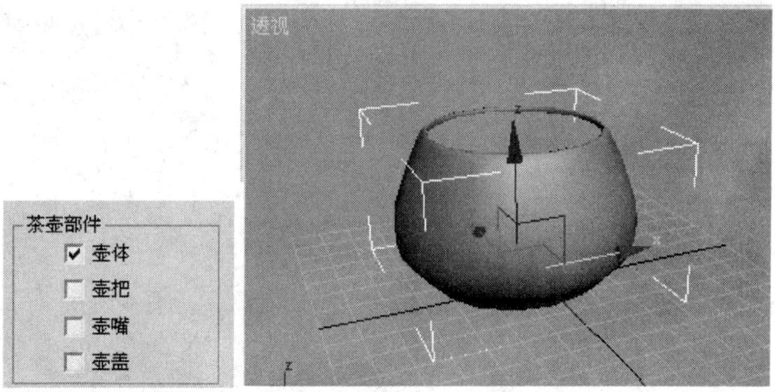

（a）茶壶参数　　（b）创建的锅形模型

图 9-2-1　制作煮水的锅

② 切换至锅的前视图，单击“创建面板图形 | 样条线 样条线 | 线 线 ”按钮，根据锅的直径大小勾勒出一条曲线，如图 9-2-2 所示。

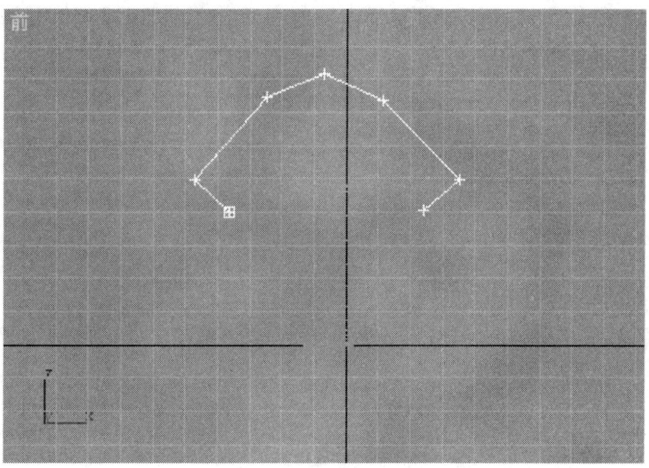

图 9-2-2　创建曲线

③ 由于线条在 3ds max 当中渲染时默认不显示。因此，要在修改面板中选择“渲染栏 - 渲染 ”中的“在渲染中启用 在渲染中启用”和“在视口中启用 在视口中启用”两个复选框。同时，对线条的“厚度 厚度: 1.0 ”以及对锅的大小进行相应的调节，即可得到锅的低模。

④ 为锅选择合适的材质。按【M】键，弹出“材质编辑器”对话框，选中一个材质球，单击“漫反射”按钮 漫反射: ，然后选择“噪波”命令，设置其参数如图 9-2-3 所示。设置完成之后把该材质球直接拉到锅模型当中，可以看出锅模型被赋予棕黑色磨砂效果。

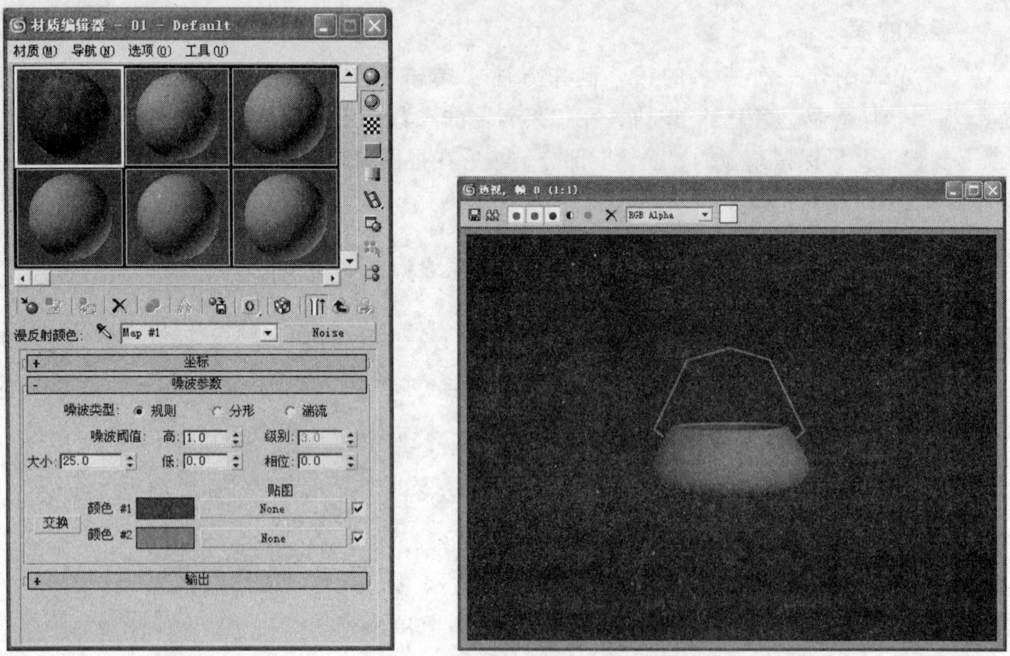

（a）噪波参数　　（b）赋予材质后的效果

图 9-2-3　为锅选择合适的材质

2. 木材制作

① 单击“创建面板几何体 | 标准基本体 标准基本体 | 圆锥体 圆锥体”按钮。单击“修改器列表”下拉按钮 修改器列表，选择“噪波”选项，使其表面变得粗糙凹凸不平，如图 9-2-4 所示。

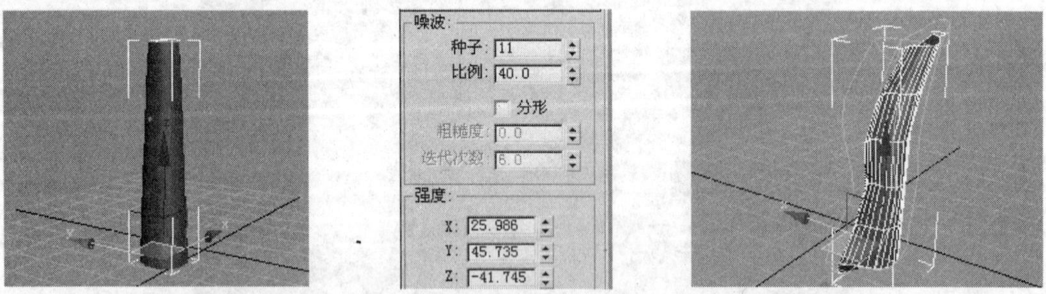

（a）创建一个圆锥体　　（b）噪波参数　　（c）圆锥体噪波变形之后的形态

图 9-2-4　噪波命令的应用

② 然后按住【Shift】拖动复制一个，将其缩小，单击“修改器列表”下拉按钮，选择“弯曲”选项。将两个模型组合在一起，如图 9-2-5 所示。

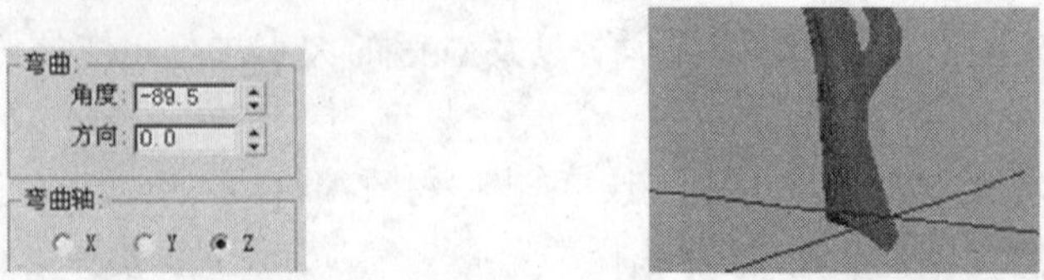

（a）弯曲命令的参数　　（b）两个模型组合在一起的形态

图 9-2-5　弯曲命令的应用

③ 给木材赋予木材的贴图材质。并复制多个，调整其大小不一，摆放如图 9-2-6 所示。

④ 石头制作。单击“创建面板几何体 | 标准基本体 标准基本体 | 球体 球体”按钮。在修改面板将其参数“分段”设置为 8。在视图窗口拖动创建，如图 9-2-7 所示。

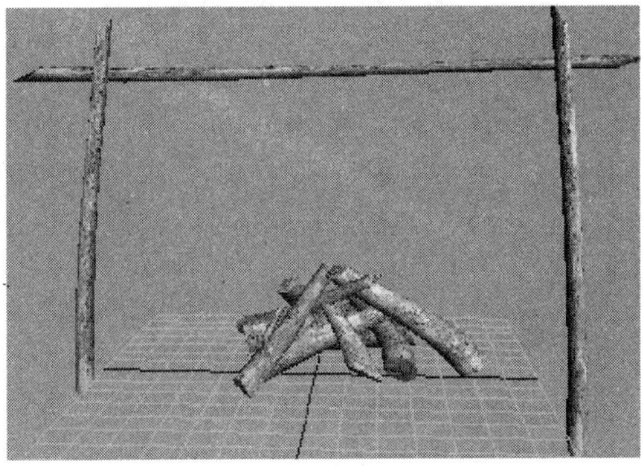

图 9-2-6 木材制作完成的效果

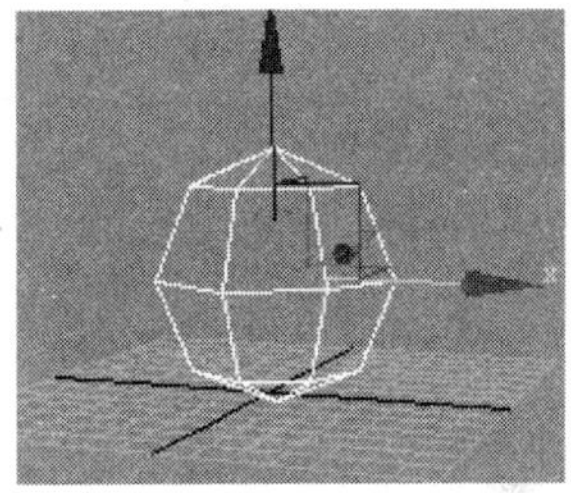

图 9-2-7 分段为 8 的球体

⑤ 根据制作木材的方法运用“噪波 噪波”命令，使石头不规则变形，并赋予合适的材质，这里用大理石贴图材质。选择一个材质球，选择“漫反射 | 大理石”命令。然后设置具体参数，材质球具体参数和石头制作后的效果，如图 9-2-8 所示。

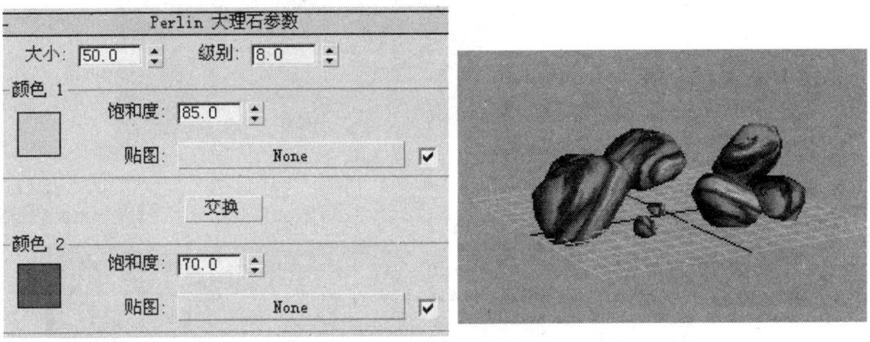

（a）大理石材质球参数 （b）石头制作好的效果

图 9-2-8 石头的制作

3. 地面制作

① 地面的制作最为简单的方法就是直接单击“创建面板几何体 | 标准基本体 标准基本体 | 平面 平面”按钮，在视图窗口拖动鼠标即可创建一个平面，然后赋予贴图材质即可。如果想其更具凹凸感，可以对其使用“噪波”命令，效果如图 9-2-9 所示。

图 9-2-9 地面效果图

② 所有的模型都已经准备好了，接下来就是要制作火跟烟的动画了。要注意的是，要先下载并安装插件 FumeFX10。安装方法为：先双击 FumeFX10 安装程序，安装之后将文件 DCPFLICS.dlu 复制到\3dsmax9\plugins\afterworks\Common 中，然后将 TSRegister Now.dll 复制到 3ds max9 目录下，重启 3ds max 即可。

③ 安装好插件 FumeFX10 之后，可以看到创建面板插件的具体位置，如图 9-2-10 所示。

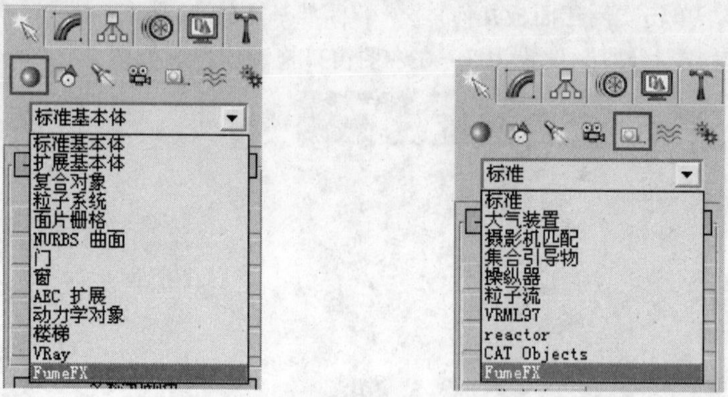

图 9-2-10 FumeFX 在几何体中的位置　　FumeFX 在辅助对象中的位置

④ 选择 FumeFX 选项，在视图窗口图 9-2-11 所示的地方创建一个 FumeFX。

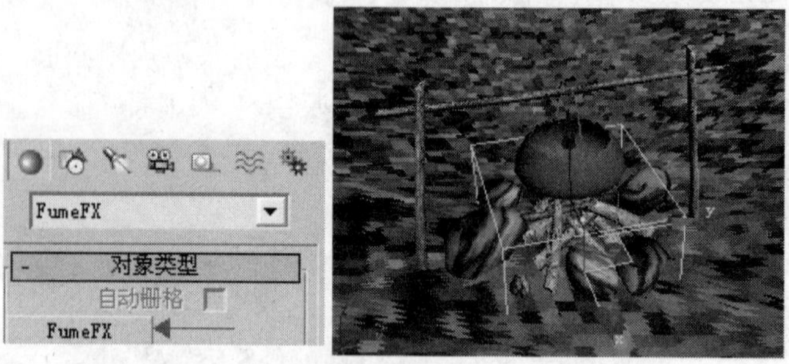

图 9-2-11 FumeFX 在场景中的位置

⑤ 单击 Simple Src 按钮，在视图窗口图 9-2-12 所示的地方创建一个 FFX Simple Src01。

图 9-2-12 FFX Simple Src01 在场景中的位置

⑥ 选择 FumeFX 选项，单击“修改面板”按钮，单击 FumeFX 的属性面板按钮，弹出 FumeFX UI 窗口。选择 Obj/Src 选项卡，单击“拾取”按钮，如图 9-2-13 所示，然后将场景中的 FFX Simple Src01、锅、木材都进行拾取添加。

⑦ 在场景中添加两个泛光灯。选择“ | 泛光灯”命令，并且在修改面板“阴影”选项区域中启动阴影，如图 9-2-14 所示。一个灯用于照明场景，而另一个用于照明火焰。选择 FumeFX UI 中的 Illum 选项卡，拾取添加其中一个泛光灯，如图 9-2-15 所示。

⑧ 选择 FumeFX UI 中的 General 选项卡，设置 General Parameters 栏参数，如图 9-2-16 所示。

然后设置整个火动画的帧数，这里设置 200 帧，如图 9-2-17 所示。

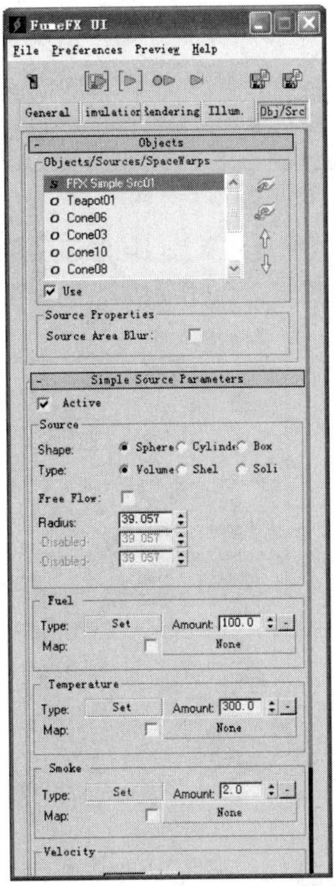

图 9-2-13　FumeFX UI 窗口

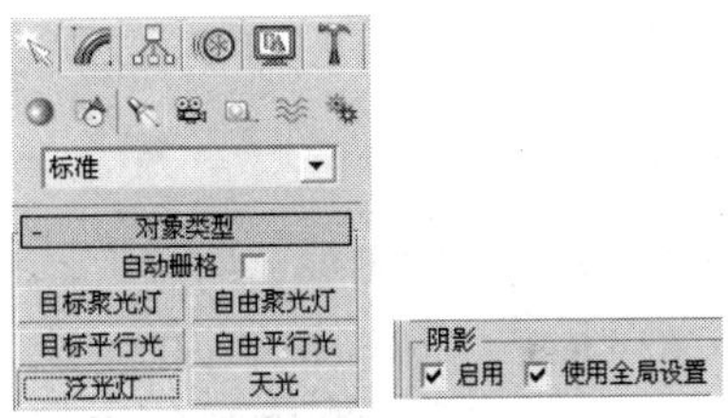

图 9-2-14　泛光灯

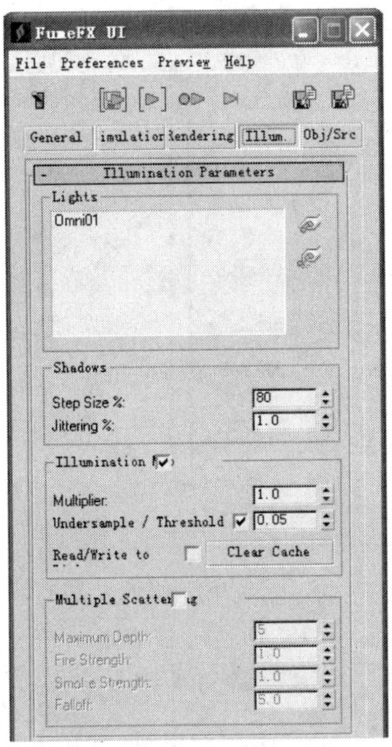

图 9-2-15　Illum 选项卡

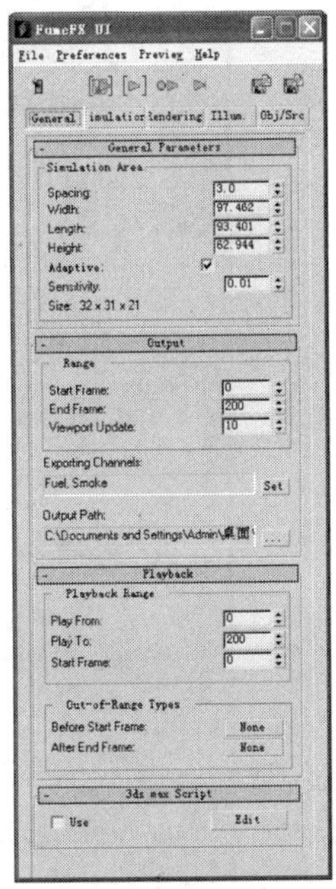

图 9-2-16　General Parameters 栏参数

接下来就是要选一个空间比较大的盘来存储模拟的时候输出的文件，因为输出的成品级的 FXD 格式文件很大，如图 9-2-18 所示。

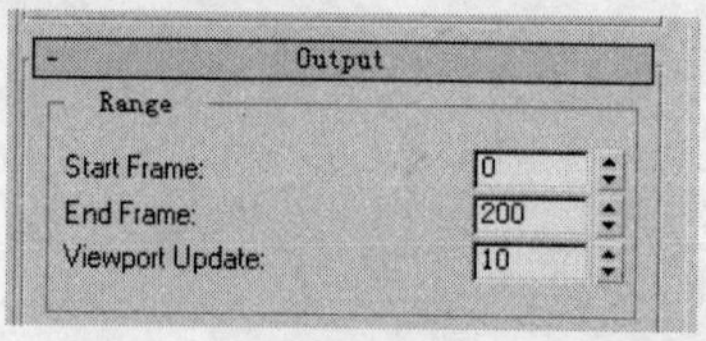

图 9-2-17　动画长度为 201 帧

图 9-2-18　选择存储路径

⑨ 设置 Simulation 栏的参数，Quality 值越小渲染的效果越细腻，但同时速度越慢，这里设置为 3，如图 9-2-19 所示。然后，设置 System 栏参数如图 9-2-20 所示。

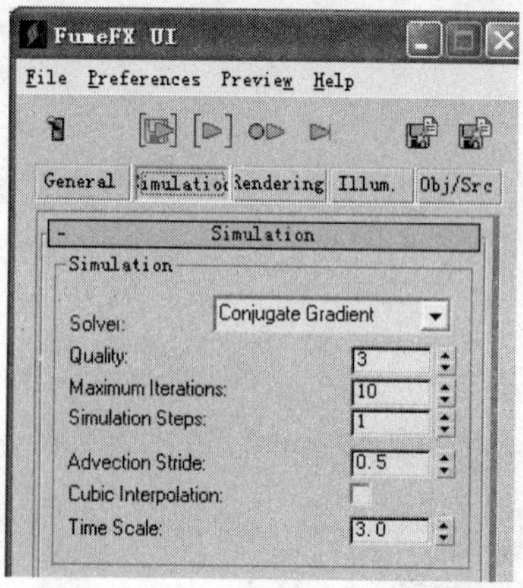

图 9-2-19　Simulation 栏的参数

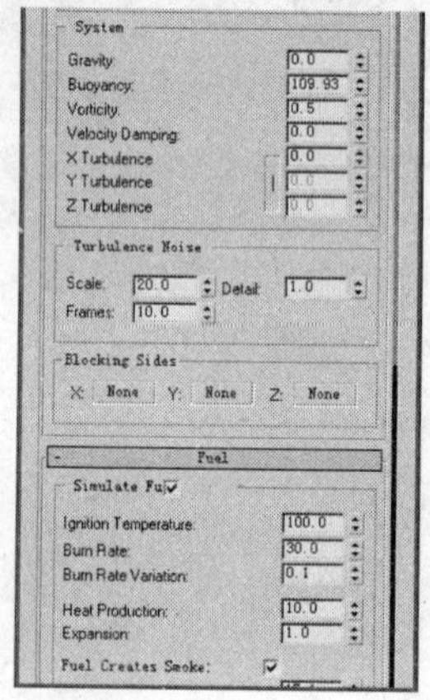

图 9-2-20　System 栏参数

⑩ 设置 Rendering Parameters 栏的参数，如图 9-2-21 所示。

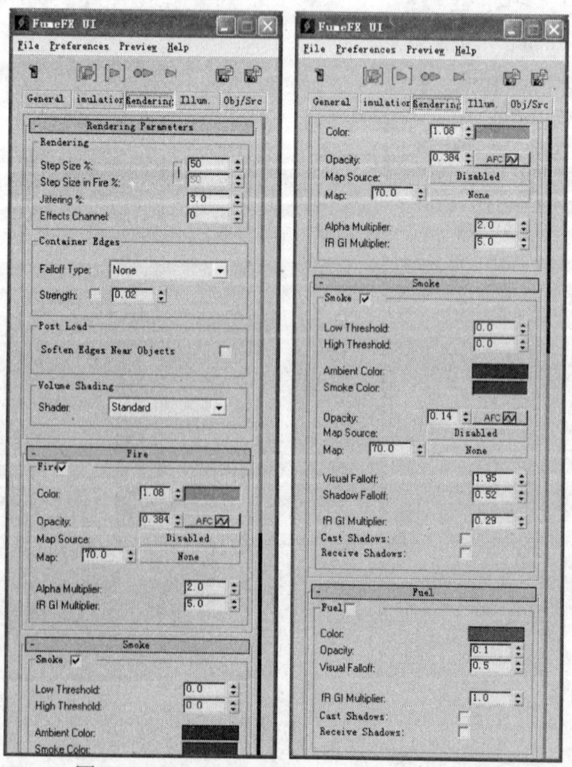

图 9-2-21　Rendering Parameters 栏参数

⑪ 所有参数都设置完毕就可以开始模拟了，单击“开始”按钮▷开始模拟，如图 9-2-22 所示。

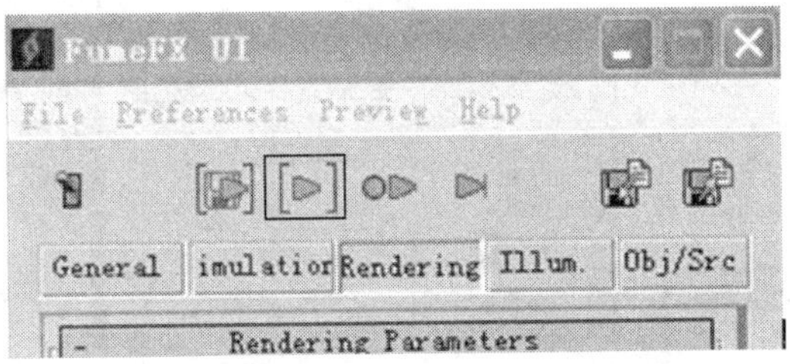

图 9-2-22 “开始”模拟按钮

⑫ 如果想模拟的时候预览效果，单击“预览”按钮，预览效果如图 9-2-23 所示。

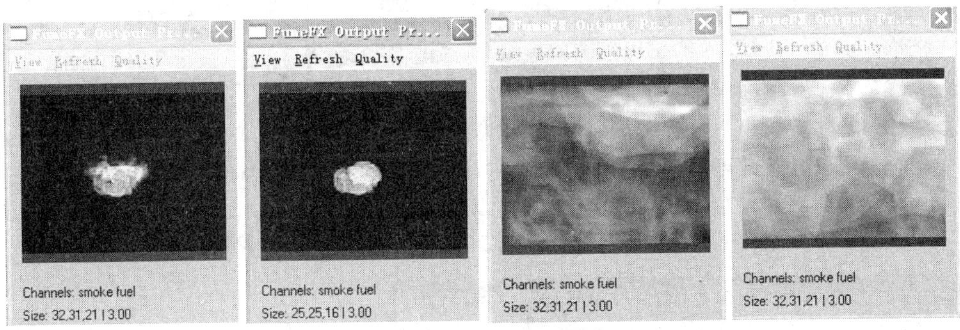

图 9-2-23 预览效果截图

4. 锅里的蒸汽

① 制作的方法跟制作火的方法大同小异。按照制作火的方法创建一个 FumeFX 和一个 FFX Simple Src，但是 FFX Simple Src 的形状要修改为圆柱形，喷射方向朝上，如图 9-2-24 所示。创建后摆放在场景的位置如图 9-2-25 所示。

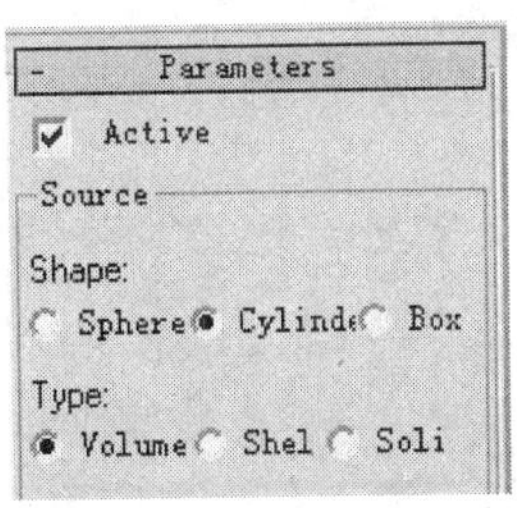

图 9-2-24 FFX Simple Src 的形状参数

图 9-2-25 FFX Simple Src 在场景中的位置

② 设置 General Parameters 栏的参数，如图 9-2-26 所示。

③ 设置 Simulation 参数栏的参数，如图 9-2-27 所示。

④ 设置 Rendering Parameters 栏的参数，如图 9-2-28 所示。

⑤ 再创建一个泛光灯，并拾取该灯照亮蒸汽，如图 9-2-29 所示。

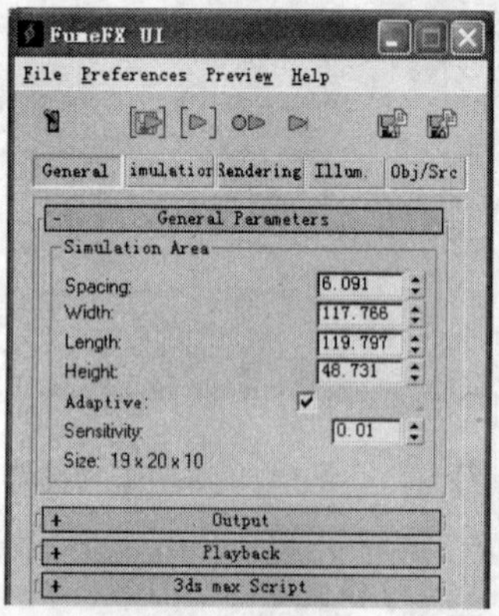

图 9-2-26 General Parameters 栏参数

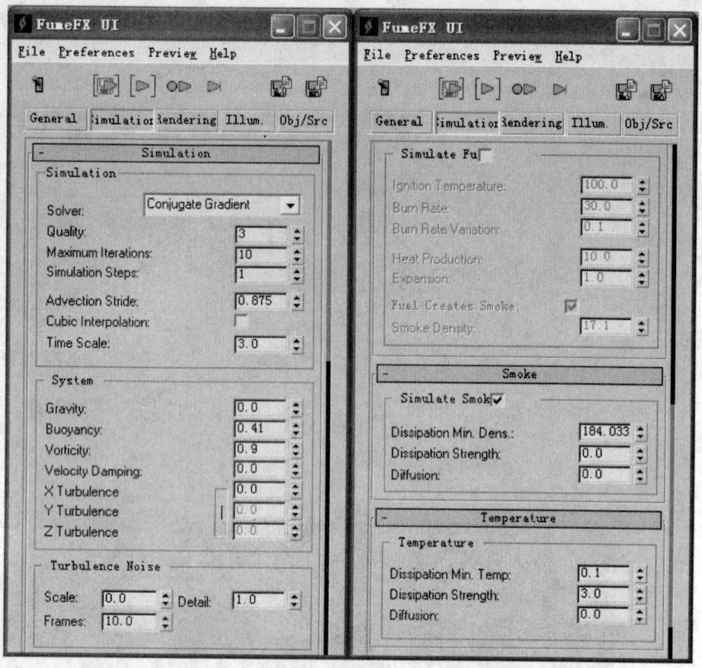

图 9-2-27 Simulation 参数栏的各项参数

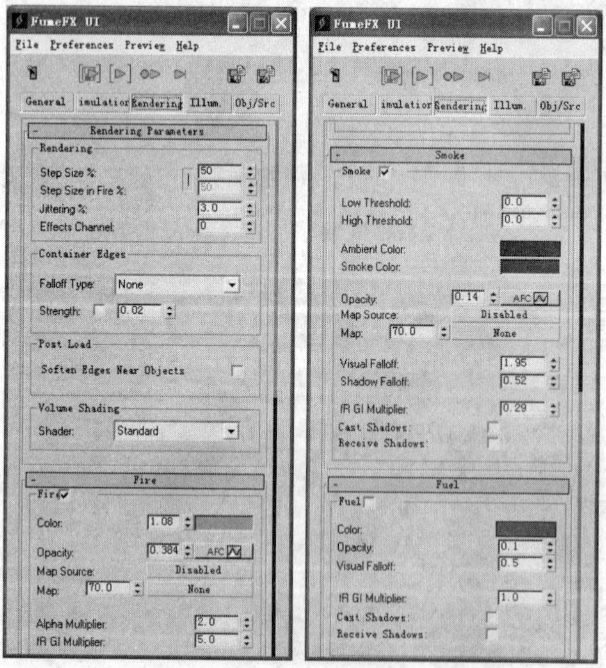

图 9-2-28 Rendering Parameters 栏参数

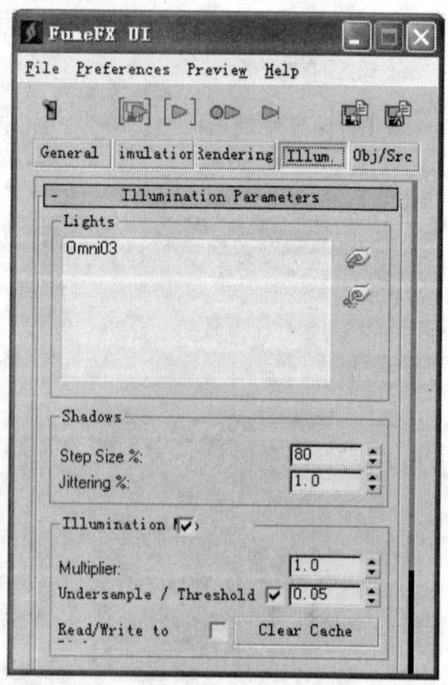

图 9-2-29 拾取泛光灯 03

⑥ 单击 Objects 栏里的“拾取”按钮，拾取场景中的物体，如图 9-2-30 所示。

⑦ 所有参数设置完成之后开始模拟，模拟预览截图如图 9-2-31 所示。

⑧ 整个动画基本完成，单击菜单栏上的“渲染”菜单，设置参数如图 9-2-32 所示，渲染出动画。

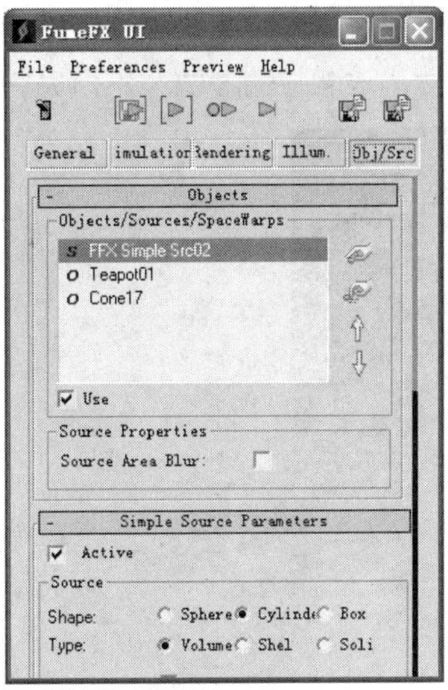

（a）Objects 栏

（b）场景中被拾取的对应物体

图 9-2-30　拾取物体

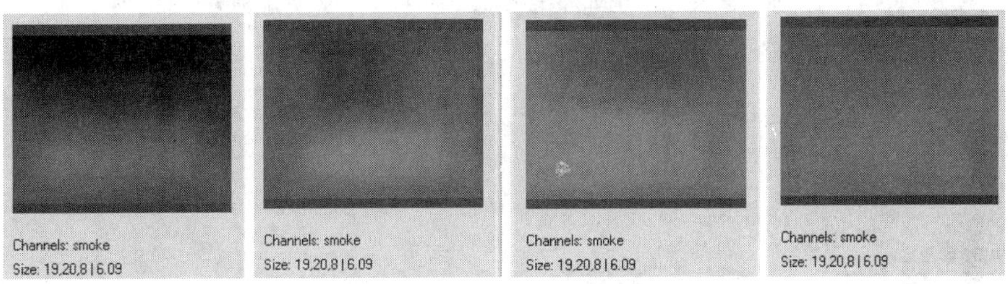

图 9-2-31　模拟预览截图

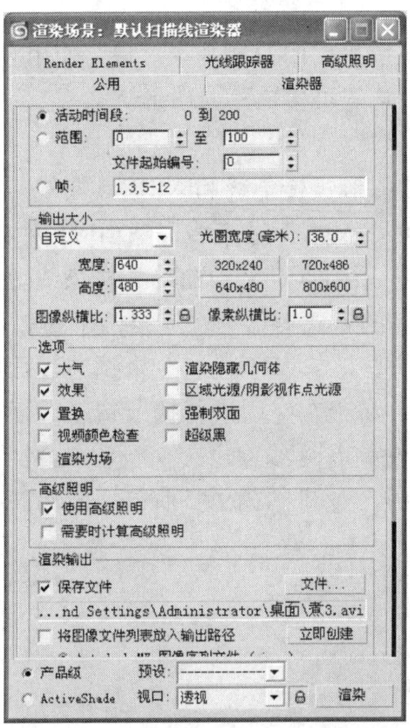

图 9-2-32　渲染对话框的设置情况

⑨ 整个火烟动画效果基本制作完成，观看渲染出来的最终动画效果，制作好的效果图如图 9-2-33 所示（第 96 帧渲染图）。如有不满意的地方继续修改相应的参数，不断完善。

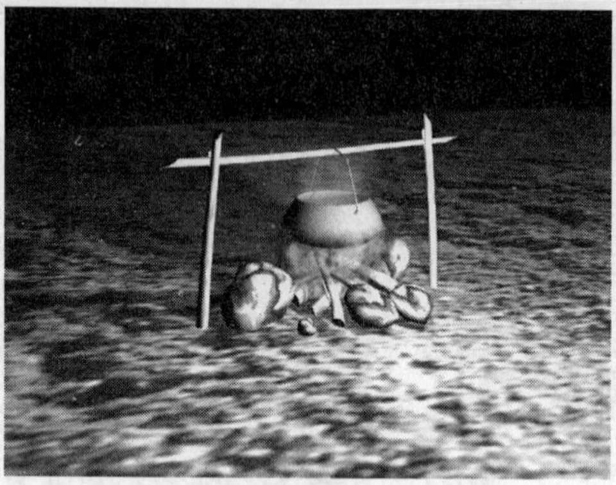

图 9-2-33 第 96 帧渲染效果图

规律总结

要有建模的基础，任何一个好的动画都离不开模型，所以要加强平时的建模练习。要熟悉火烟的形态，便于调节参数，有利于制作生动的效果。值得注意的是，制作蒸汽的时候要取消选择火参数栏里面的复选框。如果计算机的配置较高，可以调节到更加精细，效果也更佳。由于插件涉及的参数很多，所以要多操作，熟悉各参数的意义。可以适当的在场景在加入更多的物体，如树木、房子、人物等，使动画的内容更加丰富。

知识链接

1. 二维图形

二维图形指的是 3ds max 系统提供的一种基本对象，使用它们可以直接创建出不同形状的二维图形，通过修改、复合、放样等可生成三维图形。

（1）二维图形的类型

3ds max 中提供了两类二维图形：样条线和 NURBS 曲线。样条线可分为线、矩形、圆、椭圆、弧、圆环、多边形、星形、文本、螺旋线和截面 11 种样条线；NURBS 曲线可分为点曲线和 CV 曲线。样条线是由一系列点定义的曲线，样条线上的点通常称为顶点，每个顶点都包含位置坐标、曲线通过顶点的方式等信息，连接两个相邻顶点的线称为线段。NURBS 曲线是一种目前用途很广的建模方法。它基于控制点来调节表面的曲度，自动计算出光滑的表面精度。它的优点是控制点少，易于在空间进行调节造型，而且自身具备一整套完整的造型工具。NURBS 最基本的建构方法就是由线蒙出表面，和 Patch 面片完全相同，NURBS 曲面都是由方向不同的两组曲线构成的，对开 NURBS 曲面通常用新的坐标系统来进行定义，称为 UV 坐标系统。

（2）基本建模流程

① 创建样条线。

② 编辑样条线的空间形态。

③ 编辑曲面的空间形态。

（3）二维图形的组成元素

二维物体是由点、线、面等基本元素组成的。

2. 复制

在 3ds max 场景中，有些对象可能重复出现，只是它们在重复出现时，位置、角度或大小发生了一些改变。这些重复出现的对象互为副本，制作副本的过程就是复制。3ds max 提供了几种复制或重复对象的方法，该过程称为克隆，这些方法可以用来克隆任意选择集。

（1）复制方法

使用克隆或配合【Shift】键进行简单复制；使用镜像、阵列、快照、间隔工具等进行各种复制。

（2）复制关系

复制品与原来的物体可以产生三种关系：一种是复制，即复制品完全独立，不受原物体的任何影响；一种是实例，对它和原始物体中任何一个进行修改，都会同时影响到另一个；一种是参考，即单向的关联，对原始物体的修改会同时影响到复制品，但复制口自身的修改不会影响到原始的物体。

（3）复制种类

包括：克隆复制、边移动边复制、边旋转边复制、边缩放边复制、镜像复制、阵列复制、间隔复制。

3. 灯光

灯光是 3ds max 这个软件中表现真实世界的重要手段之一，是模拟真实灯光的对象。标准灯光是基于计算机的对象，能模拟生活中的人工灯光及太阳光本身。不同种类的灯光对象可用不同的方式投射灯光，用于模拟真实世界不同种类的光源。

（1）标准灯光分类及创建方法

单击（灯光）按钮，即可进入灯光创建面板，默认显示的是标准灯光类型。标准灯光大体上可以分为平行光、聚光灯、泛光灯、区域光和天光等八种，如图 9-2-34。

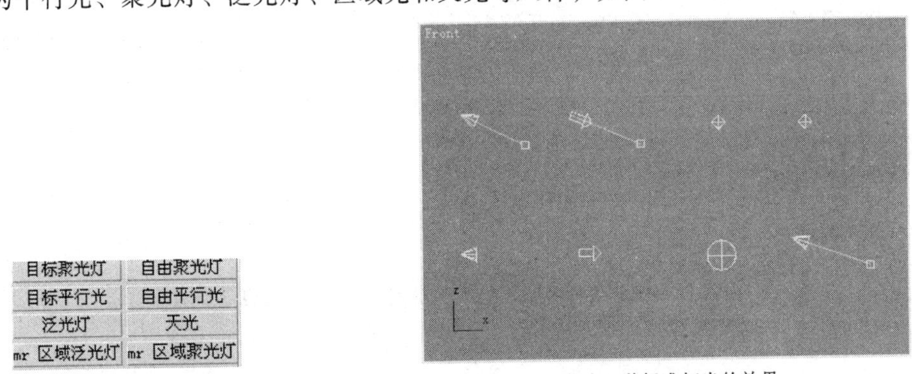

（a）灯光对象类型卷展栏　（b）8 种标准灯光的效果

图 9-2-34　标准灯光分类

（2）光度学灯光分类及创建方法

在灯光面板下，单击（标准）列表，选择 Photometic（光度学）项，展开光度学灯光的对象类型卷展栏。光度学灯光大致可以分为点光源、线光源、面光源、天空光和太阳光等如图 9-2-35 所示。

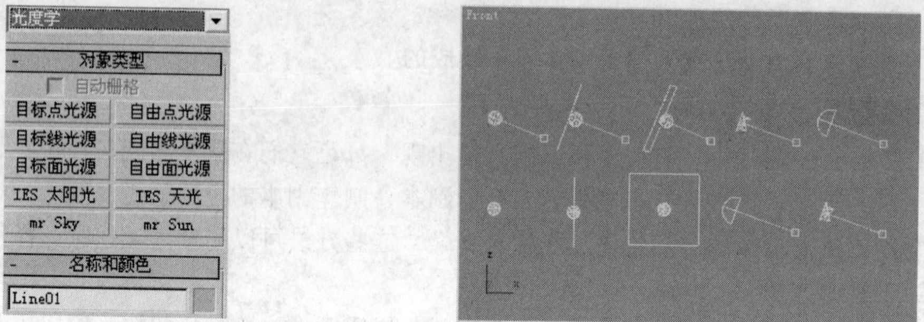

（a）对象类型卷展栏　　（b）10 种光度学灯光的效果

图 9-2-35　光度学灯光分类

任务 3　影视片头制作

问题情境

现今社会追求的是效益，在短短的十几秒广告或者片头里，要达到最高的传播性，使观众留下记忆最深刻就是一个好的广告或者片头。所以人们追求不断的创新，在各种已有的元素里不断推旧出新，使得电视广告的成本效益不断上升。

问题分析

1. 怎样才算一个好的片头

首先要有清晰的创作思维，片头既要有创新性，又要有较强的色调跟空间元素，最重要的是直观性，能使观众明了当中主题，又能给观众留下印象。

2. 为什么要制作这样的片头

片头有时以简短文字介绍剧情或故事背景，常在绘画、浮雕或某种实物的衬底上出现，也有的配以某些与影片内容有一定联系的电影画面、音乐等，总是与影片内容、风格相一致。这里运用 Particle Flow 粒子来制作公司广告片头，来宣传公司相关的产品。

任务设计

1. 制作步骤

① 打开 3ds max 软件，先将其保存，命名为“粒子片头.max”，如图 9-3-1 所示。

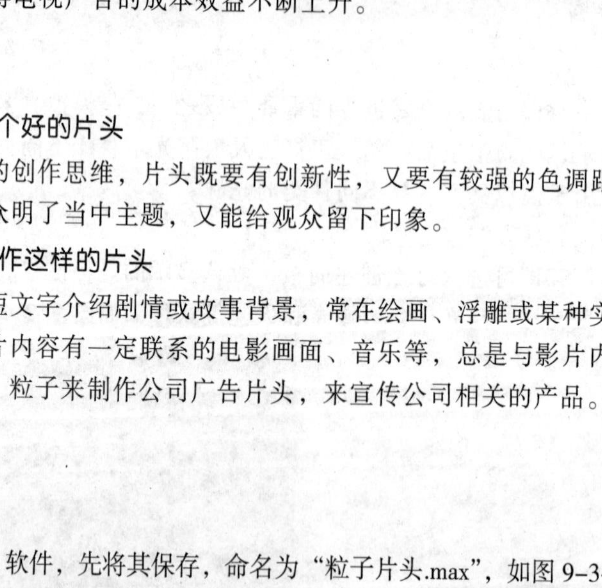

图 9-3-1　“文件另存为”对话框

② 单击“创建 | 图形 | 文本”按钮，然后在前视图适当位置单击，创建文字，如图 9-3-2 所示。

图 9-3-2　创建文字

③ 选中字体，右击，从弹出的快捷菜单中选择“转换为 | 转换为可编辑样条线”命令，将文字转成样条线，如图 9-3-3 所示。

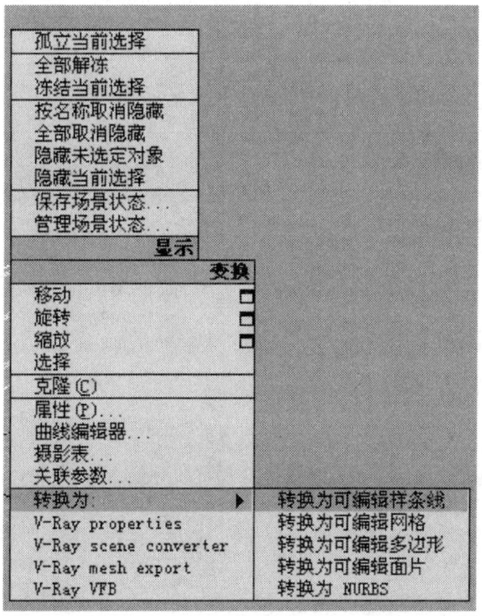

图 9-3-3　转为可编辑样条线

④ 然后单击“修改”按钮，再选择“修改器列表”下拉列表中给文字添加修改器“挤出”选项。然后右击，从弹出快捷菜单中选择“转换为”命令，再选择“转换为可编辑多边形”命令，将文字转换成编辑多边形，如图 9-3-4 所示。

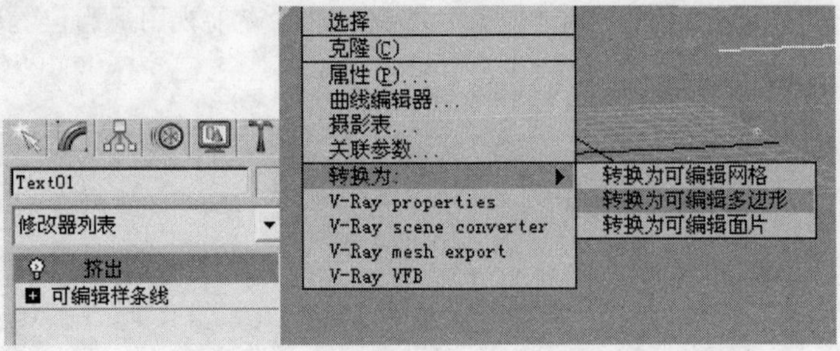

图 9-3-4　挤出后把字体转成可编辑多边形

⑤ 单击“几何体”按钮，在“粒子系统”下拉列表粒子系统中选择“粒子系统”选项，然后单击 PF Source 按钮 PF Source ，在视图中单击进行创建，如图 9-3-5 所示。

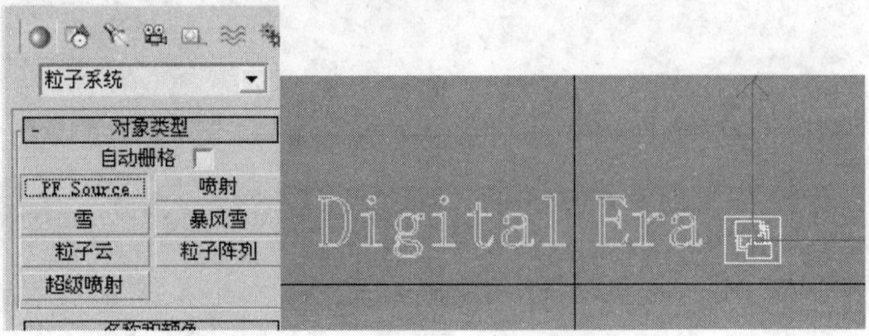

图 9-3-5　在前视图中添加 PF 粒子器

⑥ 单击“修改”按钮，再单击“粒子视图”按钮，打开“粒子视图”窗口，如图 9-3-6 所示设置。

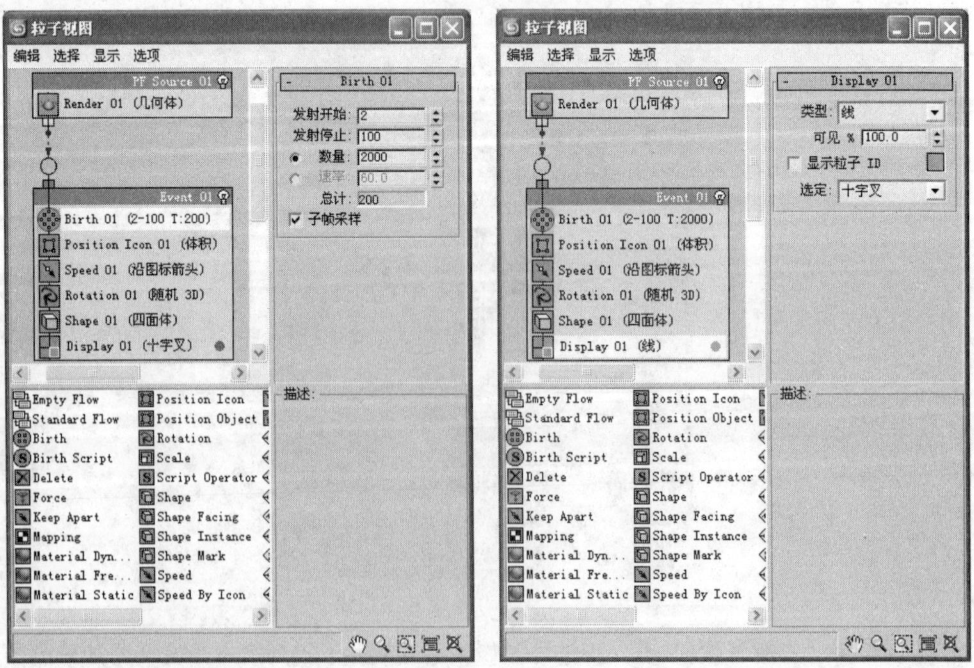

(a) 设置粒子数、发射时间、停止时间　　　　(b) 更改发射类型

图 9-3-6　“粒子视图”窗口

⑦ 把 Position Object 直接拖动到 Postion Icon01 上，取代 Postion Icon01，然后单击右侧属性项目中的“添加”按钮，在场景中拾取文字，这样就将文字变为发射器，如图 9-3-7 所示。

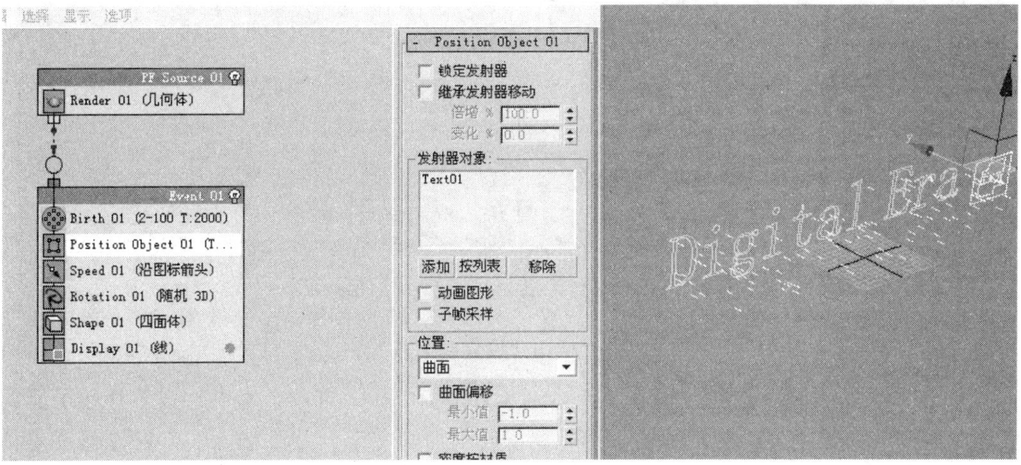

图 9-3-7　拾取文字

⑧ 创建材质，单击“材质”按钮打开材质编辑器，选择一个空白的材质球，然后展开“贴图”参数栏 - 贴图，然后单击 漫反射颜色 100 None 按钮，然后选择“渐变坡度”选项，如图 9-3-8 所示。

⑨ 设置纹理参数，如图 9-3-9 所示。

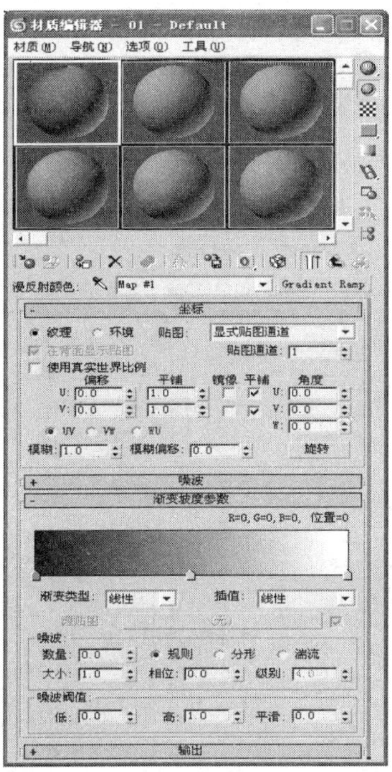

图 9-3-8　在漫反射颜色选取渐变坡度

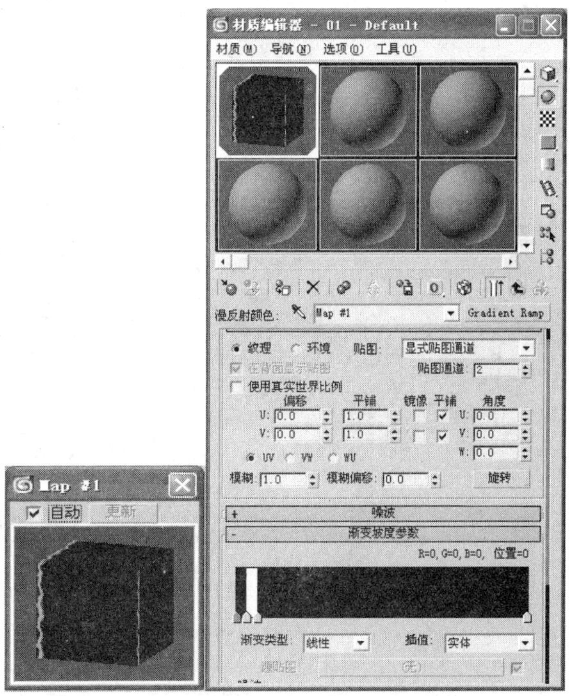

图 9-3-9　调节纹理参数

⑩ 建立关键帧，先移动时间轴，然后移动色条，单击“关键帧”按钮建立关键帧，如图 9-3-10 所示。

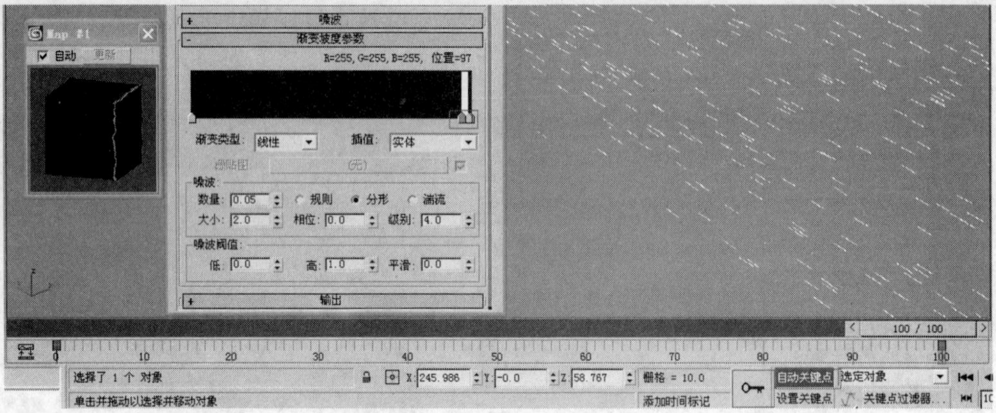

图 9-3-10　设置时间轴

⑪ 单击“粒子视图”按钮，选择 Position Object 01 (T... 选项，在右边设置让粒子器的发射采样在白线上，如图 9-3-11 所示。然后把材质附加给文字，并添加 UVW 贴图修改器，单击“附材质”按钮给文字添加,然后单击按钮，在修改器列表列表中添加 UVW 修改器，如图 9-3-12 所示。

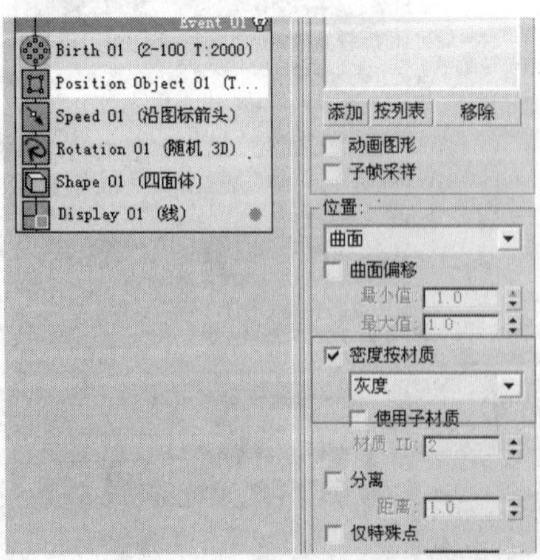

图 9-3-11　选择灰度

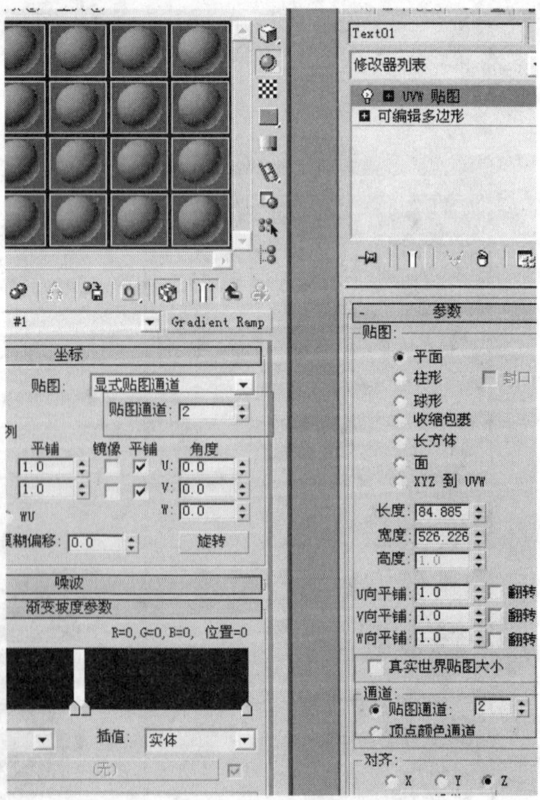

图 9-3-12　给文字添加 UVW 贴图

⑫ 把前一个材质的反射贴图复制一个，并设置相关参数，如图 9-3-13 所示。

⑬ 选择第三个材质球，单击漫反射:按钮，选择“位图”命令，选择图片“gy2_070.jpg”，如图 9-3-14 所示。

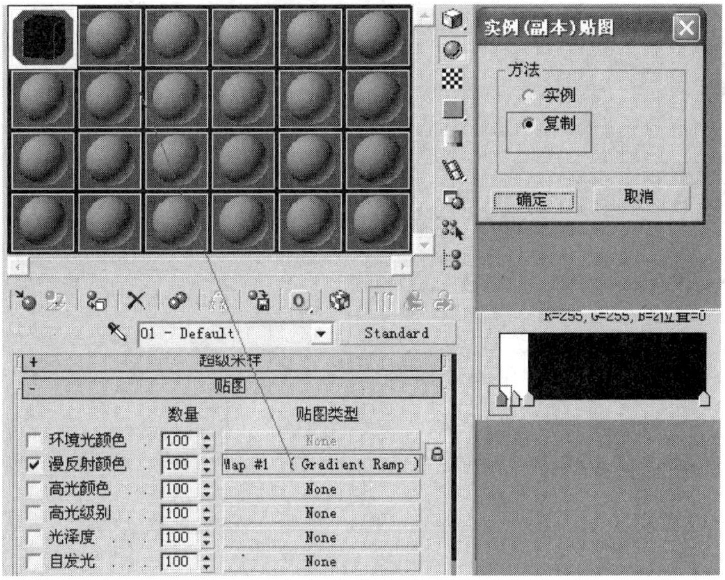

图 9-3-13　复制渐变坡度

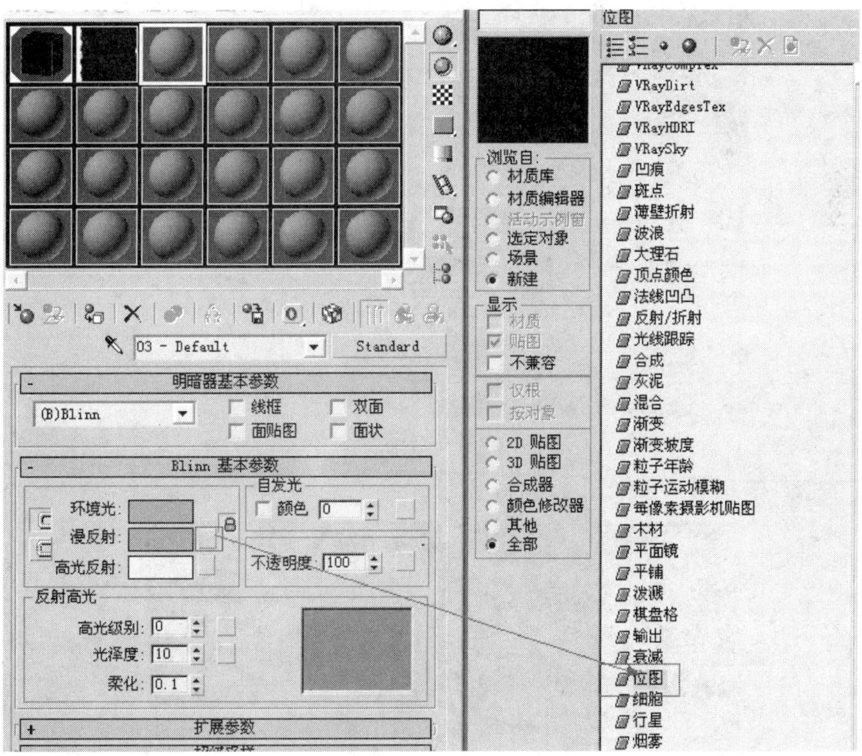

图 9-3-14　选择新材质

⑭ 复制材质。把第三个材质球的漫反射图片拖拉到“自发光”按钮上，把第二个材质球拖拉到“不透明度”按钮上，如图 9-3-15 所示。

⑮ 选择第四个材质球，单击 Standard 按钮，选择“多维/子对象”命令，设置步骤如图 9-3-16 所示。

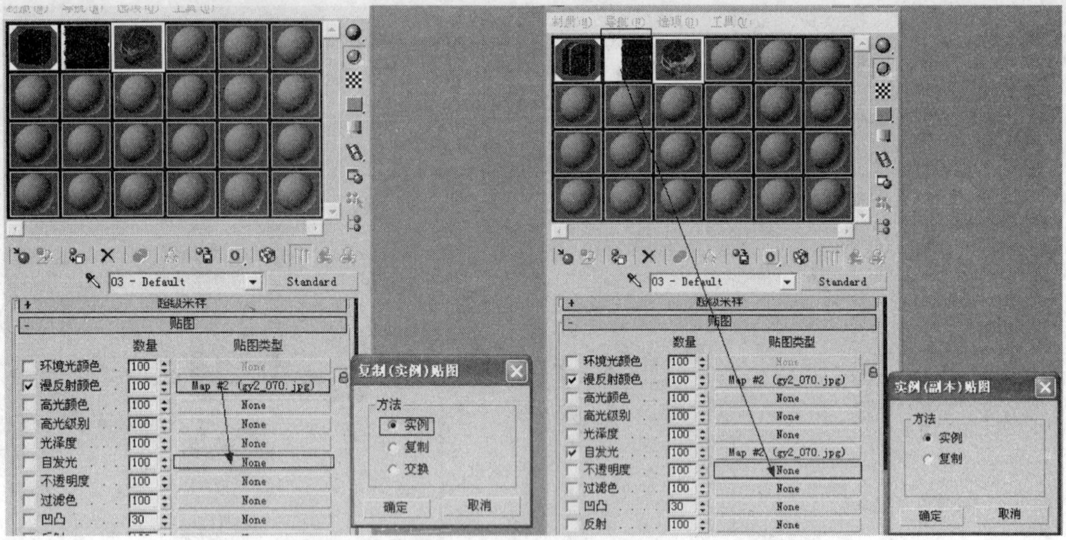

图 9-3-15　复制材质

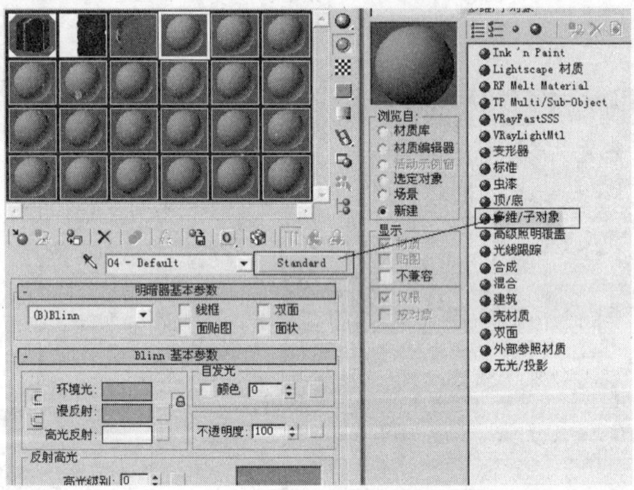

图 9-3-16　多维/子对象

然后，选择丢弃旧材质，如图 9-3-17 所示。

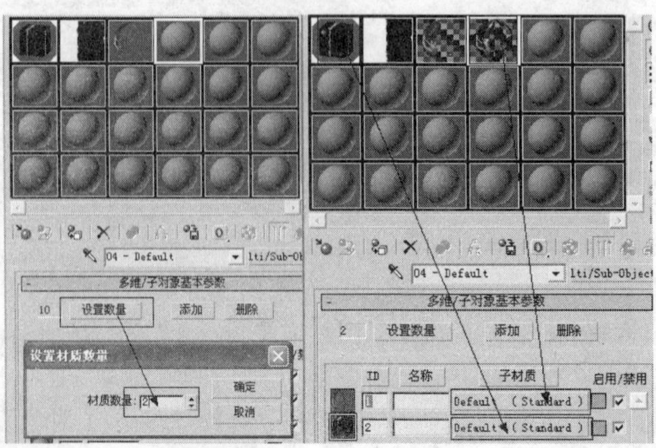

图 9-3-17　设置多维材质

⑯ 在粒子视图里设置相关参数，选择 Position Object 01 (T... 命令，在右边设置参数，如图 9-3-18 所示。

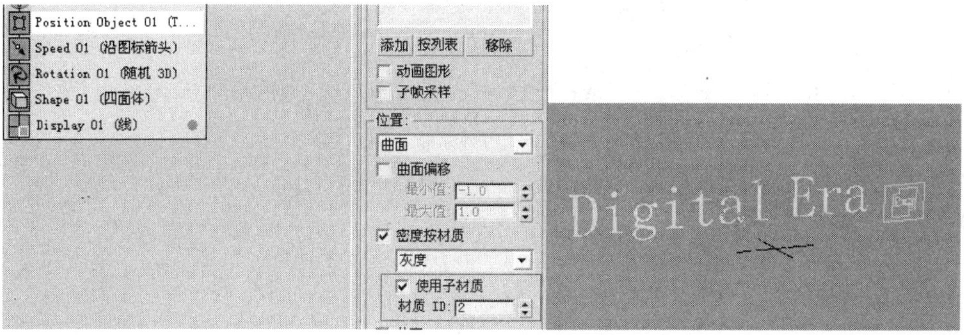

图 9-3-18 选择材质 ID

⑰ 这时，要创建一个代替物来代替发射出来的粒子，如图 9-3-19 所示。

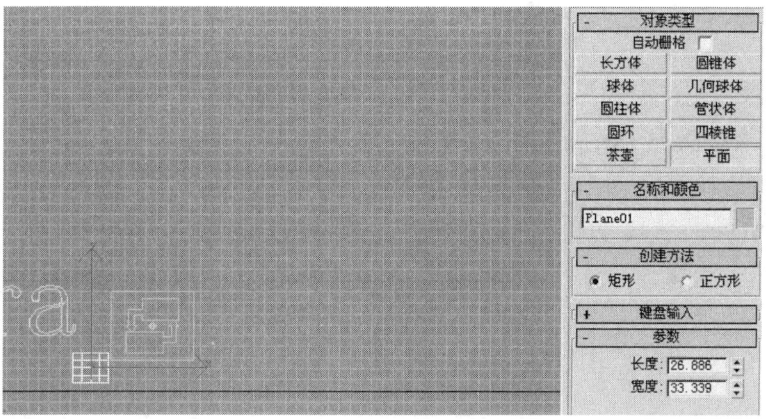

图 9-3-19 创建代替物

⑱ 在粒子视图里用 Shape Instance 代替 Shape01，并拾取代替物，如图 9-3-20 所示。

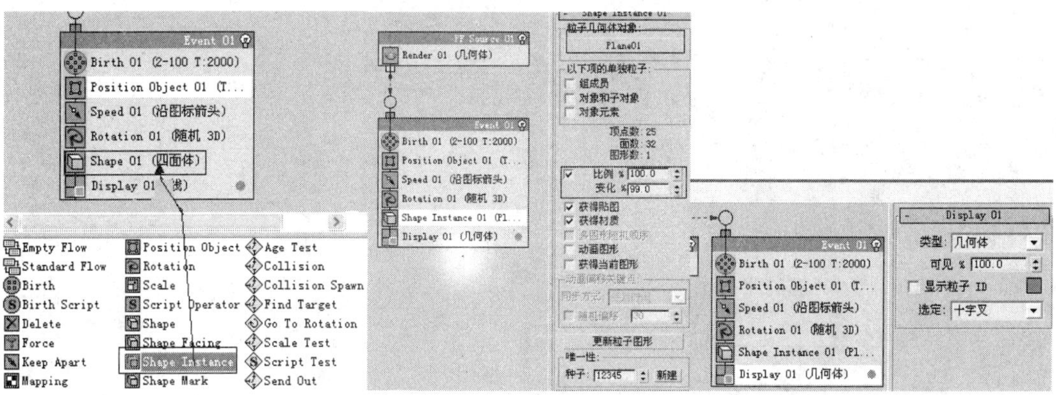

图 9-3-20 设置比例变化

⑲ 在视图里添加风力，单击 ≋ | 风 按钮，然后在视图中单击，创建风力。在粒子视图中选择 Force 01 (Wind01) 命令，单击添加按钮，选择风力，拾取并调节风力相关参数使动画更动感，如图 9-3-21 所示。

给场景加上风力，然后在粒子视图应用，如图 9-3-22 所示。

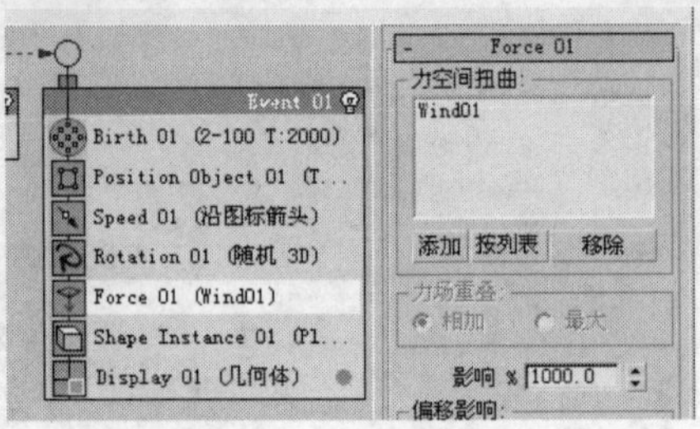

图 9-3-21 调节风力

图 9-3-22 粒子视图应用

⑳ 下面给飞出的方块添加材质，使每个方块都有不同的图片。需要用一个新的材质球，单击 Standard 按钮，选择 多维/子对象 命令,然后丢掉原来的材质，如图 9-3-23 所示。

向材质添加 9 张图片，方法如上步骤所述，最终设置如图 9-3-24 所示。

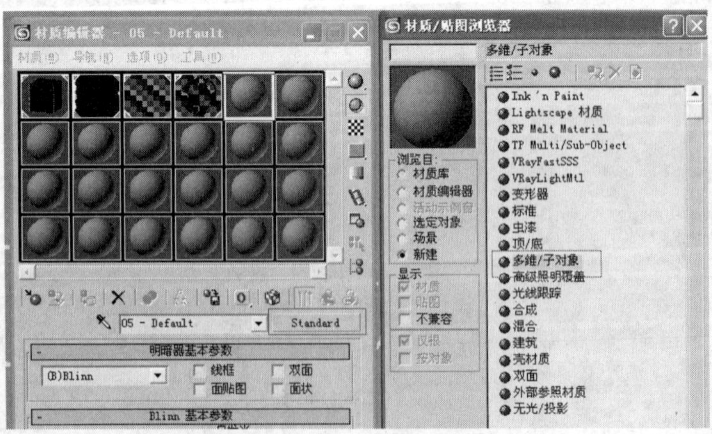

图 9-3-23 选择多维材质

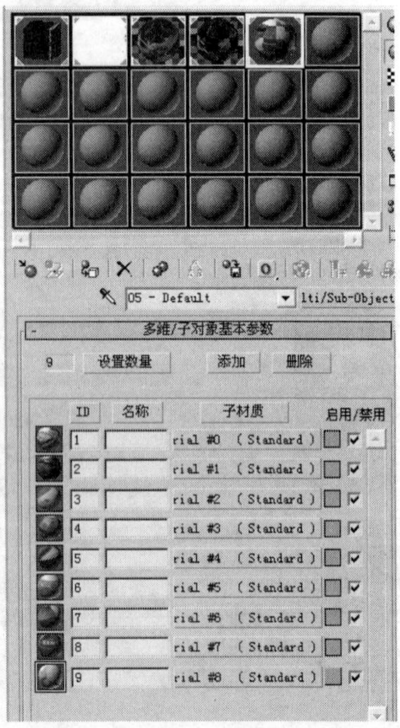

图 9-3-24 选择 9 张不同的图片

㉑ 在粒子视图里应用该材质，单击 Material Frequency 01 按钮，把刚才的多位材质直接拖到 more 按钮上，添加成功，如图 9-3-25 所示。

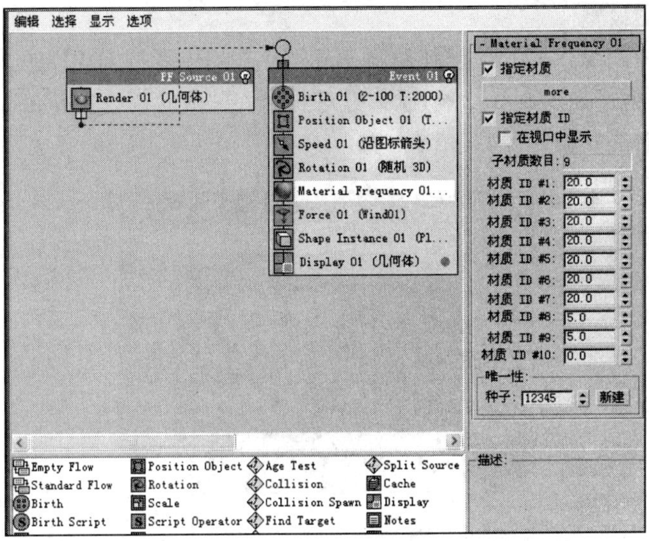

图 9-3-25 选择材质

2. 最终效果

最终效果如图 9-3-26 所示。

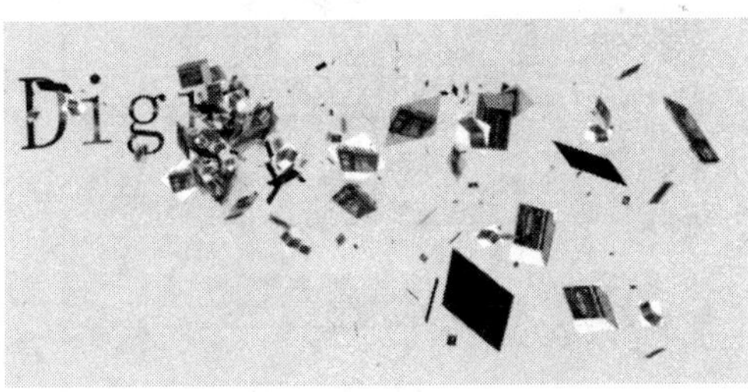

图 9-3-26 最终效果图

规律总结

粒子系统不仅可以制作物体的发射效果，还可以制作许多不规则的群体运动。如星球爆炸飞出的碎块，水、火也是离不开粒子的，而且可以计算粒子间碰撞，绑定到风力、重力等复杂的物理关系，所以粒子系统是很强大的。而 3ds max 自身配置的六种不同的粒子发射器都是大同小异的。因此，只需要熟悉其中的一个，就比较容易学习其他的粒子发射器。当然，3ds max 中自身配置的都是较为基础的，如果要想做出更好的效果，可以用到一些插件，如 RealFlow 等。

知识链接

1. 材质和贴图

材质描述对象如何反射或透射灯光。在材质中，贴图可以模拟纹理、应用设计、反射、折射和其他效果。贴图也可以用做环境和投射灯光。Material Editor（材质编辑器）是用于创建、改变和应用场景中的材质的对话框。材质将使场景更加具有真实感。可以将材质指定给单独的对象或者选择集；单独场景也能够包含很多不同材质。贴图可以使得材质效果更加逼真，更富于变化。总之，材质与贴图是使 3ds max 场景生动、真实的重要手段。

（1）材质编辑器概览

单击主工具栏中的 Material Editor（材质编辑器）按钮或者按【M】键，打开 Material Editor（材质编辑器）对话框，如图 9-3-27 所示，针对材质、贴图的调整主要在这里完成。下面先来了解一下材质编辑器的功能分区。

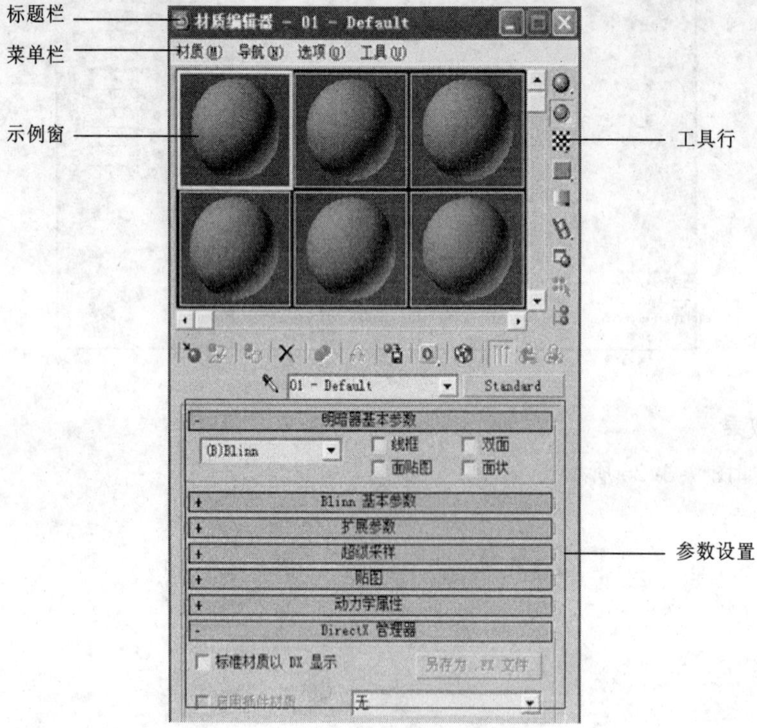

图 9-3-27　材质编辑器对话框

（2）标准材质的一般参数

标准材质是材质编辑器示例球中的默认材质。标准材质类型为表面建模提供了非常直观的方式。在现实世界中，表面的外观取决于它如何反射光线。在 3ds max 中，标准材质模拟表面的反射属性。如果不使用贴图，标准材质会为对象提供统一的颜色。

- Ambient Color（环境光颜色）：对象在阴影中的颜色。
- Diffuse Color（漫反射颜色）：对象在直接良好的光照条件下的颜色。
- Specular Color（高光颜色）：发光高光的颜色。一些明暗属性会产生高光颜色，而不是选择高光。
- Filter Color（过滤颜色）：光线透过对象所透射的颜色。除非材质的不透明度小于 100%，否则过滤色的效果不可见。

2. 粒子系统

3ds max 非常吸引人的一项功能就是它的粒子系统，在模仿自然现象、物理现象及空间扭曲上具有得天独厚的优势。粒子系统可以通过空间扭曲控制粒子的行为，增强物理现象的真实性，结合空间扭曲能对粒子流造成引力、阻挡、风力等仿真影响。它几乎可以模拟任何富于联想的三维效果，如烟云、火花、爆炸、暴风雪或者瀑布。3ds max 提供了两种不同类型的粒子系统：事件驱动和非事件驱动粒子系统。

（1）事件驱动粒子系统

事件驱动粒子系统又称粒子流，可以直接选择粒子系统中的 PF Source 创建。它是一种新增的粒子类型，粒子视图是构建和修改粒子流系统的主要区域，按【6】键弹出图 9-3-28 所示“粒子视图”窗口。

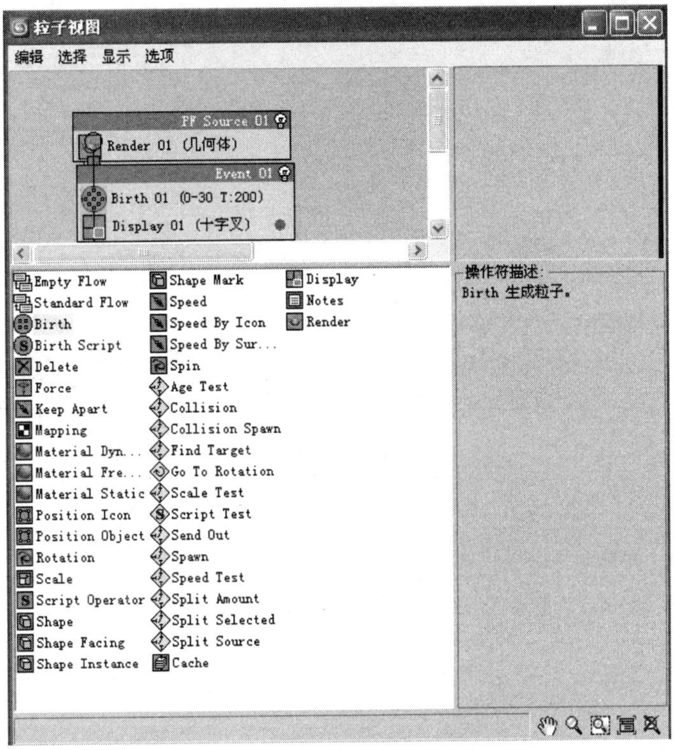

图 9-3-28 “粒子视图”窗口

（2）非事件驱动的粒子系统

非事件驱动的粒子系统是一种随时间生成的粒子对象，它提供了相对简单、直接的方法。有六种非事件驱动的粒子系统；喷射粒子系统、雪粒子系统、超级喷射粒子系统、暴风雪粒子系统、粒子陈列粒子系统、粒子云粒子系统。

- 喷射粒子系统：用于模拟雨、喷泉等效果。
- 雪粒子系统：用于模拟降雪、飞舞的纸屑等效果。
- 超级喷射粒子系统：它发射可控的粒子喷射，用于创建喷泉、礼花等。
- 暴风雪粒子系统：模拟自然的暴风雪。
- 粒子陈列粒子系统：提供了两种粒子效果，可用将所选几何体对象作为发射器发射粒子，也可以用于创建复杂的对象爆炸效果。
- 粒子云粒子系统：用于指定一群粒子充满一个容器，可用于模拟一群鱼或星星等效果。

（3）粒子参数设置

在粒子视图里，给粒子进行了很详细的参数分类，图 9-3-29 所示是喷射和超级喷射粒子系统的参数卷展栏，不同类型的粒子系统其参数卷展栏也不同。

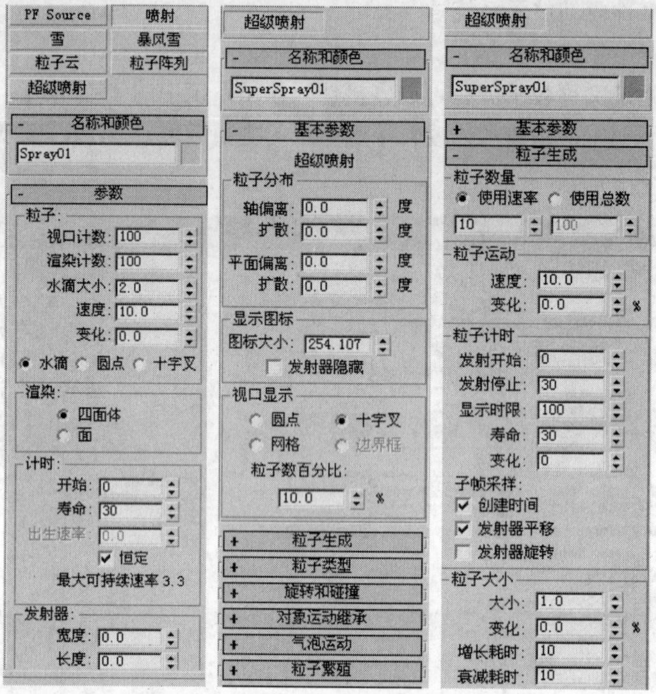

图 9-3-29　喷射和超级喷射粒子系统的参数卷展栏

通过设置不同的参数可以模拟出各种粒子，如发射时间停止时间可以控制时间；调节寿命、变化比例就可以模拟出随机的真实效果。而通过粒子系统的 Material Frequency 给粒子添加许多丰富的材质，就可以模拟出雪、雨等效果。那么如何使用粒子模拟出真实的效果呢？这需要我们不断地练习、尝试调节各个数值，从而总结经验，或者从网上分享一下别人的经验也是一条不错的捷径。

本 章 练 习

1. 使用创建面板建模、赋材质等制作一款手机的三维效果，效果如图 9-4-1 所示。

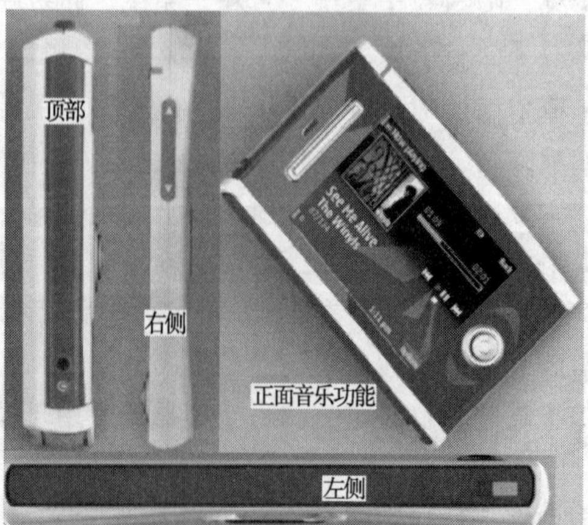

图 9-4-1　手机效果图

2. 使用了 Particle illusion 软件制作光环特效，效果如图 9-4-2 所示。

【知识要点】Particle illusion 是一套分子效果系统及合成影像工具，不同于一般所看到的罐头火焰、爆破、云雾等效果，其快速、方便的功能及有趣、多样化的效果。

图 9-4-2　光环特效效果图

3. 制作机器人，效果如图 9-4-3 所示。

【知识要点】配合好背景音乐的节奏，让特效融合到场景当中去，必须很有耐心地调整特效的各个参数（如大小、位置、旋转等），使之能够正确跟上场景中的角色动作步伐，达到自然统一的效果。

图 9-4-3　机器人效果图

附录A Audition快捷键

表A-1 文件操作

操作	快捷键
建立一个新（new）的声音文件	【Ctrl】+【N】
打开（open）一个已经存在的声音文件	【Ctrl】+【O】
关闭（close down）当前的文件	【Ctrl】+【W】
保存（save）当前文件	【Ctrl】+【S】
退出（quit）CoolEdit2000	【Ctrl】+【Q】

表A-2 编辑波形

操作	快捷键
选择全部声音	【Ctrl】+【A】
使两个声道能被同时（both）选取	【Ctrl】+【B】
只选择左（left）声道	【Ctrl】+【L】
只选择右（right）声道	【Ctrl】+【R】
将选择范围的左界限向左调整	【←】
将选择范围的左界限向右调整	【→】
将选择范围的右界限向左调整	【Shift】+【←】
将选择范围的右界限向右调整	【Shift】+【→】
选择当前显示范围内的所有波形	【Ctrl】+【Shift】+【A】
取消选择并且把光标移到当前显示范围最前面	【Esc】
选择范围左界限向右一个节拍	【Shift】+【[】
选择范围右界限向右一个节拍	【Shift】+【]】
撤销操作	【Ctrl】+【Z】
重复最近的命令	【F2】
重复最近的命令（没有对话框）	【F3】
复制（copy）所选波形到剪贴板	【Ctrl】+【C】
剪切所选波形到剪贴板	【Ctrl】+【X】
将剪切板内容粘贴到当前文件	【Ctrl】+【V】
根据剪切板内容建立一个新（new）文件	【Ctrl】+【Shift】+【N】
将剪切板内容与所选区域混合	【Ctrl】+【Shift】+【V】

续表

操　　作	快　　捷　　键
嵌入当前选集或波形到多声道（multitrack）环境	【Ctrl】+【M】
删除选定的声波	【Del】
将选择区域以外的部分修剪掉（trim）	【Ctrl】+【T】
转换当前文件的类型	【F11】
在 Cooledit 的 5 个内部剪贴板中切换	【Ctrl】+【1】…【5】
切换到 Windows 系统剪贴板	
剪切所选波形到当前内部剪贴板	【Shift】+【Del】

表 A-3　播放和录制

操　　作	快　　捷　　键
播放/停止	【Space】
录制/暂停	【Ctrl】+【Space】
从光标所在处开始播放	【Shift】+【Space】
从头开始播放	【Ctrl】+【Shift】+【Space】
标准播放（playnormal）	【Alt】+【P】
停止（stop）（当播放时跟【Space】功能相同）	【Alt】+【S】

表 A-4　视图和缩放

操　　作	快　　捷　　键
将视图移到最前面（不影响光标位置）	【Home】
将视图移到最后面（不影响光标位置）	【End】
缩放到所选波形的左侧	【Ctrl】+【End】
缩放到所选波形的右侧	【Ctrl】+【Home】
垂直放大显示	【Alt】+【↑】
垂直缩小显示	【Alt】+【↓】
水平放大显示	【Alt】+【→】
水平缩小显示	【Alt】+【←】
将视图向前移动一屏（不影响光标位置）	【PageDown】
将视图向后移支一屏（不影响光标位置）	【PageUp】
打开帮助窗口	【F1】
打开全局设置窗口	【F4】
将当前光标位置或选区范围在提示栏做上记号	【F8】
打开波形列表窗口	【F9】
临控 VU 标准	【F10】
打开信息（info）窗口	【Ctrl】+【I】
打开频率分析窗口	【Alt】+【Z】
跳到下一个波形窗口（当打开多个文件时）	【Ctrl】+【Tab】
跳到前一个波形窗口（当打开多个文件时）	【Ctrl】+【Shift】+【Tab】

参 考 文 献

[1] 于建海，郭政，洪小达．中文 Authorware 7.0 案例教程[M]．北京：人民邮电出版社，2006.

[2] 宁莹璋、姚丽娜、蒋腾旭，等．Authorware 多媒体制作实训教程[M]．北京：地质出版社，2007.